# “富力杯”
# 第十二届全国大学生结构设计竞赛
# 作品集锦

主　编　季　静　陈庆军　王燕林

武汉理工大学出版社
·武　汉·

图书在版编目(CIP)数据

"富力杯"第十二届全国大学生结构设计竞赛作品集锦 / 季静，陈庆军，王燕林主编. —武汉：武汉理工大学出版社，2020.7
ISBN 978-7-5629-6276-2

Ⅰ.①富… Ⅱ.①季… ②陈… ③王… Ⅲ.①建筑结构—结构设计—作品集—中国—现代 Ⅳ.①TU318

中国版本图书馆CIP数据核字(2020)第109670号

"Fuli Bei" Di-shi'er Jie Quanguo Daxuesheng Jiegou Sheji Jingsai Zuopin Jijing
"富力杯"第十二届全国大学生结构设计竞赛作品集锦

项目负责人：杨万庆 王利永　　责任编辑：王 思
责任校对：张 晨 余士龙　　版面设计：博壹臻远
出版发行：武汉理工大学出版社
网　　址：http://www.wutp.com.cn
地　　址：武汉市洪山区珞狮路122号
邮　　编：430070
印 刷 者：武汉中远印务有限公司
发 行 者：各地新华书店
开　　本：787mm×1092mm 1/16
印　　张：26
插　　页：1
字　　数：553千字
版　　次：2020年7月第1版
印　　次：2020年7月第1次印刷
定　　价：98.00元

凡购本书，如有缺页、倒页、脱页等印装质量问题，请向出版社发行部调换。
本社购书热线电话：027-87391631 87664138 87785758 87165708(传真)

# 编写委员会

**主　编：** 季　静　陈庆军　王燕林

**副主编：** 吴　波　王　湛　张蔚洁

**编　委：** 何文辉　韦　锋　刘慕广　吴建营　李　静　郭瑞玉
连维越　陈逸新　袁昌民　石秋萍　肖耀峰

**审　编：** 全国大学生结构设计竞赛委员会秘书处
广东省大学生结构设计竞赛委员会秘书处

# 序　言

2005年，在钱塘江边西湖之畔的杭州，由浙江大学倡导、国内11所高校共同发起了第一届全国大学生结构设计竞赛，合计49支队伍同台竞技、切磋学习。3年后的2008年开始举办第二届全国大学生结构设计竞赛，全国大学生结构设计竞赛由此进入正轨，一直持续到2019年的第十三届。

回顾全国大学生结构设计竞赛的发展历程，其中几个关键节点让人记忆犹新。2007年，教育部、财政部首次联合批准发文（教高函〔2007〕30号），将全国大学生结构设计竞赛列入全国性9大学科竞赛资助项目之一，目的是为构建高校工程教育实践平台，进一步培养大学生创新意识、团队协同和工程实践能力，切实提高创新人才培养质量；2017年10月18日，在党的十九大胜利召开之际，作为全国大学生结构设计竞赛第2个10年起点的第十一届全国大学生结构设计竞赛在美丽的珞珈山上的武汉大学顺利举行，大赛第一次采用LED大型屏幕、第一次使用计分软件动态直播，创新了竞赛的举办方式，赢得了一致好评；2017年12月14日，中国高等教育学会“高校竞赛评估与管理体系”专家工作组在杭州首次发布2012—2016年我国普通高校学科竞赛排行榜，全国大学生结构设计竞赛赫然入列。发展至今，全国大学生结构设计竞赛已经成为国内高校校赛、省赛、全国赛完备且参与人数众多、深受师生喜爱的学科竞赛，已经成为国内高校土木工程学科最高水平竞赛，被誉为“土木皇冠上最璀璨的明珠”。

回首历届全国大学生结构设计竞赛的发展，竞赛系列活动对专业教学、人才培养、学风营造、学科评估认证等方面的贡献越来越大。从早期的11所原始发起高校到数量不多的土木评估认证高校，再到各省、市、自治区分区赛选拔出的100多所高校，竞赛规模在不断扩大，办赛更加开放；从早期的校赛选拔到省、市、自治区分区赛再到全国总决赛，赛制在不断完善，层次更加分明；从早期的单纯竞赛到学术讲座、实验室参观、作品点评再到作品集锦，2020年1月份在浙江大学举行了第一届全国大学生结构设计竞赛各省、市、自治区分区赛秘书处工作探讨会，编辑了第一期“全国大学生结构设计竞赛通讯”，竞赛越来越规范，也更加有特色。

回忆华南理工大学参与全国大学生结构设计竞赛的历程，从作为早期的11所原始发起高校之一、王湛教授担任专家委员会成员到李正副校长担任竞赛委员会成员，再到 2018 年 11 月 7—11 日第十二届全国大学生结构设计竞赛在位于云山珠水、千年羊城广州的华南理工大学举行，华南理工大学与全国大学生结构设计竞赛一路相伴，结下不解之缘。在第十二届全国大学生结构设计竞赛上，作为举办方的华南理工大学第一次采用历届竞赛火炬回顾的视频重温历史，第一次邀请中学生前来观摩竞赛，第一次由地产公司赞助，第一次发放具有纪念意义的羊城通卡……让参赛的高校师生耳目一新，在领略结构魅力的同时，感受到羊城广州、美丽华园的热情好客和创新。几天紧张的比赛顺利完成了，但大赛期间的作品模型、作品点评、竞赛资讯如何总结并传承下去？在全国大学生结构设计竞赛委员会秘书处毛一平、丁元新等老师的指导下，华南理工大学土木与交通学院师生一起做好大赛后期工作，着手编写《"富力杯"第十二届全国大学生结构设计竞赛作品集锦》。

在书稿的数次修改整理过程中，我们得到全国大学生结构设计竞赛委员会秘书处、武汉理工大学出版社编辑老师们的悉心指导，得到学院领导老师的大力支持，研究生林静聪、蔡燕飞、徐哲、余梅霞和本科生杨益钦、曾衍衍、胡弘毅、伍良富、曾庆瀚、冯智杰、司徒坚文、李国鹏、黄国贤、邓慧琪等，为书稿的编排等工作付出了辛勤努力，在此一并表示衷心的感谢。

希望本书的编写，能为今后师生了解和研究第十二届全国大学生结构设计竞赛留下宝贵历史资料，同时有助于进一步规范全国大学生结构设计竞赛的举办。

限于编者水平，本书中难免存在诸多不足，欢迎各位读者不吝赐教。

季 静

2020 年 5 月 31 日写于广州

# 目　　录

## 第一部分　竞赛介绍＼1


一、第十二届全国大学生结构设计竞赛开幕式致辞 …… 2

二、全国大学生结构设计竞赛实施细则与指导性意见 …… 3

三、关于组织第十二届全国大学生结构设计竞赛的通知 …… 11

四、关于举办“富力杯”第十二届全国大学生结构设计竞赛的通知 …… 13

五、关于公布2018年第十二届全国大学生结构设计竞赛题目的通知 …… 16

附件:2018年第十二届全国大学生结构设计竞赛题目 …… 17

六、全国大学生结构设计竞赛委员会 …… 27

七、全国大学生结构设计竞赛专家委员会顾问 …… 28

八、第十二届全国大学生结构设计竞赛专家委员会 …… 29

九、第十二届全国大学生结构设计竞赛组织委员会 …… 30

十、第十二届全国大学生结构设计竞赛流程 …… 31

十一、第十二届全国大学生结构设计竞赛参赛高校 …… 33

十二、历届全国大学生结构设计竞赛简介 …… 37

十三、第十二届全国大学生结构设计竞赛获奖名单 …… 42


## 第二部分　作品集锦＼49


1.华南理工大学一队——天穹 …… 50

2.佛山科学技术学院——岭南明珠 …… 53

3.防灾科技学院——风宇宙 …… 56

4.同济大学浙江学院——顶天立地 …… 59

5.长江师范学院——两仪四象 …… 62

6.武汉大学——苍穹 …… 65

7.北方民族大学——王者之冠 …… 68

8. 安徽理工大学——顽固 …… 71
9. 北京建筑大学——鼎辰之光 …… 74
10. 江西理工大学应用科学学院——鼎立 …… 77
11. 同济大学—— Crown …… 80
12. 武汉理工大学——马房山起重机 …… 83
13. 海南大学——穹蓝 …… 86
14. 中国农业大学——戴圆履方 …… 89
15. 重庆科技学院——皓穹 …… 92
16. 湖南大学——金刚穹顶 …… 95
17. 大连理工大学——小蜘蛛 …… 98
18. 海口经济学院——千“经”鼎 …… 101
19. 西南科技大学——铁头娃 …… 103
20. 内蒙古科技大学——同心结 …… 106
21. 天津大学——海棠花开 …… 109
22. 山东科技大学——砥砺 …… 112
23. 河南城建学院——铁甲小宝 …… 115
24. 浙江树人大学——阳光之冠 …… 118
25. 青海大学——章鱼 …… 121
26. 福建江夏学院——竹蜻蜓 …… 124
27. 华东交通大学——斜拉-悬挂空间结构 …… 127
28. 长沙理工大学城南学院—— Veritas …… 130
29. 清华大学——会飞的盒子 …… 133
30. 华南理工大学二队——烟火 …… 136
31. 东北林业大学——梦想之城 …… 139
32. 吉首大学——金刚钻 …… 142
33. 兰州大学——萃英亭 …… 145
34. 太原理工大学——合 …… 148
35. 贺州学院——风雨潇贺 …… 151
36. 内蒙古工业大学——苍穹鹰 …… 154
37. 江苏大学——致远之星 …… 157
38. 湖北文理学院——卧龙亭 …… 160
39. 东北农业大学——苍穹之下 …… 163

40. 长春建筑学院——沙漠之星 ……165
41. 云南农业大学——张弦梁纺锤柱空间屋盖结构 ……168
42. 香港科技大学——劲穹 ……171
43. 潍坊学院——四叶草 ……174
44. 武汉科技大学——盛立 ……177
45. 西安交通大学——毕方鼎 ……180
46. 燕山大学——巨能盖 ……183
47. 辽宁科技大学——海阔天穹 ……186
48. 华侨大学——擎天 ……189
49. 南京航空航天大学—— A 计划 ……192
50. 广西大学——天圆地方 ……195
51. 天津城建大学——悬弓顶 ……198
52. 宁夏大学——鼎立四方 ……201
53. 河南科技大学——盾山 ……204
54. 长春工程学院——苍穹之顶 ……207
55.中北大学——二龙戏珠 ……210
56. 青海民族大学——足迹 ……213
57. 哈尔滨工业大学——鸱鹤从方 ……216
58. 广东工业大学——穹之畅想 ……219
59. 山东建筑大学——乾坤钵 ……222
60. 新疆大学——竹琉空阁 ……225
61. 汕头大学——凤凰花开 ……228
62. 上海交通大学——风语者 ……231
63. 浙江工业大学——龙在天 ……234
64. 兰州交通大学——浑然天成 ……237
65. 南华大学——求是致远 ……240
66. 淮阴工学院——半窗半弦 ……243
67. 浙江工业职业技术学院——圆梦顶 ……246
68. 上海应用技术大学——简构 ……249
69. 湖北工业大学——Sanctuary(圣所) ……252
70. 南京工业大学——穹顶之下 ……255
71. 厦门理工学院——独木 ……257

72. 绍兴文理学院元培学院——大四号 …… 260
73. 香港大学 …… 263
74. 信阳学院——霸下 …… 264
75. 长沙理工大学——四平八稳 …… 267
76. 河海大学——海之尊 …… 270
77. 合肥工业大学——不倒翁 …… 273
78. 昆明理工大学——八面玲珑台 …… 276
79. 长安大学——Future …… 279
80. 华南农业大学——紫荆桥 …… 282
81. 吉林建筑大学城建学院——六马架 …… 285
82. 西北工业大学——风霄树 …… 288
83. 贵州大学——跨越 …… 291
84. 西南交通大学——八方辐辏 …… 294
85. 黄山学院——勇桁 …… 297
86. 阳光学院——天穹 …… 300
87. 沈阳建筑大学——千年穹顶 …… 303
88. 西安理工大学——苍穹顶 …… 306
89. 吕梁学院——举梦 …… 309
90. 河北工业大学——工学并举 …… 312
91. 安阳工学院——鸣启 …… 315
92. 西藏农牧学院——中国碗 …… 318
93. 中国矿业大学徐海学院——刚柔并济 …… 321
94. 重庆大学——宇柱 …… 324
95. 武汉华夏理工学院——大道至简 …… 327
96. 中国矿业大学——登峰造极 …… 330
97. 东南大学——竹吟 …… 333
98. 南宁职业技术学院——南鼎 …… 336
99. 鲁东大学——王冠给我戴 …… 339
100. 河北工程大学——完璧归赵 …… 342
101. 西藏民族大学——兴藏屋台 …… 345
102. 哈尔滨学院——成 …… 348
103. 石家庄铁道大学——苍穹 …… 351

104. 井冈山大学——四平八稳 …… 354
105. 西安建筑科技大学——安如山 …… 357
106. 东北大学——扛得住 …… 360
107. 攀枝花学院——索定苍穹 …… 363
108. 浙江大学——顶天阁 …… 366

第三部分　竞赛资讯 \ 369

华南理工大学召开第十二届全国大学生结构设计竞赛筹备工作协调会 …… 370
2018 年“富力杯”第十二届全国大学生结构设计竞赛开幕式在华南理工大学隆重召开 …… 372
盛况空前结构赛，炫奇争胜于华园
——2018 年“富力杯”第十二届全国大学生结构设计竞赛模型制作与加载 …… 376
名师审评百花齐放
——记 2018 年“富力杯”第十二届全国大学生结构设计竞赛专家评委评分工作 …… 379
飒爽金秋结校缘，芬芳华园构创新
——2018 年“富力杯”第十二届全国大学生结构设计竞赛在我校圆满落幕 …… 382

第四部分　参与单位 \ 385

一、华南理工大学简介 …… 386
二、华南理工大学土木与交通学院简介 …… 387
三、广州富力地产股份有限公司简介 …… 389

附录 A　第十二届全国大学生结构设计竞赛相关论文 …… 391
附录 B　参赛高校校徽、评委专家合影、参赛师生合影 …… 403

# 第一部分　竞赛介绍

# 一、第十二届全国大学生结构设计竞赛开幕式致辞

尊敬的来宾、老师和同学们：

大家好！

欢迎各位来到四季繁花叠翠的南方名城广州，来到师生热情昂扬的华南理工大学。今天在这里云集的有来自全国各地107所高校的师生，土木工程行业的专家，我国该领域现在和未来的领军精英。我谨代表华南理工大学向莅临大赛的各位来宾、专家、老师，各位参赛的学生表示最热烈的欢迎！

全国大学生结构设计竞赛已经举办了十一届，自2005年发起以来，历年参赛的师生和为赛务工作的同行们为我国土木工程行业的发展、学生的教育培养作出了不可忽视的贡献。今年非常荣幸，也很高兴由我校承办此项盛会。

华南理工大学是一所办学特色鲜明、办学声誉卓著的国家“双一流”建设高校。建校66年来，学校秉持“厚德尚学、自强不息、务实创新、追求卓越”的精神，全面贯彻党的教育方针，坚持社会主义办学方向，发展成为一所以工见长，理工结合，管、经、文、法、医等多学科协同发展的综合性研究大学，形成了自身的独特优势，产出了一批具有重要影响的标志性成果，为国家培养了一大批科技骨干和各类高层次人才，为经济社会发展作出了重要贡献。

老师们、同学们，实现“两个一百年”奋斗目标，实现中华民族伟大复兴的中国梦，广大青年生逢其时，重任在肩。习近平总书记曾说：“广大青年应该在奋斗中释放青春激情、追逐青春理想，以青春之我、奋斗之我，为民族复兴铺路架桥，为祖国建设添砖加瓦。”今天我们在这里参加这样一个高水平的创新和实践能力学科竞赛，就是在求真学问，练真本领。明天希冀同学们将知识和技能应用在社会建设发展上，为国争光、为民造福。

我们相信在未来的几天里，老师们、同学们通过竞赛促学，深度交流，在美丽华园能够充分享受创意和灵感的交融汇聚，思维与结构空间的碰撞乐趣。同时，我们期待各位专家为华南理工大学以及全国土木学科人才培养提出好的意见和建议。

最后预祝“富力杯”第十二届全国大学生结构设计竞赛取得圆满成功，各位参赛队伍取得优异成绩，祝各位专家老师们身体健康、万事如意！

华南理工大学副校长　李正

2018年11月8日

# 二、全国大学生结构设计竞赛实施细则与指导性意见

## 关于公布《全国大学生结构设计竞赛实施细则与指导性意见》的通知

各省（市）大学生结构设计竞赛委员会秘书处：

《全国大学生结构设计竞赛实施细则与指导性意见》经 2017 年 10 月 21 日全国大学生结构设计竞赛专家委员会再次讨论修改和审定，现予通过与公布，请遵照执行。

全国大学生结构设计竞赛专家委员会

全国大学生结构设计竞赛委员会秘书处

2018 年 1 月 1 日

# 全国大学生结构设计竞赛实施细则与指导性意见

根据《全国大学生结构设计竞赛章程》规定，为促进全国大学生结构设计竞赛（简称全国竞赛）和各省（市）大学生结构设计竞赛［简称省（市）分区赛］活动可持续健康发展，确保竞赛组织管理科学化、规范化、标准化和程序化，特制订本实施细则与指导性意见。

**（一）竞赛主办方、名称与组织机构**

1. 全国竞赛由中国高等教育学会工程教育专业委员会、高等学校土木工程学科专业指导委员会、中国土木工程学会教育工作委员会和教育部科学技术委员会环境与土木水利学部共同主办。

2. 组织全国竞赛的名称统一为：第*届全国大学生结构设计竞赛；组织各省（市）分区赛的名称统一为：**省（市）第*届大学生结构设计竞赛暨第*届全国大学生结构设计竞赛分区赛。

3. 承办全国竞赛高校应成立全国大学生结构设计竞赛组织委员会（简称组委会）和秘书处。组委会主任应由主管教学或学生工作的学校领导担任，成员由学校教务、团委、宣传、设备、财务、保卫、外事、后勤、宿管、体育场馆和院（系）等有关职能部门人员组成。

秘书处下设若干工作小组，如命题组、竞赛组、宣传组、监察组、会务食宿组、场地安保组、财务组、志愿者组等，确保竞赛组织科学规范，有序高效，如期实施。

4. 各省（市）竞赛秘书处可参照实施。

**（二）竞赛方式与参赛资格**

1. 竞赛分省（市）分区赛和全国竞赛两个阶段进行。

（1）主办省（市）分区赛与时间

省（市）分区赛一般由省（市）教育等行政部门或委托相关学会主办，由各高校轮流承办，企业资助协办，每年4月至7月上旬举行，由各省（市）竞赛秘书处组织完成分区赛任务。

（2）全国竞赛参赛资格、规模与时间

①全国竞赛发起的高校；

②承办全国竞赛的高校（3年有效）；

③承办省（市）分区赛的高校（当年有效）；

④获得全国竞赛特等奖的高校（次年有效）；

⑤省（市）分区赛秘书处按照全国竞赛秘书处分配名额择优推荐的高校（当年有效）；

⑥邀请部分境外的高校。

2. 参加全国竞赛高校总数（或队数）控制在120所以内，由全国竞赛秘书处根据当年组织竞赛的实际情况确定。

3. 参加全国竞赛的高校推荐1个参赛队，当年承办全国竞赛的高校可推荐2个参赛队。

4. 省（市）分区赛可根据所属高校的数量与规模，自行规定高校的参赛队数。

5. 全国竞赛时间安排在每年10月中下旬举行。

**（三）参赛队组成、报名与竞赛环节**

1. 参赛队应由3名学生组成，指导教师1~2名（3名及以上署名指导组），参赛学生必须属于同一所高校在籍的全日制本科生、大专生，指导教师必须是参赛队所属高校在职教师。

2. 参赛高校应按时组队报名，在全国竞赛报名截止后，原则上参赛学生和指导教师不得任意更改，如有特殊意外情况，参赛高校应说明理由，由教务处批准同意和盖章，方可更换参赛学生和指导教师，请在全国竞赛一周前务必提交承办高校竞赛秘书处，同时报全国竞赛秘书备案。

3. 竞赛环节包括报名、报到、提交宣传资料、理论方案（提交U盘）、参加开幕式、赛前说明会、领队会、现场制作模型、陈述答辩、加载测试和闭幕式（颁奖仪式）等，参赛队必须全程参与，方可取得评奖资格与获奖成绩。

**（四）命题规范化与标准化**

1. 命题原则与评分标准

（1）命题应结合社会领域需求和实际工程背景，注重问题导向，突出考查土木工程结构概念与体系问题，且难度适中。

（2）制作材料一般应选用材质相对稳定与安全，且加工方便的材料。

（3）计算公式指标的设定应考虑其科学性与合理性。

（4）测试仪器的选用应考虑测试简便、易于操作、经济性和实效性；加载测试的指标应可量化，加载测试过程应具有可观性，体现客观、公平、公正、公开的原则。

（5）竞赛各环节的评分标准分为主观分与客观分，比例为2∶8。

①主观分

理论方案分值为5分：根据计算内容的科学性、完整性、准确性和图文表达的清晰性与规范性等评分；理论方案不得出现参赛学校的标识，否则为零分。

现场制作的模型分值为10分（模型结构与制作质量各占5分）：应根据模型结构的合理性、创新性、制作质量、美观性和实用性等评分。

现场陈述与答辩分值为5分：根据队员现场综合表现（内容表述、逻辑思维、创新点和回答等）评分。

②客观分

现场加载测试分值为 80 分：一般由模型自重和计算公式科学计算得分组成。

2. 命题时间与发布

承办全国竞赛高校一般应提前 1 年成立命题组，并提交 2 个命题方案在全国竞赛专家会上商讨和确定最终方案，在一定范围内组织模拟比赛，并进一步修改完善，请于竞赛当年 1 月底前将赛题方案提交全国竞赛秘书处，2 月经全国竞赛专家再次审定和修改通过后，3 月上旬由全国竞赛秘书处通知省（市）竞赛秘书处，并在全国竞赛官方网站公布赛题和相关通知（全国大学生结构设计竞赛网站：http：//www.ccea.zju.edu.cn/structure/）。

3. 其他规范化要求

（1）全国竞赛原则上采用统一题目，在同一时间和地点，使用统一规格的材料、工具、加载测试设备（仪器）进行，也可视命题形式采用其他方式。现场制作平台和模型制作工具应由承办高校统一提供，也可根据竞赛题目需求，提供公用平台工具等。

（2）全国竞赛和省（市）分区赛在组织命题时，尽可能充分考虑原有加载测试设备（仪器）的使用率，体现环保节约办赛的宗旨。

（3）省（市）分区赛题目可由各分区赛秘书处组织承办高校命题，制订竞赛规则，提交省（市）分区赛专家组审定，并报送全国竞赛秘书处备案；也可参考或选用历届全国和各省（市）竞赛题目。

**（五）竞赛秘书处分工与协作**

1. 全国竞赛秘书处、省（市）竞赛秘书处和承办全国竞赛高校秘书处是组织实施全国和省（市）分区赛的日常组织机构。秘书处应明确工作内容，达成共识，各司其职，相互协调与尊重，做到互联互动，确保竞赛各项组织工作落实到位。

2. 全国竞赛秘书处负责全国竞赛名额的计算和确定，省（市）竞赛秘书处负责组织分区赛，并按照全国竞赛秘书处分配名额选拔和推荐获奖优秀团队参加全国竞赛。

3. 全国竞赛秘书处每年 3 月赴当年承办全国竞赛高校秘书处指导、协调、商讨竞赛各项组织工作；在省（市）分区赛期间，组织巡查。

4. 省（市）竞赛秘书处应在每年 7 月上旬前组织完成分区赛任务，并于当年 7 月中旬上报参赛高校总数、队数、获等级奖数、单项奖数、优秀奖数、正式公布通过土木工程专业评估高校数和具体获奖名单等。

5. 全国竞赛秘书处每年 7 月中旬确定省（市）参加全国竞赛名额，并通知省（市）竞赛秘书处，应根据给定全国竞赛的名额和分区赛成绩的排序，确定和填报参赛高校、联系人姓名、手机和邮箱等信息，全国竞赛秘书处于 7 月下旬汇总、审核和公布参加全国竞赛高校的名单。

6. 承办全国竞赛高校秘书处负责起草举办全国竞赛的通知（参赛高校、队员、指导教师、领队、报到时间、提交材料和交纳参赛经费等），并组织报名和住宿的联系与落实等事项。竞赛通知须经全国竞赛秘书处审核和统一编发文号，于7月底或8月初在全国竞赛网站发布，并通知各省（市）竞赛秘书处和参赛高校。

**（六）奖项设置与评定**

1. 全国竞赛设立等级奖、单项奖、优秀组织奖和突出贡献奖四大类奖项。等级奖中设立特等奖（可空缺）、一等奖（10%）、二等奖（20%）和三等奖（30%）若干项，比例控制在参赛高校的60%左右；单项奖中设立最佳创意奖和最佳制作奖各1项；优秀组织奖设若干项，比例控制在25%左右；突出贡献奖设若干名（可空缺）。

2. 省（市）分区赛可根据本科与大专（高职院校）参赛高校及队数情况，可按本科与大专分开单独设立奖项和确定参加全国竞赛的名额。

3. 奖杯、奖牌和奖状由竞赛承办高校负责设计制作，奖状一般在竞赛成绩公示结束一周后，连同成绩公布简报和光盘一并寄发各参赛高校。

4. 全国竞赛等级奖、单项奖由全国竞赛专家委员会根据理论方案、模型制作、现场答辩和加载总成绩评定。优秀组织奖由全国竞赛专家委员会和秘书处提供参赛高校组织竞赛工作与成绩等综合因素评定。

5. 为表彰对竞赛作出突出贡献的专家、管理者和指导教师，特设立“突出贡献奖”。

（1）入选条件：热心参与和积极投入竞赛工作，从事竞赛组织管理8年以上的专家和管理者；组织指导参赛队荣获全国竞赛特等奖2次或一等奖4次以上的指导教师。

（2）评审程序：由全国竞赛秘书处根据入选条件提名推荐，在每年10月中下旬举办全国竞赛期间由专家委员会和秘书处商讨与评定，每年不超过2名，特颁发荣誉证书，以资表彰与鼓励。

**（七）经费管理与购买保险**

1. 承办全国竞赛高校可以全国大学生结构设计竞赛名义寻求社会、企业和研究机构等的赞助，可将其作为协办方并给予冠名权。

2. 参赛高校应在规定时间内组织报名、交纳参赛费。参赛费应由高校统一支付，不得向参赛学生个人收取任何费用。参赛费主要用于竞赛组织过程中所需的开支，实行专款专用，承办高校应开具正式报销发票凭证。

3. 竞赛期间，参赛高校必须为参赛师生购买短期人身意外保险，确保人身安全。

**（八）竞赛管理**

1. 为开展多层次多元化竞赛，全国和省（市）竞赛秘书处与参赛高校应积极构建校、省、全国三级竞赛管理体系，“做大”校赛（加强参赛普及面）；“做强”省赛（扩大参赛高校和受益面）；“做精”国赛（提升质量与水平）；“做优”品牌竞赛（逐步走向世界），融入国际学科竞赛大舞台。

2. 全国竞赛和省（市）分区赛秘书处在起草和公布竞赛通知、赛题和成绩等文件时应规范，按年度统一编号发文，做到有据可依，有据可查和备案存档。

3. 为做到参赛信息公平、公正、公开，全国竞赛现场应提供大屏幕以显示参赛高校实时信息和分项成绩等，如参赛高校、参赛队员、模型名称、模型质量、理论计算方案分值、模型结构与制作分值和现场答辩与加载测试分值等，以便专家和参赛师生及时查询。

4. 承办竞赛高校应做好竞赛指南（或手册）、各类参赛证件、激励标语、宣传横幅和比赛场地布置等有关工作。

5. 全国竞赛评审专家由全国竞赛专家委员会、当年承办高校、下一届承办高校教授和资助企业总工等组成，要求按时参加全国竞赛的评审与指导，并协助指导省（市）分区赛工作。

6. 承办全国竞赛高校应按竞赛评分标准设计各类评分表格，专家评审后应实名签字，如需更改分值，写明理由再次签名，竞赛秘书处应做好原始评分数据和表格的保全工作，以备查阅。

7. 竞赛期间，应组织全国竞赛专家和承办高校教授作学术报告并组织参观等活动，做到学科竞赛与科研相结合。

8. 承办全国竞赛高校应认真制订切实可行的应急预案，高度重视现场安保和处置突发事件，确保竞赛安全顺利如期完成。

9. 全国竞赛期间，承办高校秘书处应拍摄竞赛全过程，专门组织人员编写全国竞赛简报 2~3 期和录制竞赛光盘，竞赛结束后 7 天内按标准格式起草获奖成绩公示名单，提交全国竞赛秘书处审核和网上公示后正式发文公布。

获奖证书（或奖状）由承办全国竞赛高校秘书处负责打印 5 份，其中 3 名参赛队员和 2 名指导教师每人 1 份，并统一寄发参赛高校。竞赛闭幕式上颁发的奖杯、等级奖牌和优秀组织奖牌，由学校保存和归档。

10. 按照《全国大学生结构设计竞赛章程》规定，承办全国竞赛高校应在竞赛结束后一年内组织撰写、汇编和出版《全国大学生结构设计竞赛优秀作品集锦》，于第二年 10 月中旬全国竞赛期间发给参赛高校、省（市）和全国竞赛秘书处，并作为高校设计类创新案例教材以供学习交流。

11. 承办全国竞赛高校秘书处和省（市）竞赛秘书处在竞赛结束后，应将竞赛通知、赛题、代表性照片、录像和年度竞赛工作总结等相关材料，以电子版形式发全国竞赛秘书处备案与存档，不断完善全国大学生结构设计创新成果展（或陈列室），并逐步推进建立省（市）大学生结构设计创新成果展（或陈列室）。

12. 全国和省（市）竞赛秘书处应及时做好竞赛大数据的统计汇总、对比分析工作，肯定成绩，找出差异，补齐短板，提出整改措施，使结构设计竞赛进入全国大学生学科竞赛排行榜前列。

13. 加强全国竞赛和逐步推进省（市）分区赛网站建设，提高管理效率，展示竞赛成果。

14. 召开全国和省（市）分区赛经验交流研讨会、指导教师培训会、秘书处工作会议和表彰会等。逐步推进编写全国大学生结构设计竞赛年度简讯，鼓励指导教师和管理人员积极投稿，扩大竞赛影响力。

15. 省（市）竞赛秘书处和参赛高校应做好参赛学生后续就业跟踪调查和社会企业对高校人才培养的评价。

16. 全国竞赛秘书处在浙江大学建筑工程学院紫金港校区安中大楼 A-337 专门设立办公室（联系电话：0571-88206733），主要负责全国竞赛和省（市）分区赛日常组织管理与协调工作。

全国大学生结构设计竞赛网站：http：//www.ccea.zju.edu.cn/structure/

**（九）申请承办全国竞赛**

1. 申请承办条件：全国竞赛实行各高校轮流制，凡具备由学校相关部门组成的竞赛组委会机构、自主命题能力与经验、符合比赛设置要求的场馆等，以及承办过全国、省级或各类大型活动经验等的高校均可申请承办全国竞赛。

2. 提交申请时间：拟申请承办全国竞赛高校须提前 2 年提出承办申请，并于 9 月底前将“申请书”以快递形式寄到全国竞赛秘书处；10 月中下旬在全国竞赛专家会上做陈述答辩（6~8 分钟 PPT），承办高校原则上采取“一南一北”或“全国七大区域（东北、华北、华东、华中、华南、西北、西南）”，由全国竞赛专家委员会和秘书处共同商讨投票，最终确定后二届承办高校。省（市）分区赛可参照执行。

**（十）竞赛组织纪律**

1. 为贯彻和保障竞赛“公平、公正、公开”的原则，特设立监察组。由全国竞赛秘书处、主办单位、当年承办高校、上一届承办高校和下一届承办高校等代表组成。主要负责竞赛期间巡查，接受参赛学生书面申诉材料，协助专家委员会处理竞赛中有关异议和违纪事件等。

2. 全国竞赛期间（比赛现场）不得以任何理由替补参赛学生，如参赛队员发生特殊情况不能坚持比赛，可退出比赛，但不得增派另外学生参赛。

3. 参赛高校有责任教育和敦促参赛学生和指导教师严格遵守竞赛纪律，支持和配合全国竞赛秘书处及省（市）竞赛秘书处对违规违纪行为的处理。对出现违纪行为并处理不力的高校，视情节可给予公开通报批评。

4. 参赛学生和指导教师必须严格遵守《全国大学生结构设计竞赛章程》《全国大学生结构设计竞赛实施细则与指导性意见》等各项规定，认真履行所签署的各项承诺，诚信参赛，服从全国竞赛专家委员会和竞赛现场专家评审的意见与裁决，重在参与，减少功利性。

5. 参赛学生现场比赛申诉时间在全部加载比赛结束后 15 分钟之内，务必提交申诉表，参赛学生提交申诉表应实名制，经指导教师（或领队）签名后，在规定时间内送交监察组，并提请全国竞赛专家组审议与回复。

6. 全国竞赛成绩在网上公示异议期 7 天之内，如有申诉者，参赛高校应说明申诉理由，并实名制提交全国竞赛秘书处会同全国竞赛专家审核与回复。对违反竞赛《全国大学生结构设计竞赛章程》《全国大学生结构设计竞赛实施细则与指导性意见》以及弄虚作假和不诚信的参赛队员，一经查实，将取消当年比赛成绩，并通报其所在高校和省（市）竞赛秘书处。

7. 全国竞赛成绩公示期间，如参赛学生和指导教师姓名有误，参赛高校应及时提交书面更正材料，由学校教务处证明和盖章后，提交承办高校竞赛秘书处，同时报全国竞赛秘书处备案。

8. 全国竞赛成绩公布后，承办高校竞赛秘书处应严格按照参赛高校正式报名参赛学生和指导教师姓名的排序打印获奖证书（或奖状），不得任意重新排序。

9. 对认真落实和积极配合完成全国竞赛组织工作的参赛高校和省（市）竞赛秘书处，在评选优秀组织奖时予以优先考虑；对于查处违纪行为严重不负责任的赛区，可按一定比例缩减下一年度该分区赛推荐参加全国竞赛的高校数。

10. 全国竞赛违纪违规事件由全国竞赛专家委员会和秘书处负责处理；省（市）分区赛违纪违规事件由赛区专家委员会和秘书处负责处理，并报全国竞赛秘书处备案。

11.《全国大学生结构设计竞赛实施细则与指导性意见》自全国大学生结构设计竞赛专家委员会和秘书处最后审定通过之日起执行。

根据竞赛变化与实际情况，可作适当调整，解释权归全国大学生结构设计竞赛委员会秘书处。

# 三、关于组织第十二届全国大学生结构设计竞赛的通知

各省（市）大学生结构设计竞赛委员会秘书处：

新时代、新目标、新征程。2018年由中国高等教育学会工程教育专业委员会、高等学校土木工程学科专业指导委员会、中国土木工程学会教育工作委员会和教育部科学技术委员会环境与土木水利学部共同主办的全国大学生结构设计竞赛实行各省（市）分区赛与全国竞赛。经全国大学生结构设计竞赛秘书处与承办全国竞赛高校华南理工大学竞赛秘书处商定，现将第十二届全国大学生结构设计竞赛有关组织工作通知如下，请参照执行。

1. 按《全国大学生结构设计竞赛章程》之规定，全国竞赛10月中旬恰逢广州秋季广交会期间，交通和酒店紧张房价高，为减轻参赛高校经济负担和节约办赛，经研究决定，第十二届全国大学生结构设计竞赛定于2018年11月7日至11日在华南理工大学举行。

根据全国竞赛时间，请各省（市）竞赛秘书处着手制定分区赛各项组织工作，并将举办分区赛的通知和赛题及时提交全国竞赛秘书处，以便巡查、备案和存档。

2. 按《全国大学生结构设计竞赛实施细则与指导性意见》之规定，请各省（市）竞赛秘书处于2018年4月至7月上旬组织完成各省（市）分区赛任务，请在2018年7月20日前上报本赛区参赛高校总数、队数、获奖数和正式获奖公布名单。

3. 按《全国大学生结构设计竞赛实施细则与指导性意见》之规定，经与承办全国竞赛高校华南理工大学商讨，2018年3月上旬正式发布第十二届全国大学生结构设计竞赛题目，并通知各省（市）竞赛秘书处与网站公布。

4. 全国大学生结构设计竞赛秘书处将于2018年3月上旬赴广东省竞赛秘书处华南理工大学竞赛组委会商讨落实全国竞赛各项组织工作。

5. 全国大学生结构设计竞赛秘书处将于2018年7月26日前按《全国大学生结构设计竞赛实施细则与指导性意见》中分区赛选拔推荐参加全国竞赛高校计算公式，确定各省（市）参加全国竞赛名额，并通知各省（市）竞赛秘书处。

6. 2018年参加第十二届全国大学生结构设计竞赛高校将按照全国竞赛秘书处给定的名额，由各省（市）竞赛秘书处按分区赛成绩排序，确定填报参加全国竞赛的参赛高校和联系人姓名与相关信息表格，请于2018年7月31日前提交全国大学生结构

设计竞赛秘书处。

7. 全国大学生结构设计竞赛秘书处汇总、审核和公布参加全国竞赛高校名单，并将于2018年8月5日前提交承办全国竞赛高校华南理工大学竞赛秘书处。

8. 华南理工大学竞赛秘书处将于2018年8月15日发布关于举办第十二届全国大学生结构设计竞赛的具体通知（参赛高校、队员、指导教师、领队、相关资料、报到时间和参赛经费等），并组织报名和住宿的联系与落实。

9. 为进一步科学规范、公平公正、高效有序组织省（市）分区赛，按《全国大学生结构设计竞赛实施细则和指导性意见》的要求，各省（市）竞赛秘书处应结合本赛区特色和实际情况，进一步落实和完善竞赛组织机构，修改和制定竞赛相关管理文件，撰写赛区年度工作总结等，请于2018年8月20日提交全国大学生结构设计竞赛秘书处备案、存档汇编。

10. 各省（市）竞赛秘书处应及时通知本赛区参赛高校关注后续全国竞赛相关通知等文件，并组织参赛高校暑期集训和报名等相关事项。

11. 为便于分区赛和全国竞赛交流，如有不明之处，请各参赛高校及时与各省（市）竞赛秘书处、承办全国竞赛高校华南理工大学竞赛秘书处和全国大学生结构设计竞赛秘书处联系与咨询。

全国大学生结构设计竞赛网站：http：//www.ccea.zju.edu.cn/structure/

全国大学生结构设计竞赛秘书处联系方式：

浙江大学　毛一平

电话：0571-88206733　　邮箱：ypmao@zju.edu.cn　　邮编：310058

通信地址：浙江省杭州市浙江大学紫金港校区建筑工程学院安中大楼A337室

浙江大学　丁元新

电话：0571-88208677　　邮箱：dyx@zju.edu.cn　　邮编：310058

通信地址：浙江省杭州市浙江大学紫金港校区建筑工程学院安中大楼B337室

第十二届全国大学生结构设计竞赛华南理工大学竞赛秘书处联系方式：

华南理工大学土木与交通学院　王燕林

电话：020-87112741　　邮箱：scut2018@163.com　　邮编：510641

通信地址：广东省广州市天河区五山路381号华南理工大学南侧门交通大楼217

全国大学生结构设计竞赛委员会秘书处

2018年1月22日

# 四、关于举办“富力杯”第十二届全国大学生结构设计竞赛的通知

各省（市、自治区）竞赛秘书处、各参赛高校：

全国大学生结构设计竞赛由中国高等教育学会工程教育专业委员会、高等学校土木工程学科专业指导委员会、中国土木工程学会教育工作委员会和教育部科学技术委员会环境与土木水利学部共同主办。经全国大学生结构设计竞赛秘书处和华南理工大学竞赛组委会共同研究决定，“富力杯”第十二届全国大学生结构设计竞赛将于2018年11月7—11日在华南理工大学（五山校区）举办。现将竞赛有关事项具体通知如下：

1. 参赛高校

按照《全国大学生结构设计竞赛章程》和《全国大学生结构设计竞赛实施细则与指导性意见》之规定，2018年全国赛继续分各省（市）分区赛与全国竞赛两个阶段进行。由各省（市）竞赛秘书处组织分区赛和数据上报，经全国竞赛秘书处汇总、统计，在分区赛选优基础上正式确定“富力杯”第十二届全国大学生结构设计竞赛共有106所高校107支队参赛（港澳特区邀请的高校待定）。（详见附件1）

2. 参赛队伍

凡参赛高校只允许申报1个队参赛，每队由3名全日制在校本科或专科生，1～2名指导教师（3人以上署指导组）和1名领队组成；承办全国竞赛高校可申报2个队参赛。

3. 报名时间与住宿

凡具有参赛资格的高校自通知之日起至2018年10月15日24时止，务必按时填报参赛高校报名表准确信息发送到指定邮箱，逾期未提交报名表的高校视为自动放弃。（详见附件4）

关于参赛高校住宿具体联系、落实与确定等事宜，另见9月中下旬通知。

4. 参赛经费

参赛高校应按时交纳参赛费和餐费合计每队1500元人民币（由3名队员+1名指导老师+1名领队或指导老师等5人组成参赛队）；如各高校需另外增加与会人员，每增加1人需另外缴费200元，各高校参赛师生往返差旅交通费和住宿费均由各参赛高校自行承担。各高校参赛费缴纳仅接受电汇，请于2018年9月30日24时前汇款完毕，组委会好开具发票。（详见附件2）

5. 理论方案

为进一步规范理论方案和赛后撰写与汇编出版全国结构竞赛创新成果集，本届首次统一提供全国结构竞赛理论计算书模板，请各高校参赛队伍严格按照模板中统一的字体和格式撰写自己的理论计算方案并附上模型效果图（需提交纸质版和电子版），纸质版一式 3 份，A4 纸打印，请于 2018 年 11 月 7 日、8 日全国竞赛报到时提交。电子版（务必要求用 word 版提交）请于报到前三天（11 月 3 日前）通过邮件提交华南理工大学竞赛秘书处。（详见附件 6）

6. 宣传资料

为促进交流和宣传各参赛高校实力与风采，请各参赛高校按照通知内容与要求于 2018 年 10 月 15 日 24 时前提交参赛队相关宣传资料发到指定邮箱。（详见附件 3）

各参赛高校领队、指导教师和参赛学生应认真负责和积极配合承办高校华南理工大学竞赛秘书处，按时保质保量提交参赛队相关材料（报名表、宣传和视频资料、参赛费和理论方案等），这将作为大赛评定全国竞赛优秀组织奖条件之一。

7. 竞赛日程

第十二届全国大学生结构设计竞赛于 2018 年 11 月 7—11 日在广州市华南理工大学（五山校区）举行，具体安排参见竞赛日程表。（详见附件 5）

8. 赛题补充说明

为了进一步完善赛题，使赛题更为科学规范、公平公正，现在原发布赛题的基础上特作补充说明。（详见附件 7）

9. 附件（略）

附件 1：第十二届全国大学生结构设计竞赛参赛高校名单；

附件 2：第十二届全国大学生结构设计竞赛参赛费交纳方式；

附件 3：第十二届全国大学生结构设计竞赛参赛高校宣传资料；

附件 4：第十二届全国大学生结构设计竞赛参赛高校报名表（单独发布）；

附件 5：第十二届全国大学生结构设计竞赛参赛师生和专家评委日程安排表；

附件 6：第十二届全国大学生结构设计竞赛理论方案模板（单独发布）；

附件 7：第十二届全国大学生结构设计竞赛题目补充说明。

10. 联系方式

2018 年“富力杯”第十二届全国大学生结构设计竞赛组委会秘书处联系方式：

华南理工大学土木与交通学院（五山校区）

赛务咨询和答疑联系人：王燕林 020-87112741 13926205181

赛务咨询邮箱：scut2018@163.com

赛务通知 QQ 群：2018 全国结构赛赛务群 826318303（仅限每所参赛高校负责赛务的老师加入，学生请勿加入，实名制：学校简称+姓名）

微信公众号：SCUT 土木交通青年之声

赛题咨询和答疑联系人：陈庆军、何文辉、韦锋、刘慕广老师

邮箱：jgds2018@qq.com（首选）

全国大学生结构设计竞赛网站与秘书处：

网站：（http: //www.ccea.zju.edu.cn/structure/）

秘书处：

浙江大学　毛一平　电话：0571-88206733　　邮箱：ypmao@zju.edu.cn

浙江大学　丁元新　电话：0571-88208677　　邮箱：dyx@zju.edu.cn

请各省（市）竞赛秘书处和参赛高校及时收阅和保存竞赛通知与附件。

全国大学生结构设计竞赛委员会秘书处

2018 年 8 月 21 日

# 五、关于公布 2018 年第十二届全国大学生结构设计竞赛题目的通知

各省（市）大学生结构设计竞赛秘书处：

2018 年第十二届全国大学生结构设计竞赛题目，由承办高校华南理工大学命题，经全国大学生结构设计竞赛专家委员会审定，现予以公布（见附件），请各省（市）竞赛秘书处根据竞赛规则和要求认真组织实施，并做好选拔推荐参加全国竞赛工作。

本竞赛题目解释权归承办第十二届全国大学生结构设计竞赛组委会，若有疑问与交流，请及时与全国竞赛承办高校华南理工大学竞赛秘书处联系咨询，在全国竞赛期间组委会根据实际情况可作适当修改和发布补充通知等，请各参赛高校及时关注全国大学生结构设计竞赛网站通知。

赛题答疑联系人：

华南理工大学土木与交通学院

姓名：陈庆军、何文辉、韦锋、刘慕广老师

邮箱：jgds2018@qq.com（首选）

注：竞赛进程请及时关注全国大学生结构设计竞赛网站：http://www.ccea.zju.edu.cn/structure/

全国大学生结构设计竞赛委员会秘书处

2018 年 3 月 8 日

**附件:2018年第十二届全国大学生结构设计竞赛题目**

# 承受多荷载工况的大跨度空间结构模型设计与制作

## 1 命题背景

目前大跨度结构的建造和所采用的技术已成为衡量一个国家建筑水平的重要标志，许多宏伟而富有特色的大跨度建筑已成为当地的象征性标志和著名的人文景观。

本次题目，要求学生针对静载、随机选位荷载及移动荷载等多种荷载工况下的空间结构进行受力分析、模型制作及试验。此三种荷载工况分别对应实际结构设计中的恒荷载、活荷载和变化方向的水平荷载（如风荷载或地震荷载），并根据模型试验特点进行了一定简化。选题具有重要的现实意义和工程针对性。通过本次比赛，可考察学生的计算机建模能力、多荷载工况组合下的结构优化分析计算能力、复杂空间节点设计安装能力，检验大学生对土木工程结构知识的综合运用能力。

## 2 赛题概述

竞赛赛题要求参赛队设计并制作一个大跨度空间屋盖结构模型，模型构件允许的布置范围为两个半球面之间的空间，如图1所示，内半球体半径为375mm，外半球体半径为550 mm。

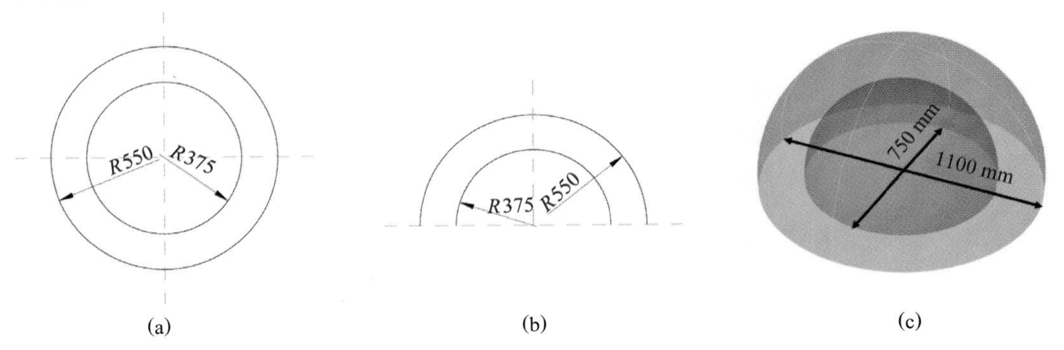


**图1 模型区域示意图**（单位：mm）

(a) 平面图；(b) 剖面图；(c) 3D图

模型需在指定位置设置加载点，加载3D 示意图如图2所示。模型放置于加载台上，先在8个点上施加竖向荷载（加载点位置及编号规则详见4.1及4.3节），具体做法是：采用挂钩从加载点上引垂直线，并通过转向滑轮装置将加载线引到加载台两侧，采用在挂盘上放置砝码的方式施加垂直荷载。在8个点中的点1处施加变化方向的水平荷载，具体做法是：采用挂钩从加载点上引水平线，通过可调节高度的转向滑轮装置将加载线引至加载台一侧，并在挂盘上放置砝码用于施加水平荷载。施加水平荷载的装置可绕点 1 的竖轴旋转，用于施加变化方向的水平荷载。具体加载点位置及方式详见后续模型加载要求。

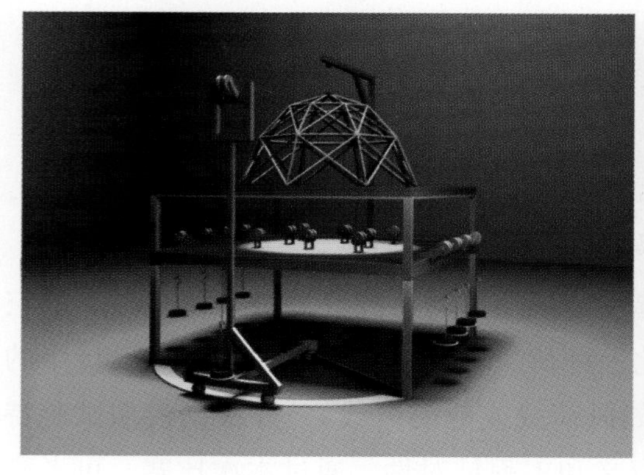
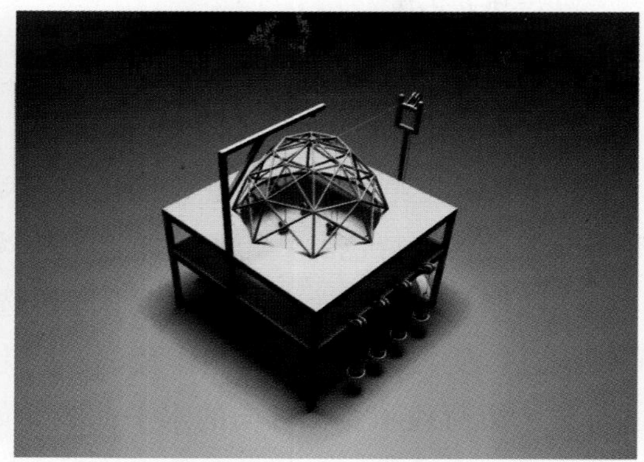

**图 2　加载 3D 示意图**

（注：本图的模型仅为参考构型，只要满足题目要求的结构均为可行模型）

## 3　模型方案及制作要求

### 3.1　理论方案要求

（1）理论方案指模型的设计说明书和计算书。计算书要求包含：结构选型、结构建模及计算参数、多工况下的受荷分析、节点构造、模型加工图（含材料表）。文本封面要求注明作品名称、参赛学校、指导老师、参赛学生姓名和学号；正文按设计说明书、方案图和计算书的顺序编排。除封面外，其余页面均不得出现任何有关参赛学校和个人的信息，否则理论方案为零分。

（2）理论方案力求简明扼要，要求用 A4 纸打印纸质版一式三份及光盘一式二份于规定时间内交到竞赛组委会，逾期作自动放弃处理。

### 3.2　模型制作要求

（1）各参赛队要求在 16 个小时内完成模型的制作。应在此规定制作时间内完成所有模型的胶水粘贴工作，将模型组装为整体，此后不能对模型再进行任何操作。后续的安装阶段仅允许采用螺钉将模型固定到底板上。

（2）模型制作过程中，严禁将模型半成品部件置于地面。若因此导致模型损坏，责任自负，并不因此而延长制作时间。

## 4　加载与测量

### 4.1　荷载施加方式概述

竞赛模型加载点见图 3，在半径 150mm 和半径 260mm 的两个圆上共设置 8 个加载点，加载点允许高度范围见加载点剖面图，可在此范围内布置加载点。比赛时将施加三级荷载，第一级荷载在所有8个点上施加竖直荷载；第二级荷载在$R$=150mm（以下简称内圈）及$R$=260mm（以下简称外圈）这两圈加载点中各抽签选出2个加载点施加竖直荷载；第三级荷载在内圈加载点中抽签选出1个加载点施加水平荷载。具体加载方式详见4.8节。

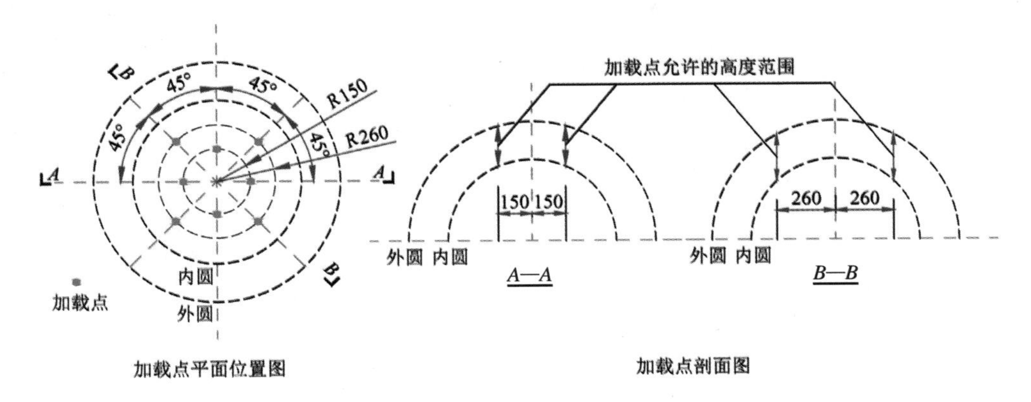


图3　加载点位置示意图

比赛时选用2mm粗高强尼龙绳，绑成绳套，固定在加载点上，绳套只能捆绑在节点位置，尼龙绳仅作挂重用，不兼作结构构件。每根尼龙绳长度不超过150mm，捆绑方式自定，绳子在正常使用条件下能达到25kg拉力。每个加载点处选手需用红笔标识出以加载点为中心、左右各5mm（总共10mm）的加载区域，如图4所示，绑绳只能设置在此区域中。加载过程中，绑绳不得滑动出此区域。

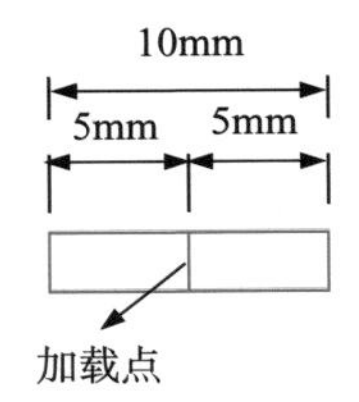


图4　加载点卡槽示意图

## 4.2　模型安装到承台板

（1）安装前先对模型进行称重（包括绳套），记$M_A$（精度0.1g）。

（2）参赛队将模型安装在承台板上，承台板为1200mm（长）×1200mm（宽）×15mm（高）的生态木板，中部开设了可通过加载钢绳的孔洞。安装时模型与承台板之间采用自攻螺钉（1g/颗）连接，螺钉总质量记为$M_B$（单位：g）；整个模型结构（包括螺钉）不得超越规定的内外球面之间的范围（内半径375mm，外半径550mm），若安装时自己破坏了模型结构，不得临时再做修补。安装时间不得超过15分钟，每超过1分钟总分扣去2分，扣分累加。

（3）模型总质量$M_1=M_A+M_B$（精度0.1g）。

## 4.3　抽签环节

本环节选手通过两个随机抽签值确定模型的第三级水平荷载加载点（对应模型的摆放方向）及第二级竖向随机加载模式。

（1）抽取第三级加载时水平荷载的加载点

参赛队伍在完成模型制作后，要在内圈 4 个加载点附近用笔（或者贴上便签）按顺时针明确标出 *A*、*B*、*C*、*D*，如图 5（a）所示。采用随机程序从 *A* 至 *D* 等 4 个英文大写字母中随机抽取一个，所抽到字母即为参赛队伍第三级水平荷载的加载点。此时，将该点旋转对准 *x* 轴的负方向，再将该加载点重新定义为 1 号点。另外 7 个加载点按照图 5（b）所示规则编号：按照顺时针的顺序，在模型上由内圈到外圈按顺时针标出 2 ~ 8 号加载点。例如，若在抽取步骤（1）中抽到 *B*，则应该按图 5（c）定义加载点的编号，其他情况以此类推。

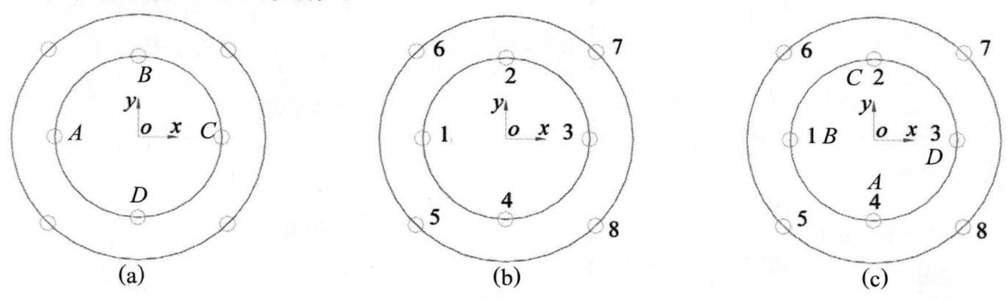


**图 5　加载点抽签编号图**

（2）抽取第二级竖向荷载的加载点

第二级竖向荷载的加载点是按照图 6 中的 6 种加载模式进行随机抽取的，抽取方式是用随机程序从 a 至 f 等 6 个英文小写字母中随机抽取一个，抽到的字母对应到图 6 中相应的加载方式，图中带方框的红色加载点即为第二级施加偏心荷载的加载点。

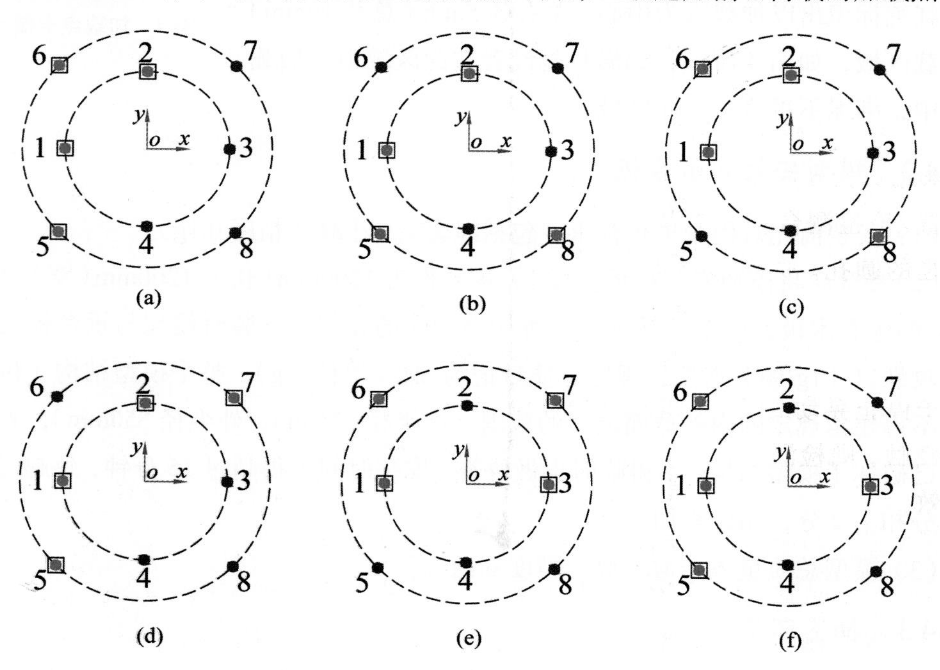


**图 6　6 种竖向荷载加载模式示意图**

（带方框的红色点表示第二级竖向荷载的加载点）

图 6 中点 1~8 的标号与抽取步骤（1）中确定的加载点标号一一对应。例如，如果在此步骤中抽到 d，则在 1、2、5、7 号点加载第二级偏心荷载，在 1 号点上加载第三级水平荷载。

### 4.4 模型几何尺寸检测

（1）几何外观尺寸检测

模型构件允许存在的空间为两个半球体之间的空间，如图 1 所示。检测时，将已安装模型的承台板放置于检测台上，采用如图 7 的检测装置 A 和 B，其中 A 与 B 均可绕所需检测球体的中心轴旋转 180°。检测装置已考虑了允许选手有一定的制作误差(内径此处允许值为 740mm，外径为 1110mm)。要求检测装置在旋转过程中，不与模型构件发生接触。若模型构件与检测装置接触，则代表检测不合格，不予进行下一步检测。

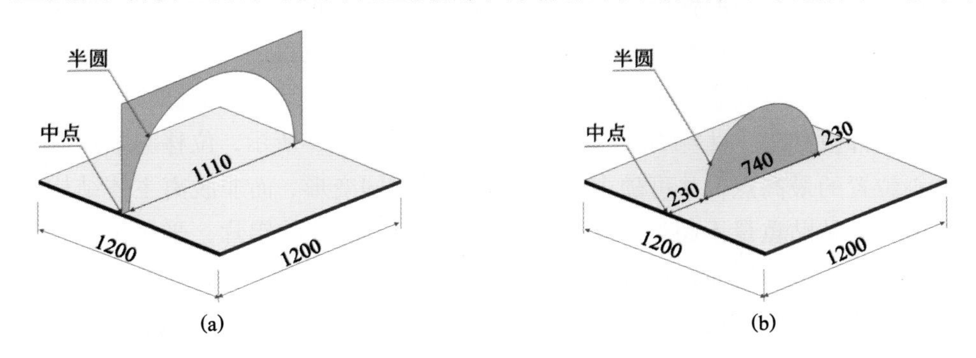


**图 7　几何外观尺寸检测装置示意图**（单位：mm）

(a) 外轮廓检测装置 A；(b) 内轮廓检测装置 B

（2）加载点位置检测

采用如图 8 所示的检测装置检测 8 个竖直加载点的位置。该检测台有 8 个以加载点垂足为圆心，15mm 为半径的圆孔。选手需在 4.2 节所列步骤中用于捆绑的每个绳套上，利用 S 形钩挂上带有 100g 重物的尼龙绳，尼龙绳直径为 2mm。8 根自然下垂的尼龙绳，在绳子停止晃动之后，可以同时穿过圆孔，但都不与圆孔接触，则检测合格。尼龙绳与圆孔边缘接触则视为失效。

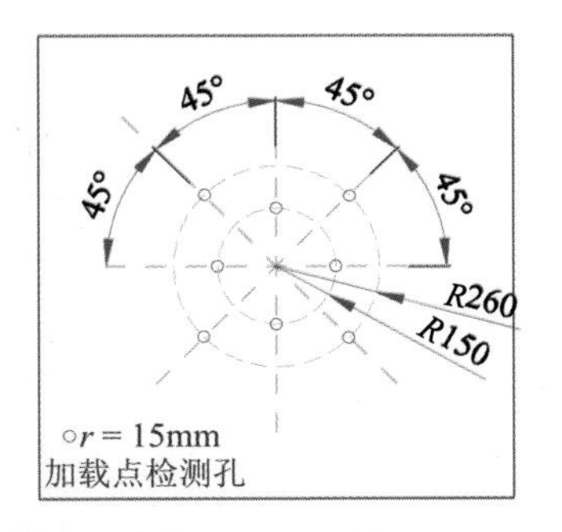


**图 8　竖直加载点位置检测装置**（单位：mm）

水平加载点采用了点 1 作为加载位置，考虑到绑绳需要一定的空间位置，水平加载点定位与垂直加载点空间距离不超过 20mm。

以上操作在志愿者监督下，由参赛队员在工作台上自行完成，过程中如有损坏，责任自负。如未能通过以上两项检测，则判定模型失效，不予加载。

在模型检测完毕后，队员填写第二级、第三级荷载的具体数值（具体荷载范围见

4.8 节），签名确认，此后不得更改。

### 4.5　模型安装到加载台上

参赛队将安装好模型的承台板抬至加载台支架上，将点 1 对准加载台的 $x$ 轴负方向，用 G 形木工夹夹住底板和加载台，每队提供 8 个夹具，由各队任选夹具数量和位置，也可不用。

在模型竖直加载点的尼龙绳吊点处挂上加载绳，在加载绳末端挂上加载挂盘，每个挂盘及加载绳的质量之和约为 500g。调节水平加载绳的位置到水平位置，水平加载挂盘在施加第三级水平荷载的时候再挂上。

### 4.6　模型挠度的测量方法

工程设计中，结构的强度与刚度是结构性能的两个重要指标。在模型的第一、二级加载过程中，通过位移测量装置对结构中心点的垂直位移进行测量。根据实际工程中大跨度屋盖的挠度要求，按照相似性原理进行换算，再综合其他试验因素后设定本模型最大允许位移为 $[w]$ =12mm。位移测量点位置如图 9 所示，位移测量点应布置于模型中心位置的最高点，并可随主体结构受载后共同变形，而非脱离主体结构单独设置。测量点处粘贴重量不超过 20g、尺寸为 30mm×30mm 的铝片，采用位移计进行位移测量。参赛队员必须在该位移测量处设置支撑铝片的杆件。铝片应粘贴牢固，加载过程中出现脱落、倾斜而导致的位移计读数异常，各参赛队自行负责。

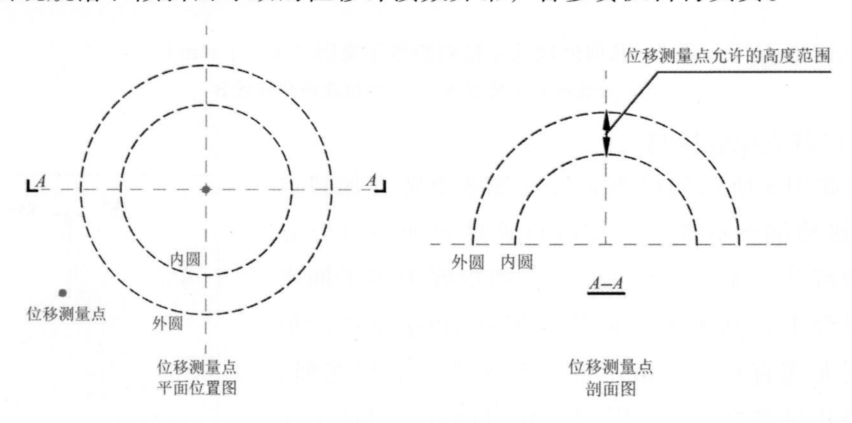


**图 9　位移测量点位置示意图**

在 4.5 节所列步骤完成后，将位移计对准铝片中点，位移测量装置归零，位移量从此时开始计数。

4.5 节及 4.6 节的安装过程由各队自行完成，赛会人员负责监督、标定测量仪器和记录。如在此过程中出现模型损坏，则视为丧失比赛资格。安装完毕后，不得再触碰模型。

### 4.7　答辩环节

由一个参赛队员陈述，时间控制在 1 分钟以内。评委提问及参赛队员回答，时间控制在 2 分钟以内。

### 4.8 具体加载步骤

加载分为三级，第一级是竖向荷载，在所有加载点上每点施加 5kg 的竖向荷载；第二级是在第一级荷载的基础上在选定的 4 个点上每点施加 4~6kg 的竖向荷载（注：每点荷载须是同一数值）；第三级是在前两级荷载基础上，施加变方向水平荷载，大小在 4~8kg 之间。第二、三级的可选荷载大小由参赛队伍自己选取，以 1kg 为最小单位增加。现场采用砝码施加荷载，有 1kg 和 2kg 两种规格。

（1）第一级加载：在图 3 中的 8 个加载点，每个点施加 5kg 的竖向荷载，并对竖向位移进行检测。在持荷第 10 秒钟时读取位移计的示数。稳定位移不超过允许的位移限值 $[w]$=12mm（注：本赛题规则中所有的位移均是指位移绝对值，若在加载时，位移往上超过 12mm 也算失效），则认为该级加载成功。否则，该级加载失效，不得进行后续加载。

（2）第二级加载：在第一级荷载的基础上，在 4.3 节抽取的 4 个荷载加载点处施加 4~6kg 的竖向荷载（每个点荷载相同），并对竖向位移进行检测。在持荷第 10 秒钟时读取位移计示数，稳定位移不超过允许的位移限值 $[w]$ =12mm，则认为该级加载成功。否则，该级加载失效，不得进行后续加载。

（3）第三级加载：在前两级荷载的基础上，在点 1 上施加变动方向的水平荷载。比赛选手首先在 Ⅰ 点处挂上选定荷载，而后参赛队伍自己推动已施加荷载的可旋转加载装置，依次经过 Ⅰ、Ⅱ、Ⅲ、Ⅳ 四点，并且不受到结构构件的阻挡。这四个点的位置关系如图 10 所示。转到 Ⅰ、Ⅱ、Ⅲ、Ⅳ 这四点时，应各停留 5 秒钟。如果加载的过程中，模型没有失效，则加载成功。

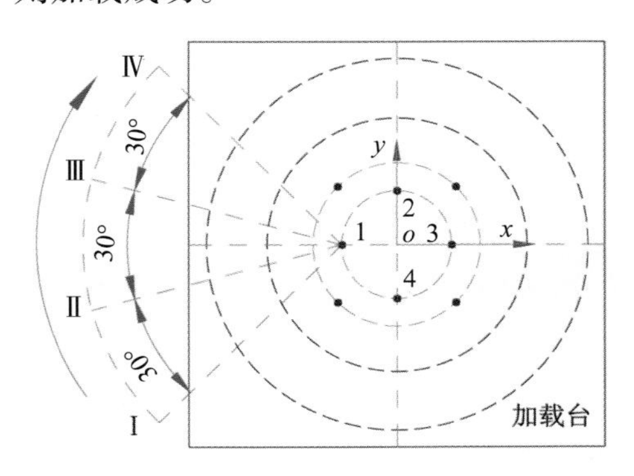


**图 10 第三级荷载加载方式**

以上三级的总加载时间不超过 4 分钟。若超过此时间，每超过 1 分钟总分扣去 2 分，扣分累加。

无特殊情况（是否为特殊情况，由专家组判定），每个队伍从模型安装到加载台上（4.5 节所列步骤开始）到加载结束应在 10 分钟内完成，若超过此时间，每超过 1

分钟总分扣去 2 分，扣分累加。

### 4.9 模型失效评判准则

加载过程中，出现以下情况，则终止加载，本级加载及以后级别加载成绩为零：

（1）加载过程中，若模型结构发生整体倾覆、垮塌，则终止加载，本级加载及以后级别加载成绩为零；

（2）如果设置的挂绳断裂或者脱落失效，也应视为模型失效；

（3）第一级或第二级荷载加载时挠度超过允许挠度限值 [$w$]；

（4）评委认定不能继续加载的其他情况。

## 5 模型材料

本项比赛模型制作材料由组委会统一提供，现场制作；各参赛队使用的材料仅限于组委会提供的材料。允许选手对所给材料进行加工、组合。如模型中采用的材料违反上述规定，一经查实，将取消参赛资格。每队统一配发以下材料（由组委会提供）：

（1）竹材，用于制作结构构件。竹材规格及数量如表 1 所示，竹材参考力学指标如表 2 所示。

**表 1 竹材规格及用量**

| 竹材规格 | | 竹材名称 | 数量 |
|---|---|---|---|
| 竹皮 | 1250mm×430mm×0.50mm | 本色侧压双层复压竹皮 | 2 张 |
| | 1250mm×430mm×0.35mm | 本色侧压双层复压竹皮 | 2 张 |
| | 1250mm×430mm×0.20mm | 本色侧压单层复压竹皮 | 2 张 |
| 竹条 | 900mm×6mm×1mm | — | 20 根 |
| | 900mm×2mm×2mm | — | 20 根 |
| | 900mm×3mm×3mm | — | 20 根 |

注：竹条实际长度为 930mm。

**表 2 竹材参考力学指标**

| 密度 | 顺纹抗拉强度 | 抗压强度 | 弹性模量 |
|---|---|---|---|
| 0.789g/cm$^3$ | 150MPa | 65MPa | 10GPa |

（2）502 胶水：用于模型结构构件之间的连接，限 8 瓶。

（3）制作工具：美工刀 3 把、剪刀 2 把、镊子 2 把、6 寸水口钳 1 把、滴管若干、铅笔两支、钢尺（30cm）以及丁字尺（1m）各一把、三角尺（20cm）一套。打孔器（公用）。

（4）测试附件为 30mm×30mm 的铝片，重 20g，用于挠度测试。

（5）尼龙挂绳，此挂绳仅用于绑扎挂钩用，不得作为模型构件使用，称重时挂绳绑扎在结构上一起称量。

## 6　评分标准

### 6.1　总分构成

结构评分按总分 100 分计算，其中包括：

（1）理论方案分值：5 分；

（2）现场制作的模型分值：10 分；

（3）现场陈述与答辩分值：5 分；

（4）模型加载表现分值：80 分。

### 6.2　评分细则

A. 理论方案评分细则

第 $i$ 队的理论方案得分 $A_i$，由专家根据计算内容的科学性、完整性、准确性和图文表达的清晰性与规范性等进行评定，理论方案不得出现参赛学校的标识，否则为零分。

注：计算书要求包含：结构选型、结构建模及主要计算参数、受荷分析、节点构造、模型加工图（含材料表）。

B. 现场制作的模型评分细则

第 $i$ 队现场制作的模型得分 $B_i$，由专家根据模型结构的合理性、创新性、制作质量、美观性和实用性等进行评定，其中模型结构与制作质量各占 5 分。

C. 现场陈述与答辩评分细则

第 $i$ 队的现场陈述与答辩得分 $C_i$，由专家根据队员现场综合表现（内容表述、逻辑思维、创新点和回答等）进行评分。

D. 模型加载表现评分细则

（1）计算第 $i$ 支参赛队的单位自重承载力 $k_{1i}$、$k_{2i}$、$k_{3i}$。

第一级加载成功时，各参赛队模型的自重为 $M_i$（单位：g），承载质量为 $G_{1i}$（单位：g），此处的质量除各队的承载质量外，还包括 8 个加载托盘及加载线的总量，每个托盘及加载线按 500g 计算，单位承载力为 $k_{1i}$：

$$k_{1i}=G_{1i}/M_i$$

单位承载力最高的小组得分 25，作为满分，其单位承载力记为 $k_{1\max}$，则其余小组得分为 $25k_{1i}/k_{1\max}$。

第二级加载成功时，各参赛队模型的自重为 $M_i$（单位：g），承载质量为 $G_{2i}$（单位：g），$G_{2i}$ 为参赛队自报的第二级加载总质量，单位承载力为 $k_{2i}$：

$$k_{2i}=G_{2i}/M_i$$

单位承载力最高的小组得分 25，作为满分，其单位承载力记为 $k_{2\max}$，则其余小组得分为 $25k_{2i}/k_{2\max}$。

第三级加载成功时，各参赛队模型的自重（包括螺钉质量）为$M_i$（单位：g），承载质量为$G_{3i}$（单位：g），$G_{3i}$除包括参赛队自报的水平加载质量外，还包括1个加载托盘及加载线的总量，托盘及加载线按500g计算，单位水平承载力为$k_{3i}$：

$$k_{3i}=G_{3i} / M_i$$

单位承载力最高的小组得分30，作为满分，其单位承载力记为$K_{3\max}$，则其余小组得分为$30k_{3i} / k_{3\max}$。

（2）模型加载表现得分$D_i$：

$$D_i = 25k_{1i} / k_{1\max} + 25k_{2i} / k_{2\max} + 30k_{3i} / k_{3\max}$$

## 6.3　总分计算公式

第$i$支队总分计算公式为：

$$F_i=A_i+B_i+C_i+D_i$$

## 六、全国大学生结构设计竞赛委员会

主　　任：吴朝晖　浙江大学校长

副 主 任：邹晓东　中国高等教育学会工程教育专业委员会理事长

李国强　高等学校土木工程学科专业指导委员会主任

袁　驷　中国土木工程学会教育工作委员会主任

陈云敏　教育部科学技术委员会环境与土木水利学部常务副主任

委　　员：（按姓氏笔画为序）

王文格（湖南大学）

孙伟锋（东南大学）

孙宏斌（清华大学）

李　正（华南理工大学）

李正良（重庆大学）

沈　毅（哈尔滨工业大学）

张凤宝（天津大学）

张维平（大连理工大学）

陆国栋（中国高等教育学会工程教育专业委员会）

罗尧治（浙江大学）

金伟良（浙江大学）

胡大伟（长安大学）

黄一如（同济大学）

秘 书 处：浙江大学

秘 书 长：陆国栋（中国高等教育学会工程教育专业委员会秘书长）

副秘书长：毛一平、丁元新（浙江大学）

秘　　书：魏志渊、姜秀英（浙江大学）

# 七、全国大学生结构设计竞赛专家委员会顾问

顾　问：（按姓氏笔画为序）

| | | | |
|---|---|---|---|
| 王　超 | 中国工程院院士 | 河海大学 | 教授 |
| 江　亿 | 中国工程院院士 | 清华大学 | 教授 |
| 江欢成 | 中国工程院院士 | 上海现代建筑设计集团 | 总工程师 |
| 杨永斌 | 中国工程院院士 | 重庆大学 | 教授 |
| 杨华勇 | 中国工程院院士 | 浙江大学 | 教授 |
| 肖绪文 | 中国工程院院士 | 中国建筑工程总公司 | 总工程师 |
| 吴硕贤 | 中国科学院院士 | 华南理工大学 | 教授 |
| 沈世钊 | 中国工程院院士 | 哈尔滨工业大学 | 教授 |
| 陈政清 | 中国工程院院士 | 湖南大学 | 教授 |
| 陈肇元 | 中国工程院院士 | 清华大学 | 教授 |
| 欧进萍 | 中国工程院院士 | 哈尔滨工业大学 | 教授 |
| 周绪红 | 中国工程院院士 | 重庆大学 | 教授 |
| 项海帆 | 中国工程院院士 | 同济大学 | 教授 |
| 赵国藩 | 中国工程院院士 | 大连理工大学 | 教授 |
| 钟登华 | 中国工程院院士 | 天津大学 | 教授 |
| 聂建国 | 中国工程院院士 | 清华大学 | 教授 |
| 容柏生 | 中国工程院院士 | 华南理工大学 | 兼职教授 |
| | | 广州容柏生建筑结构设计事务所 | 总裁 |
| 龚晓南 | 中国工程院院士 | 浙江大学 | 教授 |
| 董石麟 | 中国工程院院士 | 浙江大学 | 教授 |

# 八、第十二届全国大学生结构设计竞赛专家委员会

| | | | |
|---|---|---|---|
| 主　任： | 金伟良 | 浙江大学 | 教授 |
| 副主任： | 季　静 | 华南理工大学 | 教授 |
| 委　员： | （按姓氏笔画为序） | | |
| | 丁　阳 | 天津大学 | 教授 |
| | 王　湛 | 华南理工大学 | 教授 |
| | 方　志 | 湖南大学 | 教授 |
| | 史庆轩 | 西安建筑科技大学 | 教授 |
| | 杜新喜 | 武汉大学 | 教授 |
| | 李宏男 | 大连理工大学 | 教授 |
| | 吴　涛 | 长安大学 | 教授 |
| | 张　川 | 重庆大学 | 教授 |
| | 范　峰 | 哈尔滨工业大学 | 教授 |
| | 罗尧治 | 浙江大学 | 教授 |
| | 罗志国 | 富力地产集团广州设计院副院长 | 高级工程师 |
| | 曹双寅 | 东南大学 | 教授 |
| | 董　聪 | 清华大学 | 教授 |
| | 熊海贝 | 同济大学 | 教授 |
| 秘　书： | 丁元新 | 浙江大学 | 副研究员 |

# 九、第十二届全国大学生结构设计竞赛组织委员会

**主　　任：** 李　正（华南理工大学副校长）

**副 主 任：** 项　聪（华南理工大学教务处处长）
吴　波（华南理工大学土木与交通学院院长）
郑存辉（华南理工大学土木与交通学院党委书记）
李思廉（广州富力地产股份有限公司董事长）

**委　　员：** 关春兰（华南理工大学党办校办主任）
张锅红（华南理工大学党委宣传部部长）
李卫青（华南理工大学党委学生工作部/处部/处长）
孟　勋（华南理工大学团委书记）
王庆年（华南理工大学国际交流与合作处处长）
刘　俊（华南理工大学公共关系处处长）
陈永强（华南理工大学保卫处处长）
王　健（华南理工大学实验室与设备管理处处长）
马红红（华南理工大学财务处处长）
叶伟雄（华南理工大学后勤处处长）
吴　垒（华南理工大学医院党总支书记）
陆以勤（华南理工大学信息化办公室主任）
施亚玲（华南理工大学艺术学院党委书记）
益瑞涵（华南理工大学体育学院党委书记）
季　静（华南理工大学土木与交通学院副院长）
陈　珺（华南理工大学土木与交通学院专职行政副院长）
张蔚洁（华南理工大学土木与交通学院党委副书记）

**秘 书 长：** 张蔚洁（兼任）

**副秘书长：** 王燕林（华南理工大学土木与交通学院团委书记）

**秘书处成员：** 陈庆军　何文辉　韦　锋　刘慕广　吴建营　李　静
石秋萍　肖耀峰　郭瑞玉　陈逸新　袁昌民　连维越

# 十、第十二届全国大学生结构设计竞赛流程

## （一）开幕式

1. 奏唱国歌
2. 华南理工大学领导致欢迎辞
3. 竞赛委员会秘书处领导致辞
4. 富力地产领导致辞
5. 专家评委代表发言
6. 参赛学生代表发言
7. 竞赛启动仪式
8. 合影留念

## （二）赛题说明会

1. 竞赛命题组讲解竞赛题目及相关事项
2. 演示竞赛模型验收、加载等
3. 现场提问与解答

## （三）领队会议

1. 华南理工大学土木与交通学院领导致辞
2. 竞赛委员会秘书处领导讲话
3. 竞赛委员会秘书处布置相关事项
4. 现场提问与解答

## （四）闭幕式及颁奖会

1. 文艺表演
2. 闭幕式开始，奏唱国歌
3. 竞赛专家代表点评
4. 华南理工大学领导致辞

5. 竞赛委员会秘书长致辞

6. 竞赛专家委员会领导致辞

7. 富力地产领导致辞

8. 宣布获奖名单并颁奖

9. 交接会旗

10. 第十三届全国大学生结构设计竞赛承办单位西安建筑科技大学领导讲话

11. 宣布竞赛闭幕

# 十一、第十二届全国大学生结构设计竞赛参赛高校

第十二届全国大学生结构设计竞赛参赛高校名单(按拼音顺序排序)

| 序号 | 参赛高校名称 | 联系人 |
|---|---|---|
| 1 | 安徽理工大学 | 程新国 |
| 2 | 安阳工学院 | 史永涛 |
| 3 | 北方民族大学 | 陆　宁 |
| 4 | 北京建筑大学 | 苑　泉 |
| 5 | 长安大学 | 李　悦 |
| 6 | 长春工程学院 | 朱　坤 |
| 7 | 长春建筑学院 | 杜春海 |
| 8 | 长江师范学院 | 刘合敏 |
| 9 | 长沙理工大学 | 付　果 |
| 10 | 长沙理工大学城南学院 | 郑忠辉 |
| 11 | 重庆大学 | 舒泽民 |
| 12 | 重庆科技学院 | 刘欣鹏 |
| 13 | 大连理工大学 | 王吉忠 |
| 14 | 东北大学 | 陈　猛 |
| 15 | 东北林业大学 | 贾　杰 |
| 16 | 东北农业大学 | 王洪涛 |
| 17 | 东南大学 | 孙泽阳 |
| 18 | 防灾科技学院 | 万　卫 |
| 19 | 佛山科学技术学院 | 陈玉骥 |
| 20 | 福建江夏学院 | 郑国琛 |
| 21 | 广东工业大学 | 梁靖波 |
| 22 | 广西大学 | 杨　涛 |
| 23 | 贵州大学 | 孔德文 |
| 24 | 哈尔滨工业大学 | 白雨佳 |
| 25 | 哈尔滨学院 | 孙　路 |
| 26 | 海口经济学院 | 唐　能 |
| 27 | 海南大学 | 罗立胜 |
| 28 | 合肥工业大学 | 王　辉 |
| 29 | 河北工程大学 | 申彦利 |
| 30 | 河北工业大学 | 陈向上 |

续表

| 序号 | 参赛高校名称 | 联系人 |
|---|---|---|
| 31 | 河海大学 | 胡锦林 |
| 32 | 河南城建学院 | 赵　晋 |
| | | 王　仪 |
| 33 | 河南科技大学 | 朱俊锋 |
| 34 | 贺州学院 | 许胜才 |
| 35 | 湖北工业大学 | 苏　骏 |
| 36 | 湖北文理学院 | 范建辉 |
| 37 | 湖南大学 | 周　云 |
| 38 | 华东交通大学 | 严　云 |
| 39 | 华南理工大学 | 王燕林 |
| 40 | 华南农业大学 | 何春保 |
| 41 | 华侨大学 | 杨　恒 |
| 42 | 淮阴工学院 | 刘剑雄 |
| 43 | 黄山学院 | 邓　林 |
| 44 | 吉林建筑大学城建学院 | 袁其华 |
| 45 | 吉首大学 | 王子国 |
| 46 | 江苏大学 | 张富宾 |
| 47 | 江西理工大学应用科学学院 | 王月梅 |
| 48 | 井冈山大学 | 杜晟连 |
| 49 | 昆明理工大学 | 费维水 |
| 50 | 兰州大学 | 王亚军 |
| 51 | 兰州交通大学 | 刘廷滨 |
| 52 | 辽宁科技大学 | 于　新 |
| 53 | 鲁东大学 | 李　波 |
| 54 | 吕梁学院 | 宋季耘 |
| 55 | 南华大学 | 陶秋旺 |
| 56 | 南京工业大学 | 徐　汛 |
| 57 | 南京航空航天大学 | 唐　敢 |
| 58 | 南宁职业技术学院 | 朱正国 |
| 59 | 内蒙古工业大学 | 史　勇 |
| 60 | 内蒙古科技大学 | 汤　伟 |
| 61 | 宁夏大学 | 张尚荣 |
| 62 | 攀枝花学院 | 孙金坤 |
| 63 | 青海大学 | 李积珍 |
| 64 | 青海民族大学 | 曹　锋 |
| 65 | 清华大学 | 王海深 |

续表

| 序号 | 参赛高校名称 | 联系人 |
|---|---|---|
| 66 | 山东建筑大学 | 武佳文 |
| 67 | 山东科技大学 | 王贝贝 |
| 68 | 汕头大学 | 王传林 |
| 69 | 上海交通大学 | 宋晓冰 |
| 70 | 上海应用技术大学 | 胡大柱 |
| 71 | 绍兴文理学院元培学院 | 赏莹莹 |
| 72 | 沈阳建筑大学 | 耿　琳 |
| 73 | 石家庄铁道大学 | 马祥旺 |
| 74 | 太原理工大学 | 邢　颖 |
| 75 | 天津城建大学 | 罗兆辉 |
| 76 | 天津大学 | 李志鹏 |
| 77 | 同济大学 | 沈水明 |
| 78 | 同济大学浙江学院 | 陈　鲁 |
| 79 | 潍坊学院 | 周　彬 |
| 80 | 武汉大学 | 杜新喜 |
| 81 | 武汉华夏理工学院 | 靳帮虎 |
| 82 | 武汉科技大学 | 姜天华 |
| 83 | 武汉理工大学 | 范小春 |
| 84 | 西安建筑科技大学 | 钟炜辉 |
| 85 | 西安交通大学 | 张硕英 |
| 86 | 西安理工大学 | 潘秀珍 |
| 87 | 西北工业大学 | 李玉刚 |
| 88 | 西藏民族大学 | 张根凤 |
| 89 | 西藏农牧学院 | 何军杰 |
| 90 | 西南交通大学 | 王若羽 |
| 91 | 西南科技大学 | 褚云朋 |
| 92 | 厦门理工学院 | 王晨飞 |
| 93 | 香港大学 | Ada Law |
| 94 | 香港科技大学 | Chun-man Chan |
| 95 | 新疆大学 | 王辉明 |
|  |  | 韩风霞 |
| 96 | 信阳学院 | 付善春 |
| 97 | 燕山大学 | 赵大海 |
| 98 | 阳光学院 | 陈建飞 |
| 99 | 云南农业大学 | 张刘东 |
| 100 | 浙江大学 | 邹道勤 |
| 101 | 浙江工业大学 | 田兴长 |
| 102 | 浙江工业职业技术学院 | 单豪良 |

续表

| 序号 | 参赛高校名称 | 联系人 |
| --- | --- | --- |
| 103 | 浙江树人大学 | 姚　谏 |
| 104 | 中北大学 | 郑　亮 |
| 105 | 中国矿业大学 | 张营营 |
| 106 | 中国矿业大学徐海学院 | 董春法 |
| 107 | 中国农业大学 | 梁宗敏 |

# 十二、历届全国大学生结构设计竞赛简介

## 第一届全国大学生结构设计竞赛

**承办高校与举办地点：**浙江大学、杭州市

**举办时间：**2005年6月2—6日

**参赛高校：**26所

**参赛队伍：**49支

**竞赛题目：**高层建筑结构模型设计与制作

**题目简介：**要求用组委会指定材料，模型应包括上部结构部分和基础部分。上部结构高度为（1000±10）mm，层数不得少于7层，模型的上部结构及基础形式不限，但需考虑通风、采光和承受竖向荷载、侧向荷载以及固定模型等要求。

**奖项设置：**特等奖1个，一等奖5个，二等奖10个，三等奖15个，最佳创意奖1个，最佳制作奖1个，优秀组织奖6个。

## 第二届全国大学生结构设计竞赛

**承办高校与举办地点：**大连理工大学、大连市

**举办时间：**2008年10月22—25日

**参赛高校：**46所

**参赛队伍：**47支

**竞赛题目：**两跨两车道桥梁模型的制作和移动荷载作用的加载试验

**模型简介：**各参赛队须用统一发放的材料制作一个桥梁的模型，竞赛中模型质量越小，成功承受在其上进行平移运动的物体越重，则胜出。

**奖项设置：**一等奖6个，二等奖12个，三等奖14个，最佳创意奖1个，最佳制作奖1个，优秀组织奖10个。

## 第三届全国大学生结构设计竞赛

**承办高校与举办地点：**同济大学、上海市

**举办时间：**2009年11月24—28日

**参赛高校：**58所

**参赛队伍：**59支

**竞赛题目：**定向木结构风力发电塔

**题目简介：**竞赛题目是“定向木结构风力发电塔”，要求学生采用木材制作发电机塔架及风机叶片，通过评判结构质量、刚度、发电功率等多方面得分来确定名次。

**奖项设置：**特等奖2个，一等奖6个，二等奖12个，三等奖18个，最佳创意奖1个，最佳制作奖1个，优秀组织奖10个。

## 第四届全国大学生结构设计竞赛

**承办高校与举办地点：**哈尔滨工业大学、哈尔滨市

**举办时间：**2010年11月12—15日

**参赛高校：**71所

**参赛队伍：**72支

**竞赛题目：**体育场看台上部悬挑屋盖结构

**题目简介：**本次比赛的竞赛题目是“体育场看台上部悬挑屋盖结构”，要求学生采用桐木条或者桐木板制作体育场看台上部悬挑屋盖结构模型，通过在悬挑屋盖上加竖向静载和风荷载的方式考核各队模型的刚度和承载力，再综合计算书、结构选型与制作质量、现场表现等多方面得分来确定名次。赛题要求权衡质量和刚度的平衡，通过结构形式创新得到一个理想的平衡点。

**奖项设置：**特等奖1个，一等奖9个，二等奖16个，三等奖22个，最佳创意奖1个，最佳制作奖1个，优秀组织奖15个。

## 第五届全国大学生结构设计竞赛

**承办高校与举办地点：**东南大学、南京市

**举办时间：**2011年10月20—23日

**参赛高校：**73所

**参赛队伍：**74支

**竞赛题目：**带屋顶水箱的竹质多层房屋结构

**题目简介：**竞赛模型为多层房屋结构模型，采用竹质材料制作，具体结构形式不限。模型包括小振动台系统、上部多层结构模型和屋顶水箱三个部分，模型的各层楼面系统承受的荷载通过附加铁块实现。小振动台系统和屋顶水箱由承办方提供，水箱通过热熔胶固定于屋顶，多层结构模型由参赛选手制作，并通过螺栓和竹质底板固定于振动台上。

**奖项设置：**特等奖1个，一等奖8个，二等奖16个，三等奖22个，最佳创意奖1个，最佳制作奖1个，特邀高校杰出奖4个，优秀组织奖16个。

## 第六届全国大学生结构设计竞赛

**承办高校与举办地点：**重庆大学、重庆市

**举办时间：**2012年10月23—26日

**参赛高校：**85所

**参赛队伍：**86支

**竞赛题目：**吊脚楼

**题目简介：**本届竞赛主题为“吊脚楼建筑抵抗泥石流、滑坡等地质灾害”，针对西南地区山地特色建筑结构吊脚楼，考虑泥石流、滑坡对建筑结构造成的危害，进行建筑结构的抗冲击模拟。结构采用竹皮作为基本制作材料，要求制作一座1m高的结构模型承受冲击荷载。模型最终分数由模型质量、承载质量、结构加速度三个因素决定，赛题难度较往届有所提高。

**奖项设置：**特等奖1个，一等奖9个，二等奖17个，三等奖26个，最佳创意奖1个，最佳制作奖1个，特邀高校杰出奖1个，优秀组织奖15个。

## 第七届全国大学生结构设计竞赛

**承办高校与举办地点：**湖南大学、长沙市

**举办时间：**2013年11月27—30日

**参赛高校：**96所

**参赛队伍：**97支

**竞赛题目：**设计并制作一双竹结构高跷模型，并进行加载测试

**题目简介：**本届竞赛的主题为“竹高跷结构绕标竞速比赛”，要求参赛队用竹片薄板制作净高265mm的高跷结构，既能承受运动员的体重静载，又要能承受运动员在20m赛道上来回绕标竞赛时受到的拉压弯剪扭的复杂受力组合状态。测试分静、动态两个环节，静态测试为参赛选手穿上该队制作的竹高跷模型，双脚静止站立于地磅称重台上，计算选手总重除以模型质量的数值；动态测试要求参赛选手穿着竹高跷按规定路线绕标跑或走，计算到达终点的时间。

**奖项设置：**特等奖1个，一等奖10个，二等奖19个，三等奖29个，最佳创意奖1个，最佳制作奖1个，特邀高校杰出奖2个，优秀组织奖15个。

## 第八届全国大学生结构设计竞赛

**承办高校与举办地点：**长安大学、西安市

**举办时间：**2014年9月17—20日

**参赛高校：**101所

**参赛队伍：** 102 支

**竞赛题目：** 三重檐攒尖顶仿古楼阁模型制作与抗震测试

**题目简介：** 本届竞赛以“三重檐攒尖顶仿古楼阁模型制作与抗震测试”为赛题，结合西安十三朝古都的历史文化背景，要求参赛队利用新型竹制材料制作三层楼阁仿古建筑。竞赛模型采用竹质材料制作，包括一、二、三层构架及一、二层屋檐，模型柱脚用热熔胶固定于底板之上，底板用螺栓固定于振动台上。模型制作材料、小振动台系统和模型配重由承办方提供。各代表队围绕赛题进行模型的制作、加载，同时比赛引入模拟地震作用作为模型的测试条件。

**奖项设置：** 特等奖 1 个，一等奖 10 个，二等奖 20 个，三等奖 31 个，最佳创意奖 1 个，最佳制作奖 1 个，优秀组织奖 15 个。

## 第九届全国大学生结构设计竞赛

**承办高校与举办地点：** 昆明理工大学、昆明市

**举办时间：** 2015 年 10 月 14—18 日

**参赛高校：** 109 所

**参赛队伍：** 110 支

**竞赛题目：** 手工与 3D 打印设计制作、装配山地桥梁结构模型

**题目简介：** 赛题以纪念抗战胜利 70 周年，选定在抗日战争期间对中国有着非凡意义的生命线——滇缅公路作为赛题背景。赛题要求参赛队伍将山地桥梁结构设计、工程实际情况、手工与 3D 打印装配等理论技术相结合，将自己设计制作的两段桥梁模型与给定的山体模型紧密搭接起来，在总质量为 150～400g 的两段桥面上加载 2kg、4kg 的模型小车。

**奖项设置：** 特等奖 1 个，一等奖 10 个，二等奖 23 个，三等奖 34 个，最佳创意奖 1 个，最佳制作奖 1 个，优秀组织奖 20 个。

## 第十届全国大学生结构设计竞赛

**承办高校与举办地点：** 天津大学、天津市

**举办时间：** 2016 年 10 月 13—17 日

**参赛高校：** 124 所

**参赛队伍：** 125 支

**竞赛题目：** 大跨度屋盖结构

**题目简介：** 赛题以改革开放以来，大跨度空间结构的社会需求和工程应用逐年增加，空间结构在各种大型体育场馆、剧院、会议展览中心、机场候机楼、铁路旅客站及各类工业厂房等建筑中得到了广泛的应用为背景，要求参赛选手设计并制作出在一

定的挠度要求范围内，顶层承受空间均布荷载的大型屋盖结构。

**奖项设置：** 特等奖 1 个，一等奖 14 个，二等奖 26 个，三等奖 39 个，最佳创意奖 1 个，最佳制作奖 1 个，优秀组织奖 25 个。

## 第十一届全国大学生结构设计竞赛

**承办高校与举办地点：** 武汉大学、武汉市

**举办时间：** 2017 年 10 月 18—22 日

**参赛高校：** 107 所

**参赛队伍：** 108 支

**竞赛题目：** 渡槽支承系统结构设计与制作

**题目简介：** 本届结构设计竞赛结合现实水资源国情，以渡槽支承系统结构为背景，通过制作渡槽支承系统结构模型并进行输水加载试验，共同探讨输水时渡槽支承系统结构的受力特点、设计优化和施工技术等问题。

**奖项设置：** 特等奖 1 个，一等奖 11 个，二等奖 22 个，三等奖 32 个，最佳创意奖 1 个，最佳制作奖 1 个，优秀组织奖 22 个，特邀杰出奖 1 个。

从第十一届开始，首次实行全国大学生结构设计竞赛与各省（市）分区赛两个阶段，经全国大学生结构设计竞赛秘书处统计，各省（市）大学生结构设计竞赛秘书处组织的分区赛共涉及 506 所高校、1182 支参赛队。

## 第十二届全国大学生结构设计竞赛

**承办高校与举办地点：** 华南理工大学、广州市

**举办时间：** 2018 年 11 月 7—11 日

**参赛高校：** 107 所

**参赛队伍：** 108 支

**竞赛题目：** 承受多荷载工况的大跨度空间结构模型设计与制作

**题目简介：** 题目要求学生针对静载、随机选位荷载及移动荷载等多种荷载工况下的空间结构进行受力分析、模型制作及试验。此三种荷载工况分别对应实际结构设计中的恒荷载、活荷载和变化方向的水平荷载，并根据模型试验特点进行了一定简化。

**奖项设置：** 特等奖 1 个，一等奖 11 个，二等奖 21 个，三等奖 33 个，最佳创意奖 1 个，最佳制作奖 1 个，高校优秀组织奖 27 个，全国和各省（市）秘书处优秀组织奖 10 个，特邀杰出奖 2 个，突出贡献奖 4 个。

经全国大学生结构设计竞赛秘书处统计，各省（市）大学生结构设计竞赛秘书处组织的分区赛共涉及 542 所高校、1236 支参赛队。

# 十三、第十二届全国大学生结构设计竞赛获奖名单

## 关于公布颁发全国大学生结构设计竞赛"突出贡献奖"的通知

按照全国大学生结构设计竞赛章程【结设竞函〔2017〕1 号】和全国大学生结构设计竞赛实施细则与指导性意见【结设竞函〔2018〕1 号】文件精神之规定，为表彰多年来为大学生结构设计竞赛组织和指导做出突出贡献的专家、管理者和指导教师，由全国大学生结构设计竞赛秘书处根据入选条件初审和推荐提名，经全国大学生结构设计竞赛专家委员会评审、表决与批准，董石麟、叶继红、周天华和宋晓冰等四位荣获全国大学生结构设计竞赛"突出贡献奖"，现予公布，以资表彰鼓励与颁奖。

全国大学生结构设计竞赛委员会

2018 年 11 月 11 日

# 关于公布颁发全国大学生结构设计竞赛“优秀组织奖”的通知

为表彰与激励组织与承办全国大学生结构设计竞赛和各省（市）大学生结构设计分区赛参加高校超过 2017 年 30%以上的秘书处，经全国大学竞赛结构设计竞赛秘书处研究决定，华南理工大学秘书处、西安建筑科技大学秘书处、武汉大学秘书处、浙江大学秘书处、重庆大学秘书处、山东大学秘书处、内蒙工业大学秘书处、太原理工大学秘书处、西南交通大学秘书处和华东交通大学秘书处等为 2018 年全国大学生结构设计竞赛优秀组织奖，特此鼓励与颁奖。

全国大学生结构设计竞赛委员会秘书处

2018 年 11 月 11 日

# 第十二届全国大学生结构设计竞赛获奖名单

第十二届全国大学生结构设计竞赛于2018年11月7—11日在华南理工大学举行，共有107所高校，108支队伍，324名学生参赛。经全国大学生结构设计竞赛委员会专家组评审，共评出全国特等奖1项、一等奖11项、二等奖21项、三等奖33项、单项奖2项、优秀奖40项、特邀杰出奖2项和优秀组织奖27项。同时颁发全国大学生结构设计竞赛突出贡献奖4项，以及全国各省（市）秘书处优秀组织奖10项，现予正式公布。

第十二届全国大学生结构设计竞赛获奖名单

| 序号 | 学校名称 | 参赛学生姓名 | | | 指导教师（或指导组） | | 领队 | 奖项 |
|---|---|---|---|---|---|---|---|---|
| 1 | 重庆大学 | 郭罂坤 | 邓儒杰 | 张　辉 | 指导组 | | 舒泽民 | 特等奖 |
| 2 | 上海交通大学 | 闫勇升 | 朱天怡 | 汤　淼 | 宋晓冰 | 陈思佳 | 宋晓冰(兼) | 一等奖 |
| 3 | 吉首大学 | 何　钰 | 王　谦 | 李海峰 | 王子国 | 江泽普 | 程淑珍 | 一等奖 |
| 4 | 长沙理工大学 | 骆兰迎 | 陈若楠 | 胡　健 | 付　果 | 李传习 | 付果(兼) | 一等奖 |
| 5 | 东北林业大学 | 王鹤然 | 张　成 | 谭淞元 | 贾　杰 | 徐　嫚 | 郝向炜 | 一等奖 |
| 6 | 湖北文理学院 | 齐立宇 | 闫慧才 | 邓　博 | 范建辉 | 王　莉 | 徐福卫 | 一等奖 |
| 7 | 浙江工业职业技术学院 | 周许栋 | 陈倩莹 | 汪伟涛 | 罗烨钶 | 单豪良 | 钟振宇 | 一等奖 |
| 8 | 长沙理工大学城南学院 | 邹鹏辉 | 徐钰钧 | 姜晓峰 | 肖勇刚 | 袁剑波 | 郑忠辉 | 一等奖 |
| 9 | 华南理工大学一队 | 潘昊瑾 | 杨益钦 | 林杨胜 | 陈庆军 | 刘慕广 | 王燕林 | 一等奖 |
| 10 | 浙江树人大学 | 徐　铁 | 邵银熙 | 赵佳皓 | 沈　骅 | 楼旦丰 | 姚　谏 | 一等奖 |
| 11 | 西南交通大学 | 叶高宏 | 郑浩宇 | 周　豪 | 指导组（建工系） | | 王若羽 | 一等奖 |
| 12 | 哈尔滨工业大学 | 符洋钰 | 袁昊祯 | 彭鑫帅 | 邵永松 | 赵亚丁 | 白雨佳 | 一等奖 |
| 13 | 佛山科学技术学院 | 刘文博 | 何建华 | 佘剑平 | 饶德军 | 王英涛 | 陈玉骥 | 二等奖 |
| 14 | 浙江大学 | 余杭聪 | 蔡泽恩 | 柯延宇 | 邓　华 | 邹道勤 | 邹道勤(兼) | 二等奖 |
| 15 | 东南大学 | 支新航 | 孙雨勤 | 王田虎 | 孙泽阳 | 陆金钰 | 郑逸川 | 二等奖 |
| 16 | 长江师范学院 | 官　义 | 张吉森 | 余　浩 | 刘合敏 | 李滟浩 | 孙华银 | 二等奖 |
| 17 | 湖北工业大学 | 彭宇林 | 余中阳 | 曾美龄 | 余佳力 | 张　晋 | 苏　骏 | 二等奖 |
| 18 | 昆明理工大学 | 桂云程 | 曹镇伟 | 沈　未 | 胡兴国 | 李晓章 | 叶苏荣 | 二等奖 |
| 19 | 长安大学 | 邹云鹤 | 于振鑫 | 奚宇博 | 王　步 | 李　悦 | 王步(兼) | 二等奖 |
| 20 | 厦门理工学院 | 录亦豪 | 许清钊 | 罗　帅 | 陈昉健 | 李建良 | 陈昉健(兼) | 二等奖 |

续表

| 序号 | 学校名称 | 参赛学生姓名 | | | 指导教师（或指导组） | | 领队 | 奖项 |
|---|---|---|---|---|---|---|---|---|
| 21 | 云南农业大学 | 胡祥森 | 周鑫宇 | 李鑫龙 | 邱 勇 | 张华群 | 龚爱民 | 二等奖 |
| 22 | 中国矿业大学徐海学院 | 张 健 | 蒋洋洋 | 张一博 | 刘玉田 | 谢 伟 | 谢伟（兼） | 二等奖 |
| 23 | 江苏大学 | 郭文芳 | 漆仲浩 | 路海俊 | 张富宾 | 韩 豫 | 孙保苍 | 二等奖 |
| 24 | 攀枝花学院 | 龚 胜 | 贺琮栖 | 何 波 | 指导组 | | 孙金坤 | 二等奖 |
| 25 | 东北大学 | 唐建员 | 陈 尧 | 刘文琦 | 陈 猛 | 王述红 | 陈猛（兼） | 二等奖 |
| 26 | 安徽理工大学 | 黄笑笑 | 沈 雁 | 燕 兵 | 赵 军 | 程新国 | 程新国（兼） | 二等奖 |
| 27 | 绍兴文理学院元培学院 | 赵 杰 | 张彧铭 | 吴祖云 | 赏莹莹 | 王琪栋 | 顾晓林 | 二等奖 |
| 28 | 淮阴工学院 | 刘振宇 | 刘金鑫 | 孟 亮 | 刘剑雄 | 张 鹏 | 顾文虎 | 二等奖 |
| 29 | 海口经济学院 | 罗干昊 | 郑 寅 | 王 涛 | 唐 能 | 杜 鹏 | 张仰福 | 二等奖 |
| 30 | 兰州交通大学 | 魏宇朔 | 陶 然 | 王 瑞 | 张家玮 | 李 伟 | 梁庆国 | 二等奖 |
| 31 | 潍坊学院 | 王方方 | 姜文翰 | 尹智璇 | 周 彬 | 白志强 | 刘晓东 | 二等奖 |
| 32 | 吕梁学院 | 赵 旭 | 邓 义 | 易 宇 | 高树峰 | 宋季耘 | 高树峰（兼） | 二等奖 |
| 33 | 长春建筑学院 | 刘一鸣 | 于 鑫 | 张 梦 | 杜春海 | 张志影 | 刘 玲 | 二等奖 |
| 34 | 湖南大学 | 吴焕征 | 吕德堡 | 邓 仁 | 周 云 | | 周云（兼） | 三等奖 |
| 35 | 天津大学 | 罗奇星 | 崔 兵 | 张晨皓 | 张晋元 | 李志鹏 | 李志鹏（兼） | 三等奖 |
| 36 | 河南城建学院 | 孟志强 | 董迎港 | 李佳敏 | 王 仪 | 赵 晋 | 尹振羽 | 三等奖 |
| 37 | 海南大学 | 陈樱霭 | 邱 珺 | 文继善 | 罗立胜 | 曾加东 | 杜 娟 | 三等奖 |
| 38 | 南宁职业技术学院 | 黄河清 | 姚奕安 | 农加祺 | 朱正国 | 蒲瑞新 | 朱正国（兼） | 三等奖 |
| 39 | 华侨大学 | 黄宝伟 | 陈金临 | 林巧燕 | 徐玉野 | 叶 勇 | 杨 恒 | 三等奖 |
| 40 | 河北工业大学 | 王应圳 | 张亚磊 | 陈思德 | 陈向上 | 刘金春 | 刘金春（兼） | 三等奖 |
| 41 | 武汉理工大学 | 邓展豪 | 麻福贤 | 梁亚伟 | 柯 杨 | 徐 训 | 孙亮明 | 三等奖 |
| 42 | 井冈山大学 | 刘祎祯 | 罗根勇 | 闵 林 | 杜晟连 | 王珍吾 | 王珍吾（兼） | 三等奖 |
| 43 | 长春工程学院 | 刘润民 | 佟金才 | 李良健 | 朱 坤 | 邹向阳 | 朱坤（兼） | 三等奖 |
| 44 | 山东科技大学 | 于光泉 | 宋孟宇 | 韩 翔 | 林跃忠 | 黄一杰 | 刘 晶 | 三等奖 |
| 45 | 燕山大学 | 张淇皓 | 高 强 | 付秀颖 | 赵建波 | 赵大海 | 赵大海（兼） | 三等奖 |
| 46 | 同济大学浙江学院 | 王 爽 | 沃正一 | 余常坤 | 指导组 | | 李 红 | 三等奖 |
| 47 | 南京航空航天大学 | 柳冠华 | 贾泽龙 | 刘 维 | 唐 敢 | 王法武 | 程 晔 | 三等奖 |
| 48 | 黄山学院 | 王干亮 | 燕郭胜 | 廖陈鑫 | 邓 林 | 高雪冰 | 邓林（兼） | 三等奖 |
| 49 | 武汉华夏理工学院 | 罗嘉峰 | 李 勇 | 王 坤 | 靳帮虎 | 李 静 | 靳帮虎（兼） | 三等奖 |
| 50 | 河北工程大学 | 王 斌 | 陶云亮 | 郭 浩 | 马晓雨 | 沈金生 | 申彦利 | 三等奖 |
| 51 | 重庆科技学院 | 扶 林 | 谭 海 | 陈 刚 | 况龙川 | 刘欣鹏 | 朱浪涛 | 三等奖 |
| 52 | 武汉大学 | 李昌正 | 黄东明 | 汤善彪 | 杜新喜 | 邹良浩 | 谢献谋 | 三等奖 |
| 53 | 武汉科技大学 | 胡宇杰 | 王家璇 | 马安琼 | 邹垚 | 杨祖泉 | 姜天华 | 三等奖 |
| 54 | 信阳学院 | 于中潮 | 齐柳钰 | 李嘉馨 | 付善春 | 王 亮 | 潘卫国 | 三等奖 |

续表

| 序号 | 学校名称 | 参赛学生姓名 | | | 指导教师（或指导组） | | 领队 | 奖项 |
|---|---|---|---|---|---|---|---|---|
| 55 | 吉林建筑大学城建学院 | 古 龙 | 曹 峰 | 李 维 | 魏 丹 | 袁其华 | 魏丹(兼) | 三等奖 |
| 56 | 河海大学 | 杨宏武 | 谌建霖 | 秦快乐 | 张 勤 | 胡锦林 | 胡锦林（兼） | 三等奖 |
| 57 | 浙江工业大学 | 夏哲聃 | 郑旭东 | 潘硕宸 | 王建东 | | 曾洪波 | 三等奖 |
| 58 | 华南理工大学二队 | 曾衍衍 | 胡弘毅 | 佘志义 | 何文辉 | 韦 锋 | 王燕林 | 三等奖 |
| 59 | 阳光学院 | 陈雨铭 | 江俊强 | 谢鸿轩 | 陈建飞 | 林国华 | 林国华（兼） | 三等奖 |
| 60 | 华东交通大学 | 梅祖瑄 | 龙 强 | 糜瑞彬 | 刘迎春 | 严 云 | 严云(兼) | 三等奖 |
| 61 | 同济大学 | 阳 帅 | 李 涛 | 马天然 | 郭小农 | 贾良玖 | 沈水明 | 三等奖 |
| 62 | 广东工业大学 | 宁健豪 | 刘广立 | 姚嘉豪 | 梁靖波 | 何嘉年 | 熊 哲 | 三等奖 |
| 63 | 西藏民族大学 | 胡顺磊 | 任丙华 | 张文杰 | 蔡 婷 | 张根凤 | 张根凤（兼） | 三等奖 |
| 64 | 西南科技大学 | 刘永鉴 | 韩镇钟 | 朱靖瑞 | 褚云朋 | 顾 颖 | 褚云朋（兼） | 三等奖 |
| 65 | 内蒙古科技大学 | 刘建富 | 武 刚 | 杜思宏 | 万 馨 | 李 娟 | 汤 伟 | 三等奖 |
| 66 | 安阳工学院 | 马福博 | 赵威峰 | 卫一博 | 赵 军 | 拓万永 | 史永涛 | 三等奖 |
| 67 | 长沙理工大学 | 骆兰迎 | 陈若楠 | 胡 健 | 付 果 | 李传习 | 付果(兼) | 最佳创意奖 |
| 68 | 长安大学 | 邹云鹤 | 于振鑫 | 奚宇博 | 王 步 | 李 悦 | 王步(兼) | 最佳制作奖 |
| 69 | 香港大学 | 朱海昊 | 江百川 | 卢学丰 | 罗君皓 | | 陈何永恩 | 特邀杰出奖 |
| 70 | 香港科技大学 | 任睿彤 | 叶睿豪 | 谢耀荣 | 陈俊文 | | 陈俊文(兼) | 特邀杰出奖 |
| 71 | 北方民族大学 | 黎熙航 | 任 豪 | 丁文平 | 马肖彤 | 陆 华 | 陆 宁 | 优秀奖 |
| 72 | 北京建筑大学 | 吴鑫洋 | 卢峻锐 | 宋 超 | 指导组 | | 苑 泉 | 优秀奖 |
| 73 | 大连理工大学 | 张乐朋 | 袁博文 | 高 兴 | 王吉忠 | | 杨大令 | 优秀奖 |
| 74 | 东北农业大学 | 王 徐 | 徐 铭 | 刘奕铭 | 王洪涛 | 侯为军 | 张中昊 | 优秀奖 |
| 75 | 防灾科技学院 | 华 成 | 陈奕臻 | 梁 威 | 万 卫 | 孙治国 | 万卫(兼) | 优秀奖 |
| 76 | 福建江夏学院 | 张 翔 | 吴青龙 | 胡松泉 | 郑国琛 | 张 飞 | 王逢朝 | 优秀奖 |
| 77 | 广西大学 | 邓 宾 | 黄乐华 | 胡佳琪 | 杨 涛 | 林春姣 | 秦 岭 | 优秀奖 |
| 78 | 贵州大学 | 薄 钰 | 刘 悦 | 陈伟彬 | 孔德文 | 吴 辽 | 孔德文(兼) | 优秀奖 |
| 79 | 哈尔滨学院 | 王 屹 | 王 锋 | 郑 昀 | 王 琼 | 李 威 | 孙 路 | 优秀奖 |
| 80 | 合肥工业大学 | 夏 春 | 葛 健 | 何佩棠 | 王 辉 | 宋满荣 | 陈安英 | 优秀奖 |
| 81 | 河南科技大学 | 窦磊明 | 喻志豪 | 邹 妞 | 指导组 | | 张 伟 | 优秀奖 |
| 82 | 贺州学院 | 莫锦平 | 杨志成 | 梁定燊 | 许胜才 | 王痛快 | 曾小雪 | 优秀奖 |
| 83 | 华南农业大学 | 陈俊杰 | 陈莞城 | 卢浩贤 | 何春保 | 唐贵和 | 何春保(兼) | 优秀奖 |
| 84 | 江西理工大学应用科学学院 | 魏明远 | 陶建伟 | 邱钰洁 | 王月梅 | 吴建奇 | 臧明军 | 优秀奖 |
| 85 | 兰州大学 | 朱立栋 | 黄鸿伟 | 张部 | 王亚军 | 常 桐 | 武生智 | 优秀奖 |
| 86 | 辽宁科技大学 | 张 宇 | 董龙威 | 刘惠子 | 于 新 | 李 昊 | 于新(兼) | 优秀奖 |
| 87 | 鲁东大学 | 李 俊 | 于亚楠 | 朱传超 | 孟 雷 | 贾淑娟 | 贾淑娟(兼) | 优秀奖 |

续表

| 序号 | 学校名称 | 参赛学生姓名 | | | 指导教师（或指导组） | | 领队 | 奖项 |
|---|---|---|---|---|---|---|---|---|
| 88 | 南华大学 | 钟鹏程 | 贝一鸣 | 熊燕妮 | 指导组 | | 唐素芝 | 优秀奖 |
| 89 | 南京工业大学 | 陆跃贤 | 吴　鹏 | 张棋飞 | 万　里 | 王　俊 | 徐　汛 | 优秀奖 |
| 90 | 内蒙古工业大学 | 袁鹏智 | 孙　跃 | 朱紫薇 | 史　勇 | 杨立国 | 陈　辉 | 优秀奖 |
| 91 | 宁夏大学 | 安学峰 | 孙尚涛 | 陈富华 | 张尚荣 | 毛明杰 | 包　超 | 优秀奖 |
| 92 | 青海大学 | 赵　振 | 刘得鹏 | 杨若辰 | 李积珍 | 徐国光 | 李积珍(兼) | 优秀奖 |
| 93 | 青海民族大学 | 马义令 | 孔垂元 | 陆义文 | 张　韬 | 曹　锋 | 张韬(兼) | 优秀奖 |
| 94 | 清华大学 | 李易凡 | 李海洋 | 柳　贺 | 邢沁妍 | | 王海深 | 优秀奖 |
| 95 | 山东建筑大学 | 柳志伟 | 孙　豪 | 刘常玉 | 雷淑忠 | 武佳文 | 武佳文(兼) | 优秀奖 |
| 96 | 汕头大学 | 张俊伟 | 韩一凡 | 刘　洁 | 王传林 | 王钦华 | 王传林(兼) | 优秀奖 |
| 97 | 上海应用技术大学 | 林子豪 | 肖楚柠 | 张　冠 | 胡大柱 | 崔大光 | 丁文胜 | 优秀奖 |
| 98 | 沈阳建筑大学 | 王娅妮 | 苏国君 | 曹孟恺 | 王庆贺 | 耿　琳 | 耿琳(兼) | 优秀奖 |
| 99 | 石家庄铁道大学 | 李思琪 | 王富玉 | 陈存浩 | 李海云 | 李　勇 | 马祥旺 | 优秀奖 |
| 100 | 太原理工大学 | 黄　伟 | 李源康 | 胡　玉 | 董晓强 | 邢　颖 | 张家广 | 优秀奖 |
| 101 | 天津城建大学 | 兰浚峰 | 任珀萱 | 郭志能 | 罗兆辉 | 何　颖 | 阳　芳 | 优秀奖 |
| 102 | 西安建筑科技大学 | 兰　博 | 肖　涵 | 许皓月 | 惠宽堂 | | 惠宽堂(兼) | 优秀奖 |
| 103 | 西安交通大学 | 刘　可 | 张　松 | 于可文 | 董明海 | 张硕英 | 张硕英(兼) | 优秀奖 |
| 104 | 西安理工大学 | 张国恒 | 刘诚涛 | 高　欢 | 潘秀珍 | 杜宁军 | 潘秀珍(兼) | 优秀奖 |
| 105 | 西北工业大学 | 李奉泽 | 姜霄汉 | 梁淑一 | 李玉刚 | 黄　河 | 高大力 | 优秀奖 |
| 106 | 西藏农牧学院 | 张博钰 | 严吉堂 | 措　姆 | 何军杰 | 柳　斌 | 李成林 | 优秀奖 |
| 107 | 新疆大学 | 许朕铭 | 张海虎 | 李汝飞 | 王辉明 | 韩风霞 | 王辉明(兼) | 优秀奖 |
| 108 | 中北大学 | 覃刚尧 | 罗元江 | 许永杰 | 郑　亮 | 高　营 | 郑亮(兼) | 优秀奖 |
| 109 | 中国矿业大学 | 韩玉彬 | 赵　健 | 杨　涵 | 指导组 | | 张营营 | 优秀奖 |
| 110 | 中国农业大学 | 韩盛柏 | 吴青阳 | 任家朋 | 梁宗敏 | 张再军 | 梁宗敏(兼) | 优秀奖 |

**全国大学生结构设计竞赛突出贡献奖名单**

| 序号 | 学校名称 | 获奖姓名 | 奖项 |
|---|---|---|---|
| 1 | 浙江大学 | 董石麟 | 突出贡献奖 |
| 2 | 中国矿业大学 | 叶继红 | 突出贡献奖 |
| 3 | 长安大学 | 周天华 | 突出贡献奖 |
| 4 | 上海交通大学 | 宋晓冰 | 突出贡献奖 |

第十二届全国和各省(市)大学生结构设计竞赛秘书处优秀组织奖名单

| 序号 | 省份名称 | 获奖单位 | 奖项 |
|---|---|---|---|
| 1 | 四川省 | 西南交通大学秘书处 | 优秀组织奖 |
| 2 | 湖北省 | 武汉大学秘书处 | 优秀组织奖 |
| 3 | 浙江省 | 浙江大学秘书处 | 优秀组织奖 |
| 4 | 江西省 | 华东交通大学秘书处 | 优秀组织奖 |
| 5 | 重庆市 | 重庆大学秘书处 | 优秀组织奖 |
| 6 | 山东省 | 山东大学秘书处 | 优秀组织奖 |
| 7 | 广东省 | 华南理工大学秘书处 | 优秀组织奖 |
| 8 | 陕西省 | 西安建筑科技大学秘书处 | 优秀组织奖 |
| 9 | 内蒙古自治区 | 内蒙古工业大学秘书处 | 优秀组织奖 |
| 10 | 山西省 | 太原理工大学秘书处 | 优秀组织奖 |
| 第十二届全国大学生结构设计竞赛参赛高校优秀组织奖名单 | 佛山科学技术学院、长江师范学院、安徽理工大学、武汉理工大学、海南大学、中国农业大学、重庆科技学院、浙江树人大学、吉首大学、兰州大学、江苏大学、湖北文理学院、西安交通大学、燕山大学、南京航空航天大学、河南科技大学、上海交通大学、淮阴工学院、厦门理工学院、信阳学院、长沙理工大学、吉林建筑大学城建学院、南宁职业技术学院、河北工程大学、哈尔滨学院、井冈山大学、东北林业大学 | | |

全国大学生结构设计竞赛委员会

2018 年 11 月 26 日

# 第二部分　作品集锦

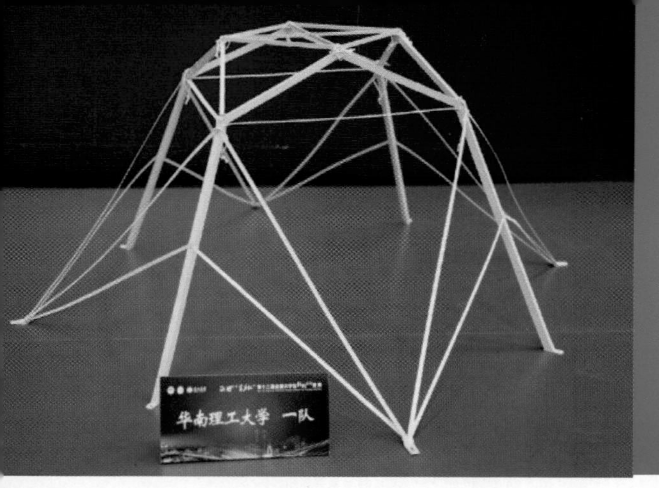


# 1 华南理工大学一队

| 作品名称 | 天穹 |
|---|---|
| 队　　员 | 潘昊瑾　杨益钦　林杨胜 |
| 指导教师 | 陈庆军　刘慕广 |
| 领　　队 | 王燕林 |

## 1.1 设计思路

结构设计没有唯一解，只有通过不断地探索去寻求相对最优的解。在结构设计中，要构建简约合理的结构形式，在满足结构安全性要求的前提下提高结构经济性和整体美观性。本选型是在网壳结构的基础上进行简化形成的，其具有传力简单直接、构件布置合理、模型制作简单及整体造型美观等优点。刚而不柔，脆也；柔而不刚，弱也；刚而柔，韧也。本选型刚柔结合，通过杆件和拉带的合理布置使得结构传力简单直接，在此基础上综合考虑杆件的轴力和弯矩情况，使用不同厚度的竹皮组成多种截面杆件，既提高了结构整体稳定性和抗扭能力，又充分利用了材料性能。

## 1.2 结构构型

根据赛题要求，初步提出几种结构选型并进行对比分析，详见表1-1。

**表1-1　结构选型对比**

| 选型 | 选型1 | 选型2 | 选型3 | 选型4 |
|---|---|---|---|---|
| 图示 | | | | |
| 优点 | 结构形式新颖，制作简单 | 模型整体抗扭能力及稳定性相对较好 | 选型受力直接，制作相对简易 | 选型受力直接，稳定性好，制作简单 |
| 缺点 | 结构稳定性差，承载能力差 | 制作烦琐，结构受力不直接，材料性能利用率低，质量大 | 模型荷质比潜力未达到预期 | 维稳拉带交汇处很难处理，很难控制拉带使其松紧程度一致 |

**总结：**综合对比，选型4因其荷质比最高及稳定性最好而在诸多方案中脱颖而出，并在攻克了其维稳拉带交汇处较难固定的难题后，被选为最终参赛方案。最终选型方

案示意图如图 1-1 所示。

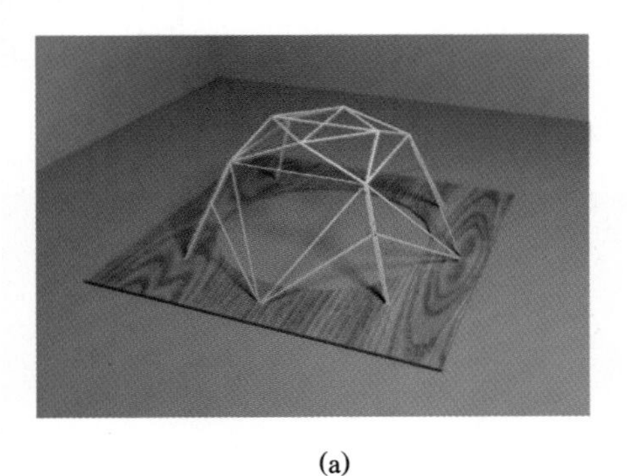

(a)

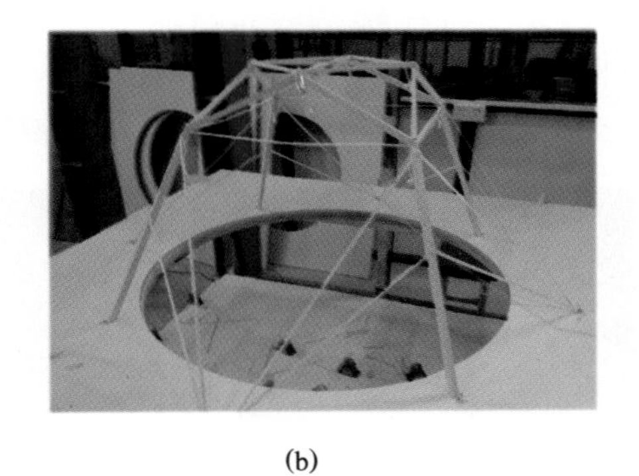

(b)

**图 1-1　选型方案示意图**

(a) 模型效果图；(b) 模型实物图

## 1.3　计算分析

基于 MIDAS 软件进行建模分析，计算分析结果如图 1-2 所示。

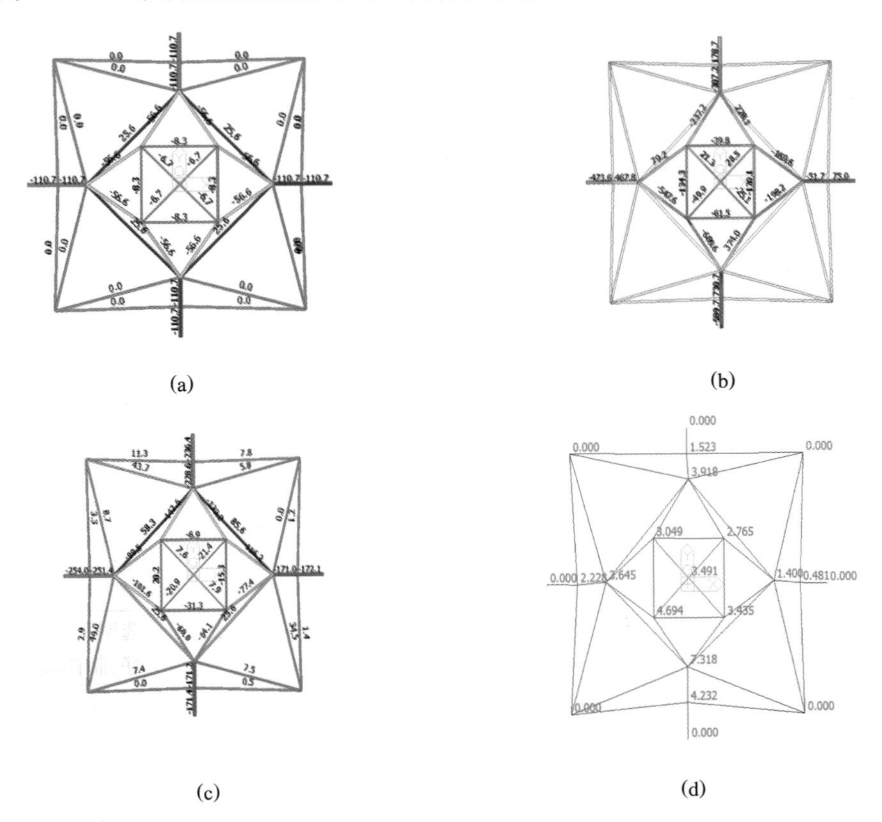

(a)　(b)　(c)　(d)

**图 1-2　计算分析结果图**

(a) 第一级荷载下轴力图；(b) 第二级荷载 b 工况下弯矩图；

(c) 第三级荷载 b 工况下 90°时轴力图；(d) 第三级荷载 b 工况下 90°时变形图

## 1.4 节点构造

节点是结构传力及模型制作的关键部位，本模型部分节点详图如图 1-3 所示。

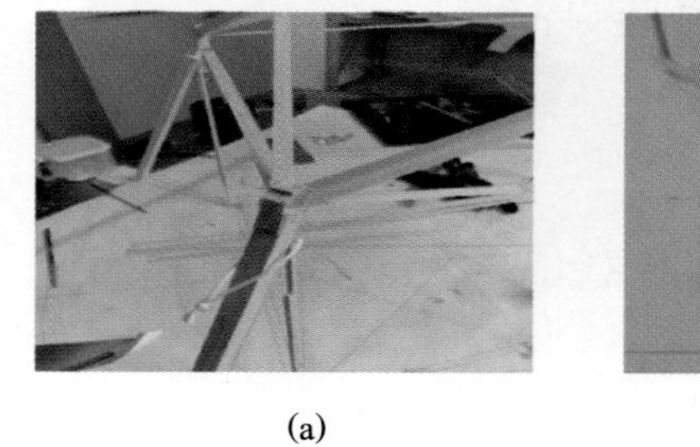

(a)

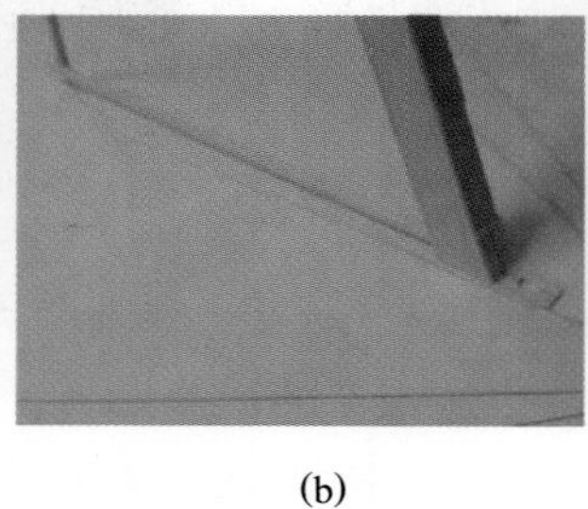

(b)

(c)

**图 1-3 节点详图**

(a) 模型上下部连接节点；(b) 柱脚节点；(c) 维稳拉带交汇处节点

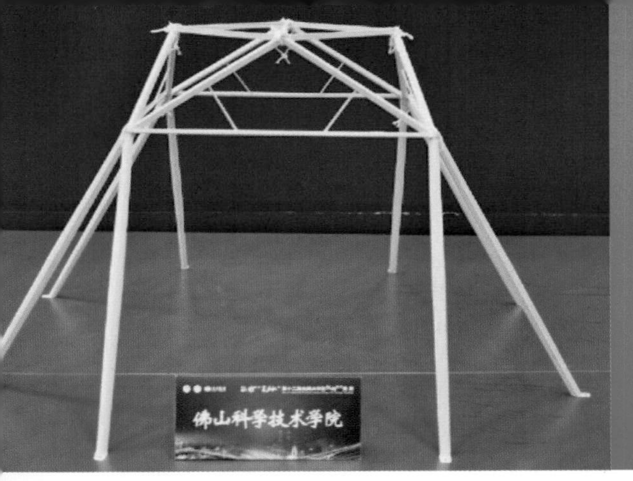


# 2 佛山科学技术学院

| 作品名称 | 岭南明珠 |
|---|---|
| 队　　员 | 刘文博　何建华　佘剑平 |
| 指导教师 | 饶德军　王英涛 |
| 领　　队 | 陈玉骥 |

## 2.1 设计思路

综合考虑模型的结构强度、刚度、稳定性和结构重要节点等方面，以结构最简最优、内力简单明确为基本原则，以安全第一、荷质比最大化为目标，以原题目所给参考选型为基础，优化了模型结构，使传力路径更为直接，使结构模型更好地承受竖向对称荷载、竖向偏载及水平荷载。

## 2.2 结构构型

根据赛题要求，初步提出几种结构选型并进行对比分析，详见表 2-1。

**表 2-1　结构选型对比**

| 选型 | 选型 1 | 选型 2 | 选型 3 |
|---|---|---|---|
| 图示 | | | |
| 优点 | 制作工艺相对简单 | 模型传力路径明确。通过螺钉将模型固定在承载板上，可解决水平推力分配不均这一问题 | 内外圈加载点互为相关节点，传力路径明确。模型杆件少，杆件制作与模型拼接简单。模型自重轻，能可靠地承受 6 种满载工况 |
| 缺点 | 传力路径复杂。模型的荷质比较低。压杆长度较长，易失稳 | 模型中存在较长斜杆，容易造成压杆失稳 | 模型杆件中含有长压杆，容易造成压杆失稳 |

**总结：**综合对比，由于选型 3 荷质比最高，且可以更可靠安全地完成 6 种工况的加载试验，故确定选项 3 为最终参赛方案。最终选型方案示意图如图 2-1 所示。

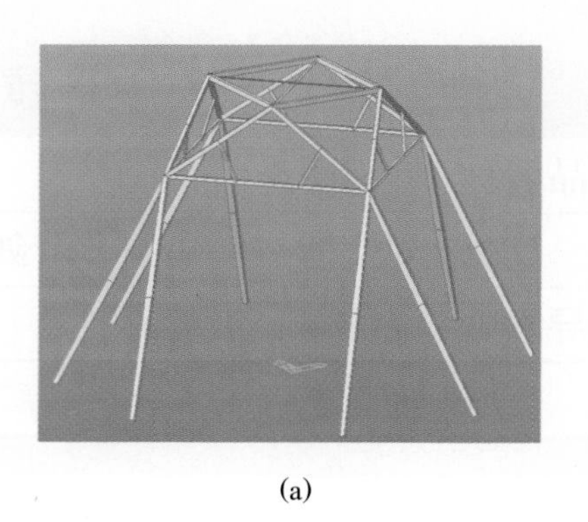

(a)

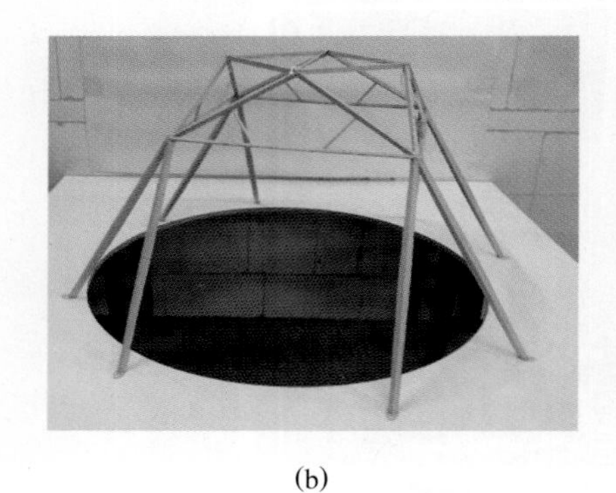

(b)

**图 2-1　选型方案示意图**

(a) 模型效果图；(b) 模型实物图

## 2.3　计算分析

基于 MIDAS 软件进行建模分析，计算分析结果如图 2-2 所示。

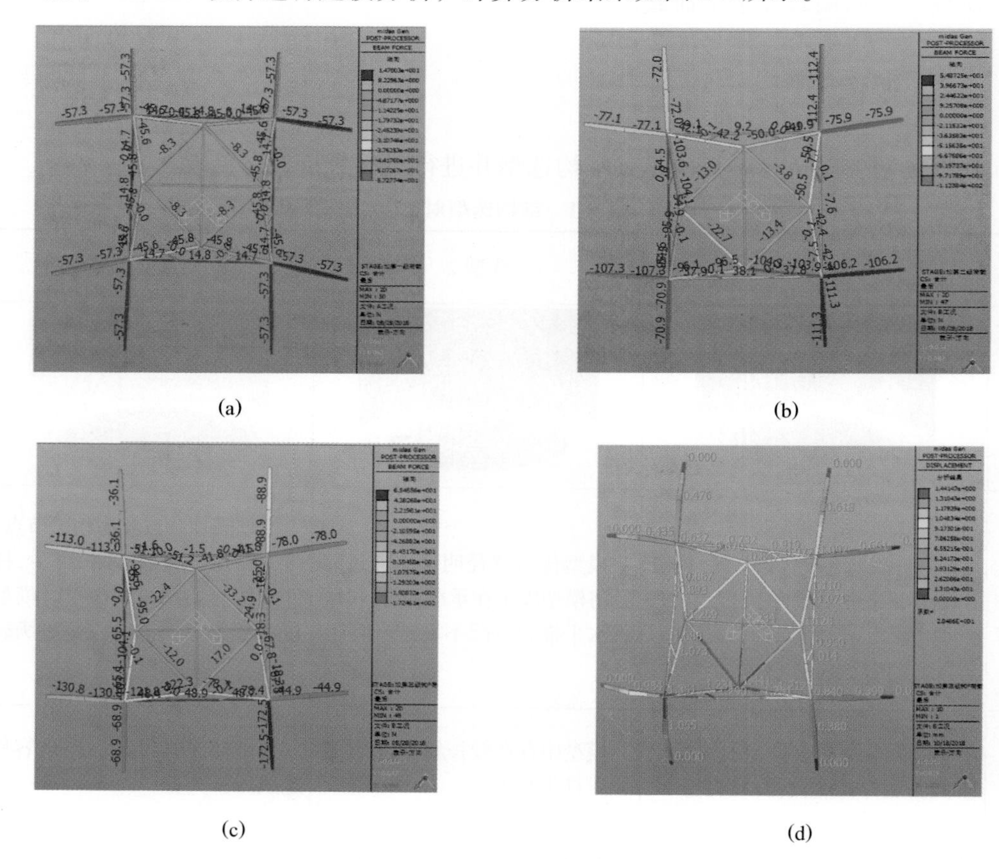

**图 2-2　计算分析结果图**

(a) 第一级荷载下轴力图；(b) 第二级荷载 b 工况下轴力图；

(c) 第三级荷载 b 工况下 90°时轴力图；(d) 第三级荷载 b 工况下 90°时变形图

## 2.4 节点构造

节点是结构传力及模型制作的关键部位，本模型部分节点详图如图 2-3 所示。

(a)

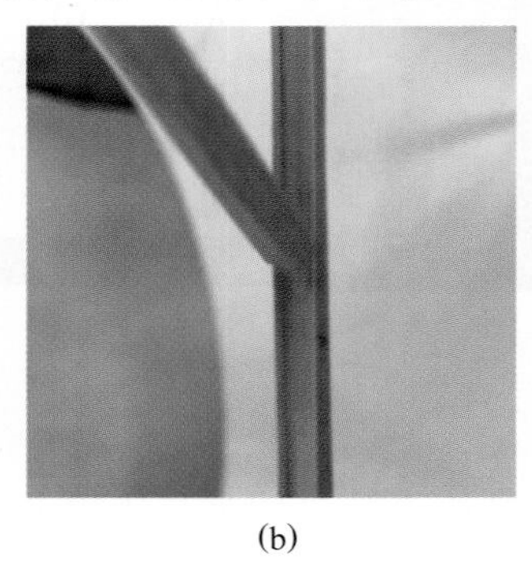

(b)

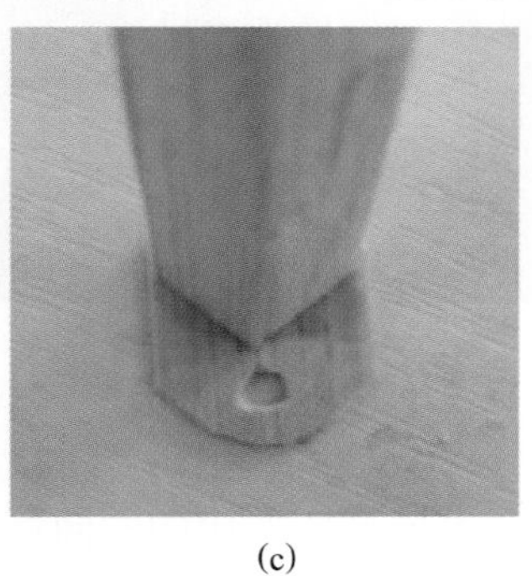

(c)

**图 2-3 节点详图**

(a) 外圈加载节点；(b) 横梁约束节点；(c) 柱脚底座节点

# 3 防灾科技学院

| 作品名称 | 风宇宙 |
|---|---|
| 队　　员 | 华　成　陈奕臻　梁　威 |
| 指导教师 | 万　卫　孙治国 |
| 领　　队 | 万　卫 |

## 3.1 设计思路

本模型所选用的空间框架结构设计灵感来自于埃菲尔铁塔的基座，并根据赛题要求做出更改。其受力合理，计算简单，制作方便，结构形体呈空间状，并同时具有三维受力特性。结构体系既直观又简洁：底部是长为 400mm 的倾斜工字形截面长杆，柱腿的倾角为 60°，搭接在 340mm 高度处的第一层平台上；一层平台往上 90mm 高度处为第二层平台，两者之间是由八根压杆作为支撑。

## 3.2 结构构型

根据赛题要求，初步提出几种结构选型并进行对比分析，详见表 3-1。

**表 3-1　结构选型对比**

| 选型 | 选型 1 | 选型 2 | 选型 3 |
|---|---|---|---|
| 图示 | | | |
| 优点 | 桁架拱之间斜撑刚度大，受偏心荷载作用时，体系具有很强的抗扭转能力。杆件分布对称，内力较均衡 | 拱架平面外有一组斜撑相互支撑，具有足够的拱平面外刚度；拱架底部采用拉力环，抵消拱底部的外向推力，形成自平衡结构体系 | 模型本身杆件少，传力明确，上部桁架结构受压承载能力强，能有效地将上部加载点的荷载转换为水平拉杆的内力，形成自平衡体系 |
| 缺点 | 拱为曲线构件，加工精度控制难度大。拱架的截面面积大，材料质量大 | 自重大，侧向刚度小，连接多，节点多。对于本赛题来说仍有较大的富余刚度，没有做到充分利用材料性能 | 上下部结构连接点处受力较大，存在薄弱环节。上下部结构杆件截面及连接方向不同，刚度突变，易产生沿此节点的破坏；结构体系的整体变形能力弱 |

**总结**：综合对比，最终确定选型 3 为最优方案，并着重解决各个杆件的截面优化

问题，以及上部结构与下部结构连接点位置的节点固定问题。最终选型方案示意图如图 3-1 所示。

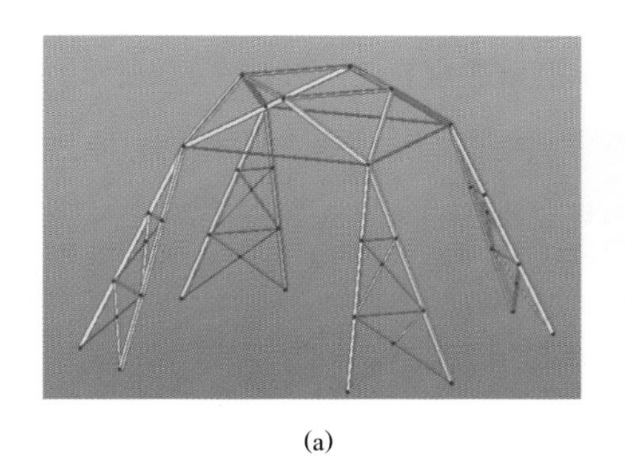

(a)

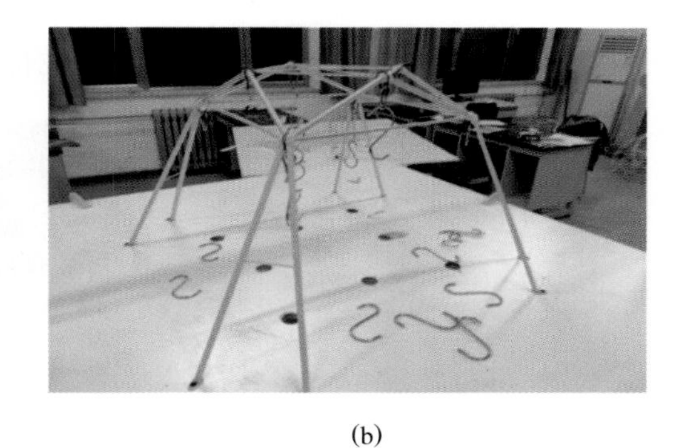

(b)

**图 3-1　选型方案示意图**

(a) 模型效果图；(b) 模型实物图

## 3.3　计算分析

基于 MIDAS 软件进行建模分析，计算分析结果如图 3-2 所示。

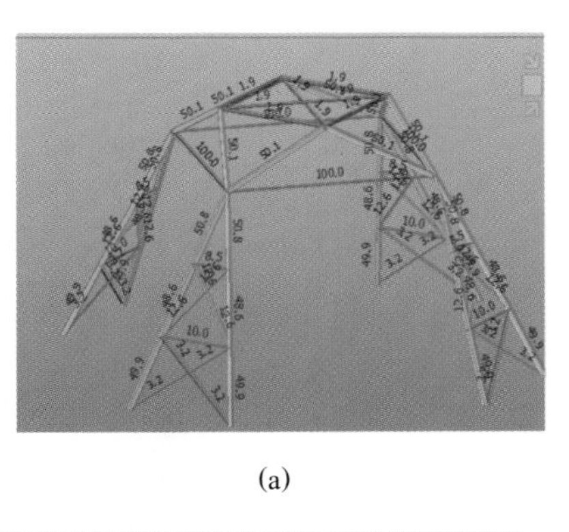

(a)

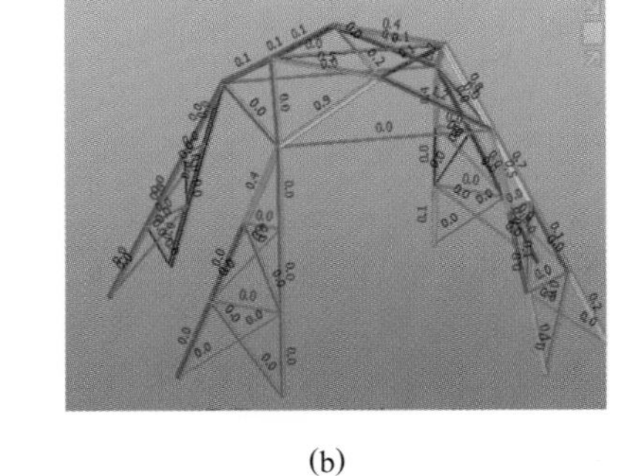

(b)

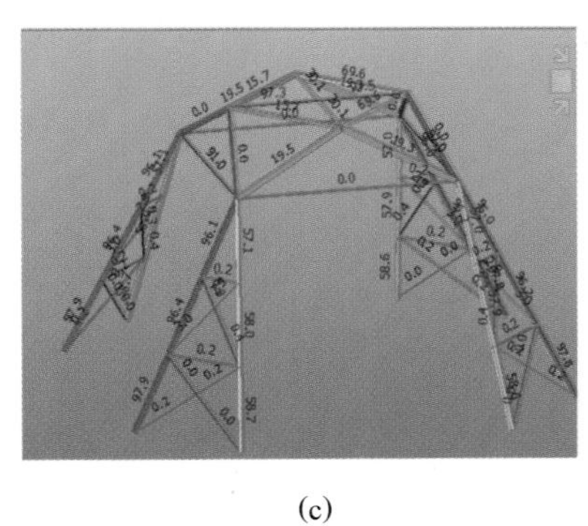

(c)

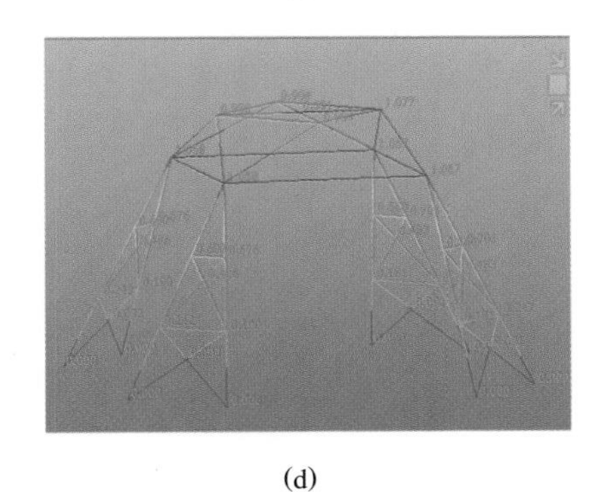

(d)

**图 3-2　计算分析结果图**

(a) 第一级荷载下轴力图；(b) 第二级荷载 a 工况下弯矩图；

(c) 第三级荷载 a 工况下 90°时轴力图；(d) 第三级荷载 a 工况下 90°时变形图

## 3.4 节点构造

节点是结构传力及模型制作的关键部位，本模型部分节点详图如图 3-3 所示。

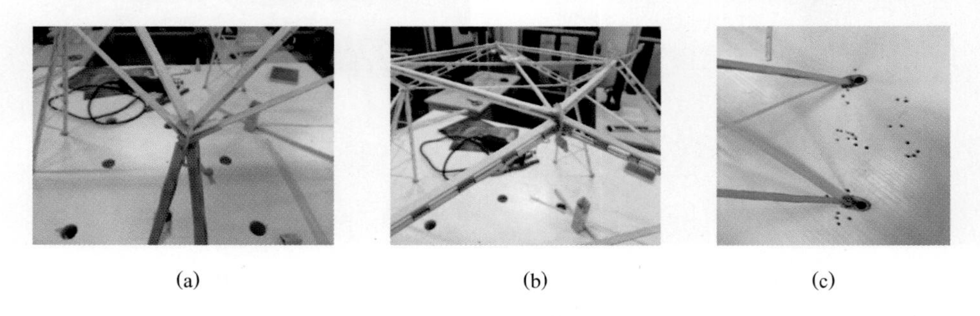

(a)　　(b)　　(c)

**图 3-3　节点详图**

(a) 外圈加载节点；(b) 内圈加载节点；(c) 柱脚底座节点

# 4 同济大学浙江学院

| 作品名称 | 顶天立地 |
|---|---|
| 队　　员 | 王　爽　沃正一　余常坤 |
| 指导教师 | 同济大学浙江学院指导组 |
| 领　　队 | 李　红 |

## 4.1 设计思路

由于加载时要以模型荷质比来体现模型合理性和材料利用率，所以考虑选择造型简单、传力明确的模型，以减轻模型自重。第一级、第二级荷载均为竖向荷载，由于模型构件的允许布置范围为两个半球面之间的空间，因此结构顶层部分构件要具有一定的坡度；同时，结构构件上除作用竖直向下的力外，还要作用斜向力、横向力，考虑到结构构件受复合应力作用，坡度不宜过大。第三级荷载是水平荷载，会造成较大的水平位移，在设计时要注意防止结构倾覆。安装时要用螺钉将结构安装到承台板上，柱脚节点要重点进行加固，防止结构加载时脱落。比赛要求绑绳子的区域在以加载点为中心，左右各 5mm（总共 10mm）的加载区域，因此在制作模型过程中，加载点处节点的制作要方便绑绳子。

## 4.2 结构构型

根据赛题要求，初步提出几种结构选型并进行对比分析，详见表 4-1。

表 4-1　结构选型对比

| 选型 | 选型 1 | 选型 2 | 选型 3 |
|---|---|---|---|
| 图示 | 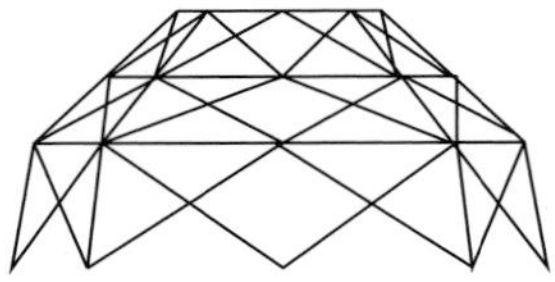 | 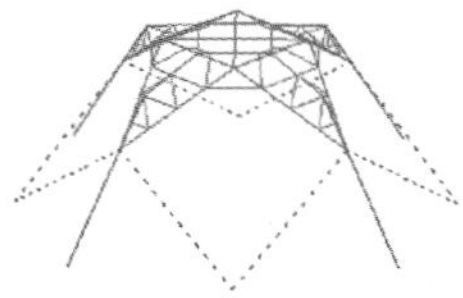 | 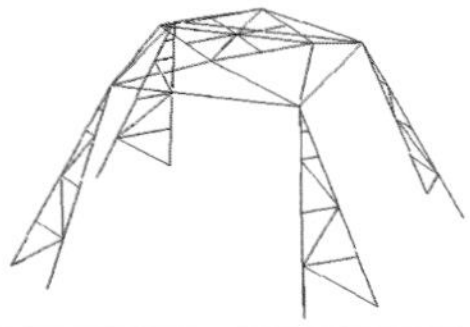 |
| 优点 | 受力明确，具有较大的刚度，结构变形小，稳定性高 | 传力明确，落地拉条可平衡荷载并增加稳定性 | 传力明确，整体稳定性较好，结构变形小，刚度较好 |
| 缺点 | 存在初始缺陷，加工精度要求高，矢高内空间利用率低，比较耗材，自重较大 | 自重难以减轻，结构抵抗二级不均匀荷载时位移较大，对节点连接要求很高，质量保证率低 | 结构容易受加载方式的影响 |

**总结：**综合对比，因选型3结构能充分发挥材料性能，提高材料利用率，降低结构自重，故被选为最终参赛方案。最终选型方案示意图如图4-1所示。

(a) (b)

**图4-1 选型方案示意图**

(a) 模型效果图；(b) 模型实物图

## 4.3 计算分析

基于MIDAS软件进行建模分析，计算分析结果如图4-2所示。

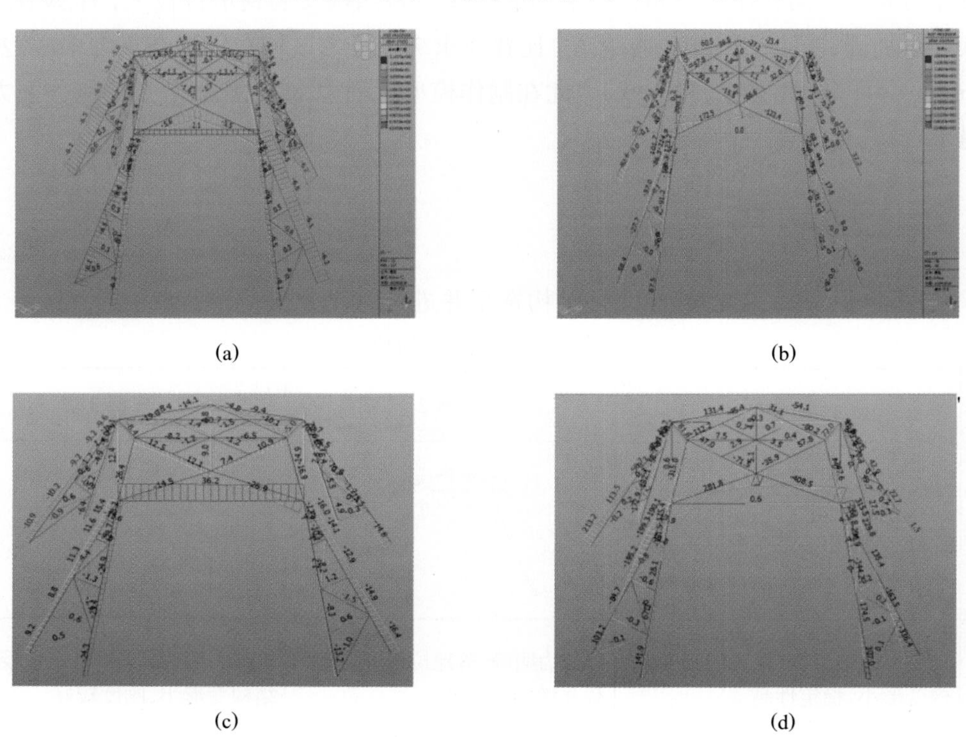

(a) (b) (c) (d)

**图4-2 计算分析结果图**

(a) 第一级荷载下应力图；(b) 第二级荷载a工况下弯矩图；

(c) 第三级荷载a工况下0°时轴力图；(d) 第三级荷载a工况下0°时弯矩图

## 4.4　节点构造

节点是结构传力及模型制作的关键部位，本模型部分节点详图如图 4-3 所示。

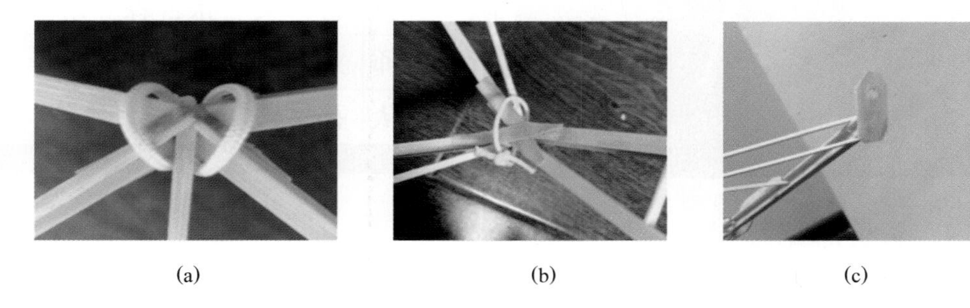

(a)　　(b)　　(c)

**图 4-3　节点详图**

(a) 顶部节点；(b) 连接节点；(c) 柱脚底座节点

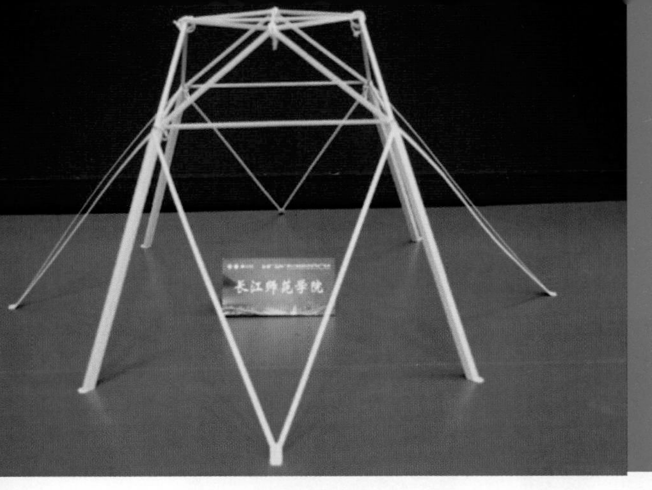


# 5　长江师范学院

| 作品名称 | 两仪四象 |
|---|---|
| 队　　员 | 官　义　张吉森　余　浩 |
| 指导教师 | 刘合敏　李滟浩 |
| 领　　队 | 孙华银 |

## 5.1　设计思路

通过合理设计大跨度空间结构形式，使模型具有较大的结构强度、刚度以及良好的抗水平荷载能力。由于没有地震荷载，所以尽量减少柔性构件的使用，主要保证其刚度、强度及稳定性。基本方案的主体结构采用双层的三角形结构形式，第二层的每个节点通过两根斜撑将该层所承受的竖向荷载传至第一层，再由第一层的节点将总荷载传到加载台上。

## 5.2　结构构型

根据赛题要求，初步提出几种结构选型并进行对比分析，详见表 5-1。

**表 5-1　结构选型对比**

| 选型 | 选型 1 | 选型 2 | 选型 3 |
|---|---|---|---|
| 图示 | | | |
| 优点 | 稳定性好，安装简单 | 承载力性能好，稳定性好 | 结构整体简洁，制作简单，承载能力及稳定性好 |
| 缺点 | 结构过于复杂，自重较大，承载力差 | 自重大，结构比较复杂 | 杆件尺寸控制、安装要求高 |

**总结：**综合对比，在同时考虑承载能力、稳定性、自重的情况下，通过反复试验，在克服了制作和安装工艺难题后，选择选型 3 为最终参赛方案。最终选型方案示意图如图 5-1 所示。

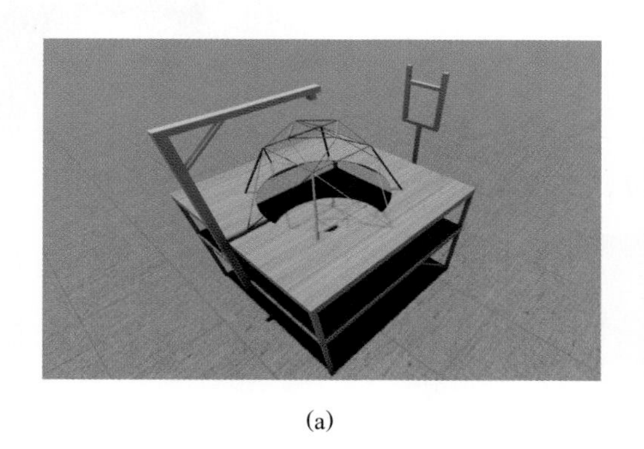

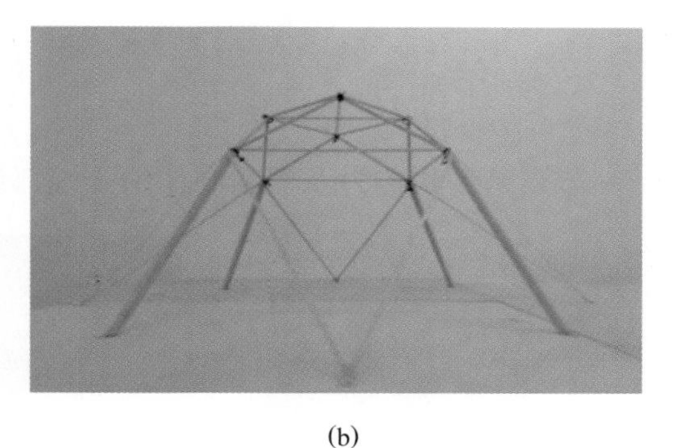

(a) (b)

**图 5-1　选型方案示意图**

(a) 模型效果图；(b) 模型实物图

## 5.3　计算分析

基于 MIDAS 软件进行建模分析，计算分析结果如图 5-2 所示。

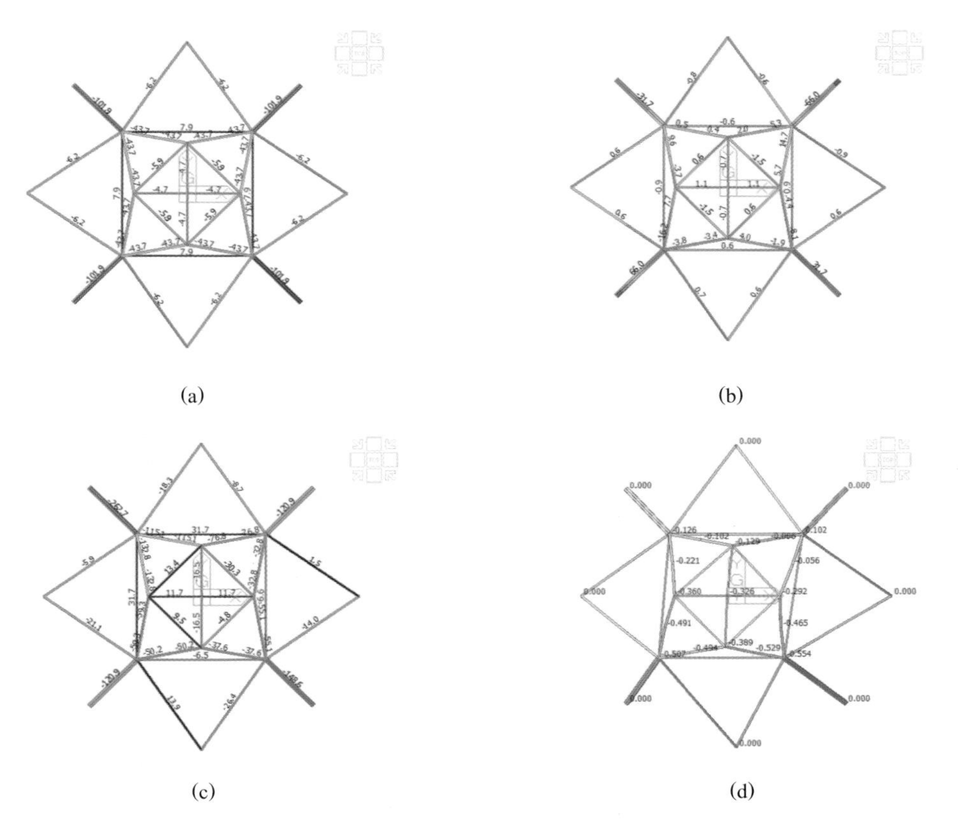


**图 5-2　计算分析结果图**

(a) 第一级荷载下轴力图；(b) 第二级荷载最危险工况下弯矩图；

(c) 第三级荷载最危险工况下轴力图；(d) 第三级荷载最危险工况下变形图

## 5.4 节点构造

节点是结构传力及模型制作的关键部位，本模型部分节点详图如图 5-3 所示。

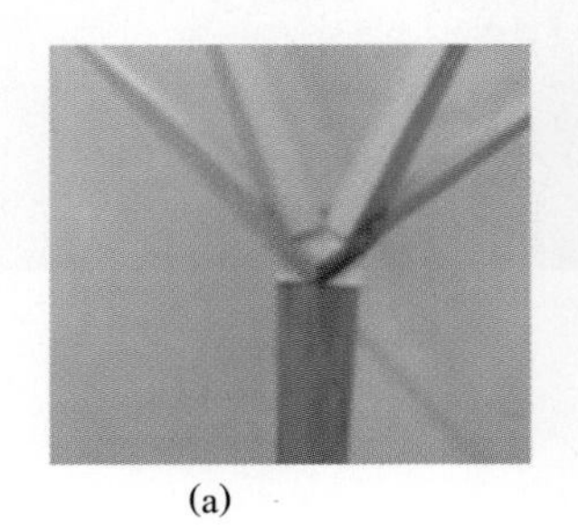
(a)

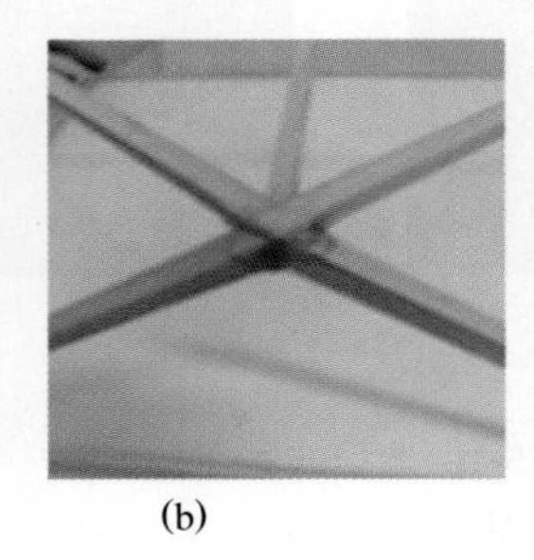
(b)

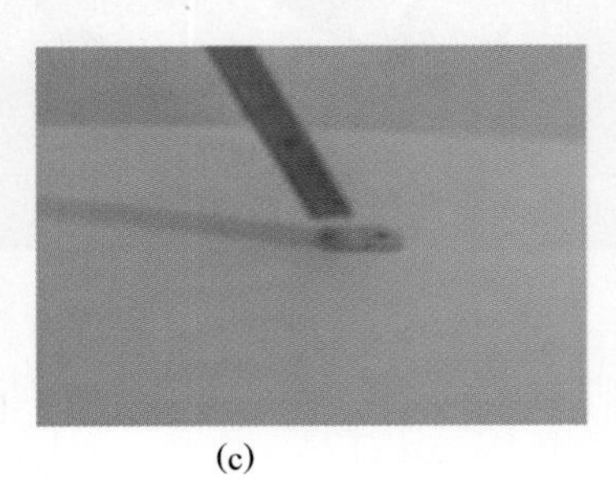
(c)

**图 5-3 节点详图**

(a) 中间层梁柱节点；(b) 顶层梁柱节点；(c) 柱脚底座节点

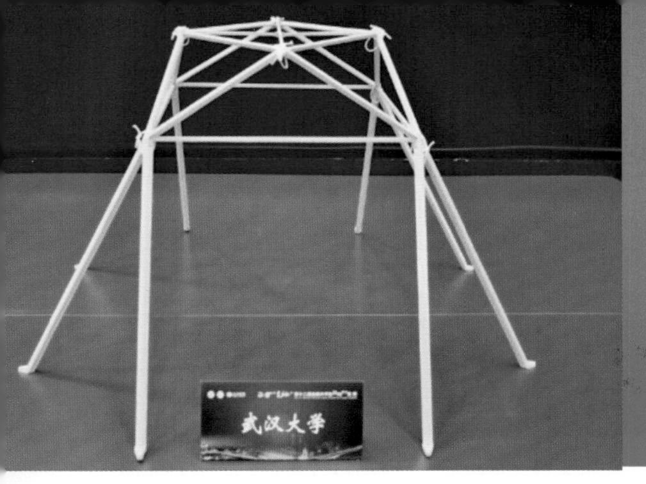


# 6 武汉大学

| 作品名称 | 苍穹 |
|---|---|
| 队　　员 | 李昌正　黄东明　汤善彪 |
| 指导教师 | 杜新喜　邹良浩 |
| 领　　队 | 谢献谋 |

## 6.1 设计思路

根据赛题限定条件和赛题考察重点，进行结构方案设计时，我们重点考虑以下五点内容：

（1）模型的挠度不能过大。在确定模型的杆件和连接位置时，一定要注意模型加载过程中变形不能过大。若变形过大，模型在加载过程中受到砝码的重力影响会产生一个较大的挠度，过大的挠度不一定会导致模型的破坏，但是依据加载规则会判定模型失效。

（2）整个模型必须设置 8 个加载点。大赛赛题规定第一级荷载在 8 个点加载，第二级荷载随机在 8 个加载点中选定 4 个点进行加载操作，第三级荷载加载位置为选定的 1 号点。

（3）大跨结构的中间没有可以架设支撑的承台板。承台板中部开设了可通过加载钢绳的孔洞，因此，大跨结构中间位置不能设置竖向支撑构件，必须采用相关措施来将上部结构 4 个加载点的荷载传到下部结构构件上，而且还必须保证结构的挠度不会受到影响。

（4）保证一定的刚度。模型加载的前两个阶段都需要保证结构没有超过限定的变形，整个模型的允许挠度为 12mm，为了保证顺利加载，一定要合理分配结构的杆件以及连接键的位置。

（5）模型自重要轻，承载能力要大。这次大赛需要在加载成功的基础上，模型质量尽量小。这就要在设计过程中不断优化，减去多余结构，尽量使材料得到最大程度的利用。

## 6.2 结构构型

根据赛题要求，初步提出几种结构选型并进行对比分析，详见表 6-1。

**表 6-1 结构选型对比**

| 选型 | 选型 1 | 选型 2 | 选型 3 | 选型 4 | 选型 5 |
|---|---|---|---|---|---|
| 图示 | | | | | |
| 优点 | 建模简单，计算方便 | 模型杆件较少，结构简单 | 减少了螺钉的使用，结构受力合理 | 立柱少,结构轻,制作简单 | 立柱相对缩短，承载力提高，结构合理,传力明确,制作方便 |
| 缺点 | 制作耗材多，螺钉多,材料利用率低 | 杆件截面面积大,耗材多,结构会产生附加弯矩，致使结构受力不利 | 斜杆长细比过大,稳定性差 | 模型位移较大，承受水平荷载能力差 | 螺钉使用数量小幅增加 |

**总结：**综合对比 5 种选型，进行理论计算分析，再结合实际制作和加载情况，最终选用选型 5 作为参赛方案。选型 5 的结构设计是非常具有特色的，无论是最初的设计还是最后的优化，都充分考虑了最大限度地利用结构体系受力合理这一点，因为结果设计中，结构体系的优化是最大的优化。最终选型方案示意图如图 6-1 所示。

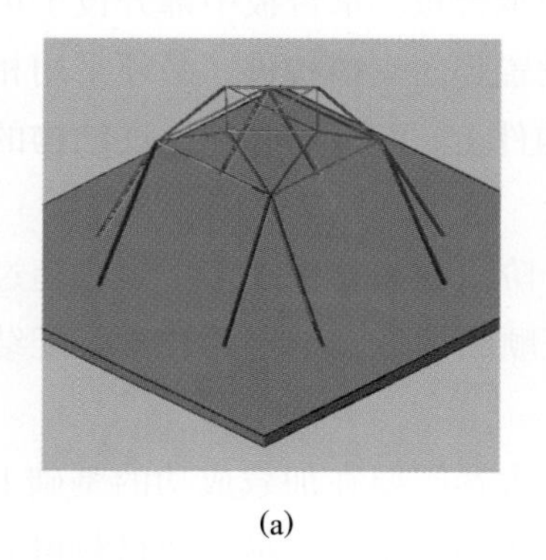

(a)

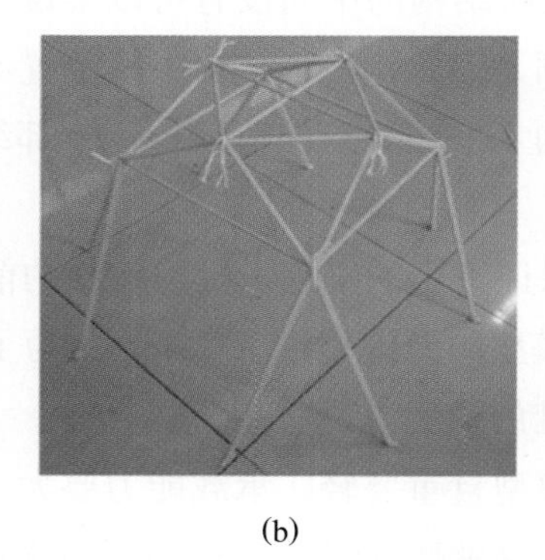

(b)

**图 6-1 选型方案示意图**

(a) 模型效果图；(b) 模型实物图

## 6.3 计算分析

基于 USSCAD 软件进行建模分析，计算分析结果如图 6-2 所示。

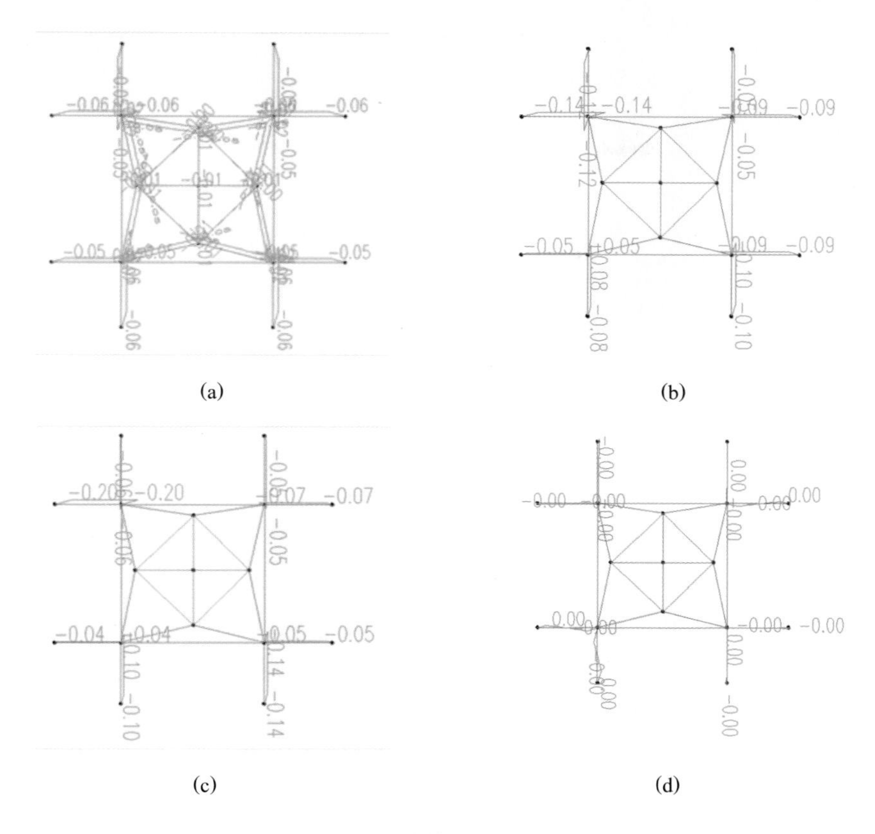


**图 6-2　计算分析结果图**

(a) 第一级荷载下轴力图；(b) 第二级荷载最危险工况下轴力图；
(c) 第三级荷载最危险工况下轴力图；(d) 第三级荷载最危险工况下弯矩图

## 6.4　节点构造

节点是结构传力及模型制作的关键部位，本模型部分节点详图如图 6-3 所示。

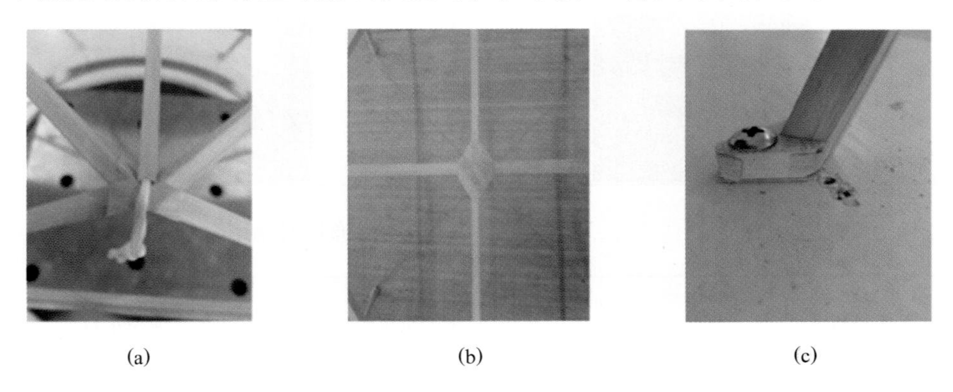


**图 6-3　节点详图**

(a) 连接节点；(b) 十字架节点；(c) 柱脚底座节点

# 7 北方民族大学

| 作品名称 | 王者之冠 |
| --- | --- |
| 队　　员 | 黎熙航　任　豪　丁文平 |
| 指导教师 | 马肖彤　陆　华 |
| 领　　队 | 陆　宁 |

## 7.1 设计思路

由于此次竞赛不限结构形式，所以要在充分利用材料性能的基础上进行结构的合理设计，考虑到模型除了有尺寸的限制外，8 个加载点位置也需要满足要求，故拟采用 4 个下部支承，并将其顶点作为 4 个加载点，支承柱上部设计为网架屋盖，4 个角点作为 4 个加载点，最终组成大跨度空间结构。在模型制作过程中，需要采用不同的加强方式，由于大跨度结构对节点要求较高，因此如何设计出合理的空间节点连接方法是一个难点。另外还需要设置合理的支撑来抵抗水平荷载，避免单纯依靠单一构件的强度来抵抗荷载。

## 7.2 结构构型

根据赛题要求，初步提出几种结构选型并进行对比分析，详见表 7-1。

**表 7-1　结构选型对比**

| 选型 | 选型 1 | 选型 2 |
| --- | --- | --- |
| 图示 | | |
| 优点 | 造型美观,受力合理 | 荷载分布均匀,制作简便 |
| 缺点 | 制作难度大 | 质量较大,水平荷载下结构稳定性不是很好 |

**总结**：综合对比选型 1 和选型 2，两个方案都可以承受住三级满载，但是选型 1 对手工要求很高，制作也费时间，选型 2 相对于选型 1 来说制作简单，质量小，受力

均匀，但是选型 2 由于有 8 个下部支承，所以对模型自重的降低有一定的限制。最终决定在选型 2 的基础上再进行模型的修改，选择用 4 个支承柱的空间模型，最终选型方案示意图如图 7-1 所示。

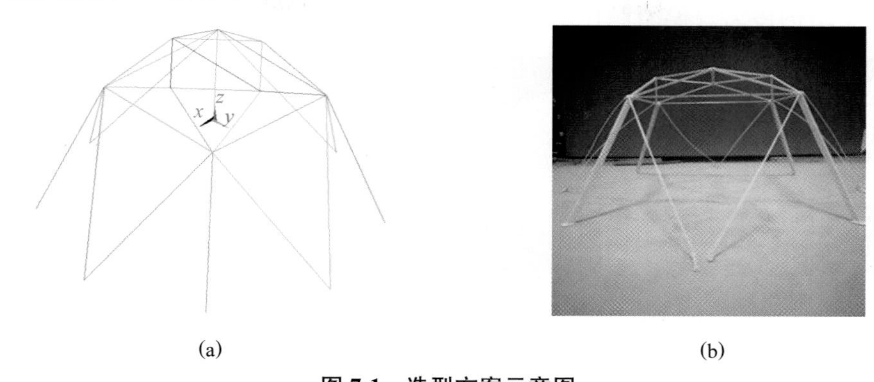


(a) (b)

**图 7-1　选型方案示意图**

(a) 模型效果图；(b) 模型实物图

## 7.3　计算分析

基于 ANSYS 软件进行建模分析，计算分析结果如图 7-2 所示。

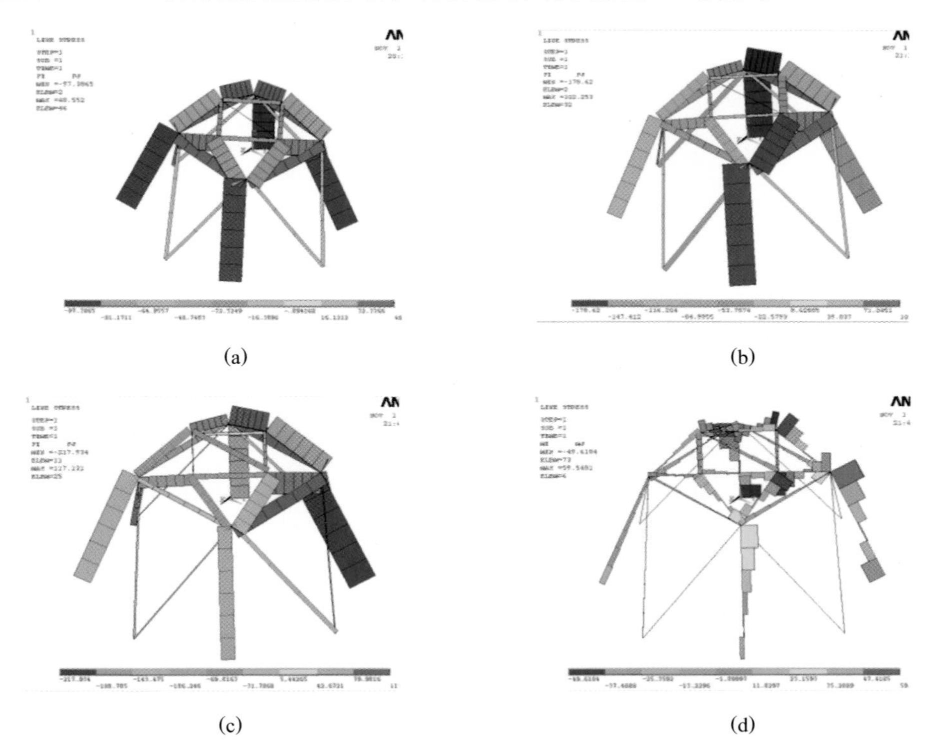

(a) (b) (c) (d)

**图 7-2　计算分析结果图**

(a) 第一级荷载下轴力图；(b) 第二级荷载 d 工况下轴力图；

(c) 第三级荷载下轴力图；(d) 第三级荷载下弯矩图

## 7.4　节点构造

节点是结构传力及模型制作的关键部位，本模型部分节点详图如图 7-3 所示。

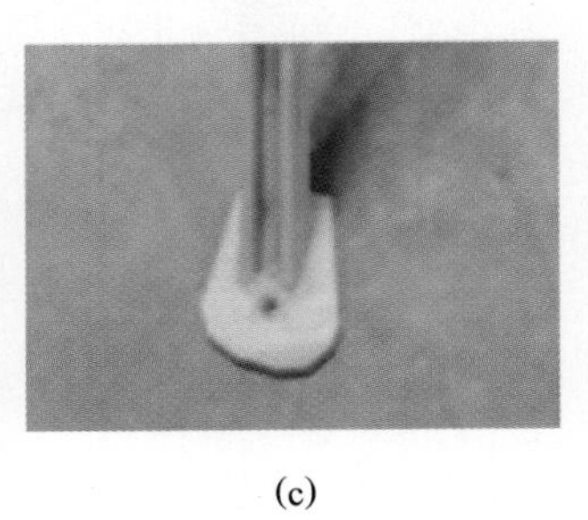

(a)　(b)　(c)

**图 7-3　节点详图**

(a) 屋盖环梁节点；(b) 屋盖节点；(c) 柱脚底座节点

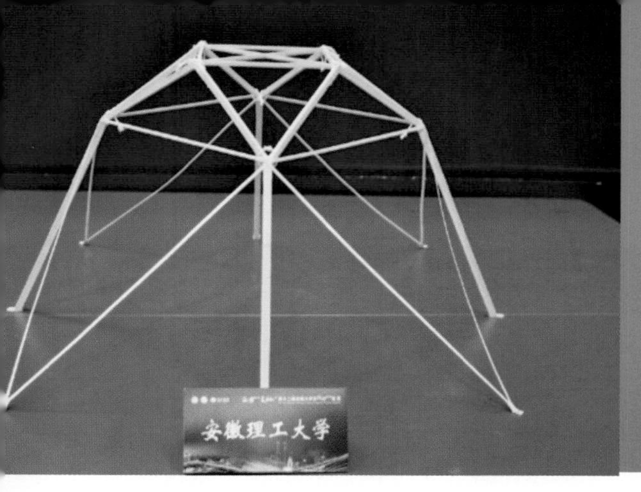


# 8 安徽理工大学

| 作品名称 | 顽固 |
|---|---|
| 队　　员 | 黄笑笑　沈　雁　燕　兵 |
| 指导教师 | 赵　军　程新国 |
| 领　　队 | 程新国 |

## 8.1 设计思路

著名工程师富勒的结构哲理是“少费多用（Doing the Most with the Least）”，他认为现代结构与形态研究的目的是用最少的结构提供最大的承载力。这是我们方案构思的指导思想。本结构以箱形截面构件为骨架，辅以拉索锚固，具有较大的刚度和承担竖向与水平荷载的能力。拉索的应用，有利于抵抗水平荷载。结构体系传力明确，荷载传递路线简洁，结构构件受力单一，拉索和压杆体积小，质量小。能够将竹材的抗拉性能充分地发挥出来，物尽其用，以达到运用最少的材料提供最大承载力的目的。同时，本结构造型对称美观，形成了轻巧通透的大跨度空间。

## 8.2 结构构型

根据赛题要求，初步提出几种结构选型并进行对比分析，详见表 8-1。

**表 8-1　结构选型对比**

| 选型 | 选型 1 | 选型 2 | 选型 3 | 选型 4 |
|---|---|---|---|---|
| 图示 | | | | |
| 优点 | 结构整体性好，受力合理，传力明确 | 结构整体性好，受力合理。能发挥竹材的抗拉性能 | 传力明确，受力更合理。减少了钉的使用数量 | 传力明确，受力更加合理。拉压结合，可充分利用竹材的抗拉性能 |
| 缺点 | 采用拱形结构制作复杂，材料使用较富足，未发挥竹材优势 | 空间节点拼接稍复杂，材料未充分利用 | 空间节点拼接稍复杂，材料未充分利用 | 空间节点的拼接难度大，箱形截面杆件的制作要求高 |

**总结：**综合对比多方面后，最终将选型 4 定为参赛方案，最终选型方案示意图如图 8-1 所示。

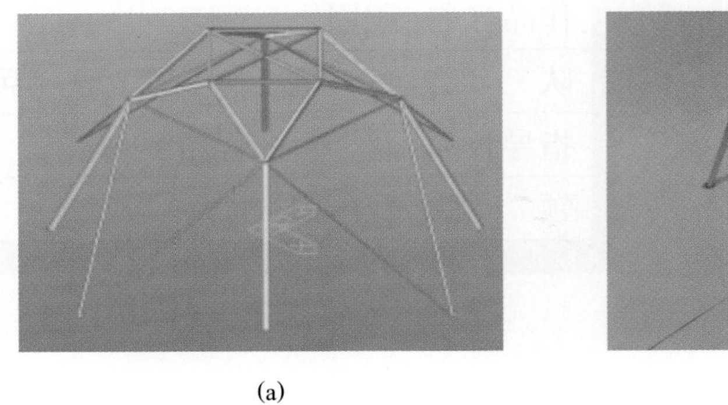

(a)

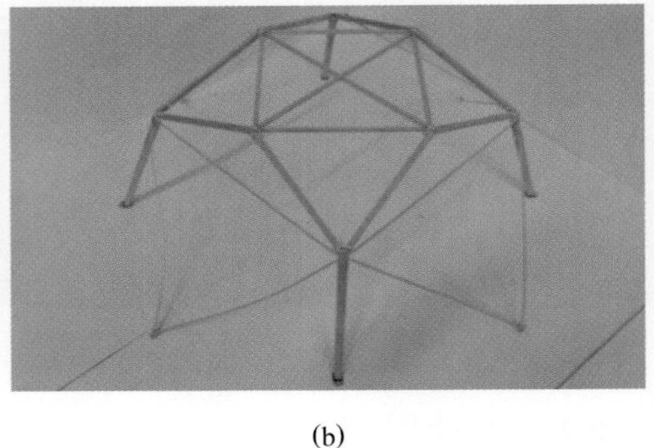

(b)

**图 8-1　选型方案示意图**

(a) 模型效果图；(b) 模型实物图

## 8.3　计算分析

基于 MIDAS 软件进行建模分析，计算分析结果如图 8-2 所示。

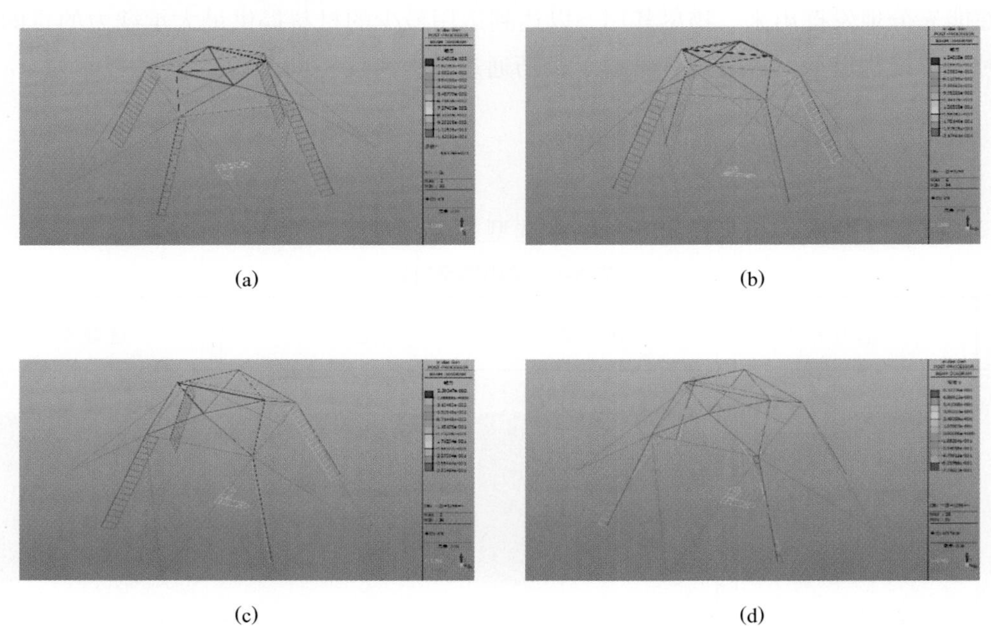

(a)　(b)

(c)　(d)

**图 8-2　计算分析结果图**

(a) 第一级荷载下轴力图；(b) 第二级荷载 a 工况下轴力图

(c) 第三级荷载 a 工况下 90°时轴力图；(d) 第三级荷载 a 工况下 90°时弯矩图

## 8.4 节点构造

节点是结构传力及模型制作的关键部位，本模型部分节点详图如图 8-3 所示。

(a)

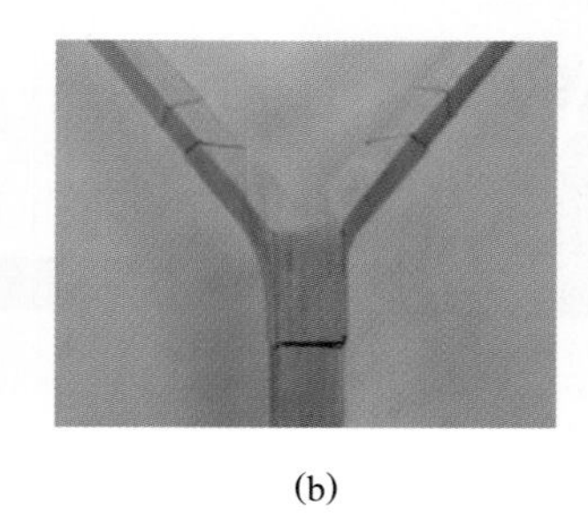

(b)

(c)

**图 8-3 节点详图**

(a) 顶部节点；(b) 腿部节点；(c) 柱脚底座节点

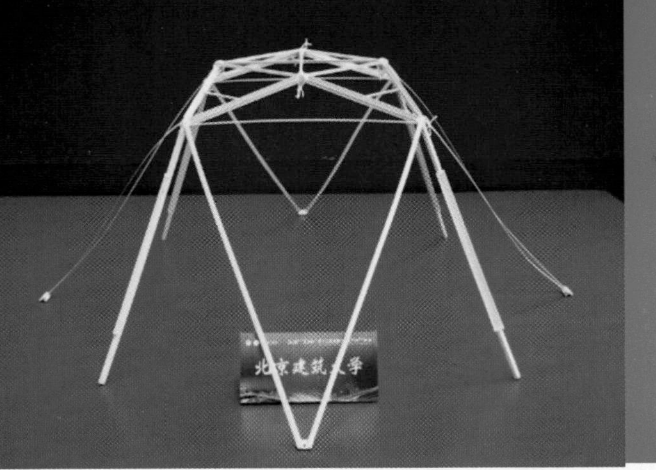


# 9 北京建筑大学

| 作品名称 | 鼎辰之光 |
|---|---|
| 队　　员 | 吴鑫洋　卢峻锐　宋　超 |
| 指导教师 | 北京建筑大学指导组 |
| 领　　队 | 苑　泉 |

## 9.1 设计思路

在实际工程的基础上，结合材料特性和大赛赛题的要求，选择空间桁架加拉绳式的结构形式，将模型自重减到极致。充分利用竹皮的顺纹抗拉强度高的力学特点，在满足结构刚度的前提下，将受拉的杆件用竹皮代替，以减轻模型自重。本次比赛中，荷载分为三次加载，每次加载都是在上一次的基础上继续进行加载，特别是三级加载时，模型还要继续承载第一、二级荷载，这种加载方式对于模型的抗力有很高的要求，需要模型具有多方向的约束。同时赛题要求加载时模型的最大竖直位移为 12mm，这要求制作的模型刚度足够大。借助软件对模型方案进行分析，得出模型杆件的受力情况，对于应力大的地方进行局部加强，对于应力较小的杆件考虑减小截面尺寸，力求模型质量最小。

## 9.2 结构构型

根据赛题要求，初步提出几种结构选型并进行对比分析，详见表 9-1。

**表 9-1　结构选型对比**

| 选型 | 选型 1 | 选型 2 | 选型 3 |
|---|---|---|---|
| 图示 |  |  |  |
| 优点 | 各节点约束多,结构稳定,结构刚度大,跨越能力大 | 节点约束多,主梁为双层桁架拱结构,结构稳定性强,用材相对较少 | 节点较少,制作简便,角度方便把握 |
| 缺点 | 手工制作无法保证每一根杆件的设计曲率和实际曲率的误差在允许范围内 | 杆件较多,节点多,拱的曲率难以控制,制作复杂 | 对单根杆强度要求高，尺寸较大 |

**总结：**综合考虑模型自重、结构稳定性和制作简易程度，以自重小和制作工艺简单为主要目的，拟采用杆件少且尺寸小的结构，即选型 3。虽然这个方案对单根杆件强度要求高，但通过计算和比较发现，增强杆件强度所增加的自重低于增加杆件所增加的自重，最终选型方案示意图如图 9-1 所示。

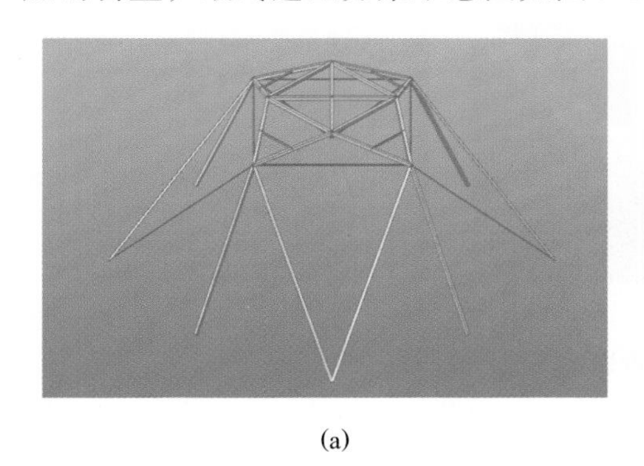

(a)

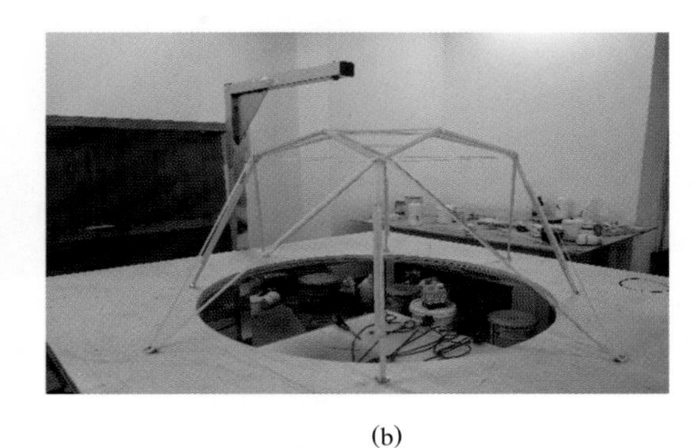

(b)

**图 9-1　选型方案示意图**

(a) 模型效果图；(b) 模型实物图

## 9.3　计算分析

基于 MIDAS 软件进行建模分析，计算分析结果如图 9-2 所示。

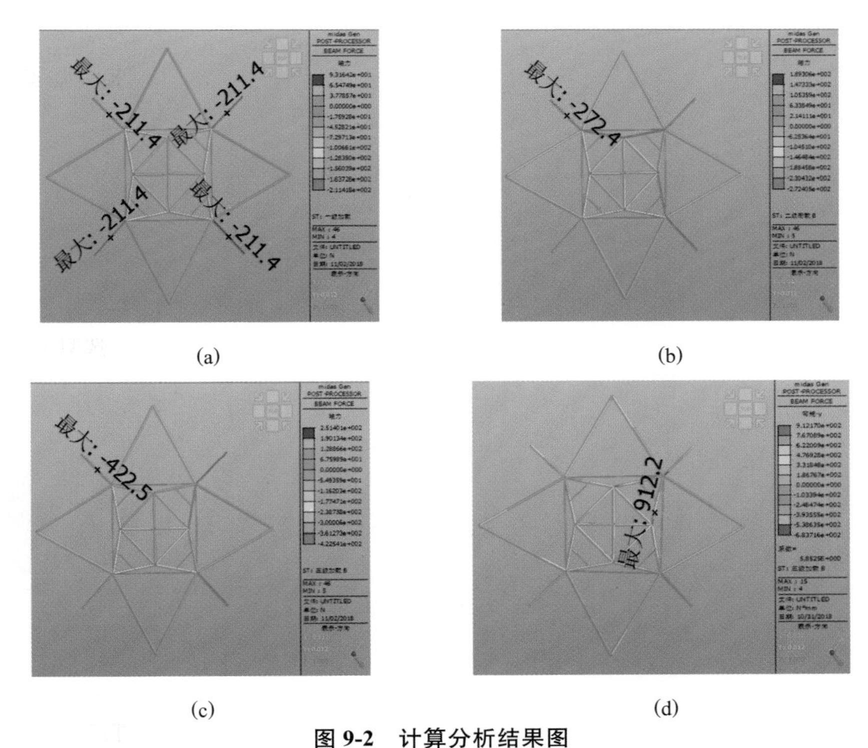


(a)　(b)

(c)　(d)

**图 9-2　计算分析结果图**

(a) 第一级荷载下轴力图；(b) 第二级荷载 b 工况下轴力图；

(c) 第三级荷载下轴力图；(d) 第三级荷载下弯矩图

## 9.4 节点构造

节点是结构传力及模型制作的关键部位，本模型部分节点详图如图 9-3 所示。

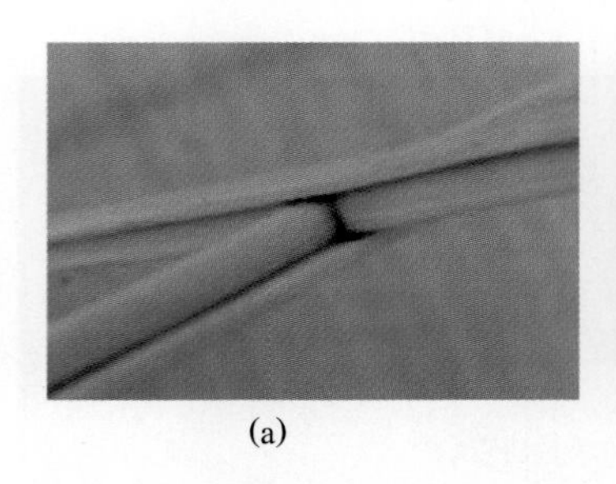

(a)

(b)

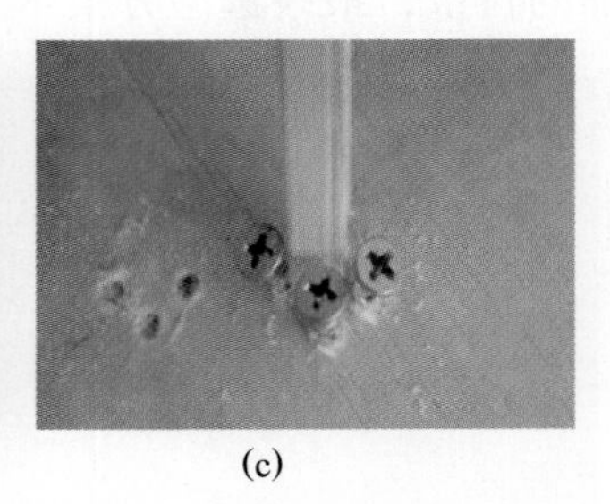

(c)

**图 9-3 节点详图**

(a) 顶部中心节点；(b) 内外圈荷载连接节点；(c) 柱脚底座节点

# 10　江西理工大学应用科学学院

| 作品名称 | 鼎立 |
|---|---|
| 队　　员 | 魏明远　陶建伟　邱钰洁 |
| 指导教师 | 王月梅　吴建奇 |
| 领　　队 | 臧明军 |

## 10.1　设计思路

从结构外形方面进行分析，考虑到整体呈对称形式的塔状结构比较稳定，如埃菲尔铁塔、东京塔等，经风吹雨淋之后依然屹立不倒，足以说明塔状结构的抵御能力。又因为三角形比其他形状更稳定，所以此模型以三角构架为主。模型底层采用四个连接倾斜主力杆的拱连接桁架，同时与三角构件相结合，再一次增加结构抵抗荷载的能力。从杆件设计分析来看，箱形截面加肋的抗压能力比较高，因此，模型的主力杆采用箱形加肋的形式增加其强度。从材料的性能分析来看，竹皮及竹条的顺纹抗拉性能比较好，而横纹的力学性能较差，所以充分利用材料的顺纹的抗拉性能，尽量减少对竹皮纤维的破坏。

## 10.2　结构构型

根据赛题要求，初步提出几种结构选型并进行对比分析，详见表 10-1。

**表 10-1　结构选型对比**

| 选型 | 选型 1 | 选型 2 | 选型 3 |
|---|---|---|---|
| 图示 | | | |
| 优点 | 结构形式精简,质量小 | 抗扭能力强,造型美观 | 抗竖向荷载能力强 |
| 缺点 | 空心杆越长强度越小 | 质量大 | 制作较复杂 |

**总结：**综合对比多方面后，确定选型 3 作为参赛方案。最终选型方案示意图如图 10-1 所示。

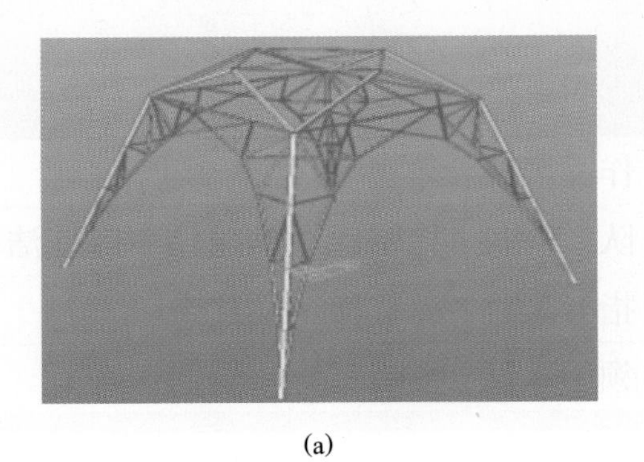

(a)

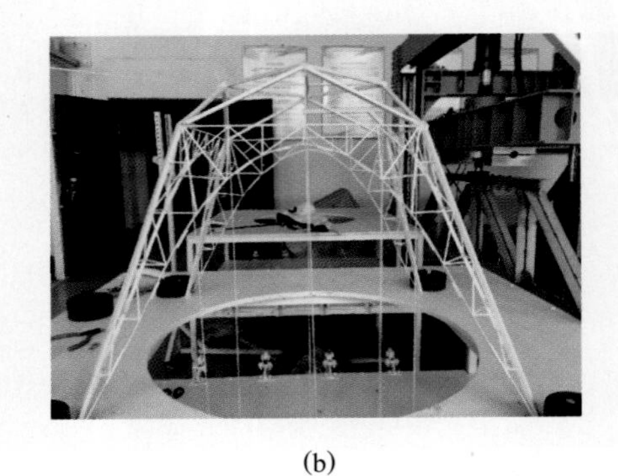

(b)

**图 10-1　选型方案示意图**

(a) 模型效果图；(b) 模型实物图

## 10.3　计算分析

基于 ANSYS 软件进行建模分析，计算分析结果如图 10-2 所示。

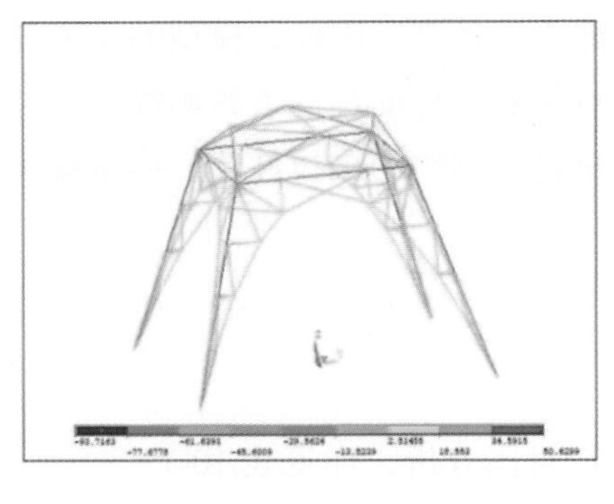

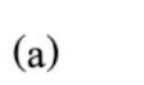

(a)

(b)

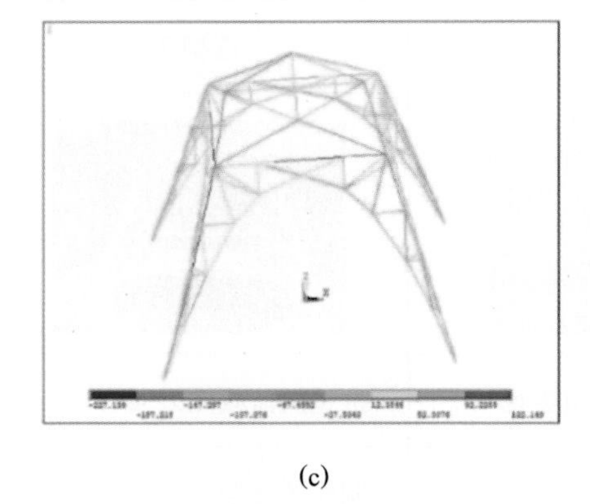

(c)

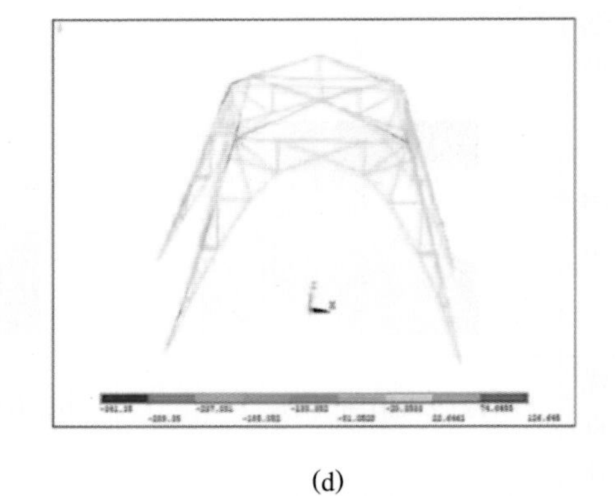

(d)

**图 10-2　计算分析结果图**

(a) 第一级荷载下轴力图；(b) 第二级荷载下轴力图；

(c) 第三级荷载下轴力图；(d) 第三级荷载下弯矩图

## 10.4 节点构造

节点是结构传力及模型制作的关键部位，本模型部分节点详图如图 10-3 所示。

(a)　　(b)　　(c)

**图 10-3　节点详图**

(a) 转角节点；(b) 桁架节点；(c) 柱脚底座节点

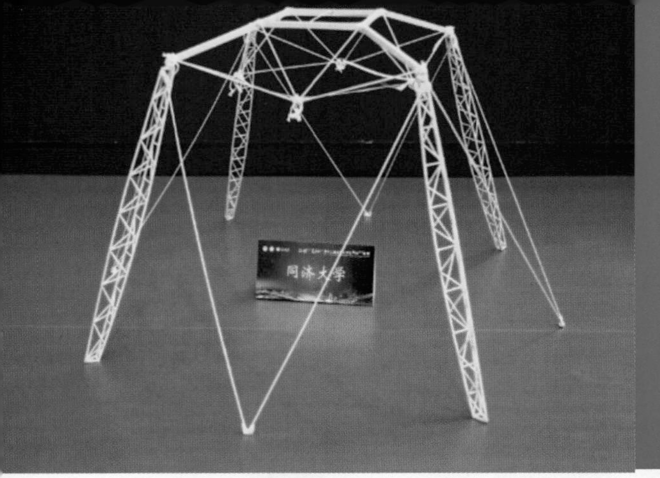


# 11 同济大学

| 作品名称 | Crown |
| --- | --- |
| 队　　员 | 阳　帅　李　涛　马天然 |
| 指导教师 | 郭小农　贾良玖 |
| 领　　队 | 沈水明 |

## 11.1 设计思路

由于内外圈加载点的位置相近，我们考虑将内圈加载点的荷载通过顶部结构进行集中，仅通过四根柱子进行支承，从而形成结构体系。此外，与受拉构件相比，较长的单根压杆会出现轴压失稳、压弯失稳等稳定性问题，无法完全发挥材料的抗压性能。而受拉构件经过合理设计，其承载力能够接近材料的强度，材料的性能将得到充分的利用。综合以上两点，要达到结构轻质高强的目标，必须合理布置结构体系，转拉为压，提高受拉构件的占比，并凸出其发挥的重要作用。对于存在的压杆，也必须降低压杆长细比，并尽量减少构件的受弯。柱子为结构中主要受压构件，负责将竖向与水平荷载传递到加载板上，是结构体系中应力水平最高的构件。格构式构件单肢间距大，将截面中性轴附近对承载力作用不大的部分舍去，远离中性轴部分的截面面积得以加强，绕实轴与虚轴的回转半径大，结构整体的长细比降低，承载能力较大。

根据理论分析与试验，我们最终选取了梭形三角形截面格构柱作为结构的主要受压构件。

## 11.2 结构构型

根据赛题要求，初步提出几种结构选型并进行对比分析，详见表 11-1。

表 11-1　结构选型对比

| 选型 | 选型 1 | 选型 2 | 选型 3 | 选型 4 |
|---|---|---|---|---|
| 图示 | | | | |
| 特点 | 中部横梁呈十字形布置，向上拱起，外圈设环向拉索，内圈加载点通过拉索吊于外圈加载点，并与梁顶用拉杆联系。通过顶梁的拱起作用与拉杆的拉力作用互相平衡 | 试验过程中发现环向拉条并未受拉，没有发挥作用，所以在选型 1 的基础上去除环向拉条 | 在选型 2 的基础上，发现水平荷载过于集中，因此将下部加载点通过方框联系起来，以传递水平荷载，减轻单柱和梁的最大荷载 | 顶部梁过长，将其打断，内部设置方框，方框的边长与横梁的长度相同，这样单根梁的计算长度就都折减了一半，相同的材料可以实现更高的承载力 |

**总结：** 计算结果显示仅选型 3 和选型 4 达到要求，所以在这两者之间进行挑选。经过模型制作和加载试验可知，选型 4 的承载能力更为稳定，优化空间也更大，所以确定最终结构方案为选型 4。最终选型方案模型效果图如图 11-1 所示。

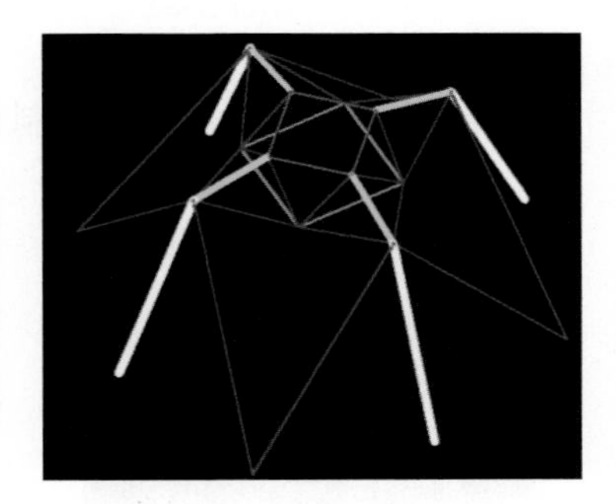

图 11-1　模型效果图

## 11.3　计算分析

基于 ANSYS 软件进行建模分析，计算分析结果如图 11-2 所示。

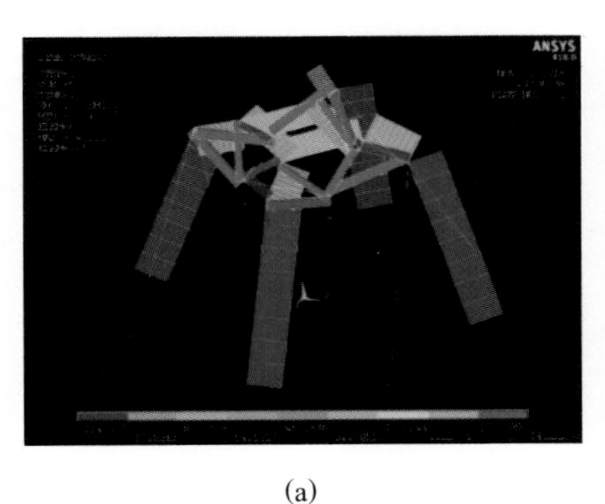


(a)

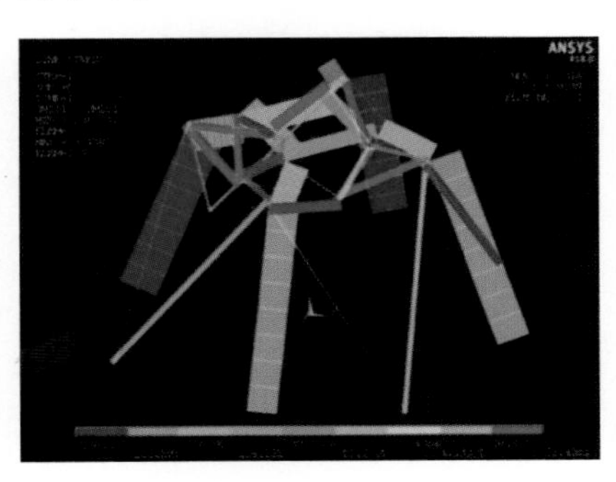


(b)

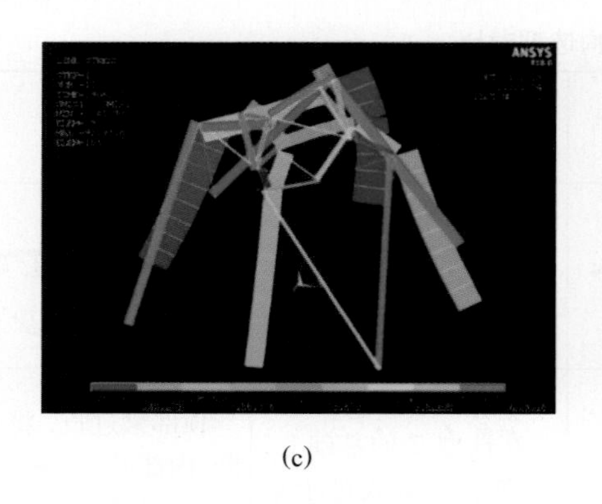
(c)

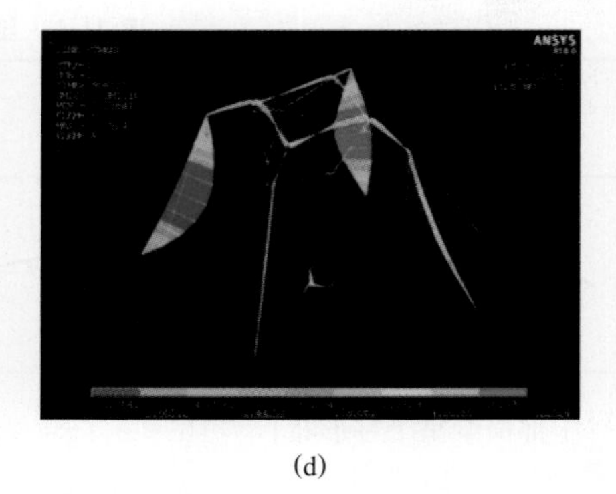
(d)

**图 11-2 计算分析结果图**

(a) 第一级荷载下轴力图；(b) 第二级荷载下轴力图；
(c) 第三级荷载下轴力图；(d) 第三级荷载下弯矩图

## 11.4 节点构造

节点是结构传力及模型制作的关键部位，本模型部分节点详图如图 11-3 所示。

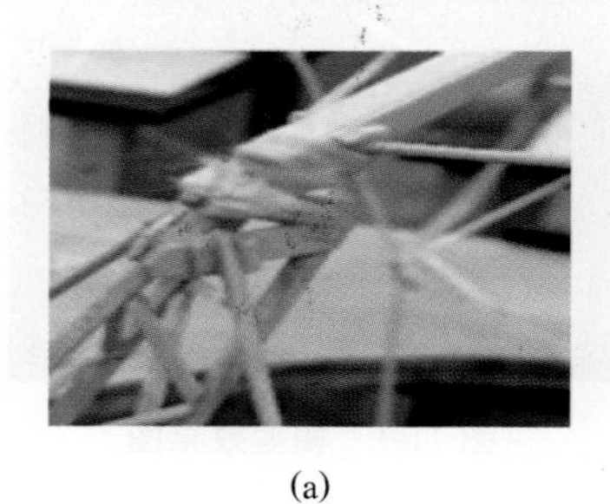
(a)

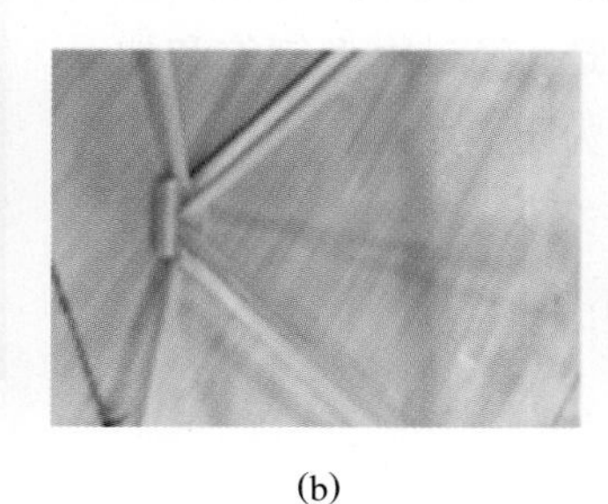
(b)

(c)

**图 11-3 节点详图**

(a) 柱与上部结构的节点；(b) 多根顶拉条交汇的节点；(c) 柱脚底座节点

# 12 武汉理工大学

| 作品名称 | 马房山起重机 |
| --- | --- |
| 队　　员 | 邓展豪　麻福贤　梁亚伟 |
| 指导教师 | 柯　杨　徐　训 |
| 领　　队 | 孙亮明 |

## 12.1 设计思路

在结构布局方面，基于传力直接的原则，将8个加载点布置在构件交汇的节点处。由于第三级荷载构件多方向抗弯、抗扭能力的高要求，本队伍选择了性能较好且制作简单的箱形截面构件，并通过增大其回转半径，提高利用率。在支座布局方面，以加载台中心为圆心，分别从中心连线到8个加载点且延长，在内外圆之间选取8个可能的支座位置。基于复杂荷载组合，将结构做成中心对称形式。为了抵抗可能的偏载和扭转变形，将内圆4个加载点连接成一个框架，并将支座刚度提高，同时在外圆的4个加载点之间增设刚性支撑构件。为加强结构整体刚度，结构中基本单元以三角形为主，形成稳定的自平衡三角形结构体系。在结构强度、刚度满足要求的前提下，还要考虑结构和构件在均匀荷载和偏载作用下的局部和整体稳定性问题。构件的局部稳定性主要考虑构件壁厚与构件宽度的限值，构件整体稳定性主要考虑长细比要求。结构自重控制，主要通过数值仿真计算，求出每种工况下构件受力情况，依据强度指标、局部及整体稳定性指标、制作工艺指标、质量最小指标等设计最优构件尺寸，通过上述综合措施控制结构自重。

除需考虑上述情况外，结构构件以及节点的制作工艺和制作质量，将对其承载能力起到重要影响。故需要精心设计和制作构件及节点板，发现问题及时解决，在实践中不断总结优化。

## 12.2 结构构型

根据赛题要求，初步提出几种结构选型并进行对比分析，详见表12-1。

**表 12-1 结构选型对比**

| 选型 | 选型 1 | 选型 2 | 选型 3 | 选型 4 |
|---|---|---|---|---|
| 图示 | | | | |
| 优点 | 传力直接 | 构件计算长度小，稳定性良好 | 构件少，质量小 | 构件较少，稳定性好 |
| 缺点 | 主杆计算长度大，易失稳，空间定位难 | 构件较多，质量较大 | 定位精度要求高，拉带容易坏 | 空间定位难 |

**总结：** 综合对比，选型 4 模型构件较少，质量小，且构件计算长度不大，稳定性好，故将其作为参赛方案。最终选型方案示意图如图 12-1 所示。

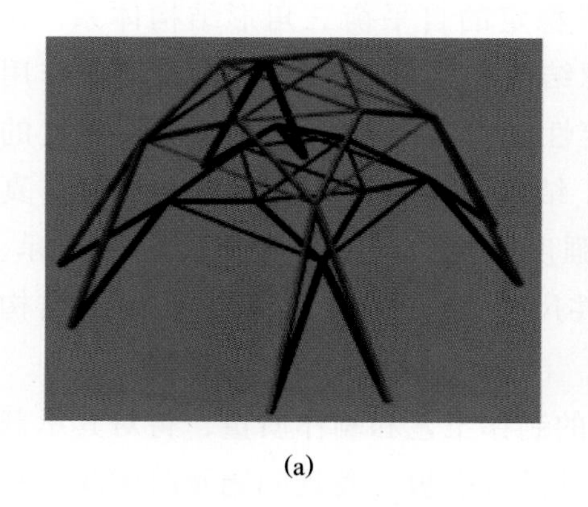

(a)

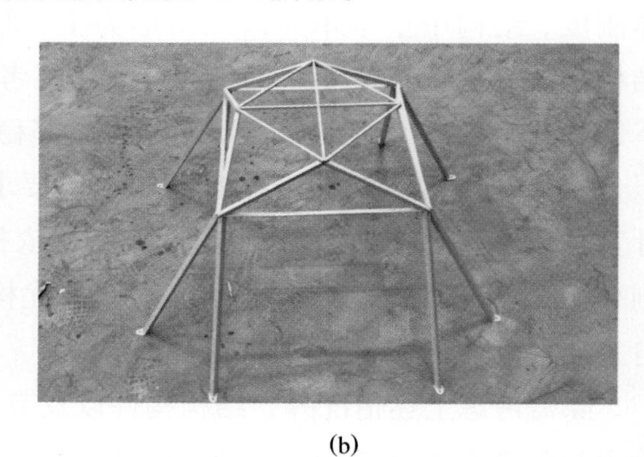

(b)

**图 12-1 选型方案示意图**

(a) 模型效果图；(b) 模型实物图

## 12.3 计算分析

基于 ANSYS 软件进行建模分析，计算分析结果如图 12-2 所示。

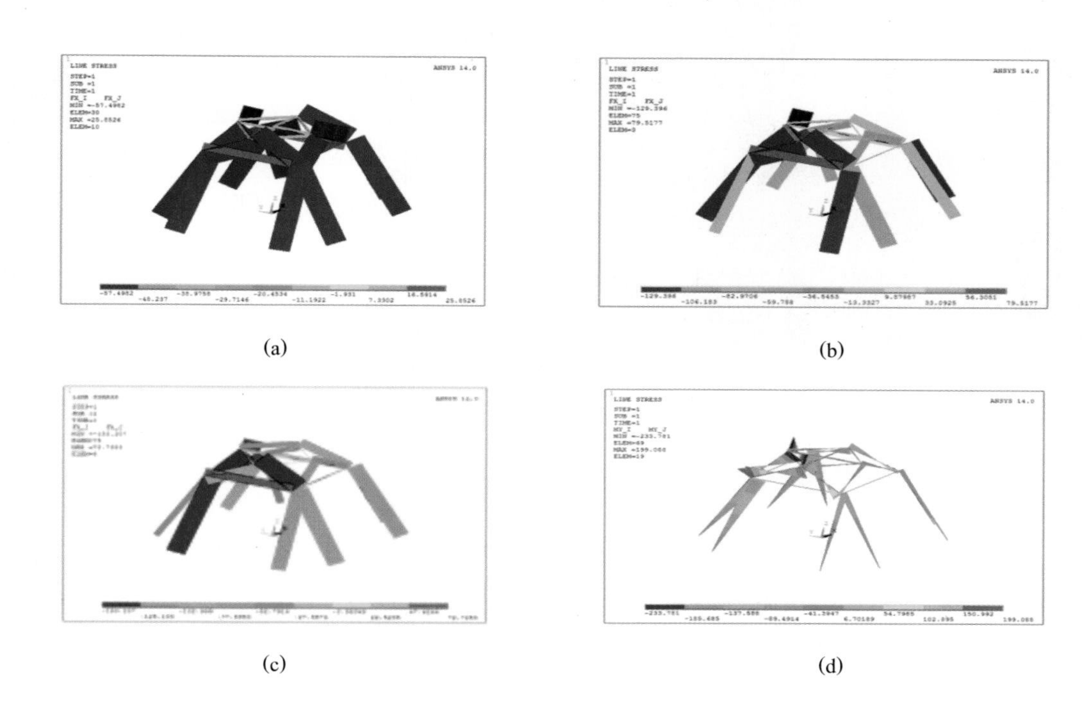

**图 12-2　计算分析结果图**

(a) 第一级荷载下轴力图；(b) 第二级荷载 b 工况下轴力图；
(c) 第三级荷载 b 工况下 90°时轴力图；(d) 第三级荷载 b 工况下 90°时弯矩图

## 12.4　节点构造

节点是结构传力及模型制作的关键部位，本模型部分节点详图如图 12-3 所示。

**图 12-3　节点详图**

(a) 内圈加载节点；(b) 外圈加载节点；(c) 柱脚底座节点

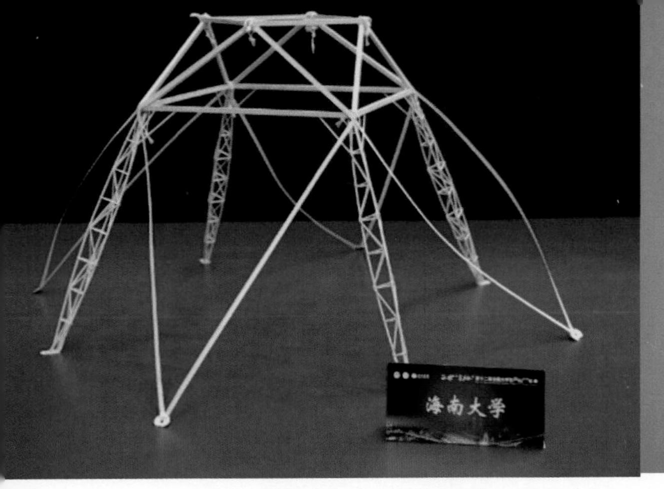


# 13 海南大学

| 作品名称 | 穹蓝 |
|---|---|
| 队　　员 | 陈樱霭　邱　珺　文继善 |
| 指导教师 | 罗立胜　曾加东 |
| 领　　队 | 杜　娟 |

## 13.1 设计思路

既要保证模型具有足够的强度和刚度，又要使其质量最小，这样才能做到“安全、经济、高效”。具体的措施包括如下几点：根据所给竹材的性能，合理选择结构构件形式，充分发挥其优良性能。根据赛题规定的尺寸限值，模型制作尺寸与设计尺寸误差不允许超过5mm。模型制作务必要符合相关理论知识的要求。模型各个节点处的连接务必要做到既牢固又精美，让斜撑和拉索充分发挥竹皮材料的性能。针对每个模型进行测试，找到其薄弱点，然后进行改进完善。

## 13.2 结构构型

根据赛题要求，初步提出几种结构选型并进行对比分析，详见表13-1。

表13-1　结构选型对比

| 选型 | 选型1 | 选型2 |
|---|---|---|
| 图示 | | |
| 优点 | 制作简易 | 造型美观、受力合理、质量小 |
| 缺点 | 结构复杂、受力低效、质量大 | 制作烦琐 |

**总结：**经过多次试验，选型1可承受的荷载远大于赛题所要求的承受荷载，需要优化。选型2比选型1的受力结构更加直接、经济、合理，综合对比造型美丑、质量大小、受力状况等，最终选型方案为选型2，如图13-1所示。

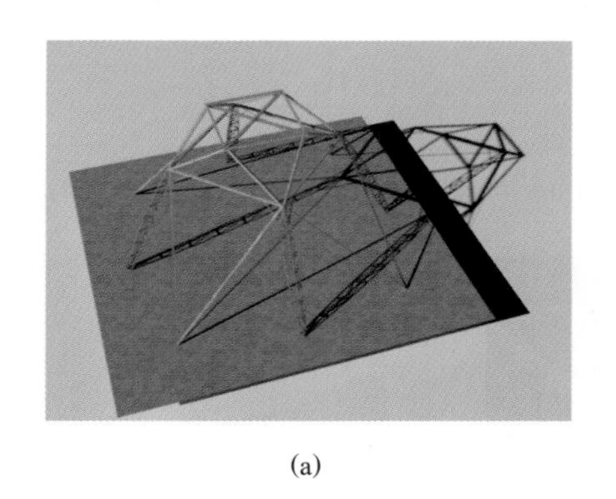

(a)

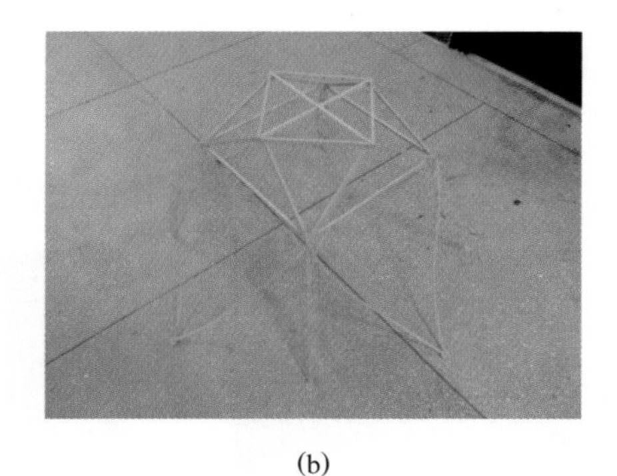

(b)

**图 13-1　选型方案示意图**

(a) 模型效果图；(b) 模型实物图

## 13.3　计算分析

基于 3D3S 软件进行建模分析，计算分析结果如图 13-2 所示。

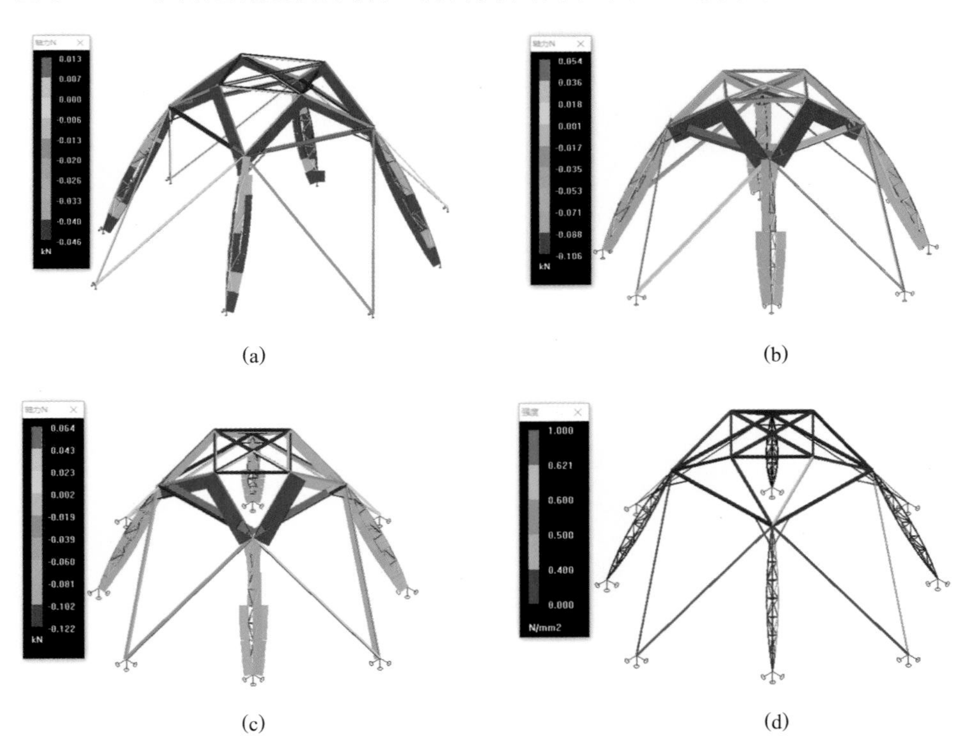


(a)　(b)

(c)　(d)

**图 13-2　计算分析结果图**

(a) 第一级荷载下轴力图；(b) 第二级荷载 b 工况下轴力图；

(c) 第三级荷载 b 工况下 90°时轴力图；(d) 第三级荷载 b 工况下 90°时应力图

## 13.4 节点构造

节点是结构传力及模型制作的关键部位，本模型部分节点详图如图 13-3 所示。

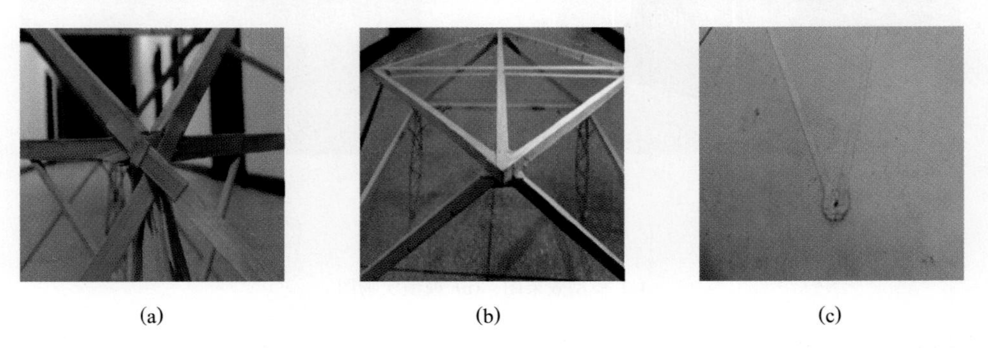

(a) (b) (c)

**图 13-3 节点详图**

(a) 柱头节点；(b) 上横梁节点；(c) 拉索节点

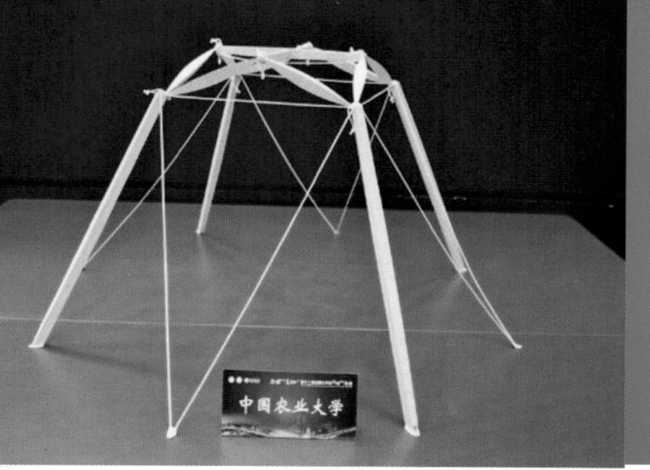


# 14　中国农业大学

| 作品名称 | 戴圆履方 |
|---|---|
| 队　　员 | 韩盛柏　吴青阳　任家朋 |
| 指导教师 | 梁宗敏　张再军 |
| 领　　队 | 梁宗敏 |

## 14.1　设计思路

经过力学分析可以判断，在不同工况下结构中部分杆件只可能受拉力，还有部分杆件可以只受拉力。设计时在保证结构整体性和安全性的前提下，将此二类杆件均设计为细长杆，只在受拉力时工作，在受压时使其退出工作。这样不仅可以节省材料，还能使节点的连接更加简单。对于只受拉力的拉杆，通过结构分析得到其可能承受的最大轴拉力，作为杆件截面设计时的内力标准值。同时考虑到材料的不均匀性以及加工和安装过程中的误差等因素，留有20%的安全储备，即内力设计值为1.2倍的内力标准值，据内力设计值和材料抗拉强度确定截面尺寸。对于只受压力的杆件，通过结构分析可以得到其可能承受的最大轴压力，并考虑1.2倍的安全系数，得到轴压力设计值。压杆设计时应考虑稳定问题，本方案中压杆两端节点均为铰接不动支座，根据欧拉公式初步确定压杆截面面积和惯性矩。为确保结构安全，本方案进行了辅助压杆加载试验，并对压杆截面进行了优化，确定最终压杆截面尺寸。

## 14.2　结构构型

根据赛题要求，初步提出几种结构选型并进行对比分析，详见表14-1。

**表14-1　结构选型对比**

| 选型 | 选型1 | 选型2 | 选型3 |
|---|---|---|---|
| 图示 | | | |
| 优点 | 传力方式简单明确 | 杆件较少，制作安装简单 | 杆件较少，制作安装简单，便于施加预拉力 |
| 缺点 | 杆件较多，布置复杂，用材较多，制作安装费时 | 加载必须严格按照先内后外的顺序进行 | 加载必须严格按照先内后外的顺序进行，锚固螺钉数量增加 |

**总结：**综合对比不同选型的结构稳定性、制作安装等因素，确定选型 3 作为参赛方案，最终选型方案示意图如图 14-1 所示。

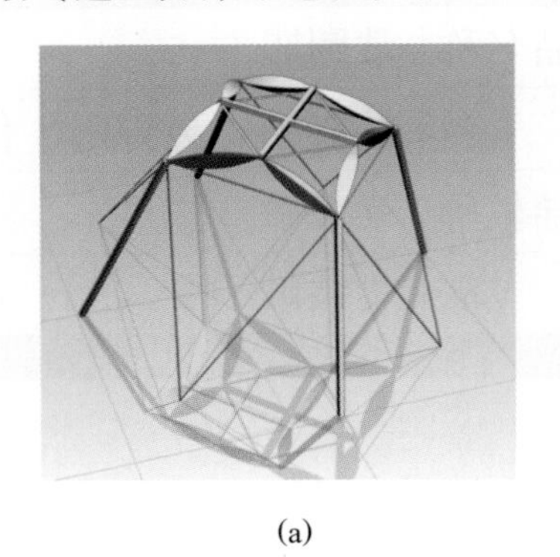

(a)

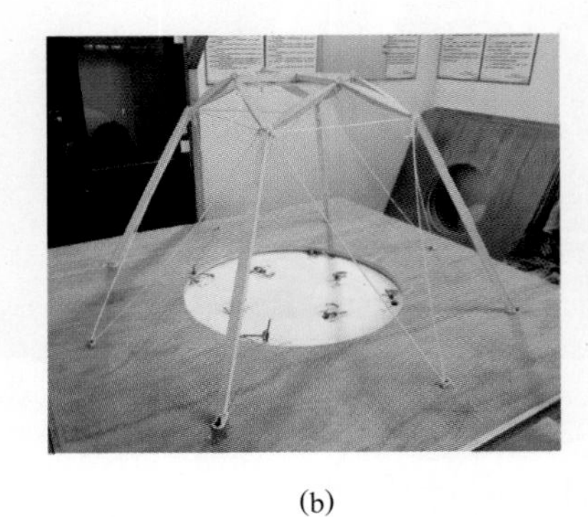

(b)

**图 14-1　选型方案示意图**

(a) 模型效果图；(b) 模型实物图

## 14.3　计算分析

基于 MIDAS 软件进行建模分析，计算分析结果如图 14-2 所示。

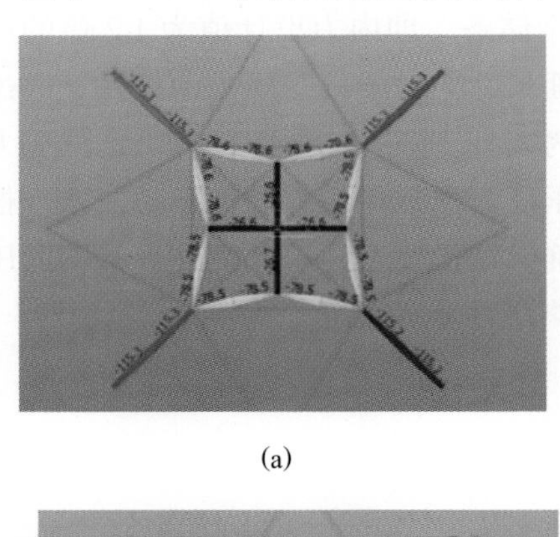

(a)

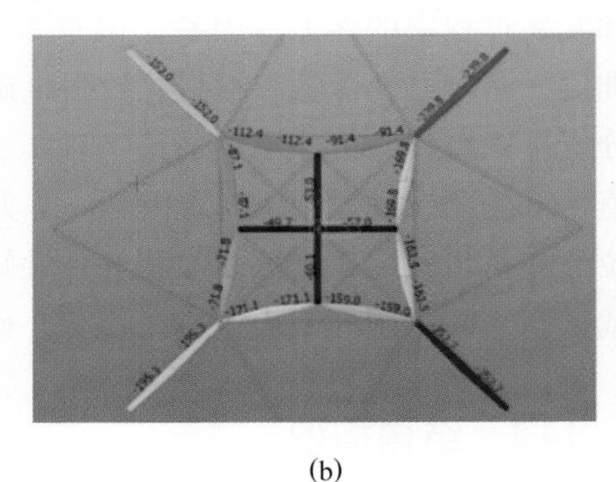

(b)

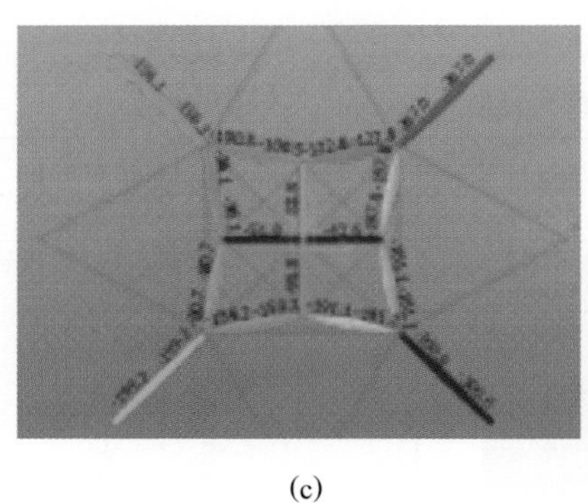

(c)

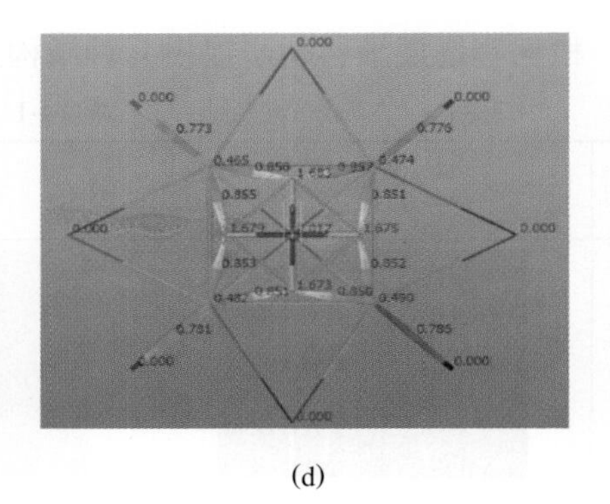

(d)

**图 14-2　计算分析结果图**

(a) 第一级荷载下轴力图；(b) 第二级荷载 a 工况下轴力图；

(c) 第三级荷载下轴力图；(d) 第三级荷载下变形图

## 14.4 节点构造

节点是结构传力及模型制作的关键部位，本模型部分节点详图如图 14-3 所示。

(a) (b) (c)

**图 14-3 节点详图**

(a) 主柱-斜压杆连接节点；(b) 横梁-斜压杆连接节点；(c) 拉杆锚固节点

# 15 重庆科技学院

| 作品名称 | 皓穹 |
| --- | --- |
| 队　　员 | 扶　林　谭　海　陈　刚 |
| 指导教师 | 况龙川　刘欣鹏 |
| 领　　队 | 朱浪涛 |

## 15.1 设计思路

本赛题要求制作能承受多荷载工况下的大跨度空间结构模型，且对模型所在空间、荷载所在点和荷载施加方式等进行约束，因此，我们从荷载点的空间位置和荷载施加方式等方面对结构方案进行构思。在保证大跨度空间结构稳定性以及承受能力的情况下，减轻模型的质量是此次模型制作的最终目标。首先，以空间桁架作为模型主体，因为空间桁架抵抗轴向力效果显著，且更为重要的是能抵抗较大的、不同空间方向的弯矩，以此来保证模型结构的稳定性。其次，以加强杆件与节点作为辅助手段，来保证杆件受力均匀和合理。经过多次的模型制作和优化，确定了最终的参赛模型：以三角空间桁架柱为主体的大跨度空间结构模型。

## 15.2 结构构型

根据赛题要求，初步提出几种结构选型并进行对比分析，详见表 15-1。

表 15-1　结构选型对比

| 选型 | 选型 1 | 选型 2 | 选型 3 |
| --- | --- | --- | --- |
| 图示 | | | |
| 优点 | 整体性好，各杆件弯矩小，能发挥材料抗压性能 | 制作方便，受力简单明了，自重小 | 受力简单明了，内部空间大 |
| 缺点 | 自重较大 | 柱杆长细比过长，易失稳 | 抵抗水平荷载能力差 |

**总结**：综合对比各选型优缺点，并优先考虑结构稳定性能的情况下，最终选型方案示意图如图 15-1 所示。

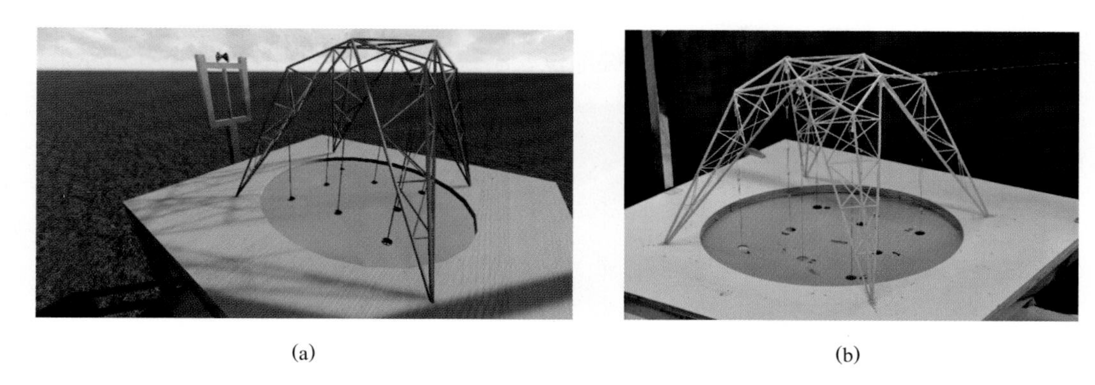

(a) (b)

**图 15-1 选型方案示意图**

(a) 模型效果图；(b) 模型实物图

## 15.3 计算分析

基于 MIDAS 软件进行建模分析，计算分析结果如图 15-2 所示。

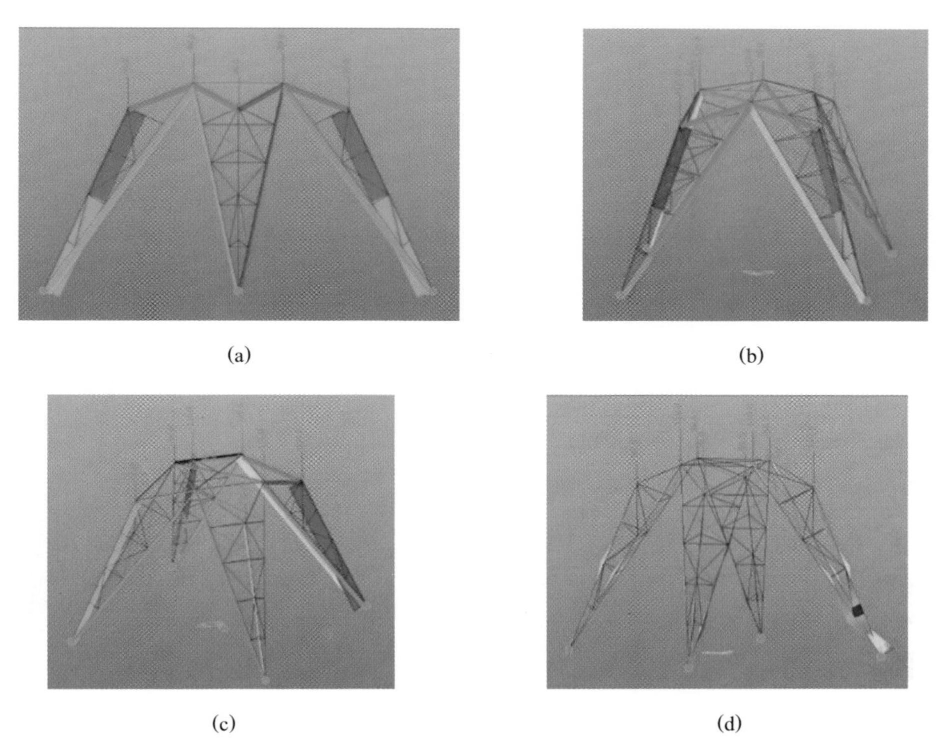

(a) (b)

(c) (d)

**图 15-2 计算分析结果图**

(a) 第一级荷载下轴力图；(b) 第二级荷载最危险工况下轴力图；
(c) 第三级荷载最危险工况下轴力图；(d) 第三级荷载最危险工况下弯矩图

## 15.4 节点构造

节点是结构传力及模型制作的关键部位，本模型部分节点详图如图 15-3 所示。

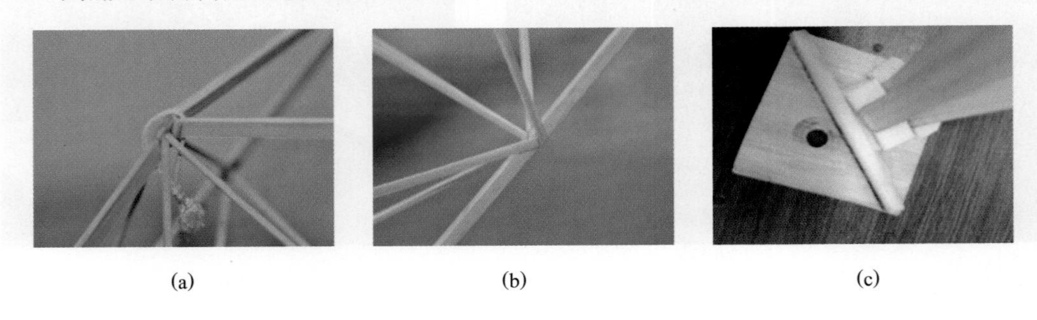

(a) (b) (c)

**图 15-3 节点详图**

(a) 外围加载节点；(b) 拉条与杆件的汇接节点；(c) 拉杆锚固节点

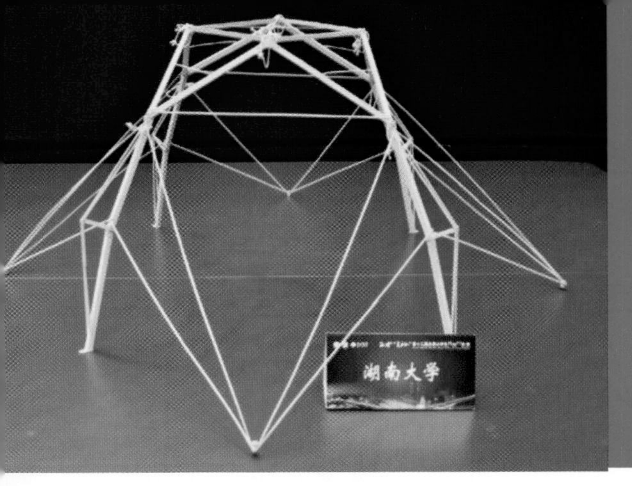


# 16　湖南大学

| 作品名称 | 金刚穹顶 |
| --- | --- |
| 队　　员 | 吴焕征　吕德堡　邓　仁 |
| 指导教师 | 周　云 |
| 领　　队 | 周　云 |

## 16.1　设计思路

本赛题所设置的三种荷载工况分别对应实际结构设计中的恒荷载、活荷载以及变化方向的水平荷载（如风荷载或地震荷载），在逐级加载时以模型荷质比来考量模型结构的合理性与材料利用效率，第三级加载时更是施加变换方向的水平荷载。因此，综合考虑结构与构件简化程度、竖向及侧向稳定性、材料使用效率等三方面对结构方案进行精巧构思。

在进行结构设计时，考虑根据加载点空间位置来设计局部和整体的结构组成，由于加载点投影位置已经确定，故可以根据模型尺寸、外观等要求，设计模型空间尺寸，依据结构受力特点设计局部杆件形式，以达到精简结构的目的。在第三级荷载施加时，产生的弯曲、扭转等作用对结构极限承载力的影响最为显著。针对这一问题，我们特意采用多组对称分布的薄竹条对模型进行侧向约束，从而增强其抵抗水平荷载的能力。而混合利用不同规格的竹条、竹皮则有助于提高材料利用率，在充分了解材料性能的基础上，通过材料的合理搭配，可以最大程度发挥各类材料的力学特性。

经过多批模型的理论分析和试验验证，我们初步筛选出三种结构构造形式。方案命名为金刚穹顶，预示着方案构思以较大的承载力和稳定性、较强的创新性并兼顾优美的外观造型为基本出发点，同时注重文化内涵。

## 16.2　结构构型

根据赛题要求，初步提出几种结构选型并进行对比分析，详见表16-1。

**表 16-1　结构选型对比**

| 选型 | 选型 1 | 选型 2 | 选型 3 |
|---|---|---|---|
| 图示 | 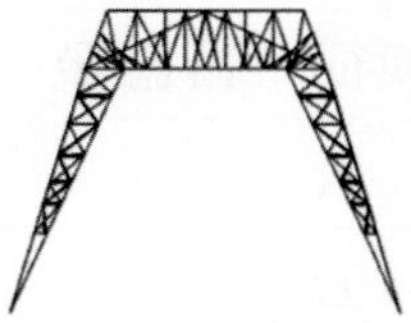 | 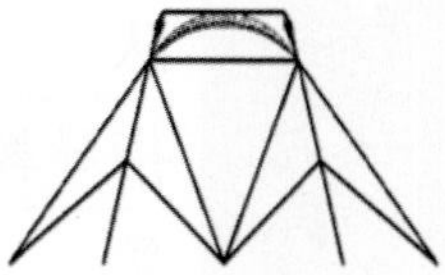 | 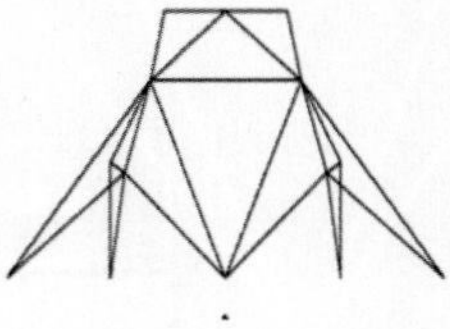 |
| 优点 | 整体性强、变形较小 | 稳定性强、制作简单 | 结构简单、受力明确、承载力强、质量较轻 |
| 缺点 | 质量较大、构造复杂 | 质量较大、局部构件强度较低 | 制作耗时，手工制作要求高 |

**总结：** 综合对比发现，在制作难易程度、模型承载力、模型自身质量等多个指标的考量中，选型 3 在总体上具有更大的优势。最终选型方案示意图如图 16-1 所示。

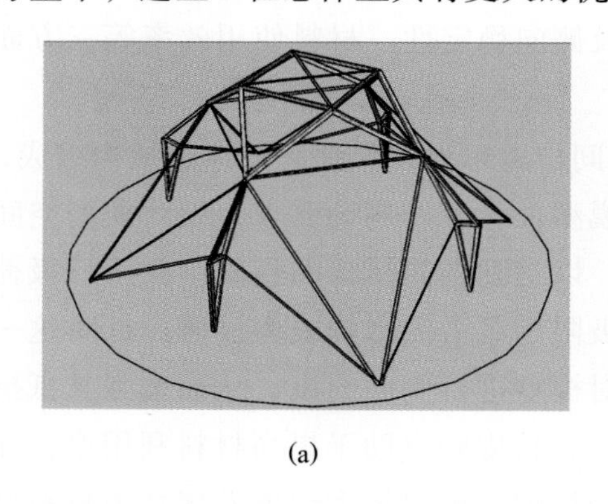

(a)

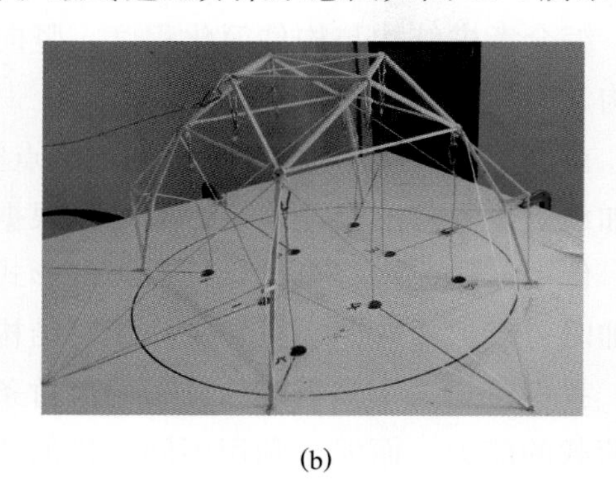

(b)

**图 16-1　选型方案示意图**

(a) 模型效果图；(b) 模型实物图

## 16.3　计算分析

基于 MIDAS 软件进行建模分析，计算分析结果如图 16-2 所示。

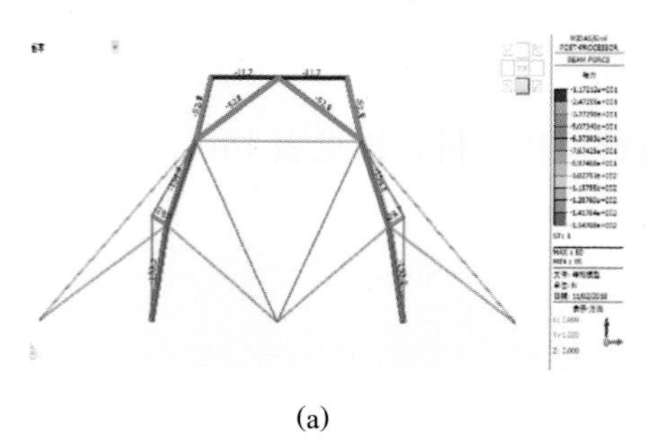

(a)

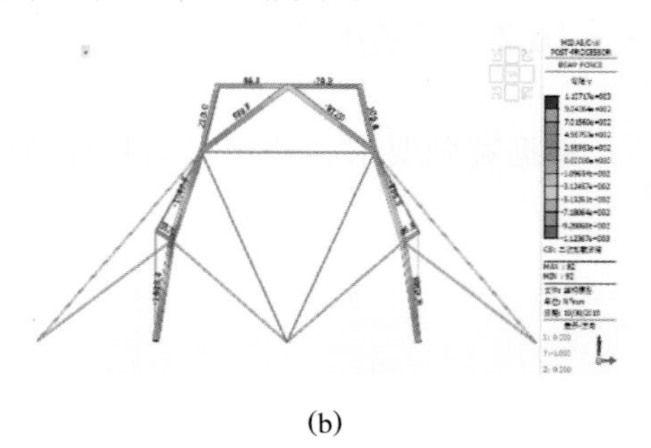

(b)

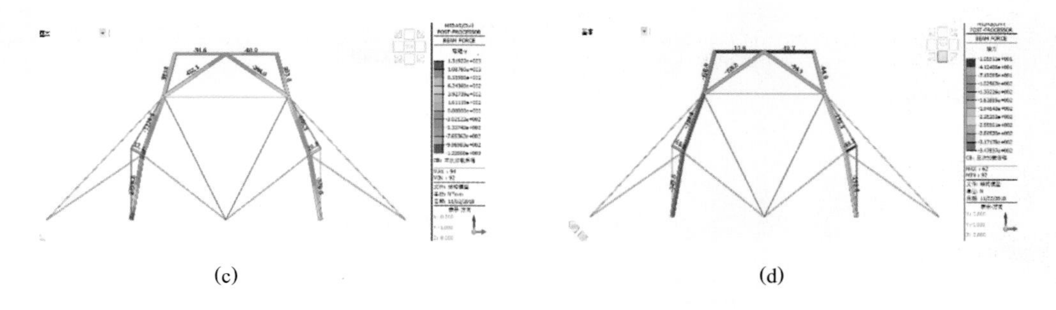

(c)　　　　　　　　(d)

**图 16-2　计算分析结果图**

(a) 第一级荷载下轴力图；(b) 第二级荷载下最不利工况弯矩图；
(c) 第三级荷载下最不利工况弯矩图；(d) 第三级荷载下最不利工况轴力图

## 16.4　节点构造

节点是结构传力及模型制作的关键部位，本模型部分节点详图如图 16-3 所示。

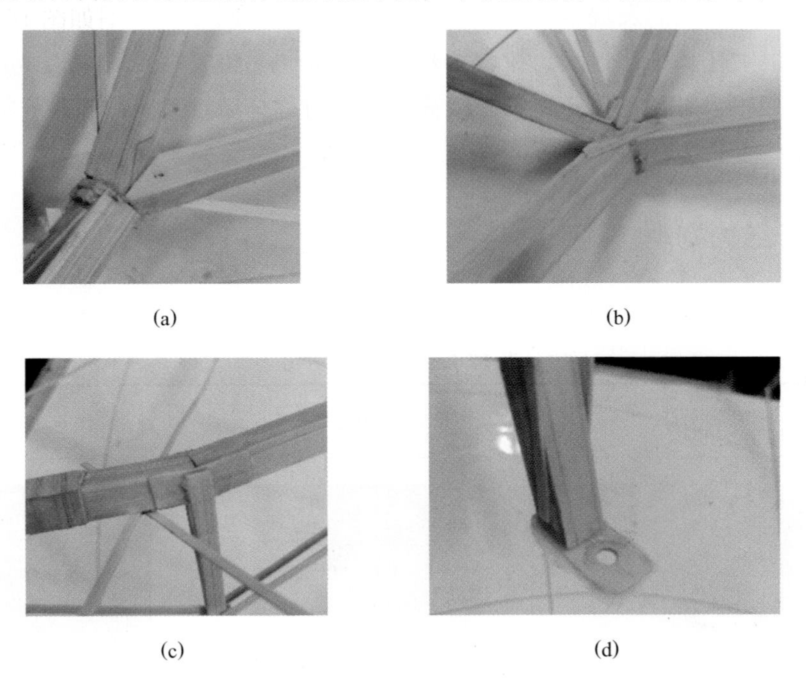

(a)　　　　　　　　(b)

(c)　　　　　　　　(d)

**图 16-3　节点详图**

(a) 1 号节点；(b) 2 号节点；(c) 3 号节点；(d) 柱脚底座节点

# 17　大连理工大学

| 作品名称 | 小蜘蛛 |
| --- | --- |
| 队　　员 | 张乐朋　袁博文　高　兴 |
| 指导教师 | 王吉忠 |
| 领　　队 | 杨大令 |

## 17.1　设计思路

本赛题要求参赛队设计并制作一个大跨度空间屋盖结构模型。要求学生针对静载、随机选位荷载及移动荷载等多种荷载工况设计出此次的空间结构。经过受力分析和多次实体模型试验，我们发现本次模型设计与制作的关键问题有三个：中部净空要求很高，导致几根主杆长细比过大，在增大截面尺寸的同时也要综合考虑模型重量；如何设计几个连接很多杆件的节点；第二级荷载为非对称荷载且具有随机性，加载过程中容易导致结构受扭。

## 17.2　结构构型

根据赛题要求，初步提出几种结构选型并进行对比分析，详见表 17-1。

**表 17-1　结构选型对比**

| 选型 | 选型 1 | 选型 2 | 选型 3 |
| --- | --- | --- | --- |
| 图示 | | | |
| 优点 | 受力清晰、结构合理 | 质量小、制作较容易 | 质量较小、制作容易 |
| 缺点 | 杆件多、质量大 | 稳定性差 | 稳定性较差 |

**总结：**经过综合对比，考虑到本次比赛中模型质量为重要考量因素，且在三级加载中，模型稳定性是加载成功必不可少的条件之一，确定选型 3 作为参赛方案，最终选型方案示意图如图 17-1 所示。

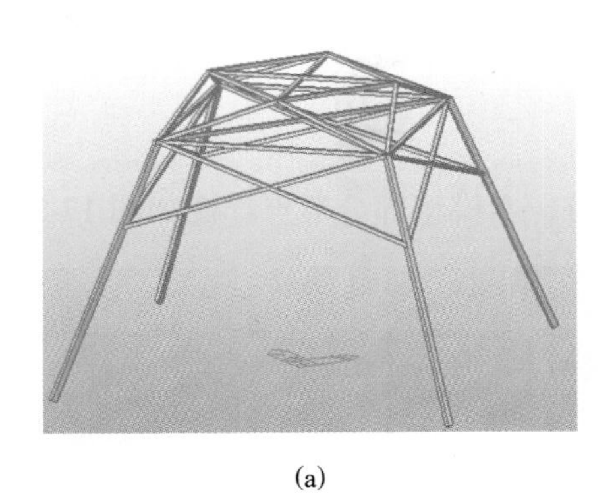

(a)

(b)

**图 17-1　选型方案示意图**

(a) 模型效果图；(b) 模型实物图

## 17.3　计算分析

基于 MIDAS 软件进行建模分析，计算分析结果如图 17-2 所示。

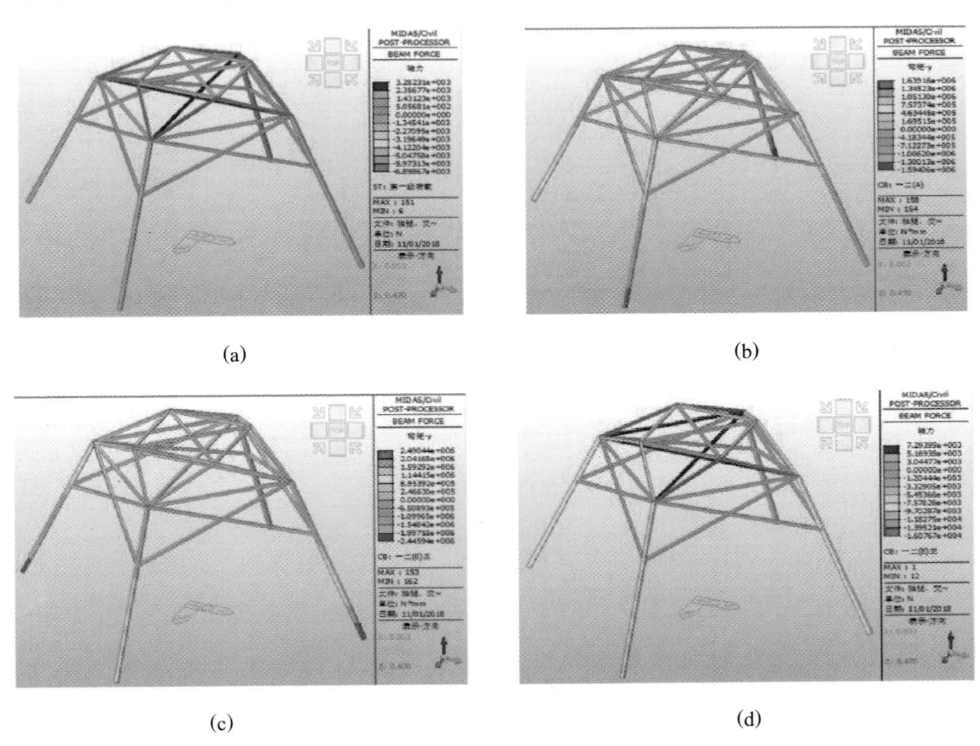



(a)　(b)

(c)　(d)

**图 17-2　计算分析结果图**

(a) 第一级荷载下轴力图；(b) 第二级荷载 a 工况下弯矩图；

(c) 第三级荷载 e 工况下弯矩图；(d) 第三级荷载 e 工况下轴力图

## 17.4 节点构造

节点是结构传力及模型制作的关键部位，本模型部分节点详图如图 17-3 所示。

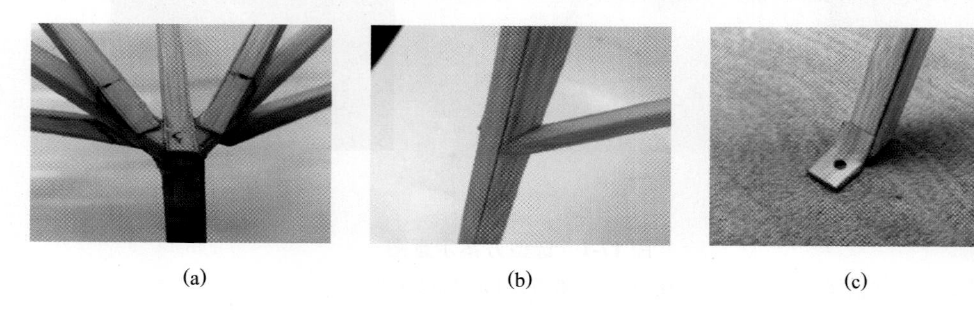

(a)　　(b)　　(c)

**图 17-3 节点详图**

(a) 顶部梁柱节点；(b) 斜撑与柱连接节点；(c) 柱脚节点

# 18 海口经济学院

| 作品名称 | 千“经”鼎 |
| --- | --- |
| 队　　员 | 罗千昊　郑　寅　王　涛 |
| 指导教师 | 唐　能　杜　鹏 |
| 领　　队 | 张仰福 |

## 18.1 设计思路

结合刚架与网壳结构的优点，充分利用材料的抗拉能力，从结构传力简单明确、构件刚柔并济等方面进行方案构思。力求做到结构模型“实用、简单、轻巧、美观”。主要竖向承重构件采用格构式柱，模型质量小、整体稳定性好、承载力高、刚度大，容易满足承受多种荷载工况下的可靠性要求。在每个格构柱顶设置 2 根斜撑，共 8 根斜撑，斜撑与格构柱形成 4 个 Y 形结构，斜撑之间两两相交，在半径 150mm 圆上形成 4 个加载点。每个加载点的荷载一分为二分别传给格构柱，传力路径简单明确。提高整体结构的刚度和格构柱的整体稳定性是控制柱顶侧移的关键，因此在每个柱顶与承台板之间设置 2 根斜拉杆，可有效地将水平荷载传至承台板。

## 18.2 结构构型

根据赛题要求，初步提出几种结构选型并进行对比分析，详见表 18-1。

**表 18-1　结构选型对比**

| 选型 | 选型 1:单层网壳结构模型 | 选型 2:桁架拱模型 | 选型 3:空间刚架模型 |
| --- | --- | --- | --- |
| 图示 | | | |
| 优点 | 承重能力强,稳定性好 | 刚度大,能够满足一定荷载要求,节省材料 | 结构简单,传力简单明确,整体性好,承重能力强,节省材料 |
| 缺点 | 杆件多,自重大,浪费材料 | 加载点失效率大,制作复杂 | 格构柱制作复杂,安装要求高 |

**总结：**综合对比，选型 3 在满足第一、二、三级荷载工况要求的前提下，模型最轻，失效率最低，故将其作为参赛方案。最终选型方案示意图如图 18-1 所示。

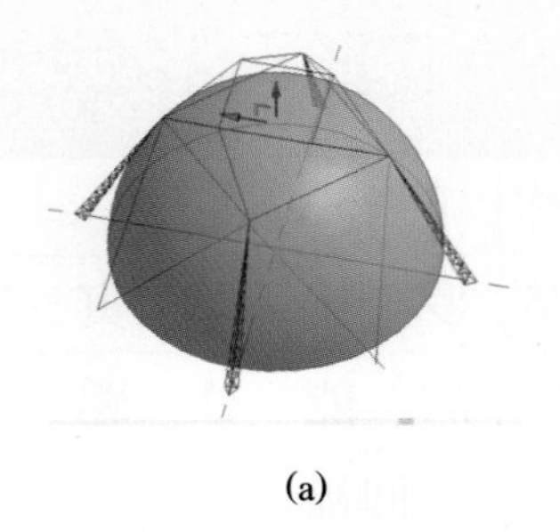

(a)

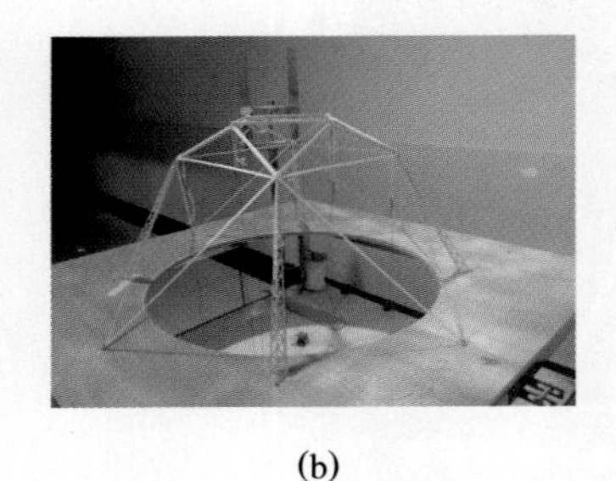

(b)

**图 18-1　选型方案示意图**

(a) 模型效果图；(b) 模型实物图

## 18.3　计算分析

基于 SAP2000 软件进行建模分析，计算分析结果如图 18-2 所示。

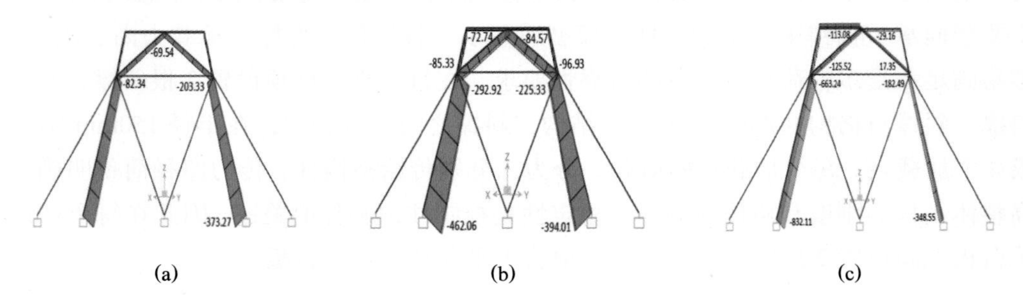


(a)　　(b)　　(c)

**图 18-2　计算分析结果图**

(a) 第一级荷载下轴力图；(b) 第二级荷载 a 工况下轴力图；

(c) 第三级荷载 a 工况下水平角 45°轴力图

## 18.4　节点构造

节点是结构传力及模型制作的关键部位，本模型部分节点详图如图 18-3 所示。

(a)

(b)

(c)

**图 18-3　节点详图**

(a) 柱与斜撑节点；(b) 斜撑与刚性系杆节点；(c) 格构柱脚节点

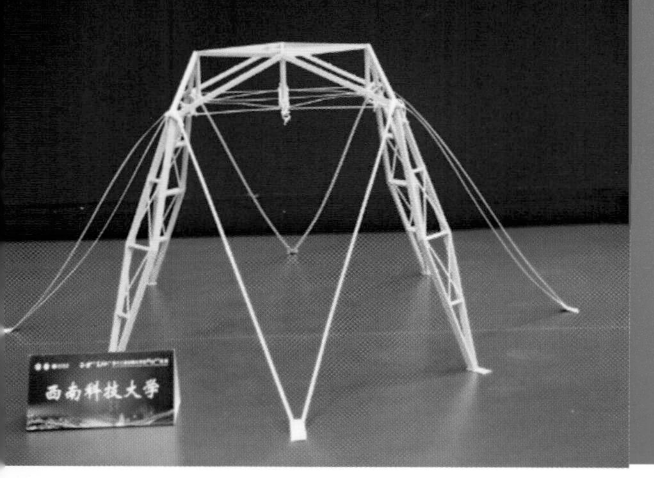


# 19 西南科技大学

| 作品名称 | 铁头娃 |
| --- | --- |
| 队　　员 | 刘永鉴　韩镇钟　朱靖瑞 |
| 指导教师 | 褚云朋　顾　颖 |
| 领　　队 | 褚云朋 |

## 19.1 设计思路

确保主体结构强度与稳定性，保证结构正常使用极限状态：根据比赛的评分规则，结构应能承受一级 40kg、二级 16 ~ 24kg、三级 4 ~ 8kg 加载而不整体失稳，故在制作时注重结构的整体性和对称性的精确度与黏结的可靠性。

优化结构强度、刚度分布：经过理论分析，模型在竖向荷载和水平荷载作用下，主要承受弯矩和竖向轴力作用及平面外倾覆作用，因此结构需要足够的抗弯刚度、抗压承载力和稳定性，故可采用张弦式屋盖和鱼腹式格构柱。由于上部结构荷载和跨度较大，空间张悬式屋盖结构具有承载力高、刚度大、质量小等特点，很适合本赛题的荷载点分布。鱼腹式格构柱具有很大的强度和刚度，是抵抗压弯作用较为理想的截面形式。

平面外设置拉条，提高结构抗侧刚度：为提高结构整体稳定性，在柱两侧均设置了拉条，当结构发生侧倾时能够减小模型水平侧移。在第二级荷载作用下，当结构发生扭转或倾斜时，拉条的松紧可有效抵抗扭矩和倾斜，且在第三级荷载作用下，该模型可以平面外拉条来抵抗水平荷载。

## 19.2 结构构型

根据赛题要求，初步提出几种结构选型并进行对比分析，详见表 19-1。

表 19-1　结构选型对比

| 选型 | 选型 1:拉压空心杆方案 | 选型 2:桁架方案 | 选型 3:平面张弦梁结构 |
|---|---|---|---|
| 图示 | | | |
| 优点 | 采用斜柱方案，将柱子直接伸到内圈加载点。这种结构的整体刚度很大 | 将整个桁架分为主桁架和副桁架,通过将副桁架搭载在主桁架上来达到传力的目的。结构整体刚度较大 | 对于偏心荷载的承载有着明显的优势,并且模型外围的 8 根拉条对于提高结构的整体刚度有着很大的作用 |
| 缺点 | 模型容易整体倾覆，模型杆件较多，外圈承载的两根受压斜柱容易失稳 | 在水平承载作用下无法有效卸力而使得模型整体倾覆 | 杆件受力很大,模型整体容错率不高,整体质量偏大 |

**总结：**经对比分析，最终在选型 3 的基础上，将拉条转为一个平面。改进过后的张弦结构更加便于制作，并且杆件与拉条的受力都比之前更低，使得模型质量进一步降低。最终选型方案示意图如图 19-1 所示。

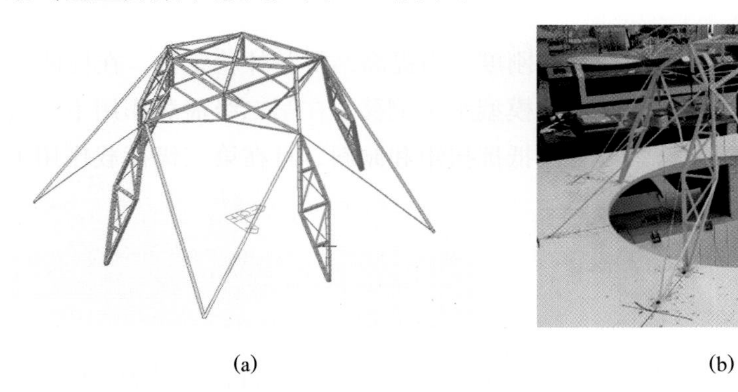

(a)　　(b)

**图 19-1　选型方案示意图**

(a) 模型效果图；(b) 模型实物图

## 19.3　计算分析

基于 MIDAS 软件进行建模分析，计算分析结果如图 19-2 所示。

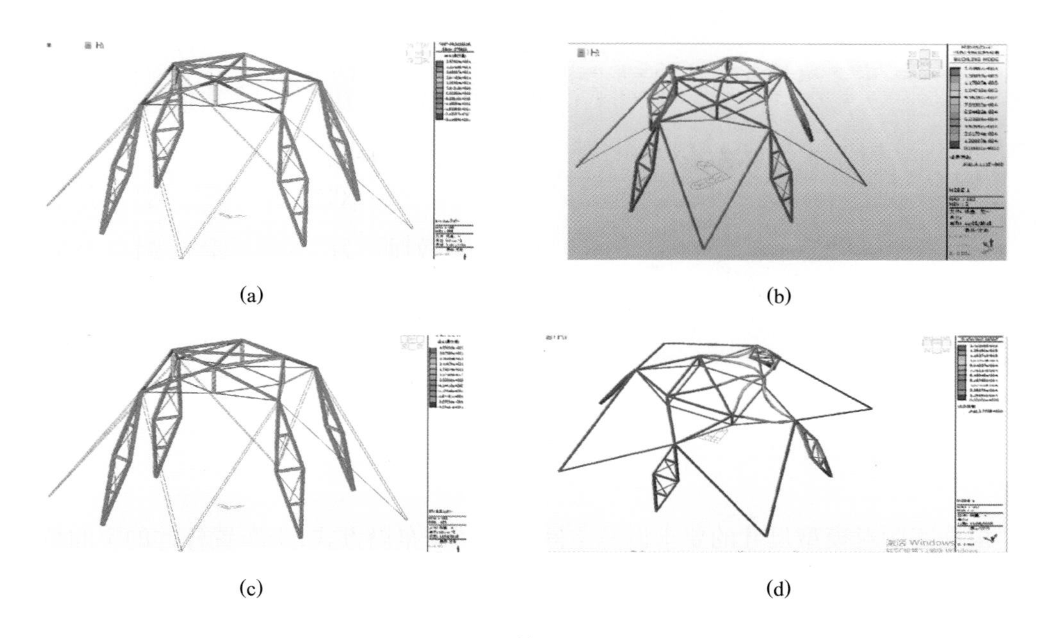

(a)　(b)

(c)　(d)

**图 19-2　计算分析结果图**

(a) 第二级荷载 a 工况下应力分布图；(b) 第三级荷载 a 工况下Ⅰ点屈曲模态；
(c) 第二级荷载 b 工况下应力分布图；(d) 第三级荷载 b 工况下Ⅲ点屈曲模态

## 19.4　节点构造

节点是结构传力及模型制作的关键部位，本模型部分节点详图如图 19-3 所示。

(a)　(b)

**图 19-3　节点详图**

(a) 顶部节点；(b) 柱脚节点

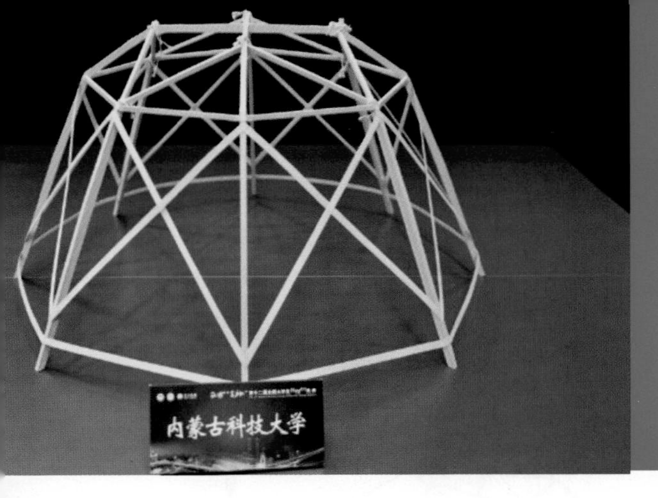


# 20　内蒙古科技大学

| 作品名称 | 同心结 |
|---|---|
| 队　　员 | 刘建富　武　刚　杜思宏 |
| 指导教师 | 万　馨　李　娟 |
| 领　　队 | 汤　伟 |

## 20.1　设计思路

根据赛题对模型尺寸的要求以及空间刚架结构布局方式，来布置杆件的空间位置。模型设置了 8 根立柱，上部结构和下部结构之间采用斜撑来辅助支撑。为保证结构的稳定性，提高结构的安全储备，在 8 根立柱之间采用拉带拉结，以有效控制加载时模型的位移和变形。杆件截面采用箱形截面，杆件内设十字纵向加劲肋和横向加劲肋，有效提高杆件的刚度和承载能力。杆件与杆件之间采用相互咬合的连接方式，能有效提高节点的刚度和承载力。根据强节点弱杆件的设计原则，部分加载点采用加腋方式以增强节点的承载能力。柱脚采用简支约束，避免了固定柱脚时弯矩过大的弊端，设置柱脚拉带可以有效控制柱脚的位移和扭转，同时减轻模型的质量。

## 20.2　结构构型

根据赛题要求，初步提出几种结构选型并进行对比分析，详见表 20-1。

**表 20-1　结构选型对比**

| 选型 | 选型 1(原模型) | 选型 2 | 选型 3 |
|---|---|---|---|
| 图示 |  | 在原模型的基础上对杆件截面尺寸和长度进行优化，寻找更为理想的截面尺寸 | 在选型 2 的基础上，根据杆件的破坏部位与形式，针对性地对杆件进行再次优化。立柱变为变截面箱型杆件，梁的薄弱区设置横向加劲肋 |
| 优点 | 结构稳定，成功率较高 | 杆件截面尺寸较合理，荷质比较大 | 杆件刚度满足工作环境要求，加载成功率较高 |
| 缺点 | 立柱长细比较大 | 湿度较大的情况下杆件承载力不足 | 模型质量较大 |

**总结：**综合对比与测试，选型 3 更适合本次赛题的结构设计，最终选型方案示意图如图 20-1 所示。

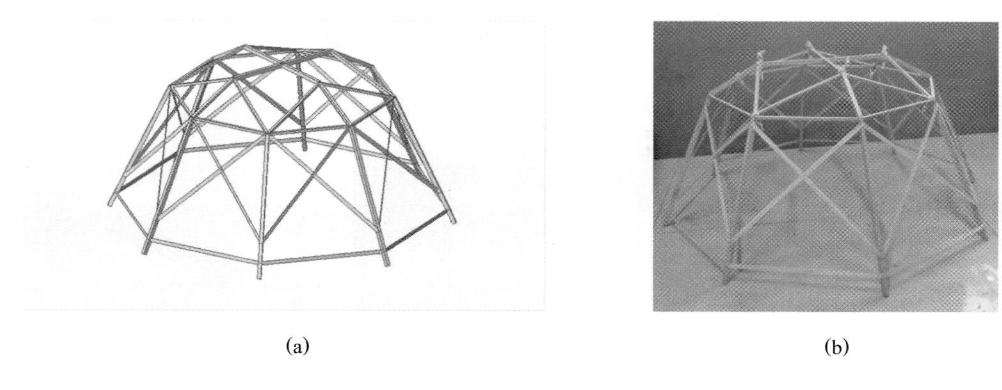

(a)　　　　(b)

**图 20-1　选型方案示意图**

(a) 模型效果图；(b) 模型实物图

## 20.3　计算分析

基于 MIDAS 软件进行建模分析，计算分析结果如图 20-2 所示。

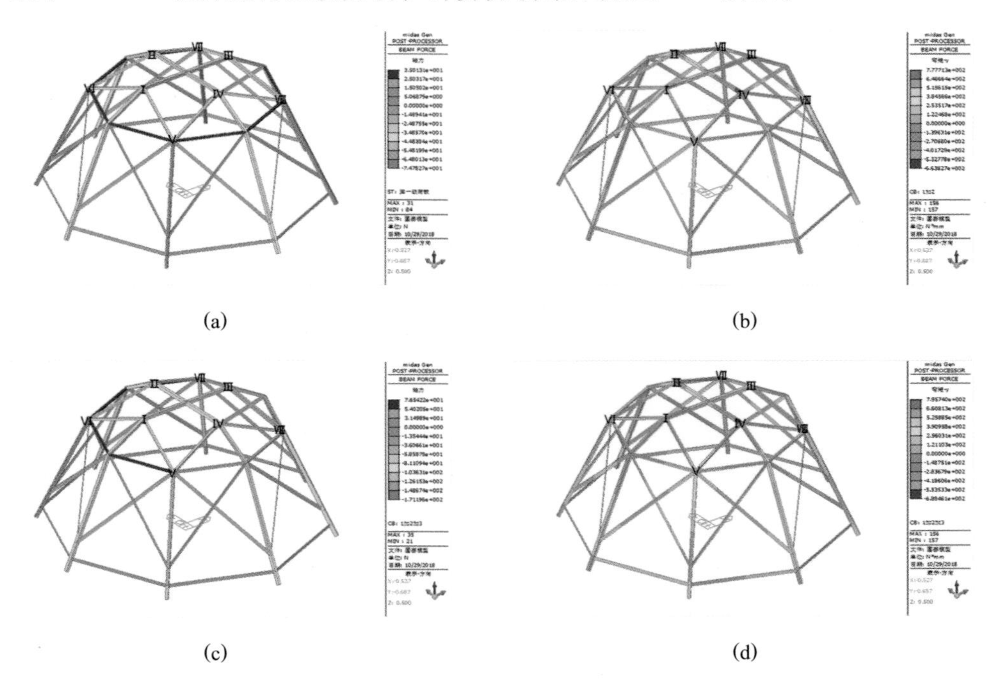

(a)　　　　(b)

(c)　　　　(d)

**图 20-2　计算分析结果图**

(a) 第一级荷载下轴力图；(b) 第二级荷载 a 工况下弯矩图；

(c) 第三级荷载 a 工况下 I 点加载轴力图；(d) 第三级荷载 a 工况下 I 点加载弯矩图

## 20.4 节点构造

节点是结构传力及模型制作的关键部位，本模型部分节点详图如图 20-3 所示。

(a) (b) (c)

**图 20-3 节点详图**

(a) 柱与斜撑的节点；(b) 梁与斜撑的节点；(c) 梁柱节点

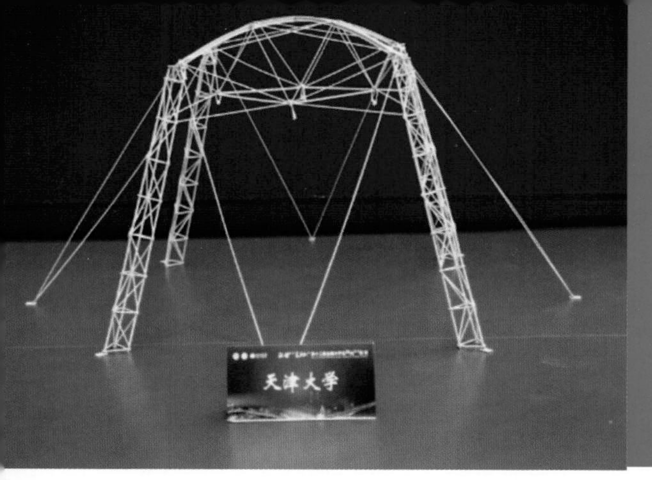


# 21 天津大学

| 作品名称 | 海棠花开 |
|---|---|
| 队　　员 | 罗奇星　崔　兵　张晨皓 |
| 指导教师 | 张晋元　李志鹏 |
| 领　　队 | 李志鹏 |

## 21.1 设计思路

从承载力、整体刚度、稳定性等方面对结构方案进行构思，采用倾斜柱、曲拱等更加贴合球壳形状的形式来实现赛题要求。同时，这种几何形式的结构对于安装、制作误差的冗余度更高，结构失效的风险有所降低。

承载力方面：通过简洁明确的传力路径将集中荷载尽可能均匀化，充分发挥各个杆件的强度以避免“木桶效应”，是最大限度发挥材料强度的必要条件。

整体刚度方面：本模型对结构整体刚度的要求主要体现在结构中心点的挠度控制上，本模型结构中心点的最大允许位移 $[w]$ =12mm。通过刚性杆件来形成结构的刚度是一种常见的方式，但是基于荷质比的考虑，纯刚性的结构并不是本次设计的最优解。在结构中适当地配置拉索、拉杆等小截面承拉构件，可以实现刚度和强度、刚度和自重的协调。

稳定性方面：结构稳定性主要包含结构整体稳定性和构件压杆稳定性等方面。结构的整体稳定问题主要体现在结构的整体扭转失稳破坏上。由于本模型需要满足球形净空要求，主要承重构件之间无法设置交叉式支撑，因此在第二级偏心荷载和第三级水平荷载作用下，结构易发生扭转失稳破坏，其中的关键问题是柱子的侧向稳定性问题。构件的压杆稳定性主要取决于受压杆件的计算长度、约束条件和所受荷载大小等因素。通过在承压杆件之间设置格构式支撑以缩小其计算长度；加强受压杆件节点的约束条件，使之趋向于固端连接；通过合理配置承拉杆件，以尽可能减小弯矩的压应力作用。

## 21.2 结构构型

根据赛题要求，初步提出几种结构选型并进行对比分析，详见表 21-1。

表 21-1　结构选型对比

| 选型 | 选型 1:网壳结构方案 | 选型 2:拱结构方案 | 选型 3:框架结构方案 |
| --- | --- | --- | --- |
| 图示 |  |  |  |
| 优点 | 结构刚度大,稳定性好 | 结构抗弯能力强,承载力高 | 结构受力明确 |
| 缺点 | 结构复杂,设计难度大,制作要求高 | 结构自重大，格构式拱节点较多 | 结构稳定性不佳 |

**总结：**综合对比上述网壳结构、拱结构、框架结构方案的优缺点，最终选型方案示意图如图 21-1 所示。

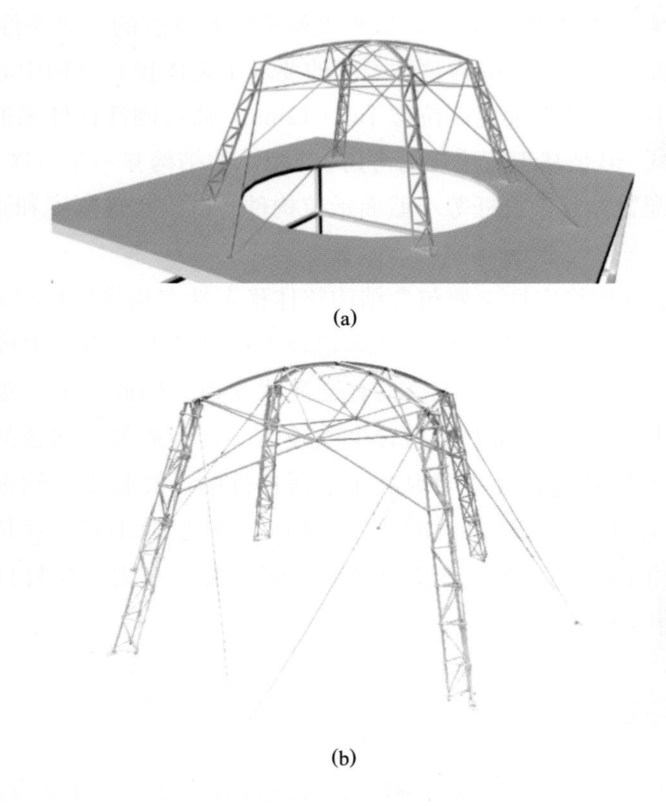

(a)

(b)

**图 21-1　选型方案示意图**

(a) 模型效果图；(b) 模型实物图

## 21.3 计算分析

基于 MIDAS 软件进行建模分析，计算分析结果如图 21-2 所示。

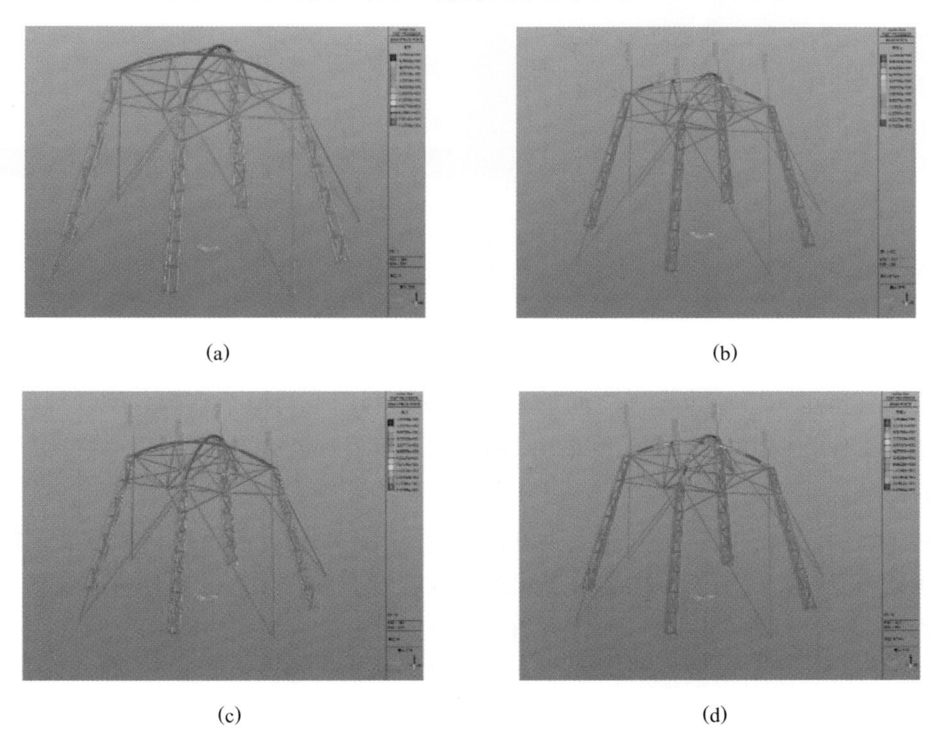

(a) (b)

(c) (d)

**图 21-2 计算分析结果图**

(a) 第一级荷载下轴力图；(b) 第二级荷载 c 工况下弯矩图；
(c) 第三级荷载−45°时轴力图；(d) 第三级荷载−45°时弯矩图

## 21.4 节点构造

节点是结构传力及模型制作的关键部位，本模型部分节点详图如图 21-3 所示。

(a) (b) (c)

**图 21-3 节点详图**

(a) 内圈加载节点；(b) 悬吊部分杆件与格构柱连接处；(c) 柱脚节点

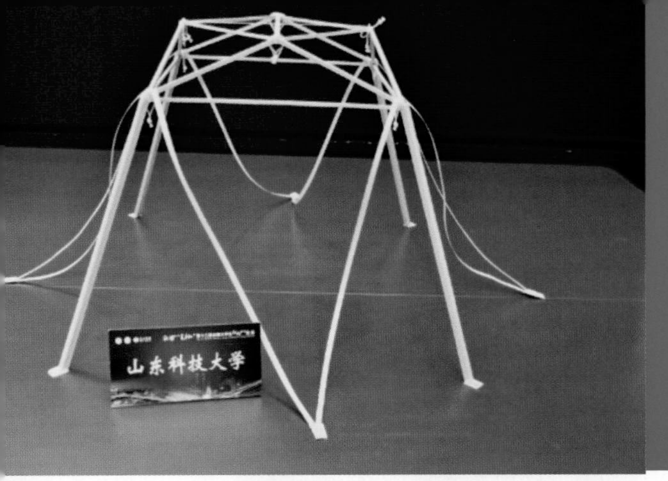


# 22 山东科技大学

| 作品名称 | 砥砺 |
|---|---|
| 队　　员 | 于光泉　宋孟宇　韩　翔 |
| 指导教师 | 林跃忠　黄一杰 |
| 领　　队 | 刘　晶 |

## 22.1 设计思路

结构跨度及形式：竞赛题目要求设计并制作一个大跨度空间结构模型，模型构件允许的布置范围为两个半球面之间的空间，设想利用空间桁架结构、空间杆件结构、壳体结构等作为模型主要结构形式，以满足大跨度及净空跨越的要求，并能承受多种形式的荷载。

材料性能：竹皮质量小，加工简单，在承受拉力时能充分发挥材料性能；竹条既可承压又可受拉，可用于结构受力形式多变或者受力形式无法准确分析的位置；杆件采用竹皮卷制，且杆件内部布置多道加劲肋，以提高杆件的稳定性和抗扭能力，充分发挥材料性能，使结构承重达到要求的同时做到结构自重的最小化，在两者中间寻找一个平衡点。

制作方式：在保证结构刚度达到要求的情况下，尽可能做到构造简单、制作方便、经济适用。

荷载施加方式：第一级荷载为竖直均布荷载，模拟结构所受恒荷载，模型需要较大的刚度和强度；第二级荷载为竖直偏心荷载，模拟结构所受活荷载；第三级荷载为水平荷载，模拟风荷载及地震荷载，模型需要较强的稳定性以抵抗扭转变形和剪切变形。

## 22.2 结构构型

根据赛题要求，初步提出几种结构选型并进行对比分析，详见表 22-1。

**表 22-1　结构选型对比**

| 选型 | 选型 1:空间双层桁架结构 | 选型 2:空间三角桁架结构 | 选型 3:空间杆件结构 |
|---|---|---|---|
| 图示 | | | |
| 优点 | 承载能力和变形能力强，可以将荷载均匀地传递到结构各部分以使结构保持稳定。使用竹条，二次加工较少 | 承载力强,传力路径简洁,结构稳定。上层桁架与下层三角格构柱可独立制作,整体组装,加工方便 | 结构形式简单，传力方式明确。模型上层受力构件与下层柱可分开独立制作 |
| 缺点 | 连杆较多,拱桁架受扭,在竖向荷载作用下易造成压曲变形。制作精度要求高 | 空间三角桁架与格构柱之间接触面积过小，易造成应力集中。耗材多,自重大,不经济 | 节点处受力较大,对节点的处理提出了更高的要求。拉索受拉力较大,容易在竹节点及构件连接处破坏 |

**总结：** 综合对比模型的整体性、传力特性以及能否充分利用材料的性能等方面，确定选型 3 作为参赛方案。最终选型方案示意图如图 22-1 所示。

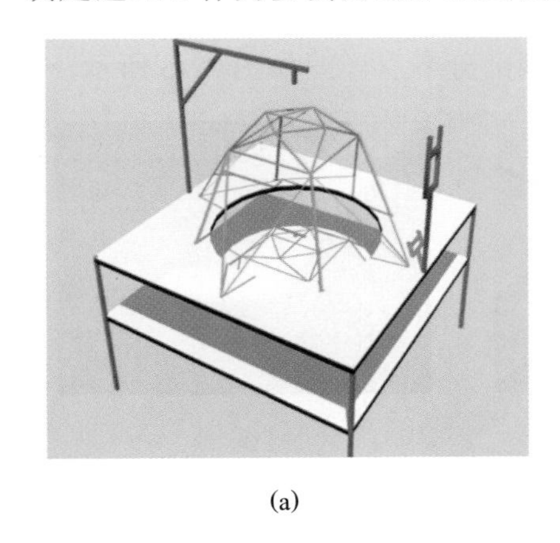

(a)

(b)

**图 22-1　选型方案示意图**

(a) 模型效果图；(b) 模型实物图

## 22.3 计算分析

基于 MIDAS 软件进行建模分析，计算分析结果如图 22-2 所示。

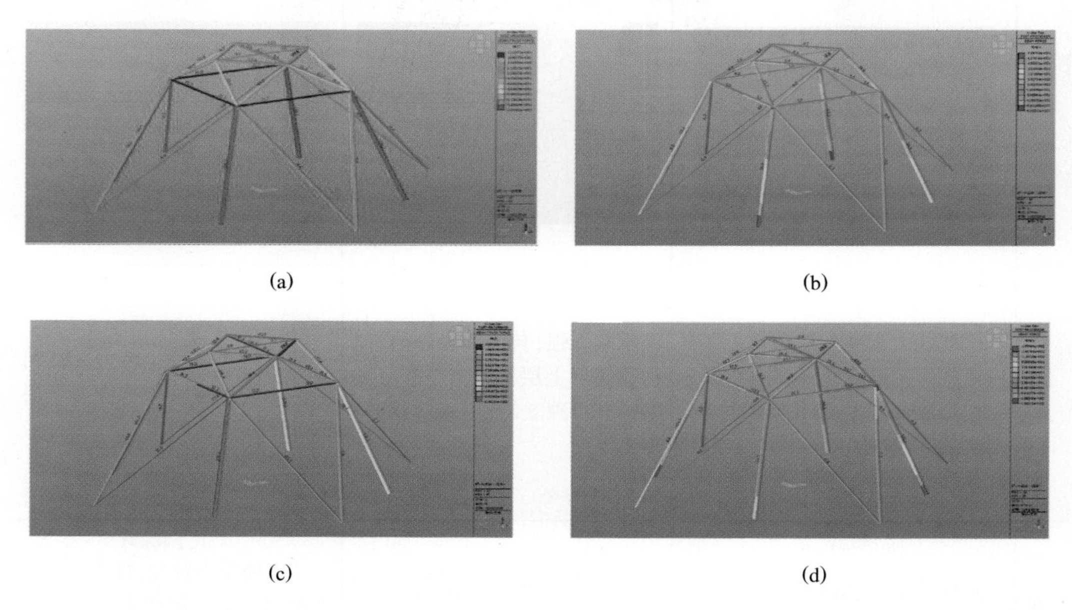

(a) (b) (c) (d)

**图 22-2 计算分析结果图**

(a) 第一级荷载下轴力图；(b) 第二级荷载 a 工况下弯矩图；

(c) 第三级荷载 a 工况下 I 点加载轴力图；(d) 第三级荷载 a 工况下 I 点加载弯矩图

## 22.4 节点构造

节点是结构传力及模型制作的关键部位，本模型部分节点详图如图 22-3 所示。

(a) (b) (c)

**图 22-3 节点详图**

(a) 内圈加载节点；(b) 拉索与杆件连接节点；(c) 柱脚节点

# 23 河南城建学院

| 作品名称 | 铁甲小宝 |
| --- | --- |
| 队　　员 | 孟志强　董迎港　李佳敏 |
| 指导教师 | 王　仪　赵　晋 |
| 领　　队 | 尹振羽 |

## 23.1 设计思路

拱形结构一般指杆的轴线为曲线形状，并且在竖向荷载作用下会产生水平推力的结构；张拉结构主要由承受压力的压杆和只承受拉力的绳索组成；桁架结构由单向拉压杆件组成，由水平方向的拉压内力实现结构自身的平衡；刚架结构中杆件之间通过刚性节点连接，整体刚度大，对节点连接要求较高。

拱形结构各杆件受力以轴向压力为主，杆件承受的压力一部分由拱脚处产生的向外的水平推力分担，结构整体强度较大；张拉结构由外围拉索抵抗整体扭转变形，变方向的水平荷载作用下结构稳定性较低；桁架结构只承受节点荷载时，所有杆件只受轴心拉力或压力作用，可以通过上、下弦杆和腹杆的合理布置，来适应结构内部的弯矩和剪力；刚架结构节点既可以传力又可以传递弯矩，杆件一般都是以拉压和弯曲变形为主，结构整体强度较高。

拱形结构杆件为近似曲杆，制作难度较高，制作时间较长，用胶较多；张拉结构安装难度较大，要精确控制好拉条的定位；桁架结构杆件为直杆，制作较为简便，但是杆件耗材较多，安装过程较烦琐；刚架结构制作过程重点在于节点连接的处理，但制作难度较低，制作时间较短，拼装方便。

## 23.2 结构构型

根据赛题要求，初步提出几种结构选型并进行对比分析，详见表23-1。

表 23-1　结构选型对比

| 选型 | 选型 1 | 选型 2 | 选型 3 |
|---|---|---|---|
| 图示 | | | |
| 优点 | 该结构能有效传力；4 根三角形桁架立柱能抵抗较大的力和弯矩 | 该形式传力明确，外围拉条抵抗第三级扭转变形，能够减轻模型质量，还能起到美观的效果 | 模型外围布置拉条以抵抗水平力，有助于提高模型整体稳定性；模型传力明确，用材较少；模型对称性强，拼装效率较高 |
| 缺点 | 模型拼装难度较大；加载三级荷载容易失稳 | 立柱长细比太大，拉条是柔性杆件，模型整体稳定性不够 | 拉条上质地不均匀的节点处容易被拉断，模型易失稳 |

**总结：**综合对比，考虑到模型的结构形式、制作质量、承载能力以及拼装效率，发现选型 3 传力简洁、模型质量小、承载能力强、拼装效率高。因此，最终确定的方案为选型 3，最终选型方案示意图如图 23-1 所示。

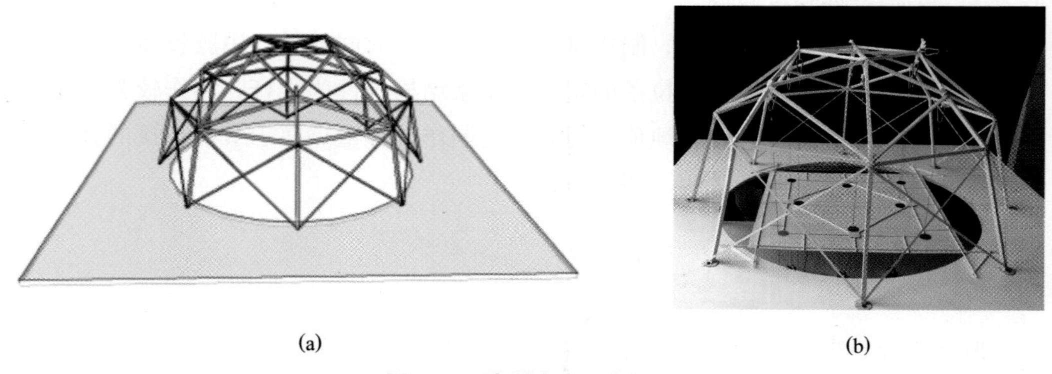

(a)　　(b)

**图 23-1　选型方案示意图**

(a) 模型效果图；(b) 模型实物图

## 23.3　计算分析

基于 MIDAS 软件进行建模分析，计算分析结果如图 23-2 所示。

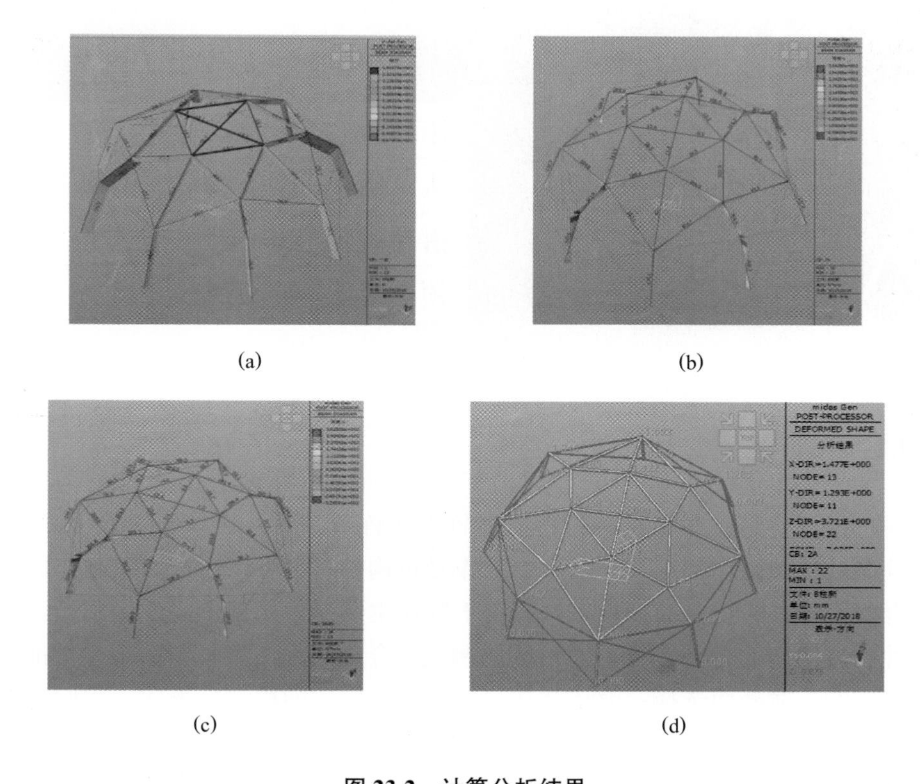


**图 23-2　计算分析结果**

(a) 第一级荷载下轴力图；(b) 第二级荷载 a 工况下弯矩图；
(c) 第三级荷载 a 工况下 90°时弯矩图；(d) 第二级荷载 a 工况下最不利荷载变形图

## 23.4　节点构造

节点是结构传力及模型制作的关键部位，本模型部分节点详图如图 23-3 所示。

(a)　　(b)　　(c)

**图 23-3　节点详图**

(a) 内侧加载节点；(b) 外侧加载节点；(c) 柱脚节点

# 24　浙江树人大学

| 作品名称 | 阳光之冠 |
|---|---|
| 队　　员 | 徐　铁　邵银熙　赵佳皓 |
| 指导教师 | 沈　骅　楼旦丰 |
| 领　　队 | 姚　谏 |

## 24.1　设计思路

材料选择：赛题提供了两种竹材，即竹皮和竹条，从材料本身的力学特性来看，竹皮顺纹向的抗拉强度很大，可以用于制作受拉构件，也可以通过加工制作成用于受压的组合截面构件；竹条的韧性较好，用于制作主要受力构件不易发生脆断。所以需要对两种材料制作的杆件进行力学性能的测定，合理利用两种材料的力学性能，才能得到最优方案。横截面选择：设计之初，对于主要杆件的横截面形式，我们提出了空心杆截面、圆截面、工字形截面、三角形截面、T 字形截面等多种方式，根据最终模型的几何尺寸和各个截面形式杆件的力学性能合理选择。结构形式：根据本次赛题的加载要求，尤其是二级加载随机抽取加载点的要求，首先明确本次参赛模型必须是对称结构，然后将构成空间结构的主要构件单元按照受力特点进行划分，对各个单元进行相应组合，可以得到不同的结构形式。

## 24.2　结构构型

根据赛题要求，初步提出几种结构选型并进行对比分析，详见表 24-1。

**表 24-1　结构选型对比**

| 选型 | 选型 1 | 选型 2 |
|---|---|---|
| 图示 | | |
| 优点 | 该结构体系传力路径简洁，结构刚度大，变形小 | 以杆单元为受压构件，以索单元为受拉构件，杆件分工明确，其工作效率提高，模型质量减小 |
| 缺点 | 对主要立柱的要求较高，主要构件以受压为主，底部 8 根压杆长度较大，跨中区域承受的弯矩较大，很容易发生弯曲破坏，且模型整体质量较大 | 由于底部受压杆只有 4 根，对制作工艺的要求很高，任何一根压杆出现缺陷，就会导致整个结构失效 |

**总结：**经过前期的制作和试验，我们发现选型 1 的模型在后期很难有减小质量的空间，故决定采用选型 2 的方案，并开始漫长而艰苦的模型优化过程。最终选型方案示意图如图 24-1 所示。

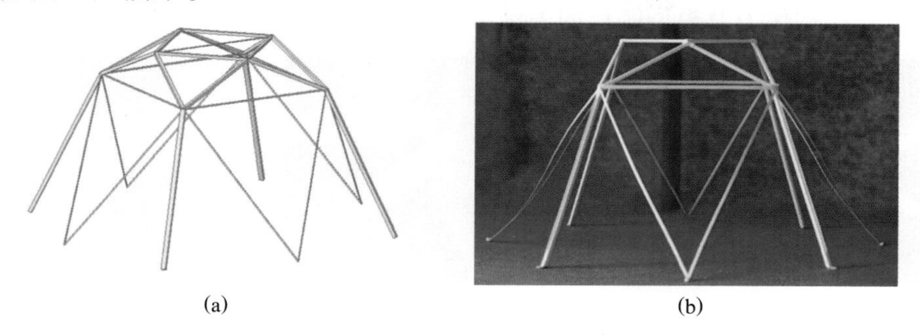


**图 24-1　选型方案示意图**

(a) 模型效果图；(b) 模型实物图

## 24.3　计算分析

基于 MIDAS 软件进行建模分析，计算分析结果如图 24-2 所示。

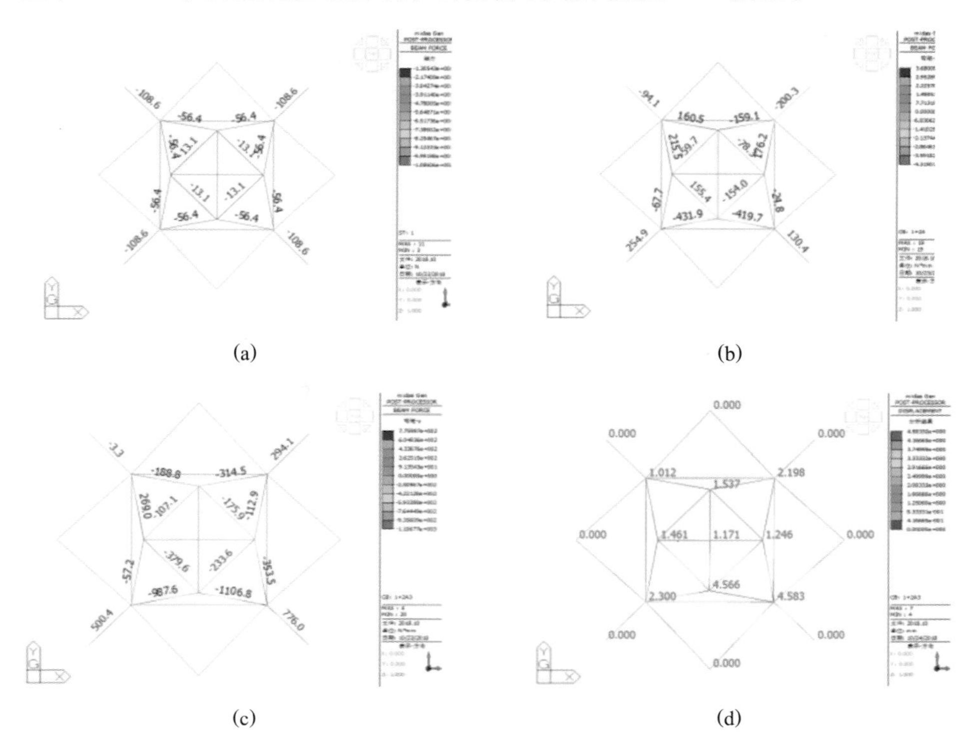


**图 24-2　计算分析结果图**

(a) 第一级荷载下轴力图；(b) 第二级荷载 a 工况下弯矩图；

(c) 第三级荷载 a 工况下 60°时弯矩图；(d) 第三级荷载 a 工况下 60°时变形图

## 24.4 节点构造

节点是结构传力及模型制作的关键部位，本模型部分节点详图如图 24-3 所示。

(a)

(b)

(c)

**图 24-3 节点详图**

(a) 顶部节点；(b) 中部节点；(c) 拉条底座节点

# 25 青海大学

| 作品名称 | 章鱼 |
|---|---|
| 队　　员 | 赵　振　刘得鹏　杨若辰 |
| 指导教师 | 李积珍　徐国光 |
| 领　　队 | 李积珍 |

## 25.1 设计思路

主要从结构竖直方向的竖向承载能力和水平方向的横向整体性连接等方面对结构方案进行构思。在研究第一级、二级、三级荷载加载情况的前提下，结合节省材料、经济美观、承载力强等特点，采用比赛提供的竹条、竹皮设计制作了刚架结构与拱结构结合的模型。模型最大亮点在于采用竹皮与竹条结合制作的刚架结构，这种结构与普通的刚架结构相比，控制了局部失稳，大大提高了承载能力。模型主要承受竖直荷载和移动的水平荷载。对于竖直荷载，要求结构有较强的抗弯能力和一定的抗剪和抗扭能力；对于移动的水平荷载，对结构的整体性和拱的抗扭性能要求较高。本结构主要构思是利用刚架做成拱的形式，来抵抗竖直荷载作用；通过提高拱顶和拱脚的刚度，并且通过十字交叉的竹皮拉结，控制主体杆件的扭曲变形，来提高结构的抗扭性能、整体性和承载能力；尽可能利用细竹条、薄竹皮来制作模型，通过竹皮和竹条的黏结，控制局部变形失稳。

## 25.2 结构构型

根据赛题要求，初步提出几种结构选型并进行对比分析，详见表25-1。

**表25-1　结构选型对比**

| | 选型1 | 选型2 | 选型3 |
|---|---|---|---|
| 选型 | | 在选型1的基础上，减小八个半拱式构件的截面尺寸。拱顶采用内外两圈八边形竹条进行加固 | 在选型1的基础上，适当增大八个半拱式构件的截面尺寸。拱脚采用竹条铆接成井字形，再通过螺丝的固定增大刚度，防止结构整体受扭 |
| 优点 | 强度高 | 质量小 | 质量小，强度好 |
| 缺点 | 制作复杂，质量大 | 强度较弱 | 制作要求高 |

**总结**：综合对比不同选型的强度、质量等因素，最终选型方案示意图如图 25-1 所示。

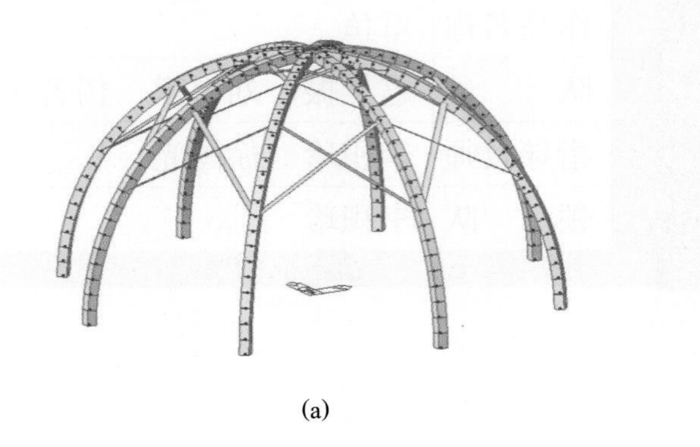

(a)

(b)

**图 25-1　选型方案示意图**

(a) 模型效果图；(b) 模型实物图

## 25.3　计算分析

基于 MIDAS 软件进行建模分析，计算分析结果如图 25-2 所示。

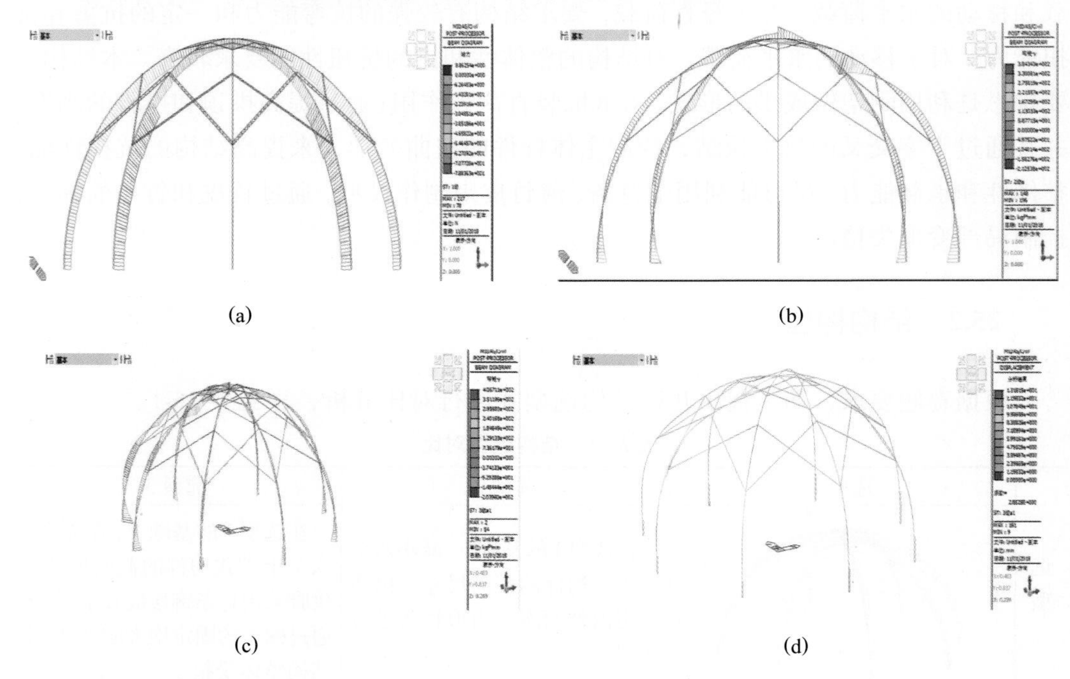

(a)　(b)　(c)　(d)

**图 25-2　计算分析结果图**

(a) 第一级荷载下轴力图；(b) 第二级荷载 a 工况下弯矩图；

(c) 第三级荷载下弯矩图；(d) 第三级荷载下变形图

## 25.4　节点构造

节点是结构传力及模型制作的关键部位，本模型部分节点详图如图 25-3 所示。

(a)

(b)

(c)

**图 25-3　节点详图**

(a) 顶节点；(b) 竹皮节点；(c) 柱脚节点

# 26 福建江夏学院

| 作品名称 | 竹蜻蜓 |
| --- | --- |
| 队　　员 | 张　翔　吴青龙　胡松泉 |
| 指导教师 | 郑国琛　张　飞 |
| 领　　队 | 王逢朝 |

## 26.1 设计思路

结合赛题要求，我们主要从选材、节点处理、传力体系三个方面对整体结构方案进行构思。

选材方面：本模型受压构件为竹皮包裹的矩形空心杆件，在受压力较小位置处采用三角形截面空心杆件。受拉构件直接选取竹制实心构件。选择 1mm×6mm 细杆削成有竹节的 1mm×1mm 细杆且竹节位置保留 2mm 宽作为斜拉构件材料。

节点处理：在初始试验过程中，常遇到细杆黏结处脱落的现象，其原因是 1mm×2mm 细杆黏结面积不足导致黏结力较弱，可将细杆端头作扁平化处理，扩大黏结面积且增大黏结面贴合度。

传力体系：该模型结构主要承受点状竖向集中荷载作用和方向变化的水平荷载作用。需要设计一个具有明确传力体系的模型，我们优选了桁架系统，充分发挥了竹材的轴压和轴拉性能，有效规避了竹材较为薄弱的抗弯和抗剪性能。由于竖向荷载较大，因此若是直接施加在节点上，则对节点要求较高，节点需要进行额外的补强处理，造成不经济的后果。因此尝试了三角传力体系，通过试验发现，三角传力体系可利用两支斜杆分散拉力，利用横杆抵抗压力，使单独的节点荷载转变成三根杆件受拉压共同作用，不需要加强节点的同时还可有效降低自重，效果显著。由于竖向荷载和方向变化的水平荷载均施加在屋盖上，为了分散屋盖节点荷载，有效利用各杆件的轴力作用，需要提高屋盖整体刚度，因此我们设计了上弦支撑、下弦支撑、系杆、斜拉杆和井字形拉索等部件共同作用，形成网架体系，有效提高了屋盖整体刚度。

## 26.2 结构构型

根据赛题要求，初步提出几种结构选型并进行对比分析，详见表 26-1。

**表 26-1　结构选型对比**

| 选型 | 选型 1 | 选型 2 | 选型 3 |
|---|---|---|---|
| 图示 | | | |
| 优点 | 抗水平力位移小 | 结构高度低、质量小 | 结构简单、质量小 |
| 缺点 | 结构高度高，质量大 | 抗水平力位移大 | 底柱易弯曲变形 |

**总结：** 综合考虑多次试验结果以及制作工艺，最终确定的方案为选型 1，最终选型方案示意图如图 26-1 所示。

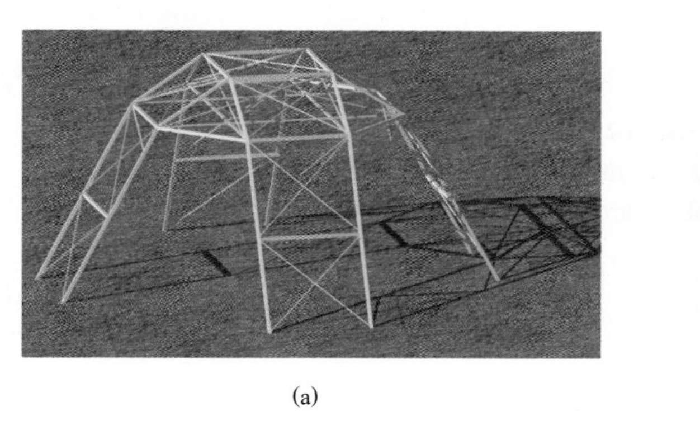

(a)

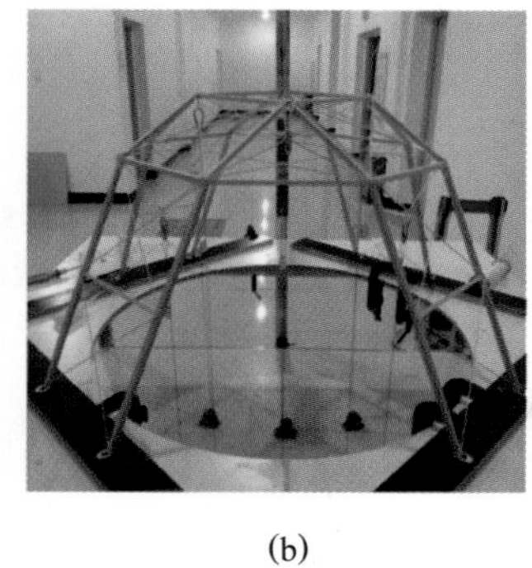

(b)

**图 26-1　选型方案示意图**

(a) 模型效果图；(b) 模型实物图

## 26.3　计算分析

基于 MIDAS 软件进行建模分析，计算分析结果如图 26-2 所示。

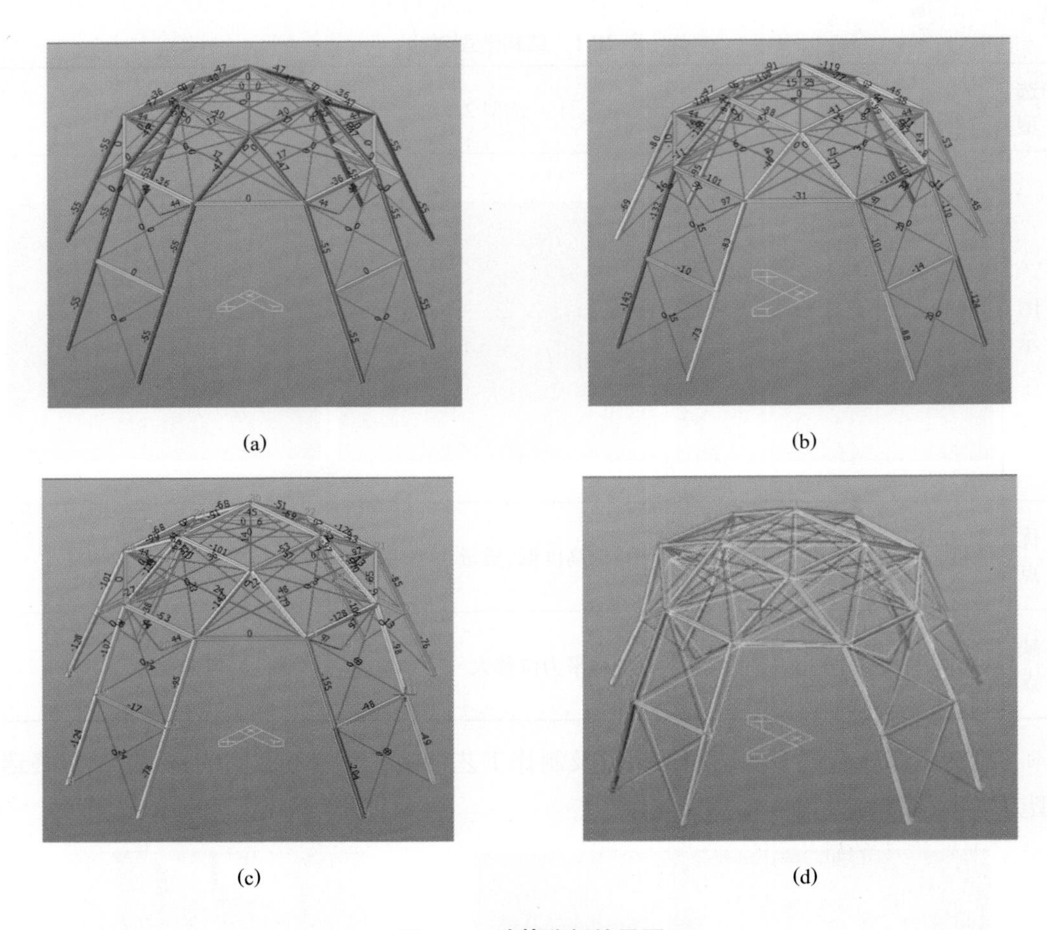

(a) (b)

(c) (d)

**图 26-2　计算分析结果图**

(a) 第一级荷载下轴力图；(b) 第二级荷载 b 工况下轴力图；

(c) 第三级荷载最不利情况下轴力图；(d) 第三级荷载下变形图

## 26.4　节点构造

节点是结构传力及模型制作的关键部位，本模型部分节点详图如图 26-3 所示。

(a)

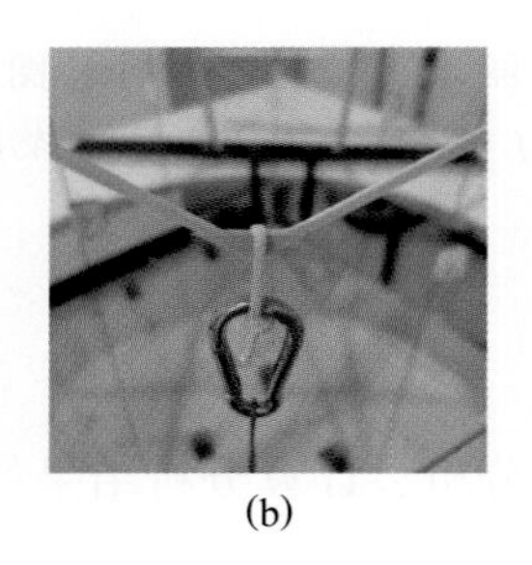

(b)

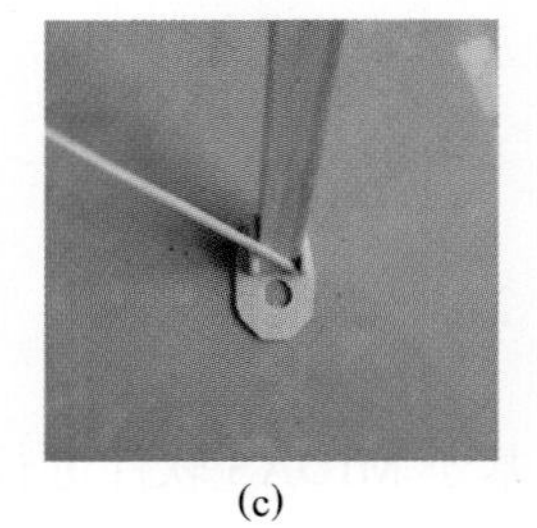

(c)

**图 26-3　节点详图**

(a) 三级荷载施加节点；(b) 荷载施加节点；(c) 柱脚节点

# 27 华东交通大学

| 作品名称 | 斜拉-悬挂空间结构 |
|---|---|
| 队　　员 | 梅祖瑄　龙　强　糜瑞彬 |
| 指导教师 | 刘迎春　严　云 |
| 领　　队 | 严　云 |

## 27.1 设计思路

结合赛题要求，我们主要从荷载工况分析、竖向传力分体系和水平传力分体系等方面对整体结构方案进行构思。

荷载工况分析：赛题要求设计大跨空间结构，要求有整体刚度和抗侧能力。在竖向荷载作用下，模型中心的竖向位移不能超过 12mm。

竖向传力分体系：在竖向荷载的加载点设置立柱，使竖向荷载能通过立柱直接传到基础，荷载的传递路径最短。在满足净空要求的前提下，尽量减小刚架立柱的倾斜角度，柱子长度变短，一方面可减轻模型自重；另一方面，稳定承载力提高，还能够减小刚架横梁的轴力。尽量使所有施加的荷载在空间结构上都是节点集中力，最大限度地降低杆件受到的弯矩，减小变形，充分发挥构件的承载能力。立柱采用箱形截面，尽可能提高杆件截面的惯性矩，增大杆件的抗弯刚度。吊杆采用实体圆形截面，吊杆的端部做成铰接节点，尽量使吊杆成为轴心受拉构件。

水平传力分体系：第三级荷载是方向变化的水平荷载，合理的方案是使水平加载点的高度尽可能降低，减小水平荷载对结构产生的侧向弯矩。利用刚架和斜向拉条共同承担水平荷载，刚柔并济。

## 27.2 结构构型

根据赛题要求，初步提出几种结构选型并进行对比分析，详见表 27-1。

表 27-1　结构选型对比

| 选型 | 选型 1:单层空间刚架 | 选型 2:双层空间刚架 | 选型 3:斜拉-悬挂空间结构 |
| --- | --- | --- | --- |
| 图示 | | | |
| 优点 | 力通过 8 根立柱直接落地,有利于荷载的传导。整体模型净高降到最低,更利于三级荷载的水平加载 | 结构承载荷载设计简洁明确。上部结构自成一体，整体性良好。下部结构落点处合理,有助于增强稳定性 | 该模型只有 4 根立柱,很大程度上减小了模型质量；杆件较少,制作相对比较简单；三级加载点位置较低,有利于结构抵抗水平力 |
| 缺点 | 立柱长细比太大,且质量无法减小。整体模型稳定性需要靠拉条来维持,耗材太多。模型杆件太多,制作复杂,耗时太长 | 三级加载点位置过高,不利于结构抵抗水平分力。多个杆件节点处衔接不恰当,导致模型制作时间较紧凑 | 由于悬吊体系因素，顶部边框不能直接与立柱相连。吊杆及节点的制作精度要求高，容错性差 |

**总结：**综合对比，选型 3 斜拉-悬挂空间结构设计方案更稳定而且质量也相对较小，故将其作为参赛方案。最终选型方案示意图如图 27-1 所示。

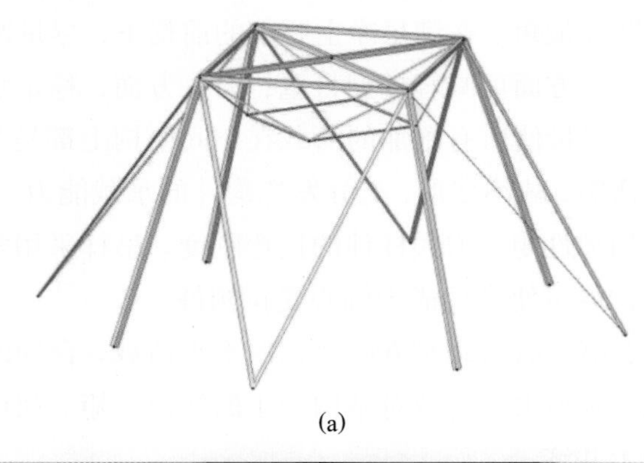

(a)

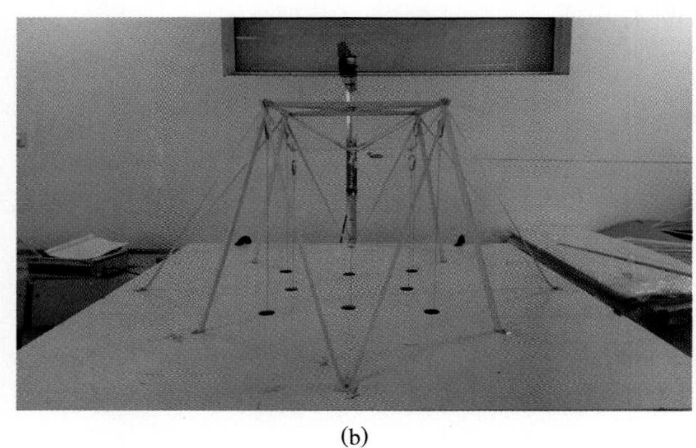

(b)

图 27-1　选型方案示意图

(a) 模型效果图；(b) 模型实物图

## 27.3 计算分析

基于 MIDAS 软件进行建模分析，计算分析结果如图 27-2 所示。

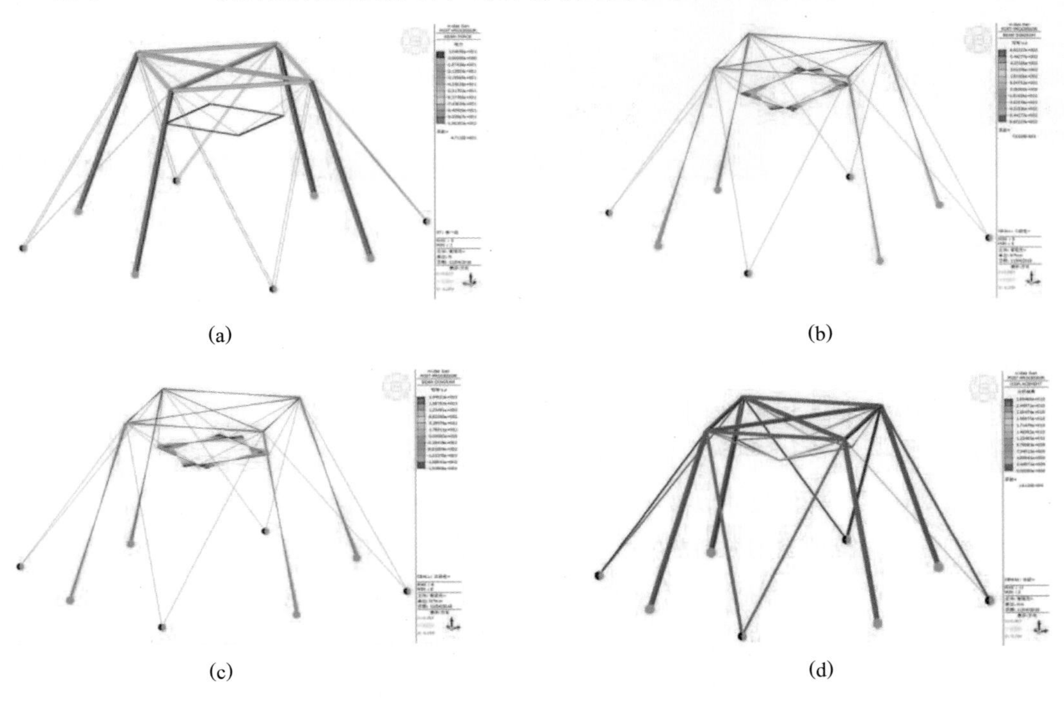

(a) (b)

(c) (d)

**图 27-2 计算分析结果图**

(a) 第一级荷载下轴力图；(b) 第二级荷载下弯矩图；

(c) 第三级荷载下弯矩图；(d) 第三级荷载下变形图

## 27.4 节点构造

节点是结构传力及模型制作的关键部位，本模型部分节点详图如图 27-3 所示。

(a) (b) (c) (d)

**图 27-3 节点详图**

(a) 加载节点 1；(b) 吊杆节点；(c) 加载节点 2；(d) 拉条节点

# 28 长沙理工大学城南学院

| 作品名称 | Veritas |
|---|---|
| 队　　员 | 邹鹏辉　徐钰钧　姜晓峰 |
| 指导教师 | 肖勇刚　袁剑波 |
| 领　　队 | 郑忠辉 |

## 28.1　设计思路

结合赛题要求，我们主要从稳定性、强度、刚度、模型的制作材料以及模型的受力合理性等方面对结构方案进行构思。根据模型的制作材料，选择适当的结构形式，提高大跨度空间结构的刚度和强度，同时提高大跨度空间结构的稳定性。使用有限元软件进行辅助分析，对结构进行合理设计，针对不同的结构形式，在保证安全可靠的前提下，尽量优化模型体系、杆件尺寸以减小质量，将每一个构件的材料利用率发挥到极致，使荷质比达到最大。合理运用材料的特性，明确受拉及受压杆件及受力大小，合理使用制作材料，如受拉时可以使用拉皮代替杆件，充分发挥其抗拉能力强的力学性能。精心设计和制作构件及节点、连接件，发现问题及时解决，从实践中不断总结，然后升级理论再应用于实践中，敢于创新，打破传统思维定式的约束。仔细研究往届的优秀作品及失败作品，从中借鉴成功经验，以达到学习和启发设计思路的目的，总结失败原因，避免出现同样的问题而导致最终的失败。

## 28.2　结构构型

根据赛题要求，初步提出几种结构选型并进行对比分析，详见表 28-1。

**表 28-1　结构选型对比**

| 选型 | 选型 1:斜撑结合直支柱拉索体系 | 选型 2:桁架结合格构式支柱拉索体系 | 选型 3:斜撑结合格构式支柱拉索体系 |
|---|---|---|---|
| 图示 | | | |
| 优点 | 结构简单,传力明确 | 各杆件受力均衡 | 结构简单,传力明确 |
| 缺点 | 支柱易失稳且变形较大 | 变形较大,桁架部分稳定性差 | 上部斜压杆变形较大 |

**总结：**综合对比三种结构选型，考虑到竹条韧性强的材料性质以及加载的荷载包括偏心加载和水平移动荷载，因此结构简单、传力明确、整体稳定性强的体系更为合适，最终确定选型3的斜撑结合格构式支柱拉索体系为最终方案。最终选型方案示意图如图28-1所示。

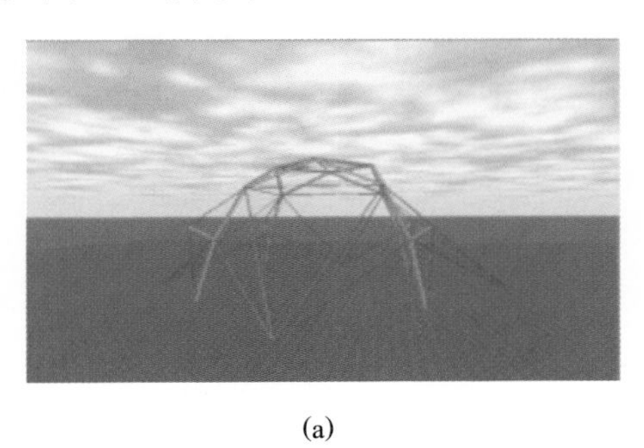

(a)

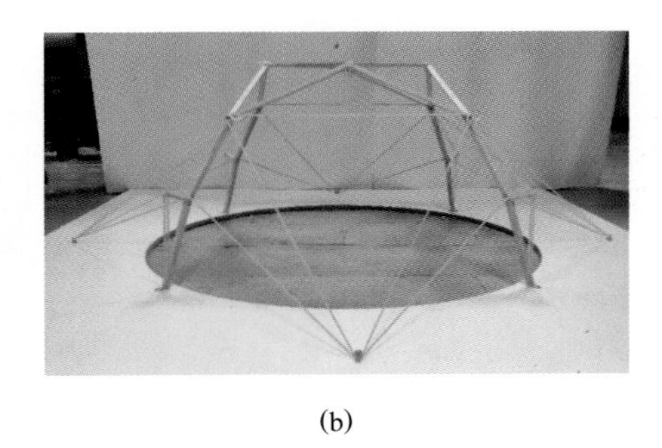

(b)

**图28-1 选型方案示意图**

(a) 模型效果图；(b) 模型实物图

## 28.3 计算分析

基于MIDAS软件进行建模分析，计算分析结果如图28-2所示。

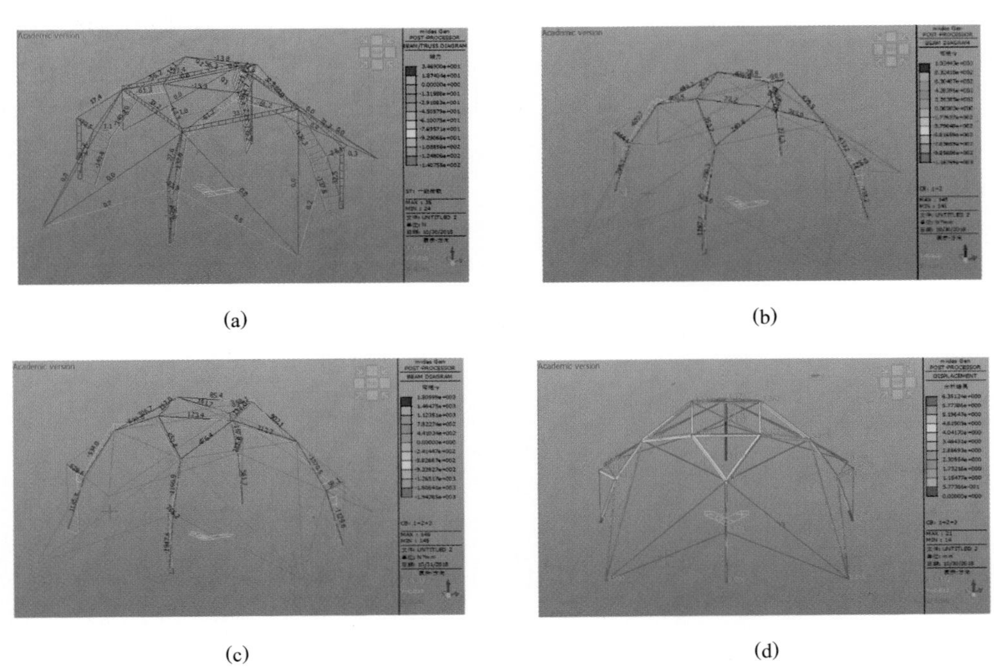

(a) (b) (c) (d)

**图28-2 计算分析结果图**

(a) 第一级荷载下轴力图；(b) 第二级荷载a工况下弯矩图；
(c) 第三级荷载a工况下弯矩图；(d) 第三级荷载a工况下变形图

## 28.4 节点构造

节点是结构传力及模型制作的关键部位，本模型部分节点详图如图 28-3 所示。

(a) (b) (c)

**图 28-3 节点详图**

(a) 拉索柱脚节点；(b) 格构式支柱节点；(c) 柱脚节点

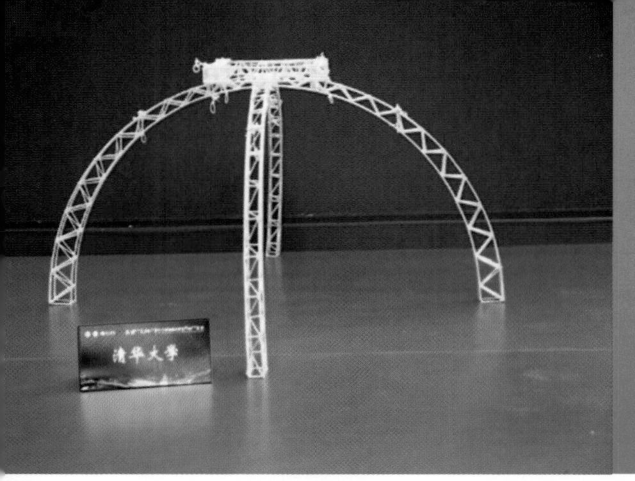


# 29 清华大学

| 作品名称 | 会飞的盒子 |
|---|---|
| 队　　员 | 李易凡　李海洋　柳　贺 |
| 指导教师 | 邢沁妍 |
| 领　　队 | 王海深 |

## 29.1 设计思路

考虑到施加荷载的不对称性和随机性，结构应设计为对称性的结构。从评分标准来看，本次评分方案侧重于对单位质量承载力的考核。评分标准中给出的公式指出，每支队伍的单位自重承载力仅与自身的结构自重和承载力有关，与其他选手的结构和承载力无关，即不存在博弈问题。考虑到赛题中计算模型自重时加入了螺钉、铝片、绳套等的质量，且其占结构自重比例较大，“轻结构，轻荷载”的思路不应被选取，而应力求结构能够承受第二、三级荷载的最大值。为了实现这个目标，在设计时以一个较为稳妥的方案为基础，逐步优化结构，最终得到一个最优解。所给材料中，竹板具有较好的抗拉性能，适合于制作拉条、悬索等结构，但竹板相对来说自重较大，抗压性能相比抗拉性能较弱，且容易失稳，当制作压杆、梁、柱等有抗压功能的杆件时，需谨慎使用。竹条可以磨成竹粉作为连接构件与填充材料，竹皮可以制成竹纤维作为填充材料。在后期制作过程中，要充分利用所给材料的性能，并对材料进行合理的组合利用。结构需通过螺钉和承台板相连接，连接形式与模型计算的边界条件直接相关。在安装的过程中若仅从外侧用螺钉对结构提供支撑，则偏向于铰接支座；若安装的过程中既从外侧支撑，又从内侧固定，则结构连接偏向于刚接。然而实际的连接情况是介于两者之间的，在设计时应考虑两种情况带来的影响。

## 29.2 结构构型

根据赛题要求，初步提出几种结构选型并进行对比分析，详见表29-1。

**表 29-1　结构选型对比**

| 选型 | 选型 1:八边形框架梁结构 | 选型 2:空间立体拱桁架 | 选型 3:其他选型 |
|---|---|---|---|
| 图示 | | | |
| 优点 | 结构模型简洁美观,传力途径清晰明了，承载能力和稳定性好,挠度变形小;结构模型制作方便,对手工要求低 | 结构造型简洁美观,承载能力较强，且具备较小的挠度变形;结构耗材较少，自重小，充分利用材料的性质 | 在竖向荷载作用下具有较大的抗弯强度,且能较为充分地反映出各种材料的优点 |
| 缺点 | 结构耗材严重,承载能力过饱和,改进空间小 | 手工制作较为艰难,需要极高的精度,容错率较低 | 结构存在着容易发生失稳破坏的问题 |

**总结：**综合对比，选型 3 造型简洁美观，满足荷载与挠度条件，故将其作为参赛方案。最终选型方案示意图如图 29-1 所示。

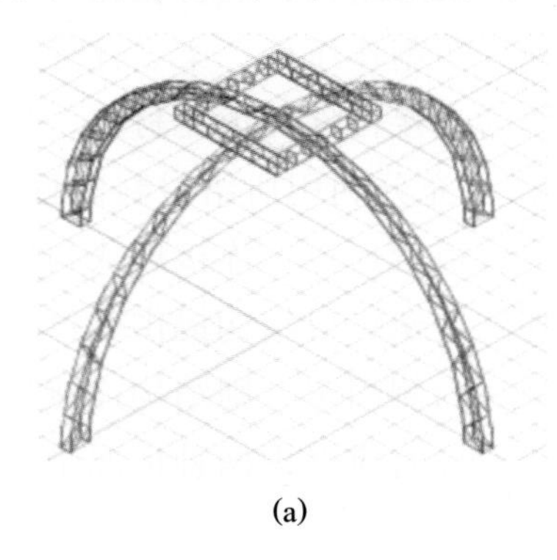

(a)

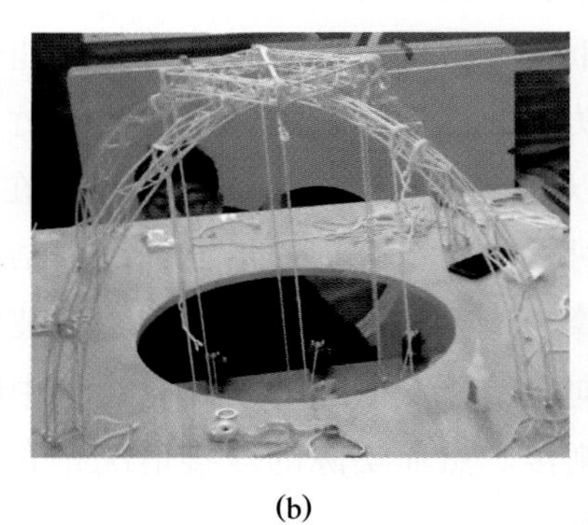

(b)

**图 29-1　选型方案示意图**

(a) 模型效果图；(b) 模型实物图

## 29.3　计算分析

基于 SAP2000 软件进行建模分析，计算分析结果如图 29-2 所示。

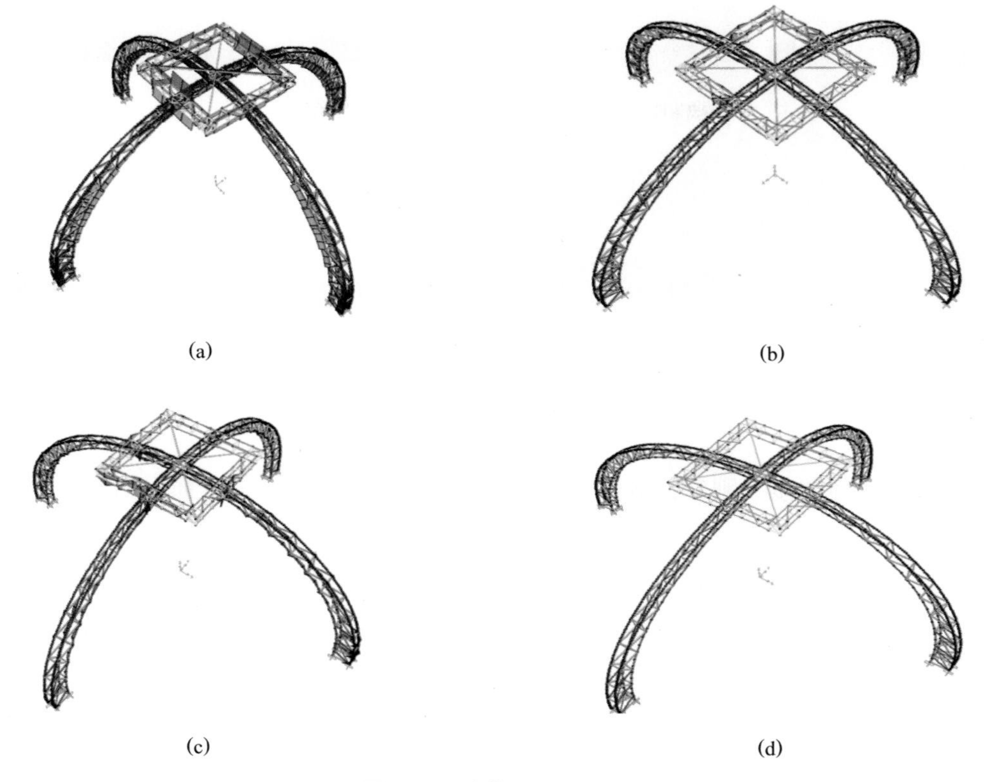


**图 29-2 计算分析结果图**

(a) 第一级荷载下轴力图；(b) 第二级荷载 a 工况下弯矩图；
(c) 第三级荷载 a 工况下弯矩图；(d) 第三级荷载 a 工况下变形图

## 29.4 节点构造

节点是结构传力及模型制作的关键部位，本模型部分节点详图如图 29-3 所示。

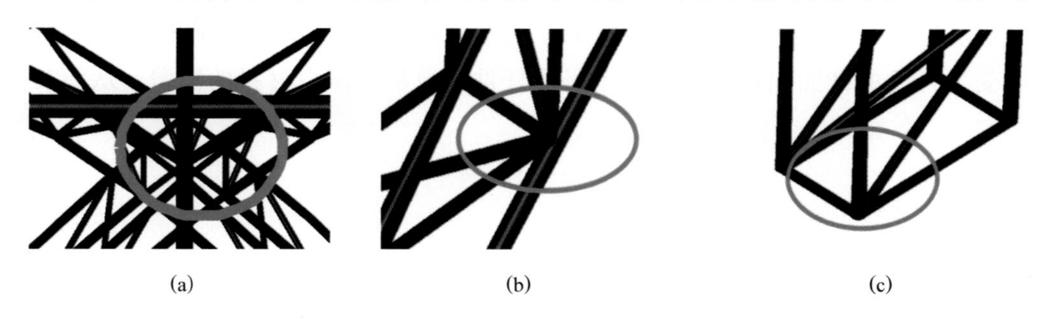


**图 29-3 节点详图**

(a) 拱顶节点；(b) 拱内节点；(c) 柱脚节点

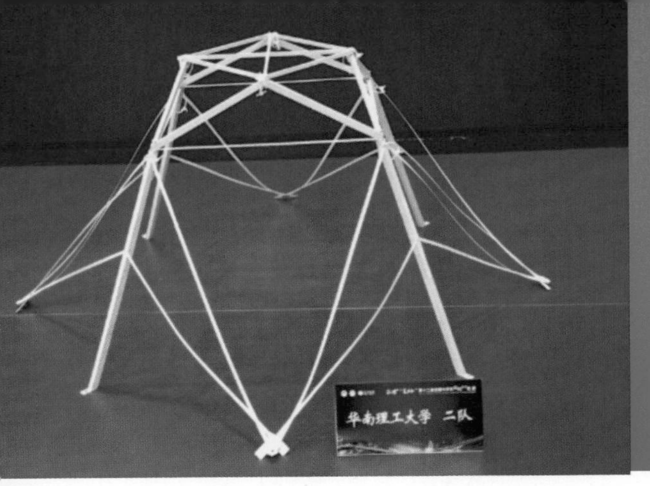


# 30　华南理工大学二队

| 作品名称 | 烟火 |
| --- | --- |
| 队　　员 | 曾衍衍　胡弘毅　佘志义 |
| 指导教师 | 何文辉　韦　锋 |
| 领　　队 | 王燕林 |

## 30.1　设计思路

从结构整体强度、刚度，结构整体稳定性，结构的经济性等方面对结构方案进行构思。

结构的整体强度、刚度：考虑模型局部杆件强度、刚度以及整体的强度、刚度，力争在满足结构设计要求的前提下，设计出合理的大跨度结构模型，使其能够承受足够的可变荷载，从而符合赛题对其承载力的要求。

结构整体稳定性：在加载过程中，各种偶然因素都可能对模型的承载力造成不利影响。例如随机加载情况下产生的扭转效应，安装模型时因定位偏差导致的偏心影响等。在结构设计方案的选择上，应该尽可能提高模型整体的稳定性并加强抗扭能力，以抵抗不利因素带来的影响，从而保证模型在加载过程中不出现因整体失稳而导致模型破坏的情况。

结构的经济性：可以从增大杆件截面或增加受力杆件等方面来提高结构整体的受力性能，提高模型整体的强度和刚度，但随着杆件截面面积的增大或杆件的增多，模型的自重也会增大，这样不符合经济性的要求。在实际的工程中需要我们在结构设计时，既能满足结构安全的要求，又能充分发挥材料的受力性能。可通过适当减小非主要受力杆件的截面面积以及减少不必要杆件的数量来减少材料的浪费，从而获得较大的经济效益。

## 30.2　结构构型

根据赛题要求，初步提出几种结构选型并进行对比分析，详见表30-1。

**表 30-1　结构选型对比**

| 选型 | 选型 1:网壳结构 | 选型 2:以格构柱为主要受力构件的刚架结构 | 选型 3:以拉索为主要维稳构件的刚架结构 |
|---|---|---|---|
| 图示 | | | |
| 优点 | 结构各个构件受力均匀,且主要承受轴向拉力或压力,实际还会受到较小的弯矩作用,对于构件强度、刚度的要求较低 | 格构柱本身的刚度和强度都比较高,因此格构柱作为刚架结构主要的压弯构件,能承受较大的弯矩和轴向力 | 传力路径直接。对比桁架网壳结构,刚架的杆件可以布置得较少;同时节点数量更少,容易对节点进行加固 |
| 缺点 | 构件及节点数量较多，消耗材料多。由于节点不能做到完全铰接,所得弯矩可能导致构件破坏 | 格构柱虽然能提高柱子整体的抗弯能力,但是对于节点的处理要求较高 | 对杆件强度、刚度要求高。对比格构柱，单根柱子刚度比较小,加载时节点位移较大 |

**总结：**综合对比以上三种选型，确定选型 3 作为参赛方案。最终选型方案示意图如图 30-1 所示。

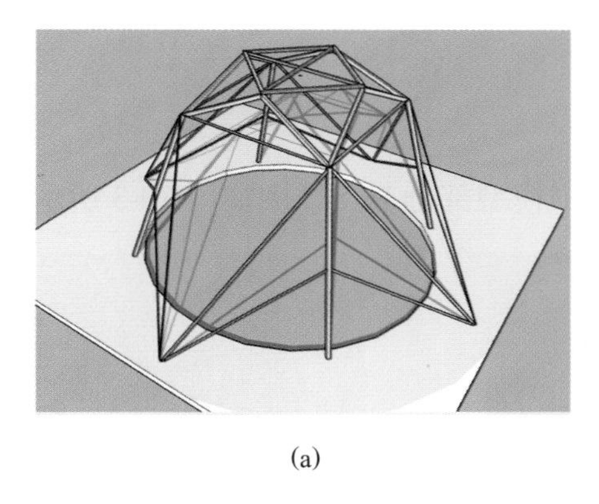

(a)

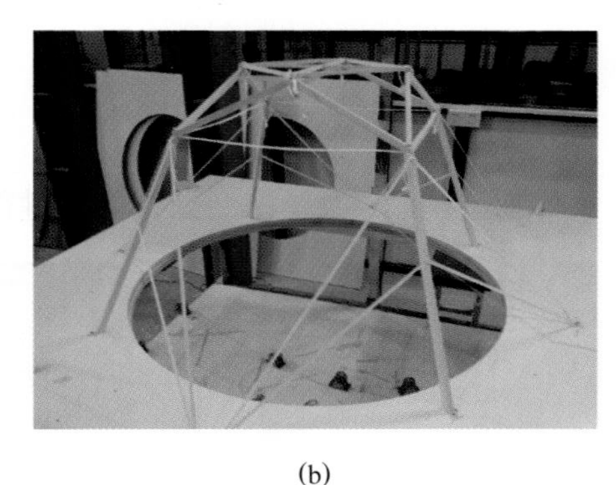

(b)

**图 30-1　选型方案示意图**

(a) 模型效果图；(b) 模型实物图

## 30.3　计算分析

基于 MIDAS 软件进行建模分析，计算分析结果如图 30-2 所示。

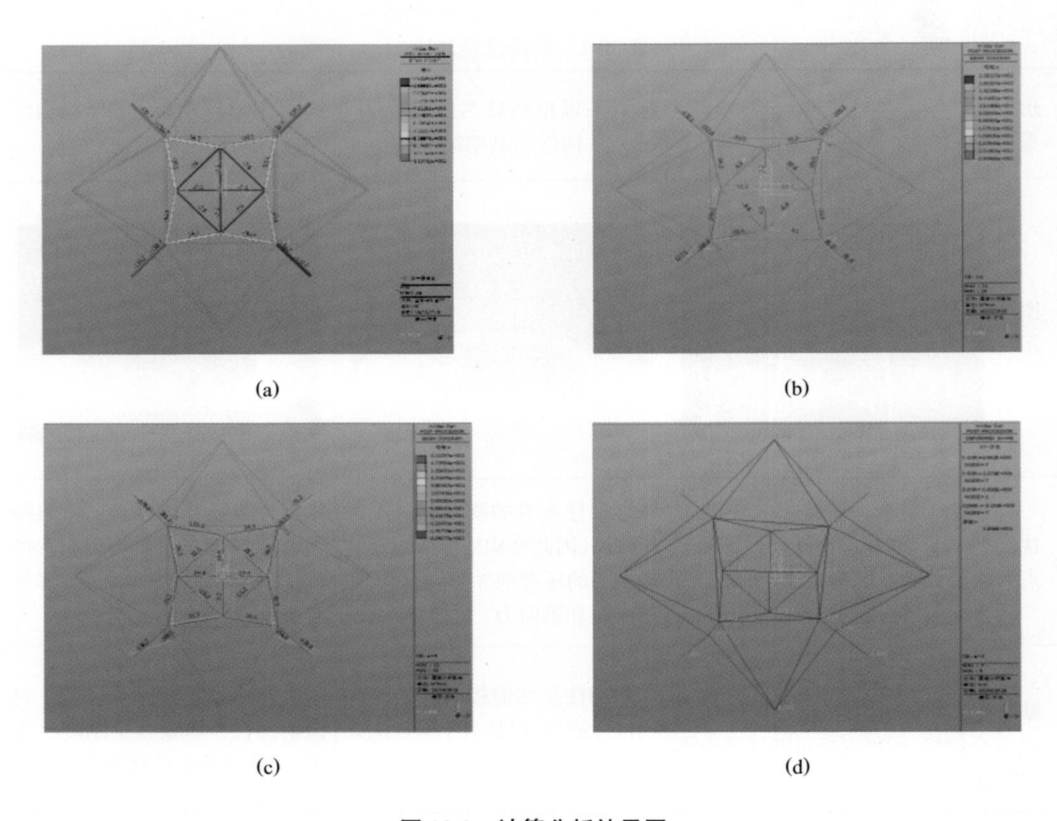

(a) (b)

(c) (d)

**图 30-2 计算分析结果图**

(a) 第一级荷载下轴力图；(b) 第二级荷载 a 工况下弯矩图；

(c) 第三级荷载 a 工况下 60°时弯矩图；(d) 第三级荷载 a 工况下 60°时变形图

## 30.4 节点构造

节点是结构传力及模型制作的关键部位，本模型部分节点详图如图 30-3 所示。

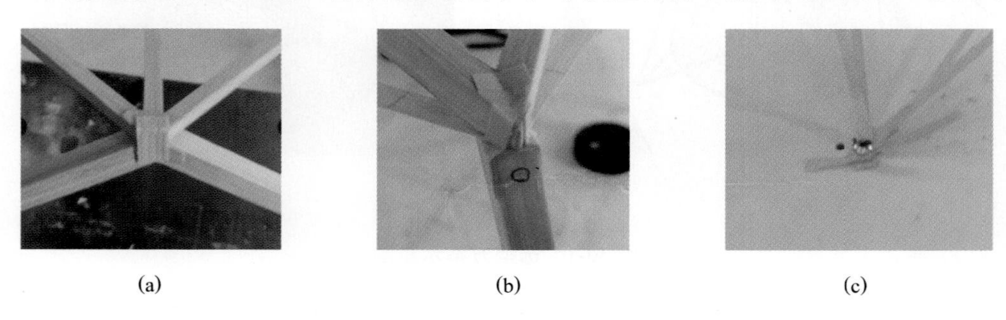

(a) (b) (c)

**图 30-3 节点详图**

(a) 内加载节点；(b) 外加载节点；(c) 拉带固定节点

# 31　东北林业大学

| 作品名称 | 梦想之城 |
| --- | --- |
| 队　　员 | 王鹤然　谭淞元　张　成 |
| 指导教师 | 贾　杰　徐　嫚 |
| 领　　队 | 郝向炜 |

## 31.1　设计思路

本赛题要求参赛队伍在半径为375～500mm的两个半球面空间内设计并制作一个大跨度空间屋盖结构模型，在指定位置设置8个加载点，施加两级竖向荷载和变化方向的水平荷载。因此，我们从荷载类型、加载点的布置和材料受力性能等方面对结构方案进行构思。

根据赛题要求，比赛时将施加三级荷载，第一级荷载是在所有8个点上施加竖向荷载；第二级荷载是在$R$=150mm（以下简称内圈）及$R$=260mm（以下简称外圈）这两圈加载点中各抽签选出2个加载点施加竖向荷载；第三级荷载是在内圈的1号加载点上施加水平荷载。在施加的三级荷载中，第一、二级荷载主要考验结构的竖向承载能力，第三级荷载主要考验结构的水平抗侧能力。第一、二、三级荷载均为集中荷载，且第三级荷载为动载，针对此类荷载，比较好的结构受力形式主要有桁架和变形拱。

此外赛题要求在第一、二级荷载作用下，结构最大的竖向位移不能超过12mm，变形拱相对于桁架而言，结构的刚度要小一些，因此，我们根据荷载的特点选择了桁架作为首选的结构形式。从赛题中可以看出，竹材的顺纹抗拉能力明显大于抗压强度，在设计桁架时只需要设置必要的受压构件，其他构件应多以拉杆为主。

## 31.2　结构构型

根据赛题要求，初步提出几种结构选型并进行对比分析，详见表31-1。

表 31-1　结构选型对比

| 选型 | 选型 1 | 选型 2 | 选型 3 |
| --- | --- | --- | --- |
| 图示 | | | |
| 优点 | 受压构件少，整体传力明确 | 上部桁架传力明确，结构侧移小 | 受压构件少，理论质量小 |
| 缺点 | 结构侧移大，下部立柱截面较大 | 下部立柱多且受力不明确，次内力大 | 受拉构件多，传力复杂，挠度大，侧移大 |

**总结：**综合对比发现，选型 1 受力较为明确，且结构侧移在可接受范围内，故将其作为参赛方案。最终选型方案示意图如图 31-1 所示。

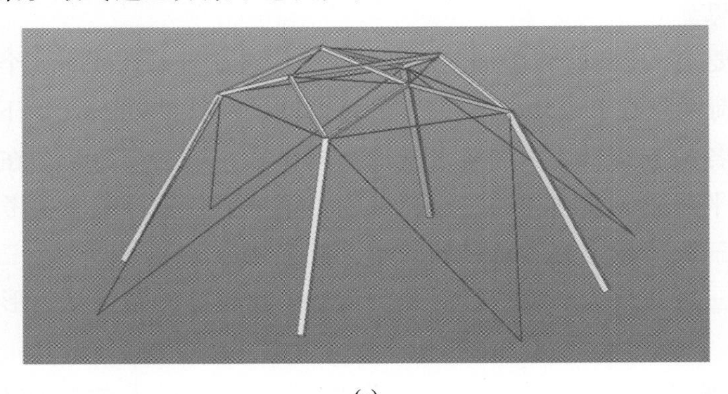

(a)

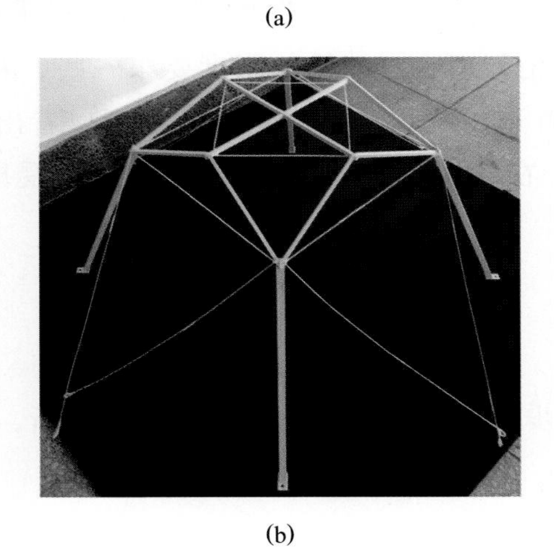

(b)

图 31-1　选型方案示意图

(a) 模型效果图；(b) 模型实物图

## 31.3　计算分析

基于 MIDAS 软件进行建模分析，计算分析结果如图 31-2 所示。

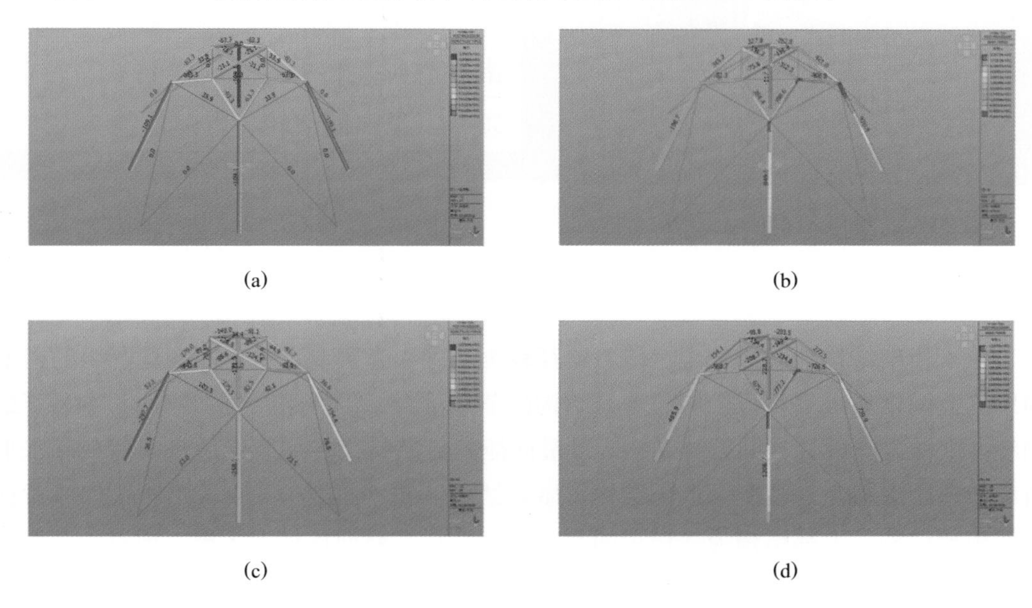

(a)　(b)

(c)　(d)

**图 31-2　计算分析结果图**

(a) 第一级荷载下轴力图；(b) 第二级荷载 b 工况下弯矩图；
(c) 第三级荷载 a 工况下轴力图；(d) 第三级荷载 a 工况下弯矩图

## 31.4　节点构造

节点是结构传力及模型制作的关键部位，本模型部分节点详图如图 31-3 所示。

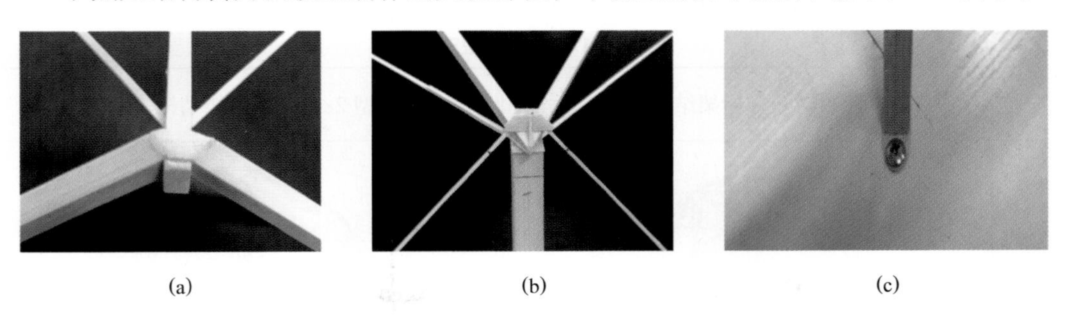

(a)　(b)　(c)

**图 31-3　节点详图**

(a) 内侧加载节点；(b) 外侧加载节点；(c) 柱脚节点

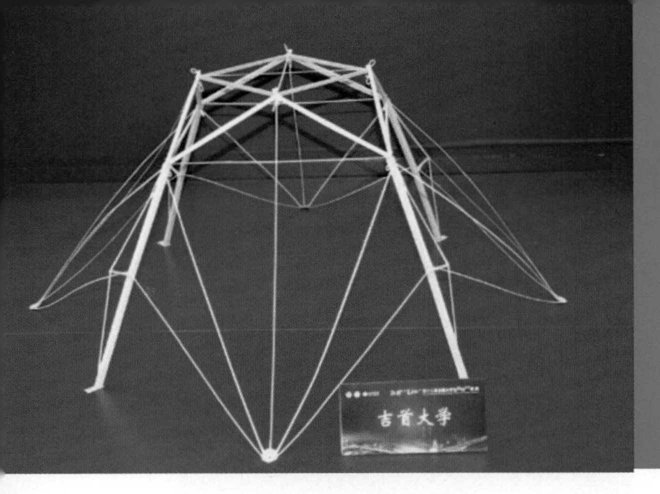


# 32 吉首大学

| 作品名称 | 金刚钻 |
|---|---|
| 队　　员 | 何　钰　王　谦　李海峰 |
| 指导教师 | 王子国　江泽普 |
| 领　　队 | 程淑珍 |

## 32.1 设计思路

由于桁架结构的质量较小，传力路径较为明确，为了节省材料，本竞赛组的模型构思从空间桁架入手，每个加载点与结构的节点重合，传力路径更加明确。本参赛组围绕 8 个加载点设计空间桁架结构，以最简捷的传递路径将加载点的竖向荷载和水平荷载传递至底板上。模型由上部结构（屋盖结构）和下部结构（支撑结构）构成对称空间桁架结构。上部结构为一稳定的空间桁架结构，斜向压杆有 8 根，顶点的 2 根斜压杆与屋盖下部的水平拉杆组成稳定的三角形。下部结构由 4 个张弦柱及保持结构整体稳定的维稳拉杆构成。由于模型制作材料为竹材，竹材的抗拉强度较高，抗压强度大致为抗拉强度的 1/3，所以尽量增加拉杆用量，减短压杆的传力路径，采用拉杆来维持构件和结构的稳定性，这样可以大幅度降低结构的重量。

## 32.2 结构构型

根据赛题要求，初步提出两种结构选型并进行对比分析，详见表 32-1。

**表 32-1　结构选型对比**

| 选型 | 选型 1:对角撑桁架结构体系 | 选型 2:十字撑桁架结构体系 |
|---|---|---|
| 图示 | | |
| 优点 | 质量小,刚度大,整体性好,制作工艺简单 | 质量较小 |
| 缺点 | — | 传力路径较长,刚度小,稳定性低 |

**总结：**根据赛题要求，综合对比以上两种结构体系的受力-传力特点、整体稳定性、结构抗力、自重、制作难易程度等方面，本竞赛组通过不断优化设计和计算，经过数百次的整体模型试验以及上百根杆件的力学性能试验，确定模型最终方案。最终选型方案示意图如图 32-1 所示。

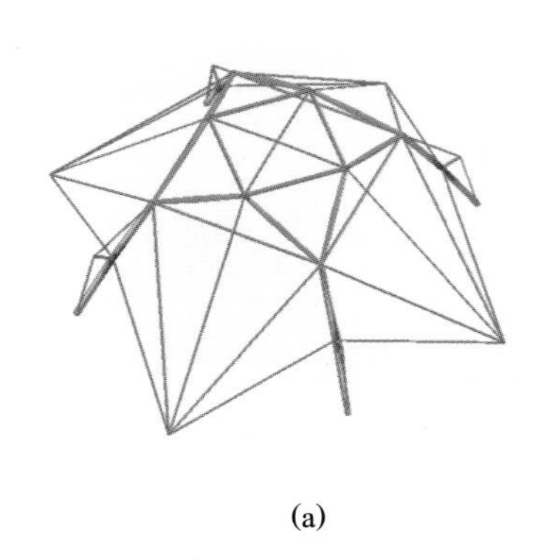

(a)

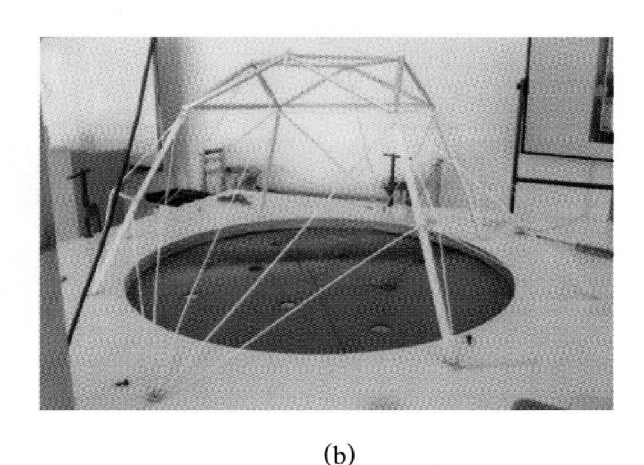

(b)

**图 32-1　选型方案示意图**

(a) 模型效果图；(b) 模型实物图

## 32.3　计算分析

基于 MIDAS 软件进行建模分析，计算分析结果如图 32-2 所示。

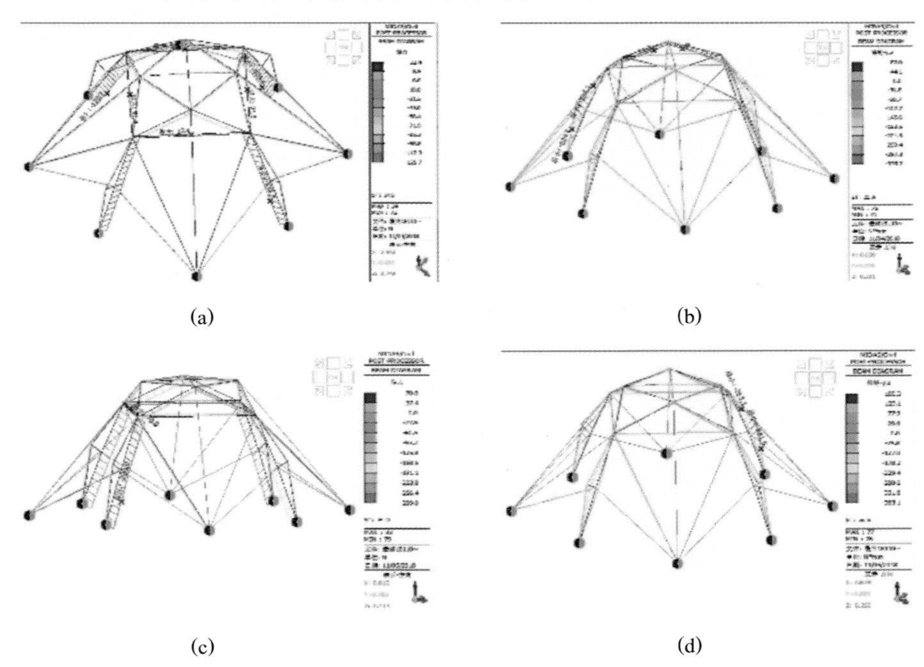

(a)　(b)　(c)　(d)

**图 32-2　计算分析结果图**

(a) 第一级荷载下轴力图；(b) 第二级荷载 a 工况下弯矩图；

(c) 第三级荷载 d 工况下轴力图；(d) 第三级荷载 e 工况下弯矩图

## 32.4 节点构造

节点是结构传力及模型制作的关键部位，本模型部分节点详图如图 32-3 所示。

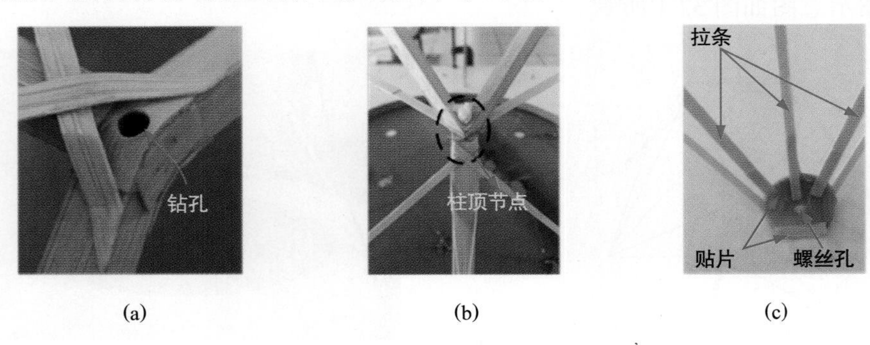


(a) (b) (c)

**图 32-3 节点详图**

(a) 屋顶加载节点；(b) 张弦柱顶加载节点；(c) 维稳拉条锚固节点

# 33 兰州大学

| 作品名称 | 萃英亭 |
| --- | --- |
| 队　　员 | 朱立栋　黄鸿伟　张　部 |
| 指导教师 | 王亚军　常　桐 |
| 领　　队 | 武生智 |

## 33.1 设计思路

本届赛题为大跨度空间结构，在不超过尺寸限值的前提下，尽量减小模型的尺寸，减少节点，减短杆的长度，做到相邻两个节点之间都有杆件或者拉条连接。杆件采用竹皮加工而成的空心截面杆件，弯矩大的杆件采取矩形截面，比如柱和支撑杆，弯矩较小、以受轴力为主的杆件采用正方形截面。通过调整 8 个加载点的相对高度差，以尽量抵消主杆受到的弯矩，增加稳定性。多使用空心截面和拉条。

本模型由斜柱、上部空间网架和水平拉条组成，8 根斜柱与承台板刚性连接。8 根杆的端点交汇于整个结构的中心点，用四角星杆将下部柱和上部空间网架连接成整体。通过在模型内部设置 8 根呈交叉放射状的杆件，有效地将模型所受到的荷载分散均匀。上部结构和下部结构之间通过水平拉条增强连接，斜拉条起到辅助受力作用并维持柱的整体稳定。制作的模型在质量尽可能小的情况下，使第二阶段的变形尽可能小。另外，还要让第三阶段的荷质比较大，通过对结构的优化和反复的试验找出设计方案中质量最小的模型。为了减小第三阶段水平位移，可在地面和柱子之间设置拉杆，使整体框架和斜杆之间尽可能不出现钝角三角形，同时采取有效措施缩短斜杆杆件的计算长度。

## 33.2 结构构型

根据赛题要求，初步提出几种结构选型并进行对比分析，详见表 33-1。

**表 33-1 结构选型对比**

| 选型 | 选型 1 | 选型 2 | 选型 3 | 选型 4 |
| --- | --- | --- | --- | --- |
| 图示 | | | | |
| 优点 | 外形美观，传力路径明确，承受水平荷载的能力较强，加载挠度小 | 大幅减少了节点和杆件，质量小，承受对称荷载能力强，制作难度下降 | 大幅减少了节点和杆件，模型质量小，承受对称及偏心荷载能力强，制作难度大幅下降 | 节点和杆件数量少，模型截面小，质量小，模型的偏心抗压的能力大大提高 |
| 缺点 | 结构自重较大，制作难度大 | 相邻柱间距离太近，模型顶部未连接成整体，容易失稳 | 变形较大，承受偏心荷载和水平荷载时水平向变形较大，容易侧向失稳 | 承受水平荷载能力弱，通过加拉条或者加固主杆的方式进行改进 |

**总结：**经过多次加载测试和综合评估，与前三种选型相比，选型 4 在加载表现和模型质量方面都占有较大优势，因此最终决定采用选型 4。最终选型方案示意图如图 33-1 所示。

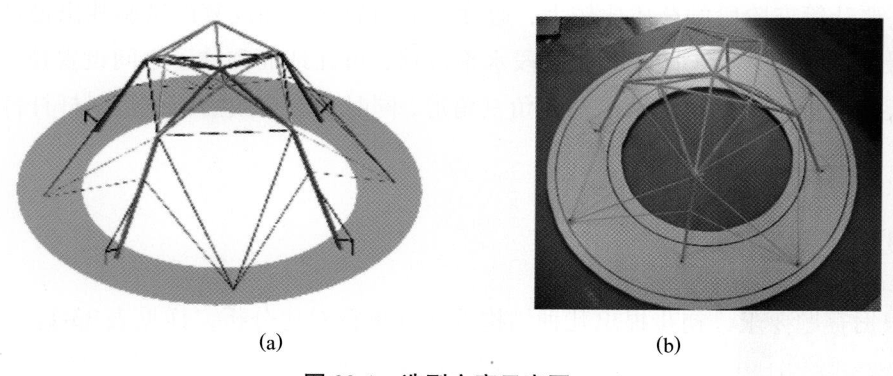

(a) (b)

**图 33-1 选型方案示意图**

(a) 模型效果图；(b) 模型实物图

## 33.3 计算分析

基于 MIDAS 软件进行建模分析，计算分析结果如图 33-2 所示。

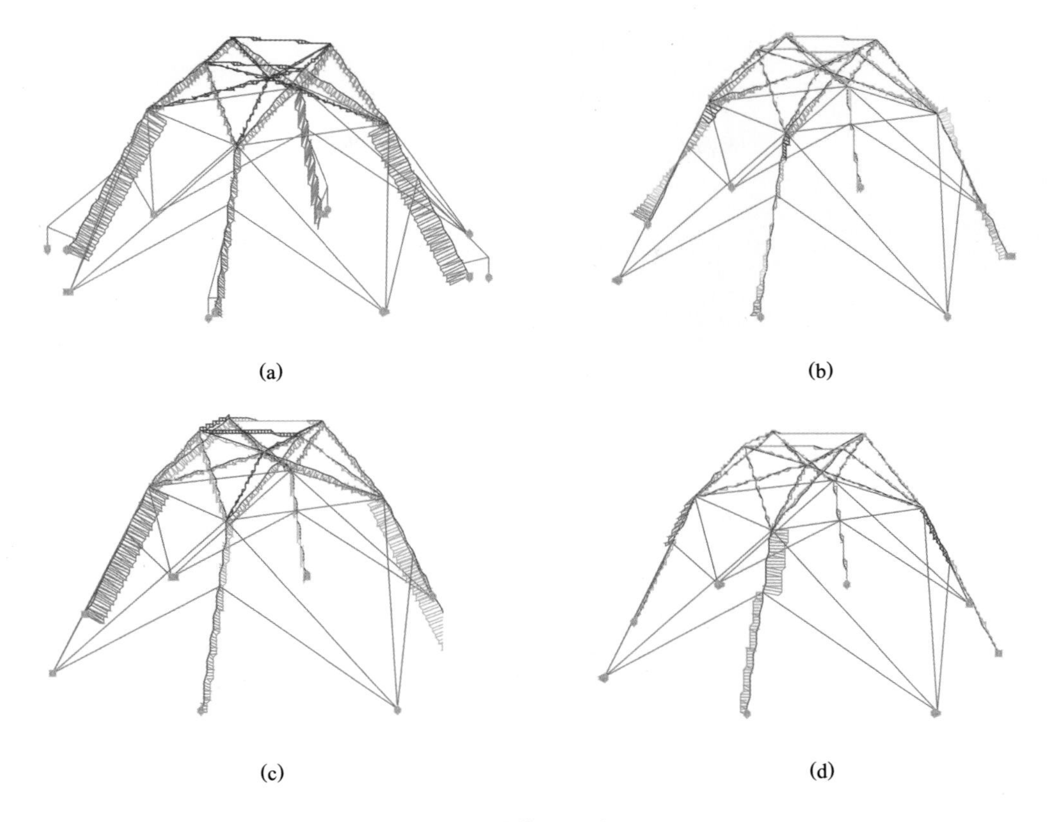

(a)　(b)　(c)　(d)

**图 33-2　计算分析结果图**

(a) 第一级荷载下轴力图；(b) 第二级荷载 f 工况下弯矩图；
(c) 第三级荷载 a 工况下轴力图；(d) 第三级荷载 a 工况下剪力图

## 33.4　节点构造

节点部位是模型制作的关键部位之一，本模型部分节点详图如图 33-3 所示。

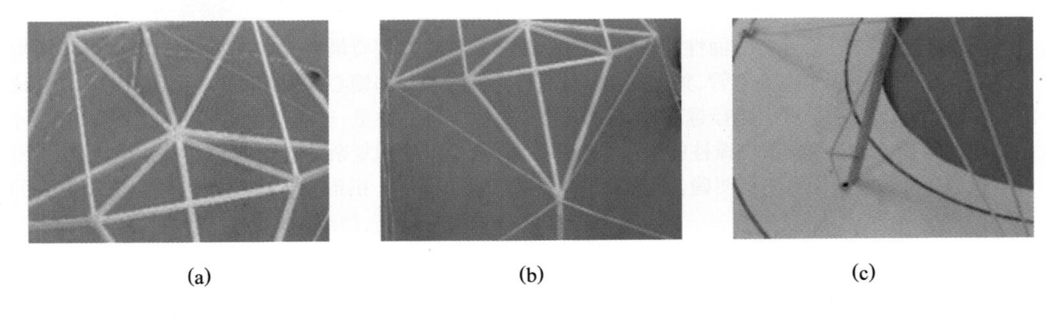

(a)　(b)　(c)

**图 33-3　节点详图**

(a) 杆件中间节点；(b) 杆柱连接节点；(c) 柱脚节点

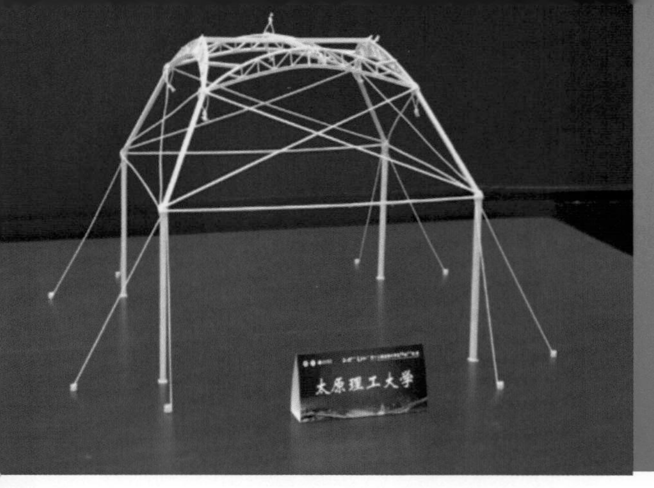


# 34　太原理工大学

| 作品名称 | 合 |
|---|---|
| 队　　员 | 黄　伟　李源康　胡　玉 |
| 指导教师 | 董晓强　邢　颖 |
| 领　　队 | 张家广 |

## 34.1　设计思路

根据竞赛规则要求，我们从大赛提供的材料的抗拉特性、抗压性能、模型加载与测量方式等方面的要求出发，结合节省材料、经济美观、制作方便、承载力强等特点，精心制作设计了“合”结构模型。该结构特点为：独立支撑柱大间距布置，充分节省材料。支撑柱采用拉条外拉，解决柱因承受弯矩而导致的内侧失稳问题。支撑柱下部增加环向围合“扫地杆”，增强结构稳定性。空间杆件与柱均采用空心矩形方管形式，受压、受拉、受弯均能满足要求。对于节点处要求较高，因此模型在节点处做了特殊加强处理。

## 34.2　结构构型

根据赛题要求，初步提出几种结构选型并进行对比分析，详见表34-1。

**表34-1　结构选型对比**

| 选型 | 选型1:空间梁杆系组合结构 | 选型2:在模型1的基础上改用拱形梁代替原有的空心方形杆 |
|---|---|---|
| 优点 | 基于空心方管形式各方面性能较优越的考虑，对主要杆件采用了空心方管，独立支撑也采用空心方管形式。基于传力路径越简单，模型质量越小的考虑，充分考虑了支撑柱的数量，将屋盖直接放置于柱上，传力路径明确，能够有效减小模型自重 | 虽然模型质量有所增加，但是极大提高了结构整体刚度和偏心荷载作用时的承载能力，并且减少了杆件数量，这就避免了多根杆件汇于一点导致节点处理复杂的麻烦；同时也相应地减小了模型的自重。拱形梁整体抗弯扭性能也比原来的方形杆件高，使结构整体稳定性增强 |
| 缺点 | 结构偏心荷载承载力偏低同时整体刚度不足容易发生扭转破坏。由于杆件形式单一不能有效应对各种受力状况，导致部分结构承载力不足。而4根对抗水平荷载的斜杆又增大了质量，使整体质量加大 | 底部对抗水平荷载的构件仅有8根拉条支撑，对于模型固定和整体定位要求较高。底部结构容易与上部结构发生扭转变形，使结构发生整体扭转破坏 |

**总结：**综合对比两种选型的整体性能、受力情况以及制作难易程度和制作时间等方面的不同，最终选型方案示意图如图 34-1 所示。

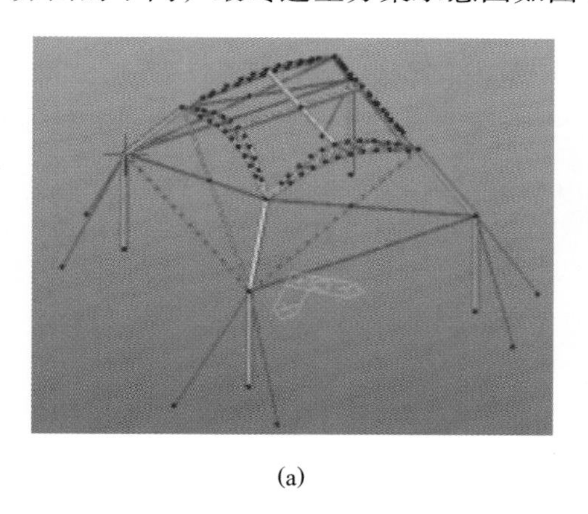

(a)

(b)

**图 34-1 选型方案示意图**

(a) 模型效果图；(b) 模型实物图

## 34.3 计算分析

基于 MIDAS 软件进行建模分析，计算分析结果如图 34-2 所示。

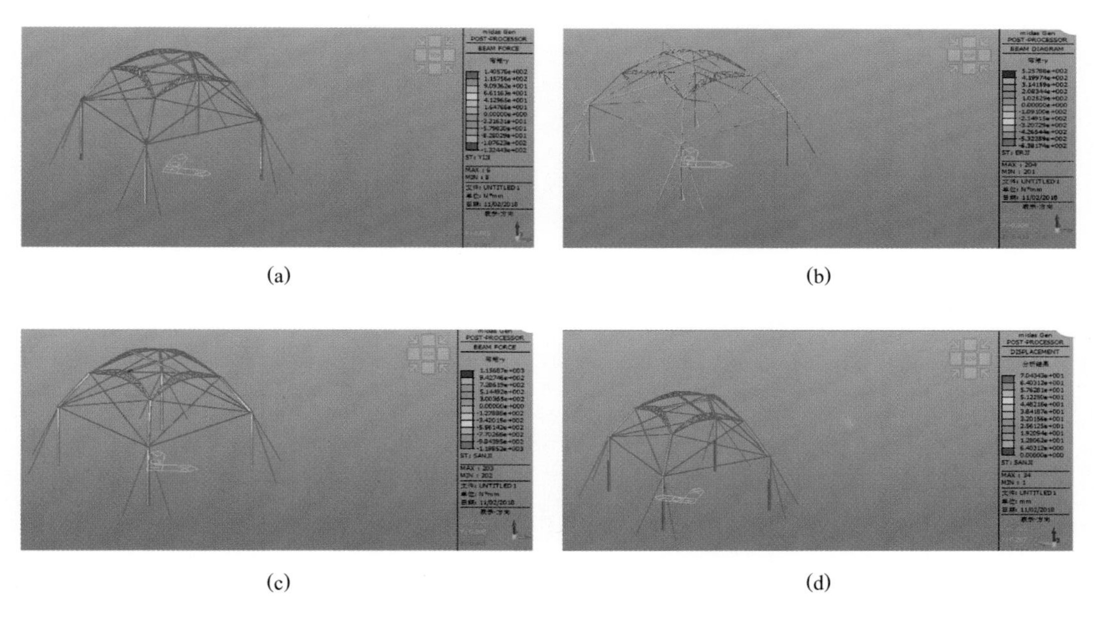

(a) (b)

(c) (d)

**图 34-2 计算分析结果图**

(a) 第一级荷载下轴力图；(b) 第二级荷载下弯矩图；

(c) 第三级荷载下轴力图；(d) 第三级荷载下变形图

## 34.4 节点构造

节点是结构传力及模型制作的关键部位，本模型部分节点详图如图 34-3 所示。

(a)

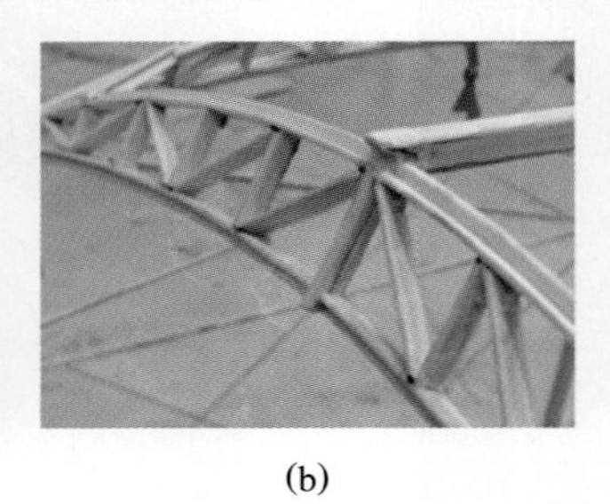
(b)

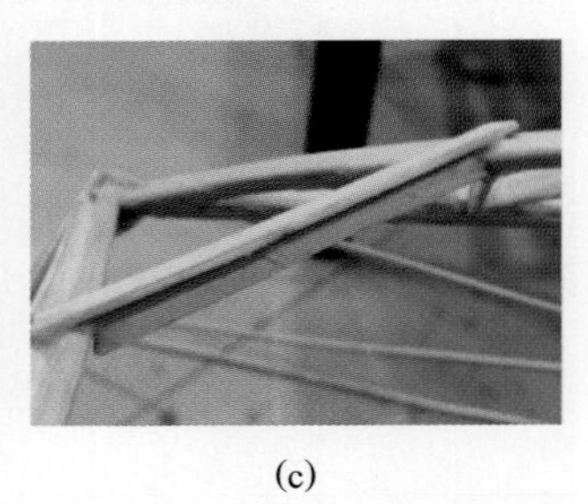
(c)

**图 34-3 节点详图**

(a) 柱间节点；(b) 梁拱节点；(c) 拱杆间节点

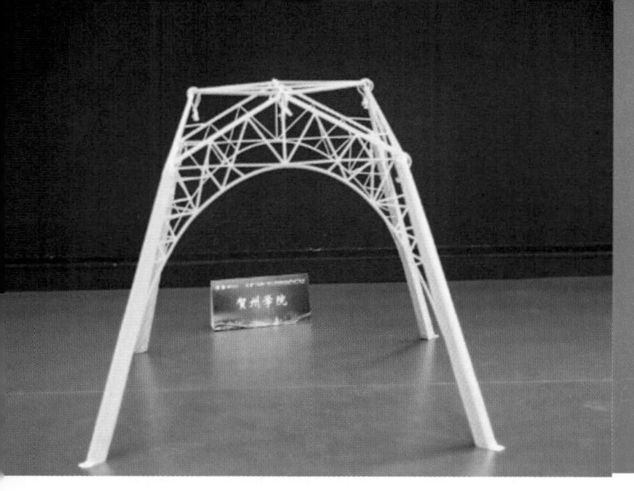


# 35 贺州学院

| 作品名称 | 风雨潇贺 |
| --- | --- |
| 队　　员 | 莫锦平　杨志成　梁定燊 |
| 指导教师 | 许胜才　王痛快 |
| 领　　队 | 曾小雪 |

## 35.1 设计思路

针对柱子的选择，是用数量少的变截面巨型柱还是用数量多的小柱，我们经过实践发现，柱子数量多的时候由于制作的误差，容易造成受力不均，从而导致某根柱子先行破坏进而引发结构垮塌，所以采用变截面巨型柱更符合实际，也更经济。由于竖向加载点位置在屋盖结构部分，水平投影坐标已确定。所以加载点应设置在杆件节点处，这样可以使杆件只承受拉力和压力，利于发挥材料的强度。考虑到悬臂结构不稳定，所以屋盖也不应设置成悬臂梁结构。通常用于大跨度空间结构的形式有桁架结构和拱结构，因此初步选定三角截面桁架梁和三角网架结构两种形式。屋盖与巨型柱的连接节点，如果采用铰接，在变化方向的水平力作用下势必产生较大的扭转变形，所以须用刚节点进行连接。巨型柱的抗扭能力与截面尺寸有关，但若仅依靠扩大巨型柱的截面尺寸来满足抗扭承载力要求，则会造成柱子质量过大，不经济。所以本方案拟采用变截面的巨型柱联合桁架结构共同抵抗扭矩，桁架设计成拱形结构与屋盖相连，从而使屋盖、拱形桁架和巨型柱通过刚节点形成一个稳定的整体，具有较高的抗扭能力，同时质量较小，桁架拱也使模型具有曲线美感。

## 35.2 结构构型

根据赛题要求，初步提出几种结构选型并进行对比分析，详见表 35-1。

表 35-1　结构选型对比

| | | | |
|---|---|---|---|
| 选型 | 选型 1:网架屋盖+桁架拱+巨型柱结构 | 选型 2:巨型桁架梁+桁架拱+巨型柱结构 | 选型 3:半球形网架结构 |
| 优点 | 4 根巨型柱承受竖向荷载，受力集中，可以充分发挥材料强度。网架屋盖结构简单，受力明确，制作方便，用料较少。桁架拱连接屋盖和巨型柱，能提高巨型柱抗扭能力，同时增强结构整体稳定性 | 4 根巨型柱承受竖向荷载，受力集中，可以充分发挥材料强度。巨型桁架梁强度和刚度较大，受力明确，制作方便。桁架拱连接屋盖和巨型柱，能提高巨型柱抗扭能力，同时增强结构整体稳定性 | 柱脚较多，荷载分布均匀。结构简单，受力明确，杆件制作方便，节点少，定位准确。空间杆件互联，整体稳定性较好 |
| 缺点 | 巨型柱承担所有竖向荷载，对柱子制作质量要求高，柱子安装定位不方便。网架屋面和桁架拱节点多，容易出现节点破坏现象 | 巨型柱承担所有竖向荷载，对柱子制作质量要求高，柱子安装定位不方便。巨型桁架梁杆件多，质量偏大，节点也多，容易出现节点破坏现象 | 空间杆件较长，容易出现压杆失稳现象。柱脚过于分散，容易造成柱脚受力不均，引发结构整体垮塌，材料强度利用不充分 |

**总结：** 综合对比，“网架屋盖+桁架拱+巨型柱结构”无论是竖向承载能力，还是在水平荷载作用下的抗扭能力，都具有较大优势，且该结构模型用料最少，因而被选为最终方案。最终选型方案示意图如图 35-1 所示。

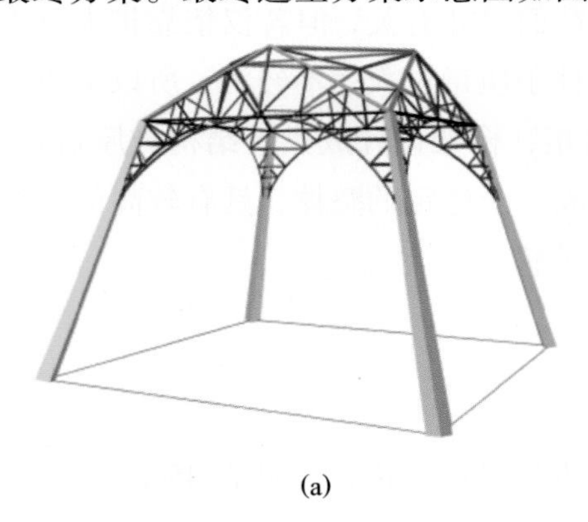
(a)

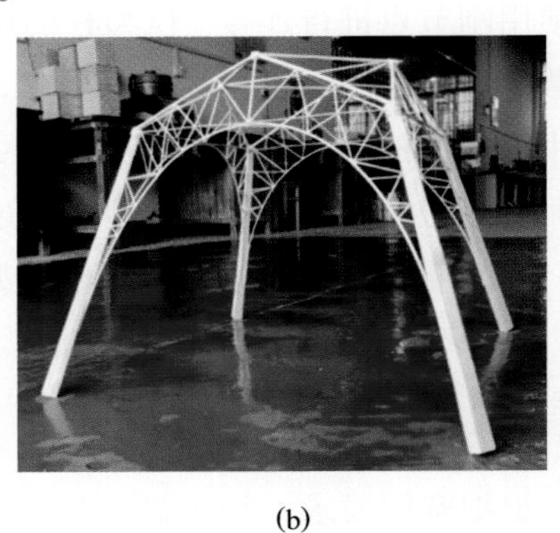
(b)

**图 35-1　选型方案示意图**

(a) 模型效果图；(b) 模型实物图

## 35.3　计算分析

基于 SAP2000 软件进行建模分析，计算分析结果如图 35-2 所示。

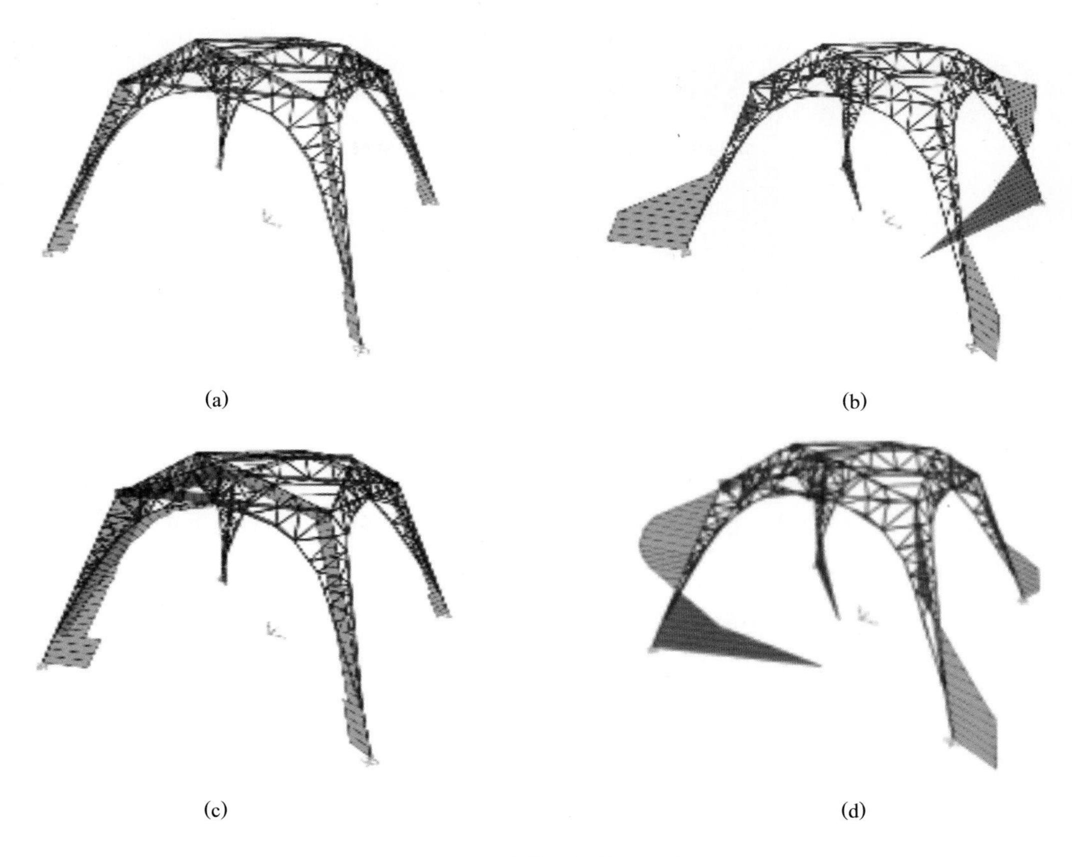

(a) (b)

(c) (d)

**图 35-2　计算分析结果图**

(a) 第一级荷载下轴力图；(b) 第二级荷载下弯矩图；
(c) 第三级荷载下轴力图；(d) 第三级荷载下弯矩图

## 35.4　节点构造

节点是结构传力及模型制作的关键部位，本模型部分节点详图如图 35-3 所示。

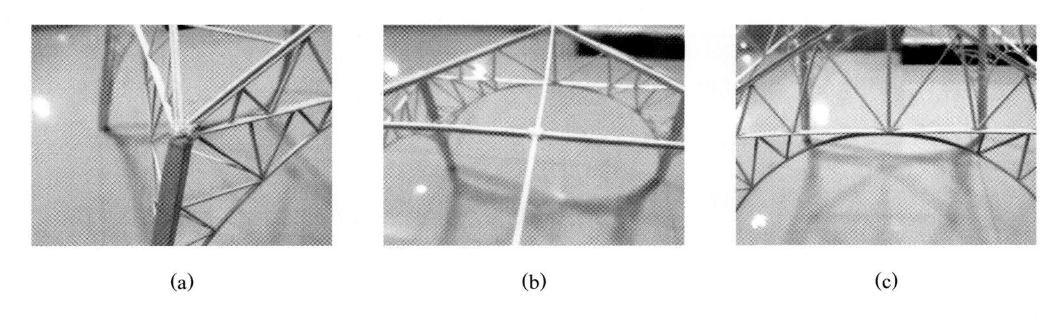

(a) (b) (c)

**图 35-3　节点详图**

(a) 巨型柱顶节点；(b) 屋盖顶中心十字杆节点；(c) 桁架拱顶节点

# 36 内蒙古工业大学

| 作品名称 | 苍穹鹰 |
|---|---|
| 队　　员 | 袁鹏智　孙　跃　朱紫薇 |
| 指导教师 | 史　勇　杨立国 |
| 领　　队 | 陈　辉 |

## 36.1 设计思路

本赛题为针对静载、随机选位荷载及移动荷载等多种荷载工况下的大跨度空间结构模型的设计，因此，我们从质量、受力、加载孔位、制作难易程度等方面对结构方案进行构思。由于加载时要以模型荷质比来体现模型的合理利用效率，因此要合理减轻结构质量，所以结构不能过于复杂，以避免增加不必要的质量。本次加载分为三级，其中二级加载在一级加载的基础上随机抽取 4 个加载点进行竖向加载，三级加载在前两级加载的基础上施加 4 个角度不同的水平荷载，所以结构应该能承受不同方向且不同大小的荷载。赛题已规定加载点的位置，所以在结构选型时要注意加载点的位置，保证 8 个加载点准确承受竖向荷载。本次赛题给定范围为两个半球（内半球半径为 375mm，外半球半径为 550mm）之间的空间，所以在结构选型时应注意结构的尺寸大小。

## 36.2 结构构型

根据赛题要求，初步提出几种结构选型并进行对比分析，详见表 36-1。

**表 36-1　结构选型对比**

| 选型 | 选型 1:单层多拱结构 | 选型 2:桁架结构 | 选型 3:组合桁架结构 |
|---|---|---|---|
| 优点 | 模型外形美观，坚固，受力分析简单 | 制作难度较小,结构较简单 | 制作难度小,结构简单 |
| 缺点 | 浪费材料，制作周期长，难度大 | 自重大,节点较多 | 需要固定才能发挥支撑作用 |

**总结：**综合对比三种选型方案，最终确定选型 3 为最终选型方案。最终选型方案示意图如图 36-1 所示。

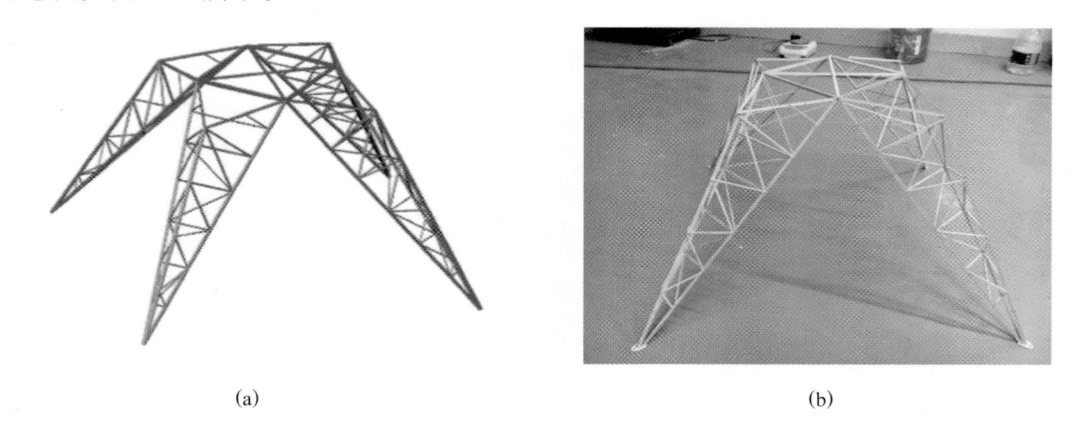

(a)　　(b)

**图 36-1　选型方案示意图**

(a) 模型效果图；(b) 模型实物图

## 36.3　计算分析

基于 MIDAS 软件进行建模分析，计算分析结果如图 36-2 所示。

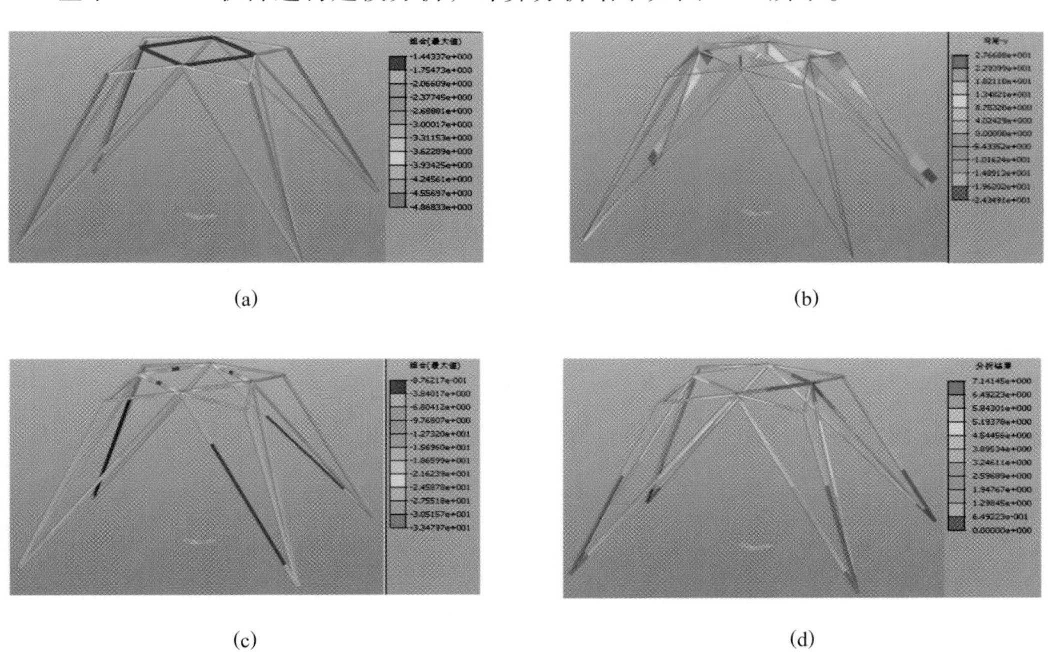

(a)　　(b)

(c)　　(d)

**图 36-2　计算分析结果图**

(a) 第一级荷载下轴力图；(b) 第二级荷载 a 工况下弯矩图；

(c) 第三级荷载下轴力图；(d) 第三级荷载下变形图

## 36.4 节点构造

节点是结构传力及模型制作的关键部位，本模型部分节点详图如图 36-3 所示。

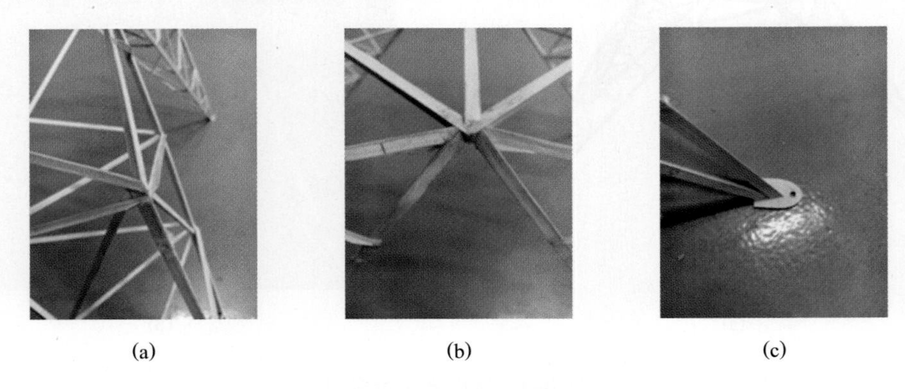

(a) (b) (c)

**图 36-3 节点详图**

(a) 外部节点；(b) 内部节点；(c) 柱脚节点

# 37　江苏大学

| 作品名称 | 致远之星 |
| --- | --- |
| 队　　员 | 郭文芳　漆仲浩　路海俊 |
| 指导教师 | 张富宾　韩　豫 |
| 领　　队 | 孙保苍 |

## 37.1　设计思路

结合赛题要求，我们主要从结构体系设计、杆件设计和节点连接设计三方面对结构方案进行了构思。根据荷载特点，将模型设计为对称结构，同时要尽量使结构体系简单、传力明确，减少多余杆件，充分发挥各杆件的承载力。本次比赛所用材料为竹材，其抗拉强度高，在杆件的设计中应合理利用该特性，使其力学性能得到充分发挥。我们创新性地将杆件截面设计为竹皮和竹条组合空心截面，以增大其截面惯性矩。在节点设计的过程中，秉承“强节点，弱杆件”的理念，在节点的设计过程中尽量增大节点处各杆件的接触面积，再辅以局部加强措施。因为模型杆件均为空心截面，在局部连接的地方需要进行填实处理，使杆件局部连接的强度增加，再将连接处削成贴合状态，最后用竹粉和胶水对节点进行刚化处理。最终达到节点内部受力均匀，减少应力集中的效果。

## 37.2　结构构型

结合赛题要求，上部结构分别选用张弦结构和屋架结构，下部结构选用 4 根柱子直接将荷载传递到支座。两种结构形式分别称为张弦梁结构体系和简单屋架结构体系。结构选型对比见表 37-1。

表 37-1　结构选型对比

| 选型 | 选型 1:张弦结构体系 | 选型 2:屋架结构体系 |
|---|---|---|
| 图示 | | |
| 优点 | 张弦结构作为常见的大跨空间结构,体系刚度和稳定性比较大,结构在荷载作用下的扭转较小 | 整体结构受力更加明确简单，结构的质量大大降低；节点更加坚固，杆件强度利用率高，荷质比大 |
| 缺点 | 杆件较多,质量大,杆件强度利用率较小 | 结构顶部存在一定的竖向位移，但满足赛题要求 |

**总结：**综合对比，发现修改后的选型 2 屋架结构体系的荷质比大，材料的利用率高，节点处理方式稳固，各杆件的利用率大，因此我们选择了修改后的选型 2 屋架结构体系作为最终选型方案。最终选型方案示意图如图 37-1 所示。

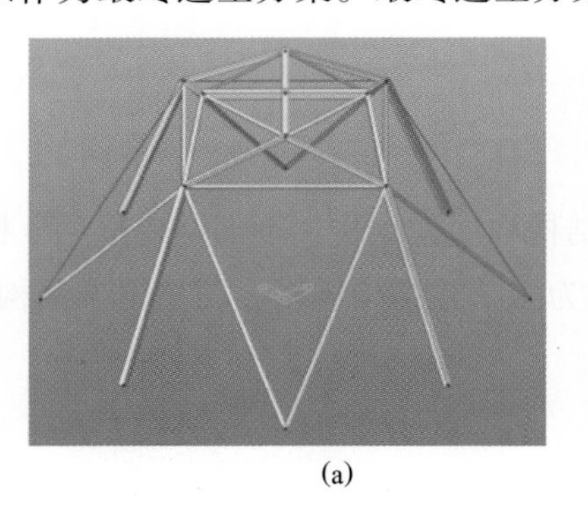

(a)

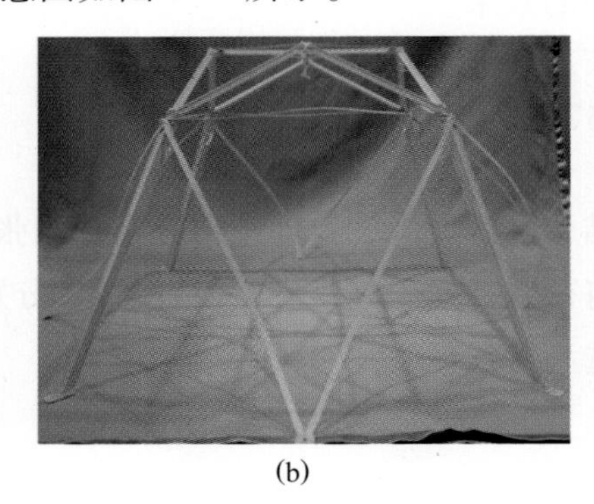

(b)

图 37-1　选型方案示意图

(a) 模型效果图；(b) 模型实物图

## 37.3　计算分析

基于 MIDAS 软件进行建模分析，计算分析结果如图 37-2 所示。

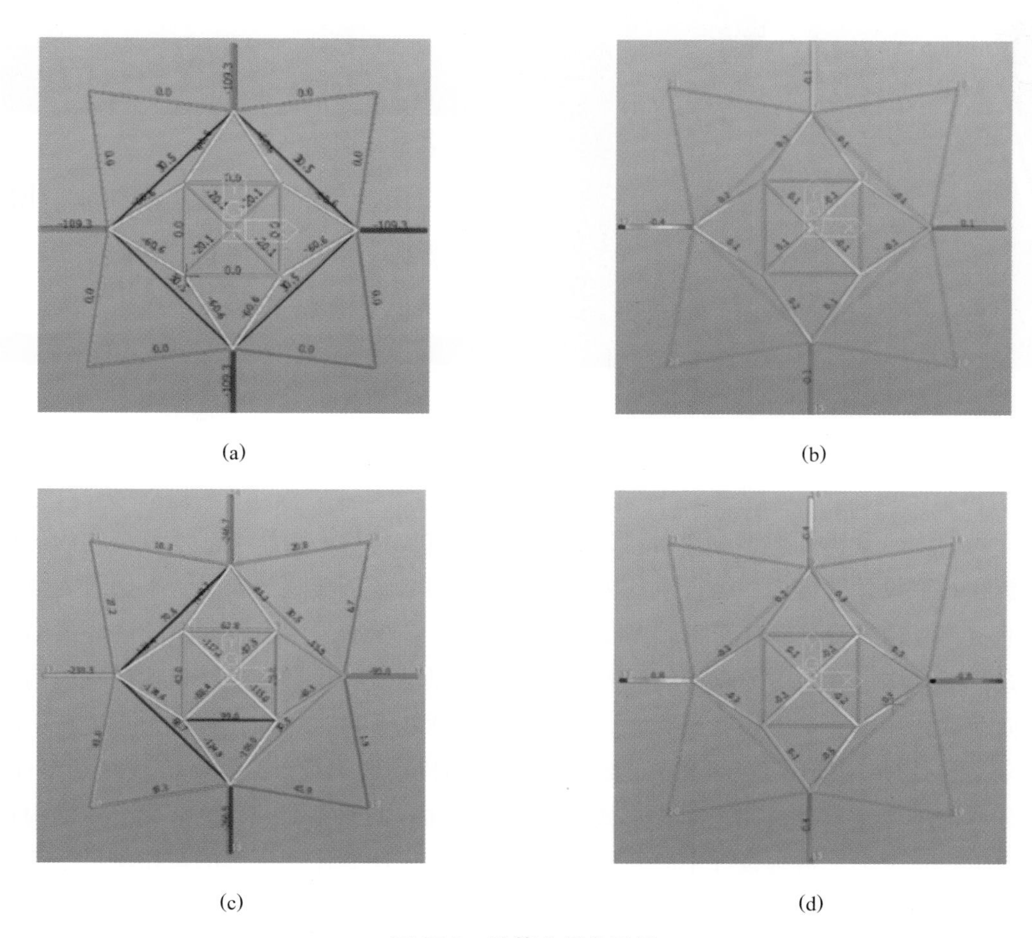

(a)

(b)

(c)

(d)

**图 37-2　计算分析结果图**

(a) 第一级荷载下轴力图；(b) 第二级荷载 d 工况下弯矩图；
(c) 第三级荷载 d 工况下轴力图；(d) 第三级荷载 d 工况下弯矩图

## 37.4　节点构造

节点是结构传力及模型制作的关键部位，本模型部分节点详图如图 37-3 所示。

(a)

(b)

**图 37-3　节点详图**

(a) 柱端节点；(b) 人字撑端节点

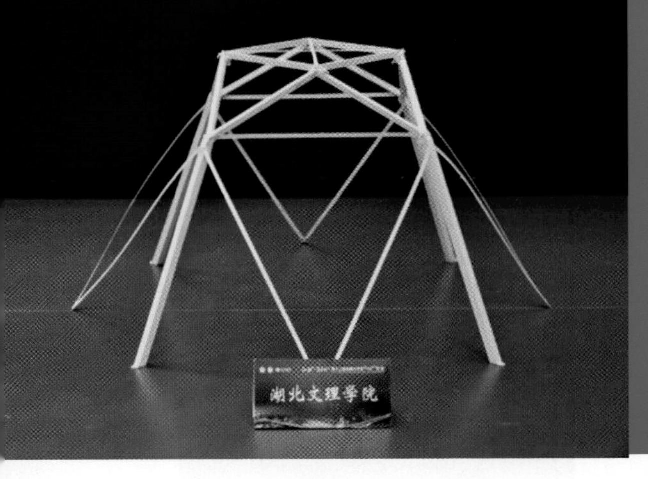


# 38 湖北文理学院

| 作品名称 | 卧龙亭 |
| --- | --- |
| 队　　员 | 齐立宇　闫慧才　邓　博 |
| 指导教师 | 范建辉　王　莉 |
| 领　　队 | 徐福卫 |

## 38.1 设计思路

我们综合分析了模型制作材料的抗压特性、抗拉特性、制作工艺以及结构的荷载分析和约束设计等方面，结合承载力强、节省材料、经济美观等要求，采用组委会提供的材料，精心设计制作了“卧龙亭”结构模型。该模型采用了空间刚架的塔式结构形式，遵循构件少、传力直接的原则，基于合理拱轴线的设计，让结构构件在前两级竖向荷载作用下，主要以受压为主，一方面减小弯矩，另一方面让杆件节点受压，既安全又易处理。由于第二级和第三级加载都是随机抽取加载点，加载方式复杂多样，综合考虑结构宜设计成完全对称形式。第三级施加变向水平荷载，该荷载会使结构整体产生扭转变形，结构设计中既要保证强度、刚度，还要注意整体的抗扭刚度，可以通过外围拉索抵抗结构整体的扭转变形。结构在满足正常使用状态的同时要具有足够高的极限承载力。故对于本结构模型设计，根据自重轻、结构简单、变形小、受力明确的目标，增加结构刚度，强节点、弱支撑，充分发挥竹材的力学性能，确定初步的结构体系，通过承载力计算确定构件内力，验算结构构件的承载力和变形，最后根据计算结果制作结构模型，并辅以必要的构造措施，保证结构在满足挠度要求的前提下具有良好的承载能力。

## 38.2 结构构型

根据赛题要求，初步提出几种结构选型并进行对比分析，详见表38-1。

**表 38-1　结构选型对比**

| 选型 | 选型 1:拱形结构 | 选型 2:张拉结构 | 选型 3:桁架 | 选型 4:塔式刚架 |
|---|---|---|---|---|
| 结构构造 | 由主拱(圈),拱上传载构件以及桥面系组成 | 由桥塔、缆索系统、加劲梁组成 | 主桥架、上下水平纵向联结系、桥门架和中间横撑架以及桥面系组成 | 结构中杆件之间通过刚性节点连接，对节点的连接要求较高 |
| 力学特性 | 以轴向压力为主,整体刚度较低 | 主要承受拉力,刚度太小,荷载作用下会产生较大挠度和振动 | 桁架只承受节点荷载时，所有杆件只受轴心拉力或压力 | 节点既要传力，又要传递弯矩。杆件一般都是以拉压和弯曲组合变形为主 |
| 制作工艺 | 拱形结构制作相对复杂，特别是曲杆的手工制作较难 | 模型制作中可用竹条来作为拉索结构使用 | 桁架的设计、制作、安装简便，节点的处理相对灵活 | 在模型制作中主要对节点进行加强处理，保证在荷载作用下不会变形 |

**总结：**综合对比各种结构的优缺点和模型制作的可操作性，选用塔式刚架，作为本次结构设计竞赛的结构形式，最终选型方案示意图如图 38-1 所示。

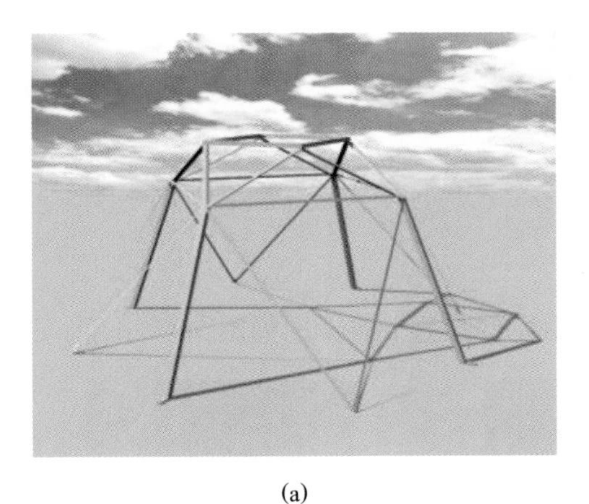

(a)

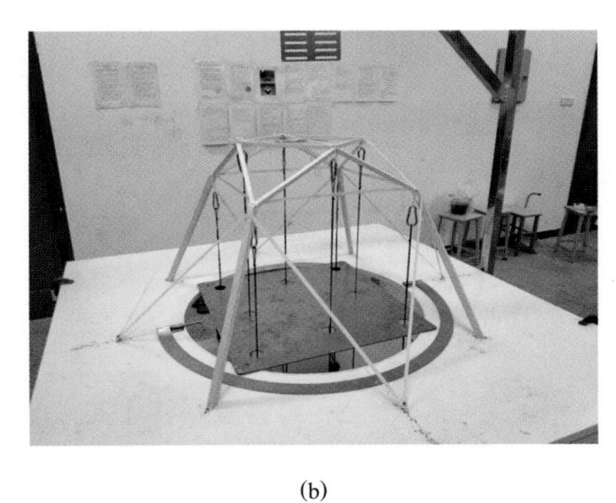

(b)

**图 38-1　选型方案示意图**

(a) 模型效果图；(b) 模型实物图

## 38.3 计算分析

基于 SAP2000 软件进行建模分析，计算分析结果如图 38-2 所示。

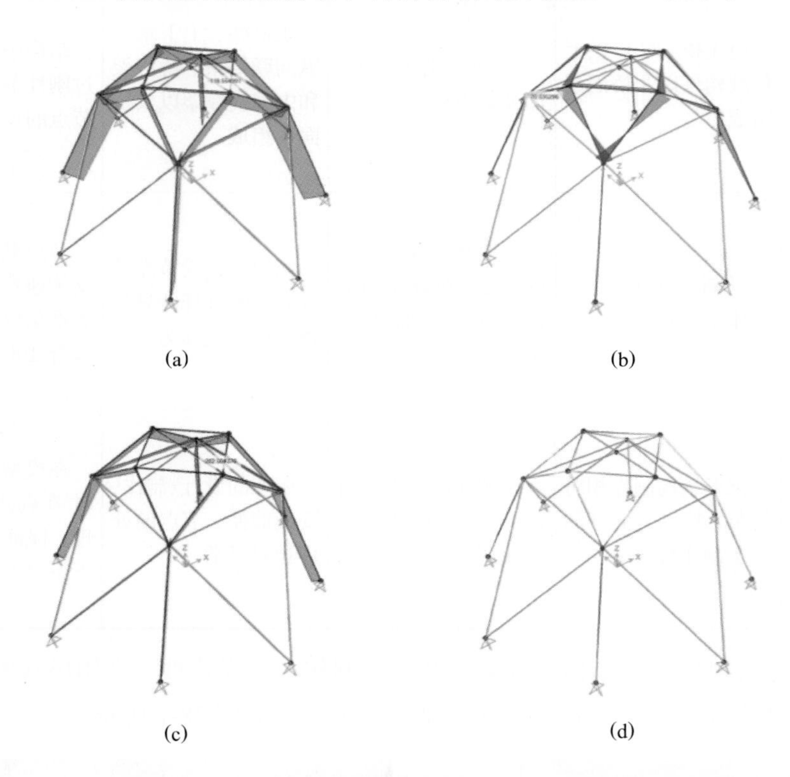

(a) (b)

(c) (d)

**图 38-2 计算分析结果图**

(a) 第一级荷载下轴力图；(b) 第二级荷载 a 工况下弯矩图；

(c) 第三级荷载 a 工况下轴力图；(d) 第三级荷载 a 工况下变形图

## 38.4 节点构造

节点是结构传力及模型制作的关键部位，本模型部分节点详图如图 38-3 所示。

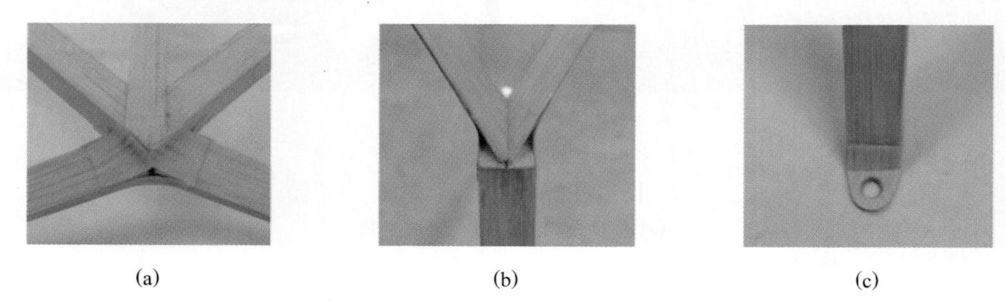

(a) (b) (c)

**图 38-3 节点详图**

(a) 顶部节点；(b) V 形撑杆节点；(c) 立柱柱脚节点

# 39 东北农业大学

| 作品名称 | 苍穹之下 |
| --- | --- |
| 队　　员 | 王　徐　徐　铭　刘奕铭 |
| 指导教师 | 王洪涛　侯为军 |
| 领　　队 | 张中昊 |

## 39.1 设计思路

本赛题为承受多荷载工况的大跨度空间结构，从结构稳定、制作难度等方面对结构方案进行构思。结构需在竖向作用力与水平力作用下，均保持稳定。结构需制作简单，尽可能地减少空间上的拼装，尽量减少多杆件的交汇。结构需传力简单明确，尽可能使传力路径简短。考虑质量与竹材抗拉性能强的因素，尽可能多设拉杆、少设压杆。

## 39.2 结构构型

根据赛题要求，初步提出几种结构选型并进行对比分析，详见表 39-1。

**表 39-1　结构选型对比**

| 选型 | 选型 1:单层球面网壳 | 选型 2:双层球面网壳 | 选型 3:空间索杆结构 |
| --- | --- | --- | --- |
| 优点 | 形状优美,传力明确 | 形状优美,传力明确,整体刚度大 | 传力明确,传力路径简短 |
| 缺点 | 结构整体稳定性差,刚度小 | 制作复杂,难度大,质量大 | 空间对接难度大,对制作精度要求高 |

**总结：**综合对比以上结构优缺点，最终选型方案示意图如图 39-1 所示。

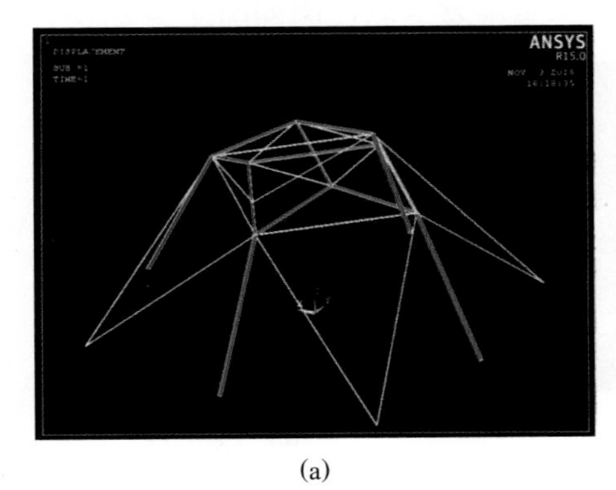


(a)

(b)

**图 39-1　选型方案示意图**

(a) 模型效果图；(b) 模型实物图

## 39.3 计算分析

基于 ANSYS 软件进行建模分析，计算分析结果如图 39-2 所示。

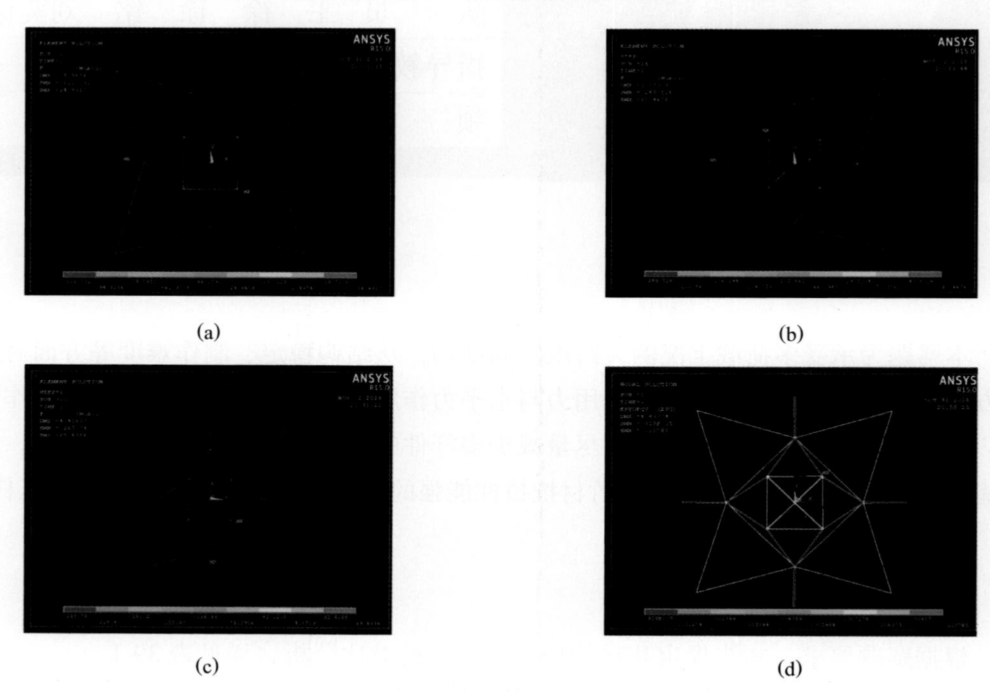

(a) (b) (c) (d)

**图 39-2 计算分析结果图**

(a) 第一级荷载下轴力图；(b) 第二级荷载下轴力图；
(c) 第三级荷载下轴力图；(d) 第三级荷载下变形图

## 39.4 节点构造

节点是结构传力及模型制作的关键部位，本模型部分节点详图如图 39-3 所示。

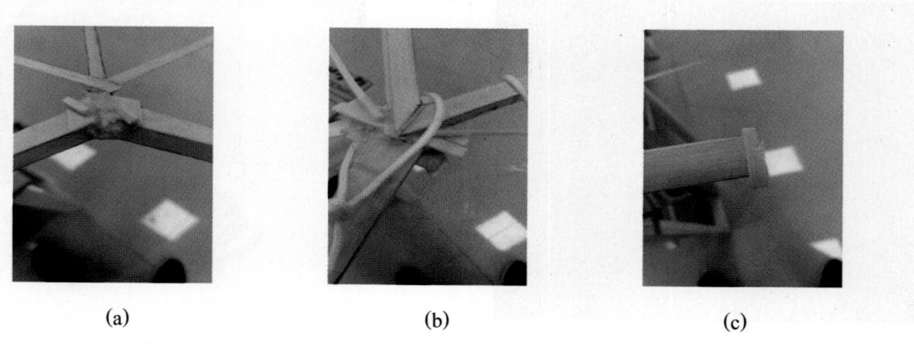

(a) (b) (c)

**图 39-3 节点详图**

(a) 150 节点；(b) 260 节点；(c) 柱脚节点

# 40 长春建筑学院

| 作品名称 | 沙漠之星 |
|---|---|
| 队　　员 | 刘一鸣　于　鑫　张　梦 |
| 指导教师 | 杜春海　张志影 |
| 领　　队 | 刘　玲 |

## 40.1 设计思路

本赛题为承受多荷载工况的大跨度空间结构模型设计与制作，因此，我们从结构的强度、刚度、设计制作对材料的要求、设计制作的难易程度等方面对结构方案进行了构思。在满足强度和稳定性的前提下，对结构起控制作用的变量主要是第二级竖直偏心荷载和第三级变化方向的水平荷载。不同的结构选型在这些方面有较大的差异，需要在理论和实践上进行分析和比较。在结构选型中，我们对各种结构形式进行了比较详尽的理论分析和试验比较，着重分析结构自重和加载点位置，以期达到较大的效率比。具体措施有以下几点：根据模型的制作材料，选择适当的结构形式，提高结构刚度和整体性。针对不同的结构形式，在保证安全可靠的前提下，尽量优化模型、减轻模型自重，使荷质比达到最大。针对不同的荷载分布，通过大量加载试验，观测模型的变形量和位移量，在满足安全的前提下，尽可能提高效率比。

## 40.2 结构构型

根据赛题要求，初步提出几种结构选型并进行对比分析，详见表 40-1。

**表 40-1　结构选型对比**

| 选型 | 选型 1:拉索结构 | 选型 2:空间刚架结构 |
|---|---|---|
| 优点 | 自重小、省材 | 刚度较好,稳定性好,合理利用竹材 |
| 缺点 | 稳定性差,对材料的要求比较高,设计较为复杂,在工程实际中应用并不广泛 | 自重稍大,手工制作要求较高 |

**总结**：综合对比后发现，空间刚架结构传力方式简洁明确，避免了复杂节点的处理，减少了薄弱环节的存在。设计应用刚节点连接设计方法，采用节点片连接节点，连接传力可靠，节点连接刚度大。故最终选型方案示意图如图 40-1 所示。

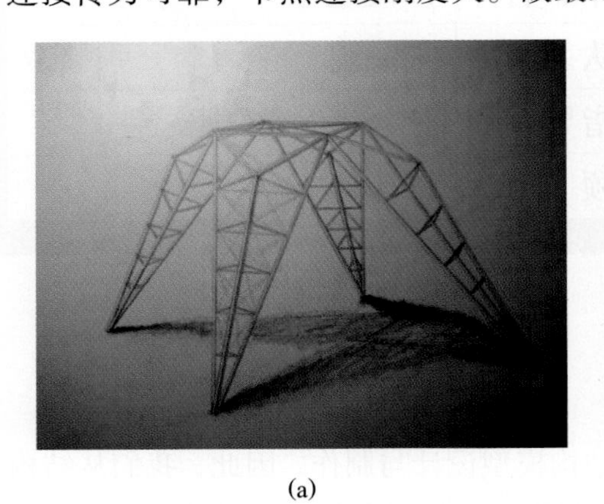

(a)

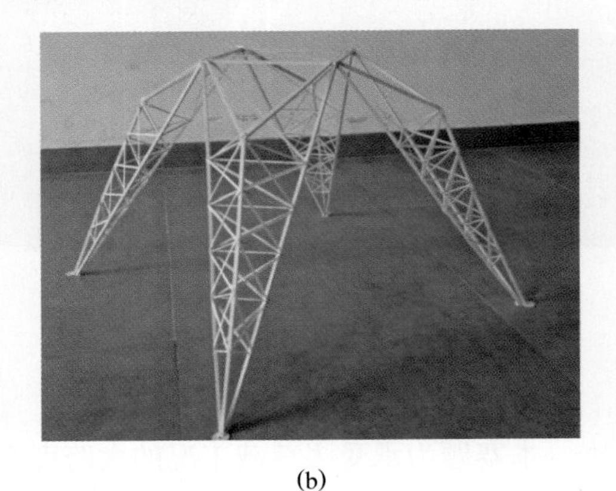

(b)

**图 40-1　选型方案示意图**

(a) 模型效果图；(b) 模型实物图

## 40.3　计算分析

基于 MIDAS 软件进行建模分析，计算分析结果如图 40-2 所示。

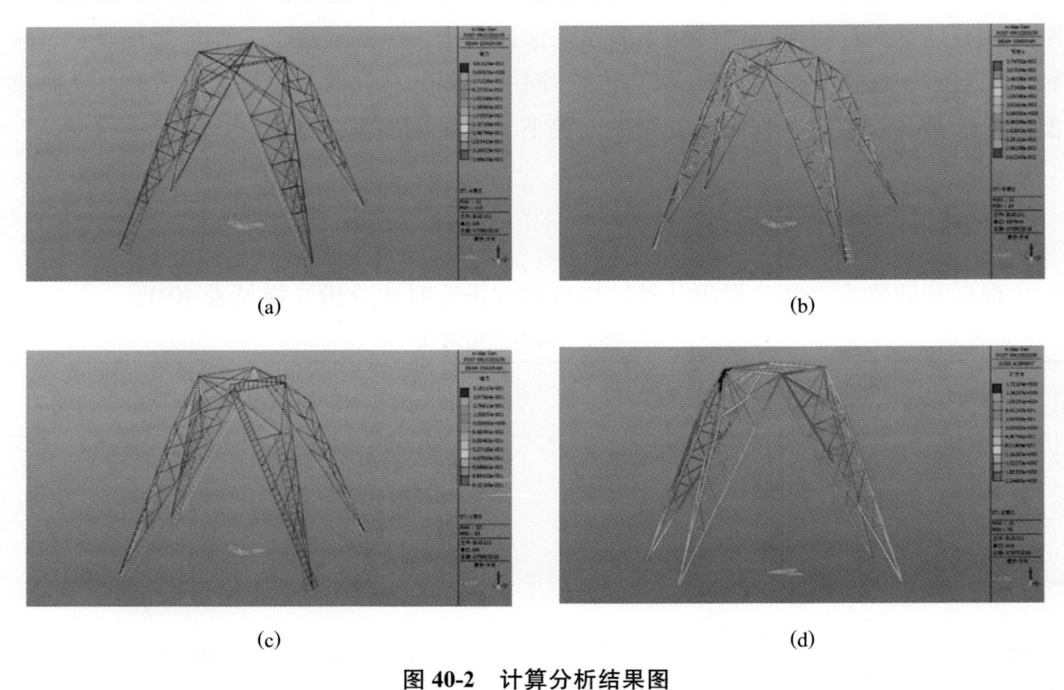

**图 40-2　计算分析结果图**

(a) 第一级荷载下轴力图；(b) 第二级荷载 a 工况下弯矩图；
(c) 第三级荷载下轴力图；(d) 第三级荷载下变形图

## 40.4 节点构造

节点是结构传力及模型制作的关键部位，本模型部分节点详图如图 40-3 所示。

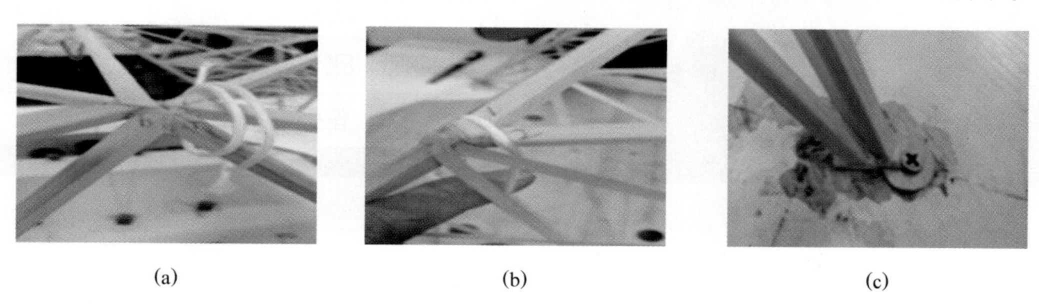

(a)　　(b)　　(c)

**图 40-3　节点详图**

(a) 1 号节点；(b) 2 号节点；(c) 柱脚节点

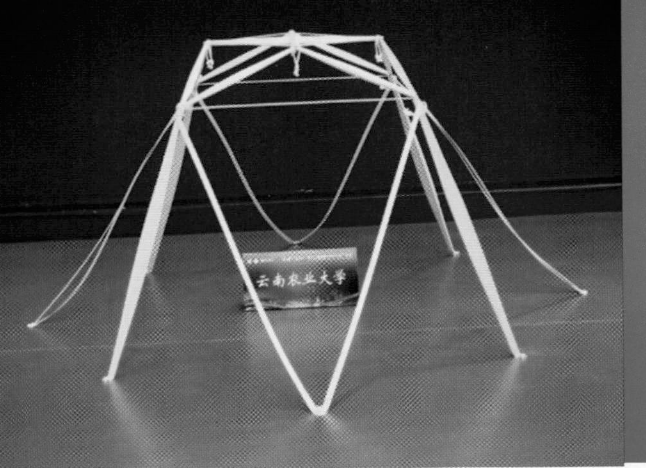


# 41 云南农业大学

| 作品名称 | 张弦梁纺锤柱空间屋盖结构 |
|---|---|
| 队　　员 | 胡祥森　周鑫宇　李鑫龙 |
| 指导教师 | 邱　勇　张华群 |
| 领　　队 | 龚爱民 |

## 41.1 设计思路

本赛题要求使用给定的竹材和胶水作为制作材料，设计介于半径为375mm的内半球和半径为550mm的外半球之间的大跨度空间结构，因此，我们从竹材的性能、结构的整体受力等方面对结构方案进行构思。尽可能利用竹条的抗压以及竹皮的抗拉性能来承担荷载作用，使大跨度空间结构承受第一级固定点位竖向荷载和第二级随机点位竖向荷载以及第三级可变方向水平荷载，具有良好的强度、刚度以及结构整体稳定性；同时努力减少建筑垃圾，践行绿色建筑理念。

## 41.2 结构构型

根据赛题要求，初步提出几种结构选型并进行对比分析，详见表41-1。

**表41-1　结构选型对比**

| | 选型1 | 选型2 |
|---|---|---|
| 选型 | 上、下两层组合结构：上层由四跨三角形张弦梁通过十字交叉的水平梁于顶部连接，水平梁四周以竹条相连；下层由4根斜柱（正方形桁架柱）和上层张弦梁的支座连接，呈折线拱形式 | 模型采用肋形刚架结构十字交叉组合而成：顶部水平梁均为两跨矩形截面纺锤体连续梁，构成张弦梁的桁架弓弦，弓背均为竹条；4根斜柱同样采用纺锤体结构和上层水平张弦梁的支座连接，呈π形折线拱形式 |
| 优点 | 模型整体形状与赛题要求空间贴合，模型杆件短，稳定性易于保证。节点数量较少，杆件采用榫接 | 充分利用张弦梁结构特性，有利于发挥竹材抗压及抗拉性能。模型整体传力路径最短 |
| 缺点 | 模型的斜柱与承台板之间的夹角偏小，需要特别注意抗折 | 模型整体偏高，组合杆件结构长度偏大，容易发生压杆失稳现象 |

**总结**：综合对比两个模型的计算结果，并结合多次加载试验，最终确定选型 1 为本次结构设计竞赛的结构形式，最终选型方案示意图如图 41-1 所示。

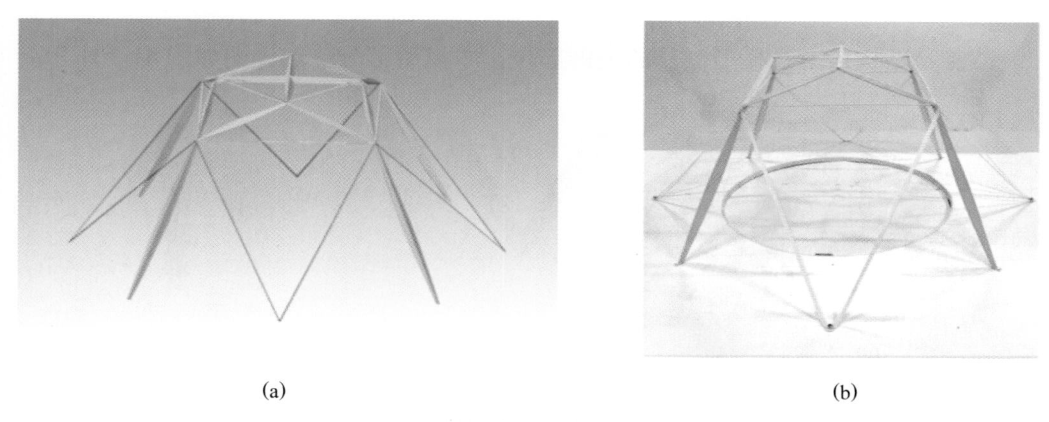

(a) (b)

**图 41-1 选型方案示意图**

(a) 模型效果图；(b) 模型实物图

## 41.3 计算分析

基于 MIDAS 软件进行建模分析，计算分析结果如图 41-2 所示。

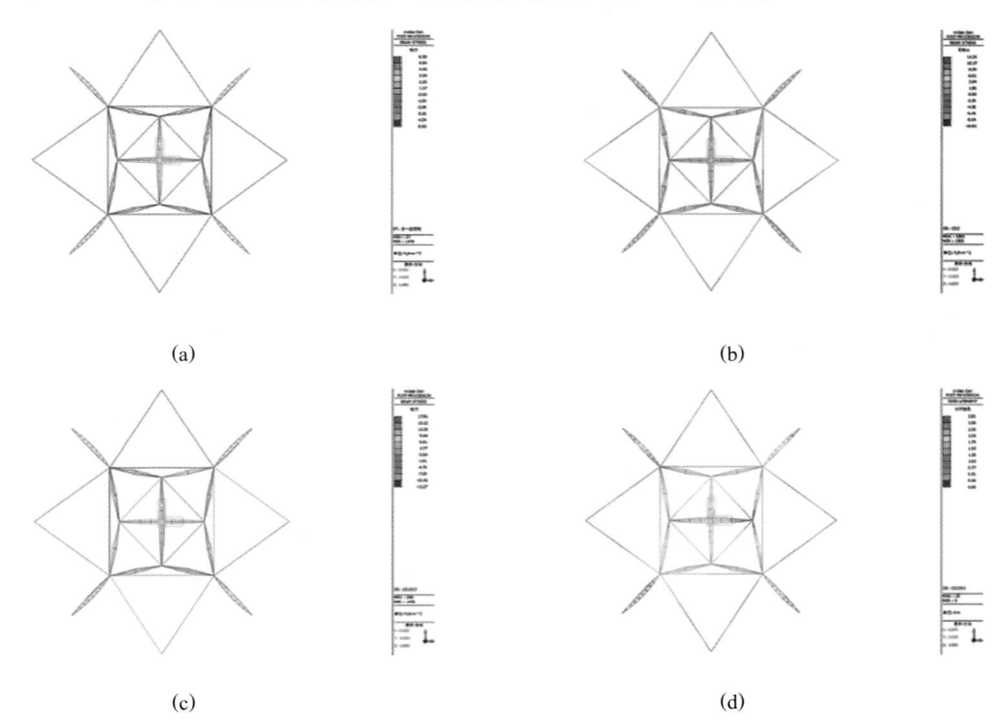

(a) (b) (c) (d)

**图 41-2 计算分析结果图**

(a) 第一级荷载下轴力图；(b) 第二级荷载 c 工况下弯矩图；
(c) 第三级荷载 c 工况下 90°时轴力图；(d) 第二级荷载 e 工况下 30°时变形图

## 41.4 节点构造

节点是结构传力及模型制作的关键部位，本模型部分节点详图如图 41-3 所示。

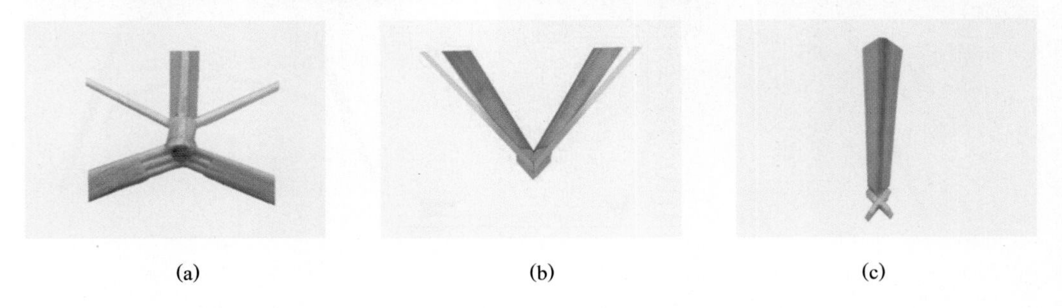

(a) (b) (c)

**图 41-3 节点详图**

(a) 顶部十字交叉水平梁与三角形张弦梁连接节点；(b) 三角形张弦梁与连接杆件的节点；(c) 十字形柱脚节点

# 42 香港科技大学

| 作品名称 | 劲穹 |
|---|---|
| 队　　员 | 任睿彤　叶睿豪　谢耀荣 |
| 指导教师 | 陈俊文 |
| 领　　队 | 陈俊文 |

## 42.1 设计思路

本赛题为承受多荷载工况的大跨度空间屋盖结构模型设计与制作，因此，我们从受力需求、物料特性、美观性等方面对结构方案进行构思。受力需求：赛题要求最大承重相当于一个人的重量，一般的竹材必须经过策略性布置方能符合要求。物料特性：比赛所选竹材有较大的抗拉强度、较差的抗压强度，而且容易屈曲。美观性：模型的质量讲究手工和连节点的设计，而结构选型亦需具备对称性。选型构思先从几何对称的半球体开始，进行受力测试后再对模型进行修改。最终确定拉高球体顶点、底部尺寸不变，成为子弹型。

## 42.2 结构构型

根据赛题要求，初步提出几种结构选型并进行对比分析，详见表 42-1。

**表 42-1　结构选型对比**

| 选型 | 选型 1:半球体型 | 选型 2:单层子弹型 | 选型 3:双层子弹型 |
|---|---|---|---|
| 优点 | 球体结构对称,受力均匀 | 尽用空间,受力分布更均匀 | 结构底部更结实 |
| 缺点 | 受材料所限,结构未能尽用空间 | 使用五层设计,工序较繁复 | 竹材用量比较紧张 |

**总结：**综合对比，选型 2 能平衡各杆件受力情况和竹材用量且具有美观性，最终选型方案示意图如图 42-1 所示。

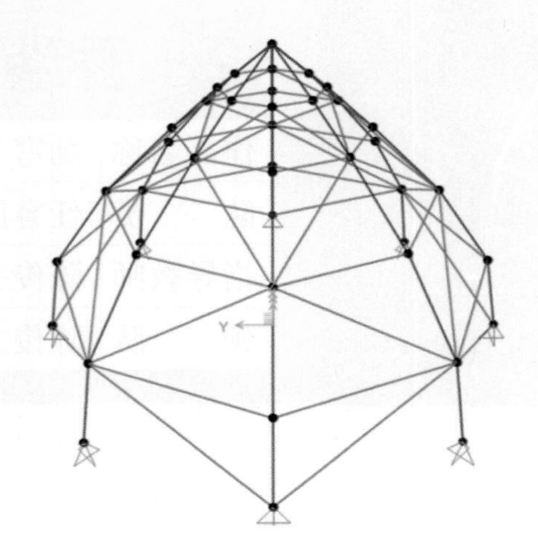

**图 42-1　模型效果图**

## 42.3　计算分析

基于 SAP2000 软件进行建模分析，计算分析结果如图 42-2 所示。

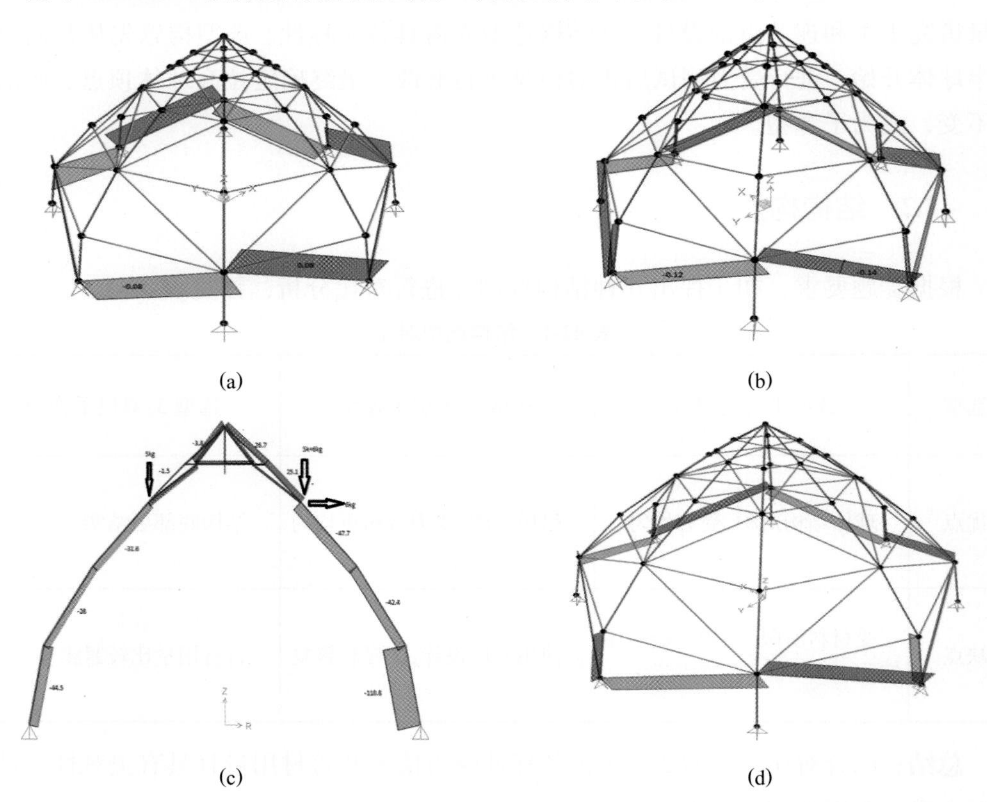


(a)　(b)　(c)　(d)

**图 42-2　计算分析结果图**

(a) 第一级荷载下弯矩图；(b) 第二级荷载下弯矩图；
(c) 第三级荷载下轴力图；(d) 第三级荷载下弯矩图

## 42.4 节点构造

节点是结构传力及模型制作的关键部位，本模型部分节点构造说明见表 42-2。

表 42-2 节点构造

| 节点 | 顶端节点 | 圆环节点 | 柱脚与木板节点 |
| --- | --- | --- | --- |
| 构造说明 | 采用类似米字形的节点连接 8 根柱头 | 用胶水粘贴后，再以竹皮包好加固 | 用胶水将柱脚粘贴在木板上，并加放方块防止其向外滑 |

# 43　潍坊学院

| 作品名称 | 四叶草 |
|---|---|
| 队　　员 | 王方方　姜文翰　尹智璇 |
| 指导教师 | 周　彬　白志强 |
| 领　　队 | 刘晓东 |

## 43.1　设计思路

几何形体要求：与本赛题几何形体要求相适应，并且较为节省材料的结构形式有拱结构、空间刚架、空间桁架、网架结构、球面网壳、悬索结构以及组合结构等杆系结构。

荷载条件：在结构设计过程中应避免杆件在规定荷载作用下受弯，而应使杆件内力以轴力为主。因此不宜选择杆件存在较大弯矩的空间刚架结构。同时不应将加载点设置在杆件中部，而应将其布置于杆件节点上。

模型材料特性：对于加载过程中受压的构件，在杆件较短的情况下，其承载力由强度控制，为了方便，可直接采用竹条制作；在杆件较长的情况下，其承载力由稳定性控制，这时可采用由竹皮黏结而成的箱形截面，并可通过调整杆件长细比来对其进行优化。在模型设计过程中，应根据“刚柔并济”的设计理念，力求将受拉构件和受压构件合理运用，以便充分发挥竹材的力学性能，进而减小模型自重。

制作难度：直杆和简单的节点构造比曲杆和复杂的节点构造更加便于加工制作，较少的杆件和节点数量也意味着较小的工程量和更为清晰的传力路径。因此，依据“简约而不简单”的设计理念，在结构选型过程中应选择由直杆组成、节点构造简单、杆件和节点数量尽可能少的结构形式。

## 43.2　结构构型

根据赛题要求，初步提出以下几种结构选型，分别是单层球面网壳结构、“上部网架+下部 8 立柱”组合结构、“上部网架+下部 4 立柱”组合结构，并进行对比分析，详见表 43-1。

**表 43-1　结构选型对比**

| 选型 | 选型 1 | 选型 2 | 选型 3 |
|---|---|---|---|
| 图示 | | | |
| 优点 | 内力以轴力为主，刚度较大，一般适用于大、中型网壳结构 | 该体系杆件数量较少，节点构造相对简单，传力路径较为明确 | 内力以轴力为主，结构变形较小。可通过所有三级荷载工况的考验，并且模型质量较轻 |
| 缺点 | 杆件较多，节点构造复杂，模型制作困难，加载过程中常常因为节点破坏而发生坍塌 | 体系立柱较多，模型质量较后面的 4 立柱体系大 | — |

**总结：** 综合对比不同选型的结构稳定性、质量等因素，确定选型 3 作为参赛方案。最终选型方案示意图如图 43-1 所示。

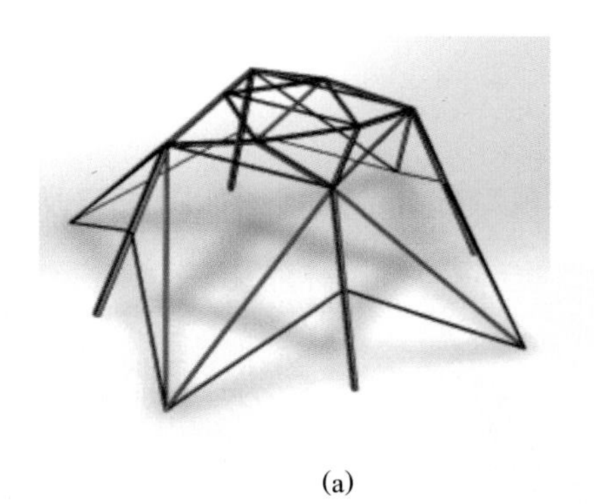

(a)

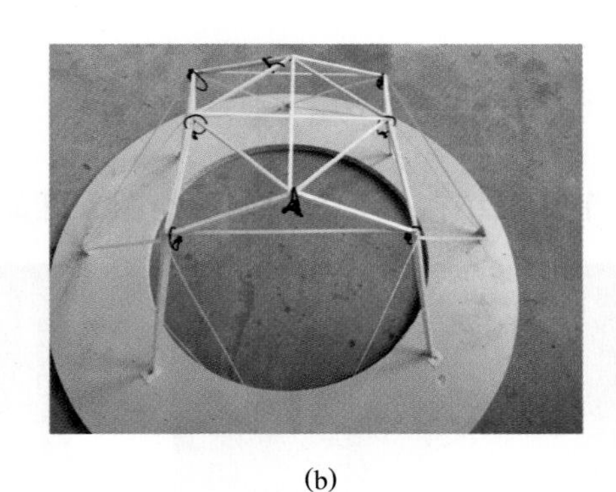

(b)

**图 43-1　选型方案示意图**

(a) 模型效果图；(b) 模型实物图

## 43.3　计算分析

基于 ANSYS 软件进行建模分析，计算分析结果如图 43-2 所示。

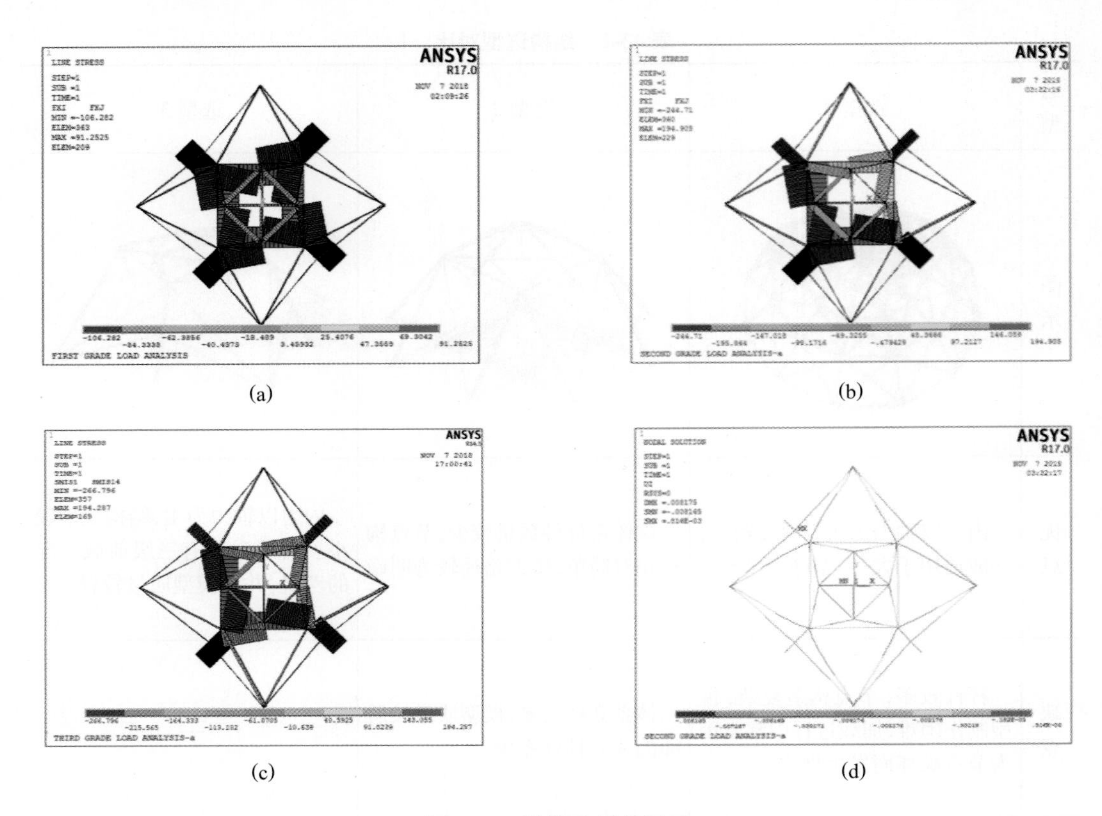


(a) (b) (c) (d)

**图 43-2　计算分析结果图**

(a) 第一级荷载下轴力图；(b) 第二级荷载 a 工况下轴力图；
(c) 第三级荷载 a 工况下 45°时轴力图；(d) 第二级荷载 a 工况下变形图

## 43.4　节点构造

节点是结构传力及模型制作的关键部位，本模型部分节点详图如图 43-3 所示。

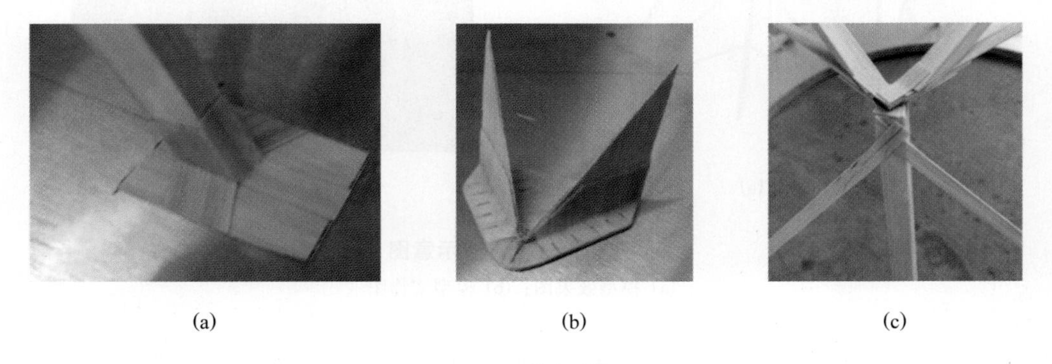

(a) (b) (c)

**图 43-3　节点详图**

(a) 柱脚节点；(b) 拉条脚部节点；(c) 斜柱顶与上部结构连接节点

# 44 武汉科技大学

| 作品名称 | 盛立 |
|---|---|
| 队　　员 | 胡宇杰　王家璇　马安琼 |
| 指导教师 | 邹　垚　杨祖泉 |
| 领　　队 | 姜天华 |

## 44.1 设计思路

本赛题为承受多荷载工况的大跨度空间结构模型设计制作，因此，我们从结构形式、结构强度、结构稳定性等方面对结构方案进行构思。首先要保证结构具有足够的强度，即不会发生垮塌；其次，在加载点处具有足够的刚度，即使模型的变形尽可能小。设计时应简化构件，不使用过于复杂的结构，充分发挥材料的性能，简洁明了地将力传递到底板。充分利用拉条的作用，使拉条分担较多的力，保证结构传力合理。在尽可能节约材料的前提下满足结构的功能需要。

## 44.2 结构构型

根据赛题要求，初步提出几种结构选型并进行对比分析，详见表 44-1。

**表 44-1　结构选型对比**

| 选型 | 选型 1 | 选型 2 | 选型 3 |
|---|---|---|---|
| 图示 | | | |
| 优点 | 立柱计算长度小 | 整体强度大 | 构件少、传力合理 |
| 缺点 | 整体位移大 | 拉条过多不易安装 | 螺钉数量过多 |

**总结:** 综合对比三种选型，确定选型3作为参赛方案。最终选型方案示意图如图44-1所示。

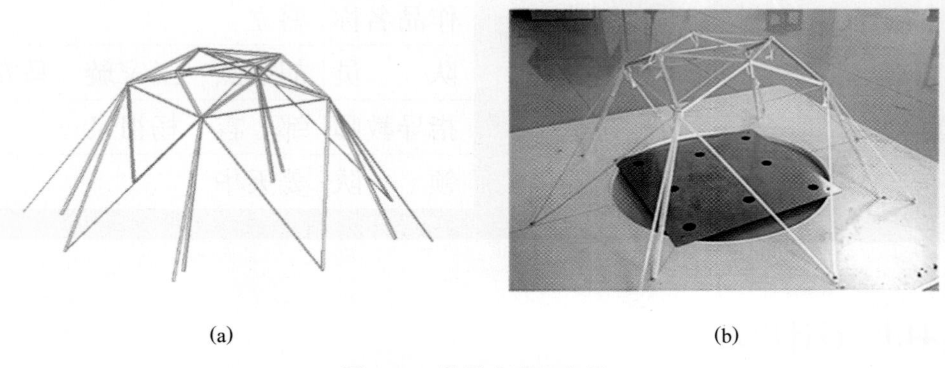


**图 44-1　选型方案示意图**

(a) 模型效果图；(b) 模型实物图

## 44.3　计算分析

基于MIDAS软件进行建模分析，计算分析结果如图44-2所示。

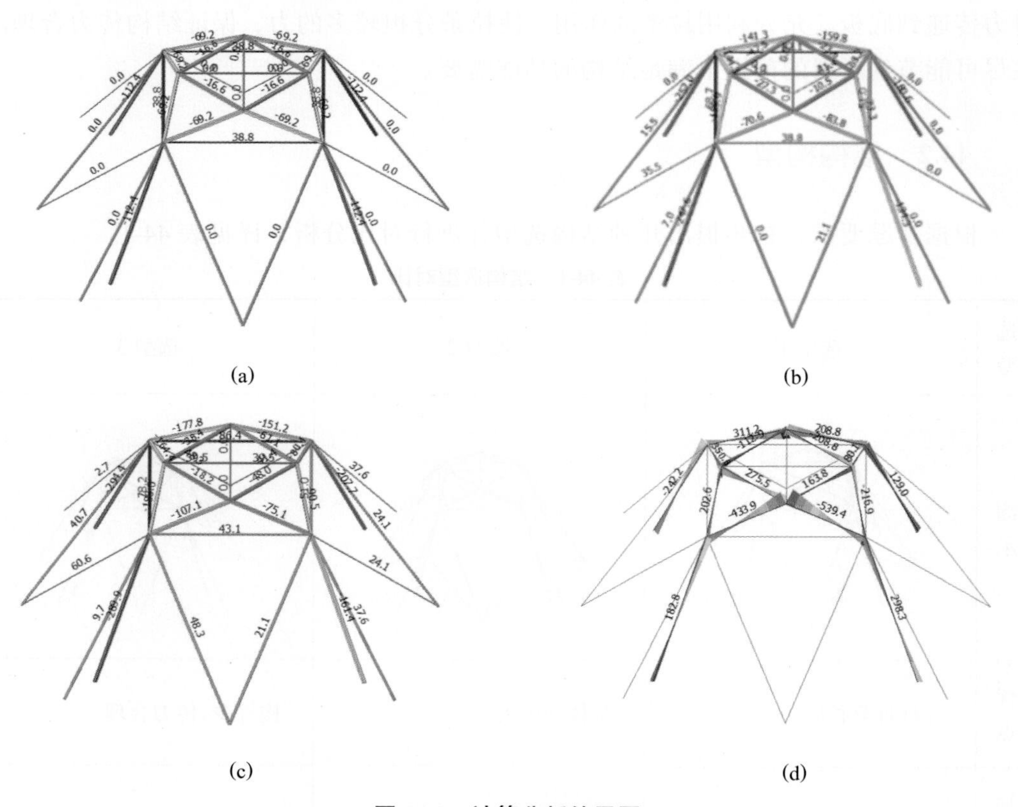


**图 44-2　计算分析结果图**

(a) 第一级荷载下轴力图；(b) 第二级荷载a工况下轴力图；

(c) 第三级荷载a工况下轴力图；(d) 第三级荷载a工况下弯矩图

## 44.4 节点构造

节点是结构传力及模型制作的关键部位，本模型部分节点详图如图 44-3 所示。

(a)

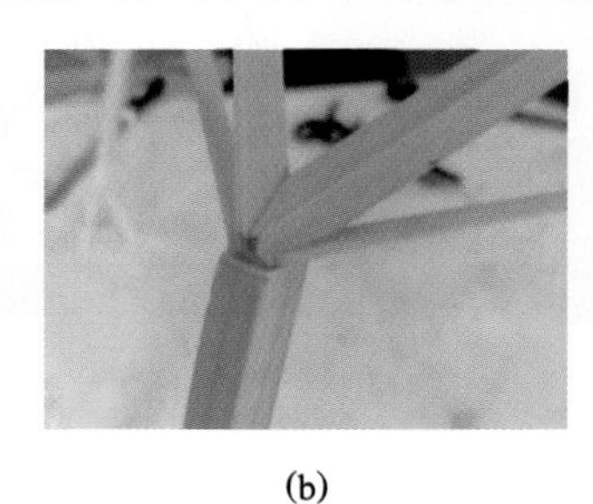

(b)

(c)

**图 44-3 节点详图**

(a) 柱脚节点；(b) 柱头节点；(c) 直角节点

# 45 西安交通大学

| 作品名称 | 毕方鼎 |
|---|---|
| 队　　员 | 刘　可　张　松　于可文 |
| 指导教师 | 董明海　张硕英 |
| 领　　队 | 张硕英 |

## 45.1 设计思路

结构方案可以从刚性结构、柔性结构这两个不同的角度进行构思。刚性结构的特点是自重大、结构变形小、赛题挠度要求易满足，优化的关键是在满载的前提下尽量减重。柔性结构的特点是自重小、结构变形大，优化的关键是在保证变形要求（赛题挠度）的前提下尽量提高承载力。考虑到较轻的结构，构件截面尺寸小，制作误差的影响大，对制作质量要求高，材料参数变异的影响也大，因此可靠性不易掌控，从竞赛角度出发，我们选择了刚性结构的思路。

## 45.2 结构构型

根据赛题要求，初步提出几种结构选型并进行对比分析，详见表 45-1。

**表 45-1　结构选型对比**

| 选型 | 选型 1 | 选型 2 | 选型 3 |
|---|---|---|---|
| 图示 | | | |
| 优点 | 刚度大、承载力高，顶点挠度能够符合要求 | 杆件数量少、传力简洁；在满载前提下自重较轻；顶点挠度能够符合要求 | 满载前提下自重最轻；顶点挠度能够符合要求；制作工艺简单，造型美观 |
| 缺点 | 自重过大，在满载前提下不具有竞争优势；杆件减重难度大 | 分岔节点处不易制作，容易出现断裂；柱下端抗扭性差，承载能力不易发挥；杆件全部为箱形截面，制作费时，制作质量不易保证 | 传力路径不太直接；在偏心荷载作用下腿部容易因整体抗扭不足发生破坏 |

**总结：**通过对比三个选型的优缺点，从结构稳定性、承载力、自重和制作难易、做工保证等方面进行综合考虑，认为选型 3 综合性能最佳，并且通过多次试验达到了比较理想的优化结果。最终选型方案示意图如图 45-1 所示。

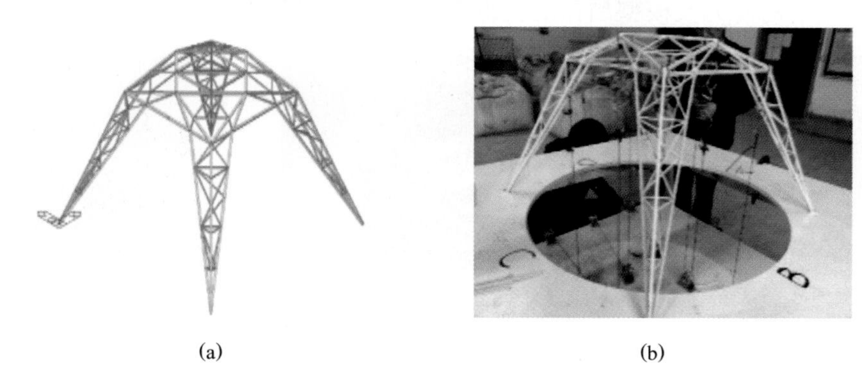

(a) (b)

**图 45-1 选型方案示意图**

(a) 模型效果图；(b) 模型实物图

## 45.3 计算分析

基于 MIDAS 软件进行建模分析，计算分析结果如图 45-2 所示。

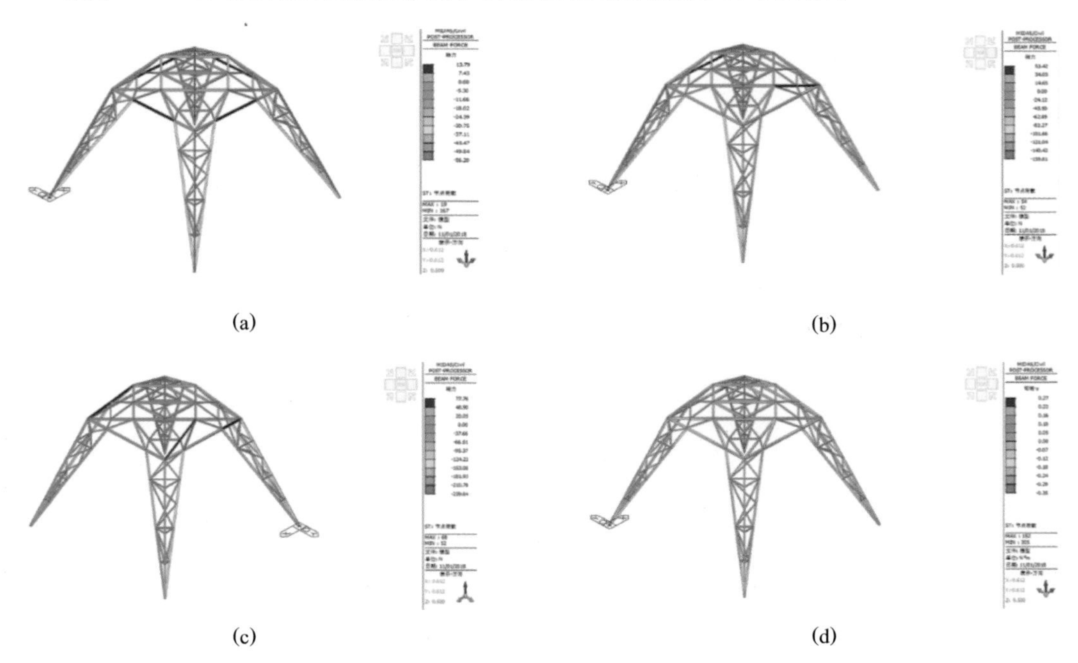

(a) (b) (c) (d)

**图 45-2 计算分析结果图**

(a) 第一级荷载轴力图；(b) 第二级荷载 a 工况下轴力图；

(c) 第三级荷载轴力图（90°）；(d) 第三级荷载弯矩图（90°）

## 45.4 节点构造

节点是结构传力及模型制作的关键部位，本模型部分节点详图如图 45-3 所示。

(a) (b) (c)

**图 45-3 节点详图**

(a) 柱脚节点；(b) 外圈加载节点；(c) 腿部斜撑节点

# 46 燕山大学

| 作品名称 | 巨能盖 |
| --- | --- |
| 队　　员 | 张淇皓　高　强　付秀颖 |
| 指导教师 | 赵建波　赵大海 |
| 领　　队 | 赵大海 |

## 46.1 设计思路

从荷载布置特点、材料强度、荷载效应、构件工作效能、材料利用率等方面对结构方案进行构思。

从荷载布置特点角度：由赛题可知，模型应设置 8 个呈四分之一对称的加载点，第一级荷载为施加在 8 个节点上的竖向荷载，通过抽签决定第二级荷载和第三级荷载的加载位置。通过统一模型对称位置杆件的截面来解决第二级及第三级荷载布置的随机性的问题，因此，模型应设计为四分之一对称结构。

从材料强度及荷载效应角度：应尽量发挥竹材的抗拉性能，使模型构件在荷载作用下尽量轴向受拉或受压，避免杆件产生较大的弯矩或剪力，因此，模型应设计为桁架结构。

从构件工作效能和材料利用率角度：为提高构件工作效能，应对强度承载力起控制作用的杆件进行截面优化，即格构化，使强度承载力与稳定承载力共同起控制作用，减小杆件截面面积，从而使整个模型的质量大大减小，提高材料利用率。可使用有限元软件对构思模型进行建模，通过调整模型高度、杆件的截面尺寸，进一步优化模型整体受力情况。

## 46.2 结构构型

根据赛题要求，初步提出几种结构选型并进行对比分析，详见表 46-1。

表 46-1　结构选型对比

| 选型 | 选型 1 | 选型 2 | 选型 3 |
|---|---|---|---|
| 图示 | | | |
| 优点 | 质量较小 | 可靠度高，整体变形极小 | 材料利用率高，质量较小 |
| 缺点 | 构件主要受弯矩作用，极易失稳破坏 | 多余杆件过多，材料利用率极低，质量过大 | 有轻微的横向变形 |

**总结：**综合对比，选型 3 在满载情况下质量最小，材料利用率高，可靠度高，故将其作为参赛方案。最终选型方案示意图如图 46-1 所示。

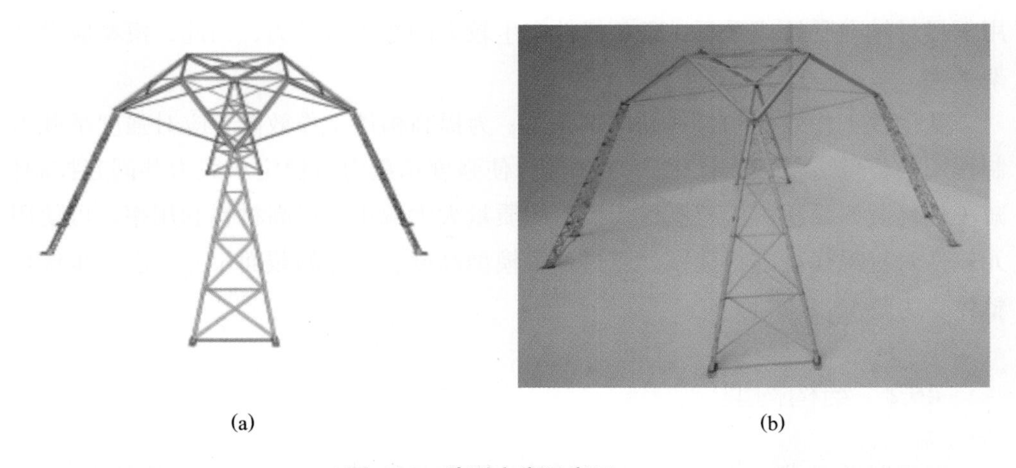

(a)　　(b)

**图 46-1　选型方案示意图**

(a) 模型效果图；(b) 模型实物图

## 46.3　计算分析

基于 ANSYS 软件进行建模分析，计算分析结果如图 46-2 所示。

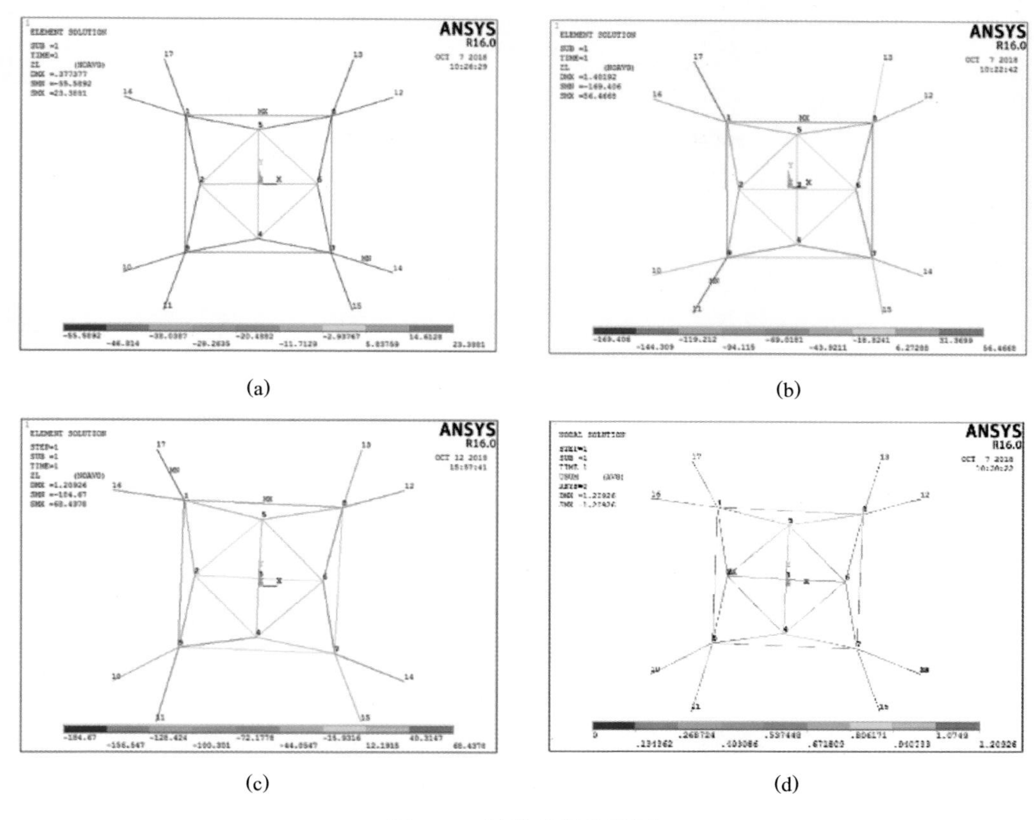

**图 46-2　计算分析结果图**

(a) 第一级荷载轴力图；(b) 第二级荷载轴力图；
(c) 第三级荷载轴力图；(d) 第三级荷载变形图

## 46.4　节点构造

节点是结构传力及模型制作的关键部位，本模型部分节点详图如图 46-3 所示。

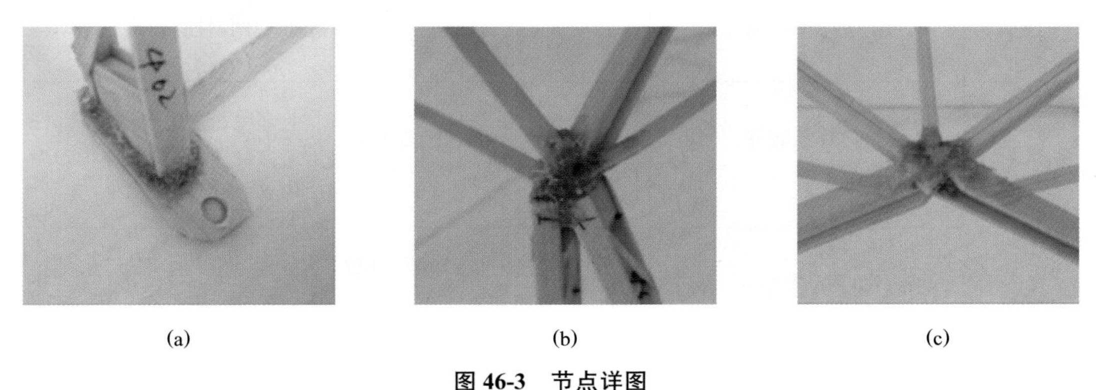

**图 46-3　节点详图**

(a) 柱脚节点；(b) 空间交汇节点 1；(c) 空间交汇节点 2

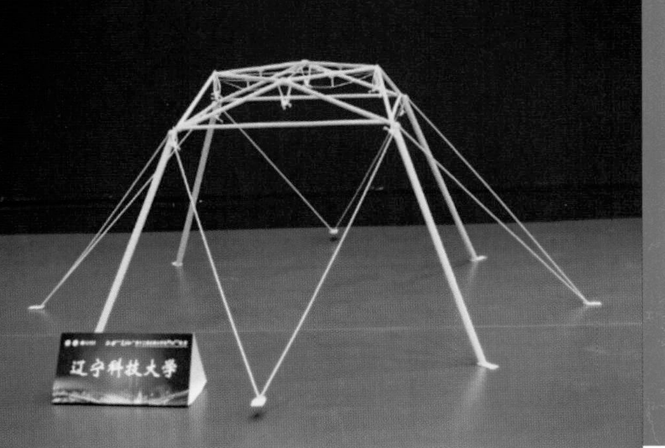


# 47 辽宁科技大学

| 作品名称 | 海阔天穹 |
|---|---|
| 队　　员 | 张　宇　董龙威　刘惠子 |
| 指导教师 | 于　新　李　昊 |
| 领　　队 | 于　新 |

## 47.1 设计思路

我们确定模型方案为单层刚架与张拉索体系相结合的大跨度屋盖结构。利用4根核心柱的轴力来抵抗主要竖向荷载的作用，同时提高核心杆件的利用效率。利用鱼腹式张弦梁结构抵抗上部屋盖部分杆件的受弯破坏作用，防止因竹皮发生弯折而产生脆性破坏。利用模型底部8根斜拉条抵抗结构所承受的倾覆力矩与整体扭转破坏作用。利用树状柱分支的形式巧妙地将8个加载点联系起来，构成上部屋盖的主体结构形式，结构美观、受力直接。卷制实心节点可保证节点处具有较强的抗剪能力，防止绳套产生的巨大剪力将节点破坏。力的传递形式简洁明确，可将力以最近的距离传递至支座处。

## 47.2 结构构型

根据赛题要求，初步提出几种结构选型并进行对比分析，详见表47-1。

表47-1　结构选型对比

| 选型 | 选型1:单层网壳 | 选型2:八斜柱空间结构 | 选型3:四斜柱+拉索空间结构 |
|---|---|---|---|
| 优点 | 结构整体体系较好，三级受力性能良好 | 上部屋盖受力合理，结构简单轻巧，制作误差小 | 上部屋盖受力合理，下部柱子受力合理，模型整体传力路径较短，结构质量较小 |
| 缺点 | 八边形状的模型有一定的受力富余，浪费材料，自重大 | 下部的柱子过于臃肿，且数量过多，为抵抗水平荷载而增加的质量很大，效益不是很高 | 在一级荷载作用下，底部拉条均有所松弛，必须先有一定位移才能发挥作用 |

**总结：** 综合对比可知，选型3符合大跨度空间结构轻质、高强等要求，且符合赛题相关要求，故将其作为参赛方案。最终选型方案示意图如图47-1所示。

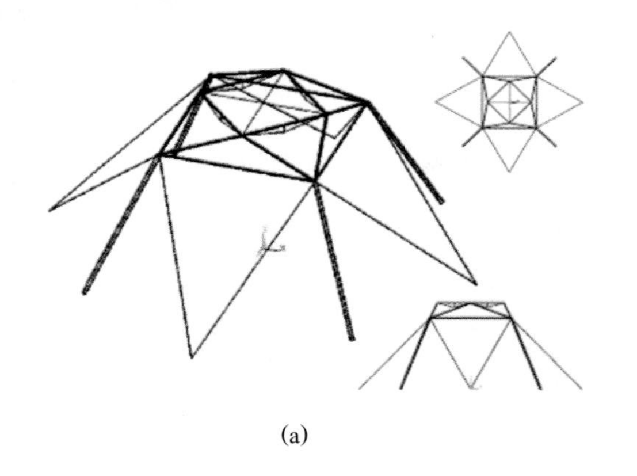
(a)

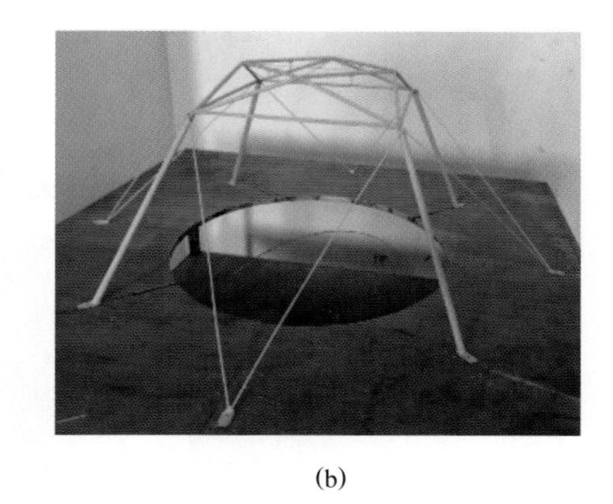
(b)

**图 47-1　选型方案示意图**

(a) 模型效果图；(b) 模型实物图

## 47.3　计算分析

基于 ANSYS 软件进行建模分析，计算分析结果如图 47-2 所示。

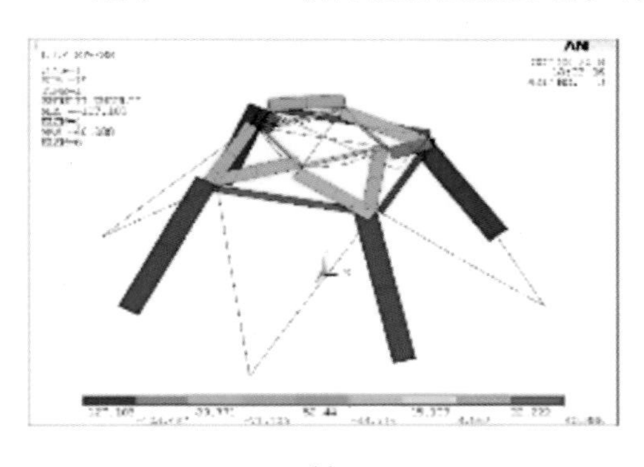
(a)

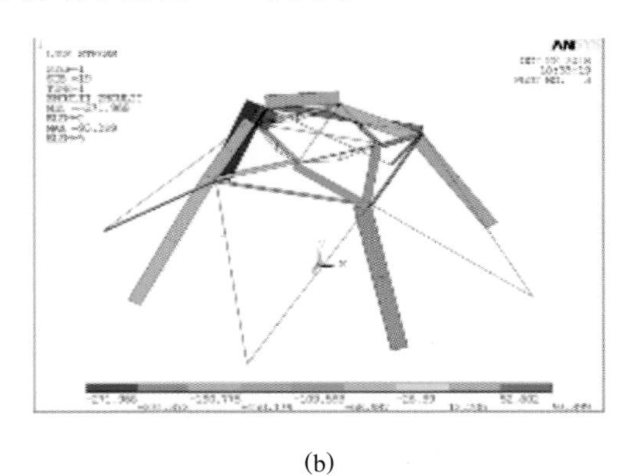
(b)

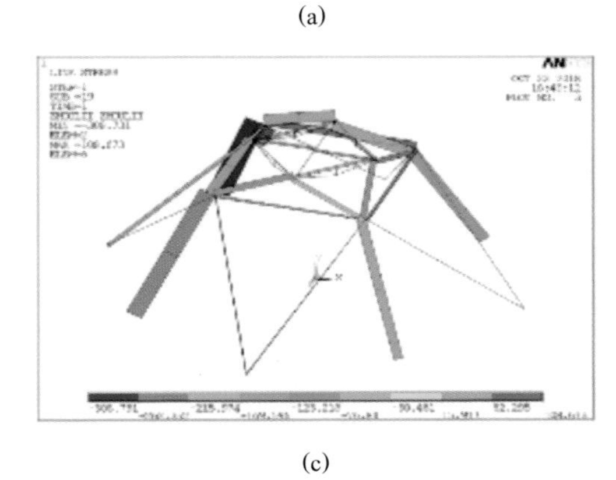
(c)

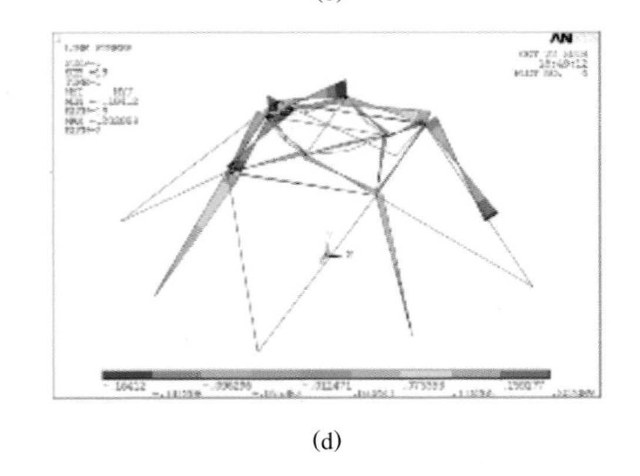
(d)

**图 47-2　计算分析结果图**

(a) 第一级荷载轴力图；(b) 第二级荷载 a 工况下轴力图；
(c) 第三级荷载轴力图（45°）；(d) 第三级荷载弯矩图（45°）

## 47.4 节点构造

节点是结构传力及模型制作的关键部位，本模型部分节点详图如图 47-3 所示。

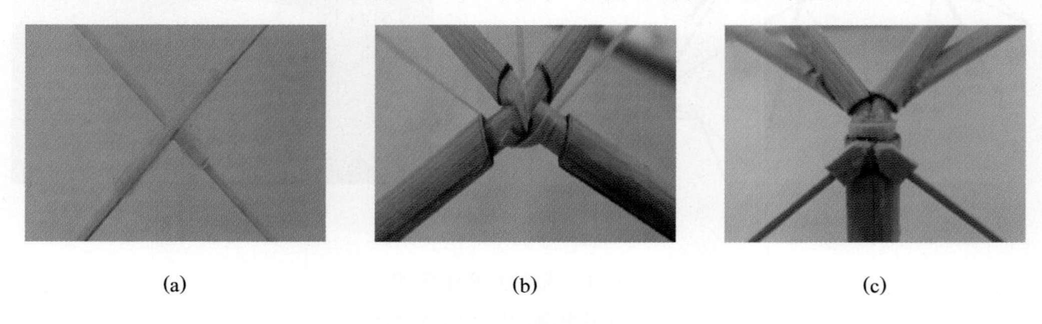

(a)　　(b)　　(c)

**图 47-3　节点详图**

(a) 铝片放置处节点；(b) 上部正方形五交节点；(c) 下部正方形六交节点

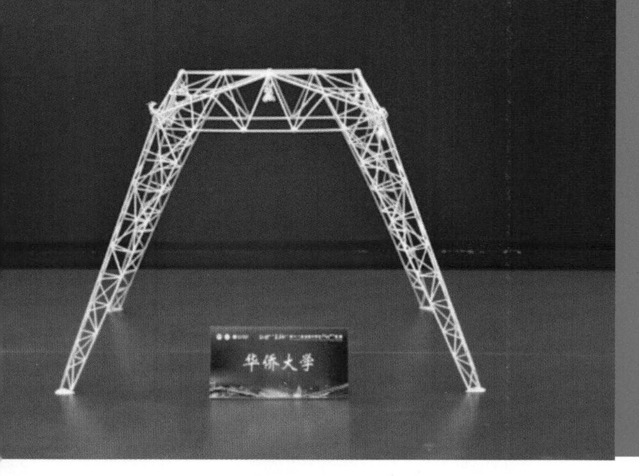


# 48　华侨大学

| 作品名称 | 擎天 |
|---|---|
| 队　　员 | 黄宝伟　陈金临　林巧燕 |
| 指导教师 | 徐玉野　叶　勇 |
| 领　　队 | 杨　恒 |

## 48.1　设计思路

模型加载点较多，且第二级荷载和第三级荷载的加载点需要通过抽签确定，因此，模型的几何造型采用对称结构形式较为合适。结构模型的穹顶可采用张拉弦结构，这种结构形式整体性较强，可承受多点荷载，并可充分发挥竹材抗拉性能较好的优点，能有效地将竖向荷载、水平荷载传给支撑柱。穹顶的柱支撑可采用空间桁架柱形式，或采用箱形截面杆件等，将柱顶的荷载传给承台板。

## 48.2　结构构型

根据赛题要求，初步提出几种结构选型并进行对比分析，详见表 48-1。

**表 48-1　结构选型对比**

| 选型 | 选型 1 | 选型 2 | 选型 3 |
|---|---|---|---|
| 图示 | | | |
| 优点 | 模型抵抗水平荷载能力较好 | 模型高度较低，可节约材料 | 模型承载能力较强，制作方便，抵抗竖向荷载和水平荷载能力较强 |
| 缺点 | 模型抵抗竖向荷载能力较弱，结构竖向变形较大 | 模型制作困难，且模型最终的承载能力不强 | 模型质量略大 |

**总结**：综合对比结构模型的质量、承载力、稳定性、制作难易程度等，最后选择选型 3，并将部分受压杆改为空心杆，进一步减小模型质量。最终选型方案示意图如图 48-1 所示。

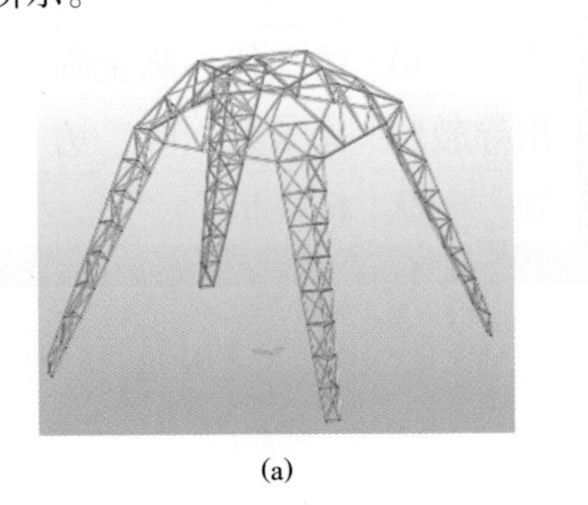

(a)

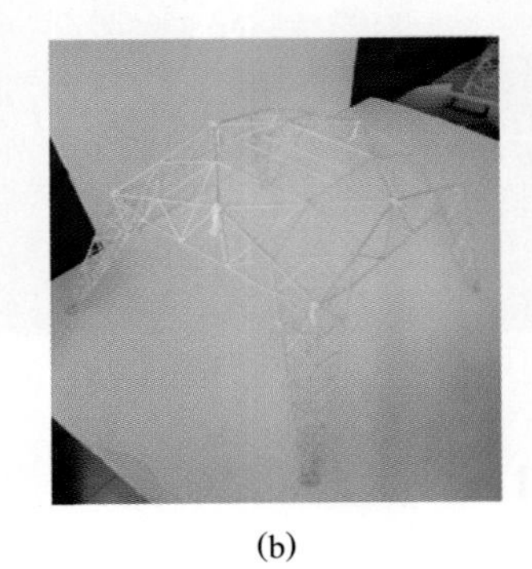

(b)

**图 48-1　选型方案示意图**

(a) 模型效果图；(b) 模型实物图

## 48.3　计算分析

基于 MIDAS 软件进行建模分析，计算分析结果如图 48-2 所示。

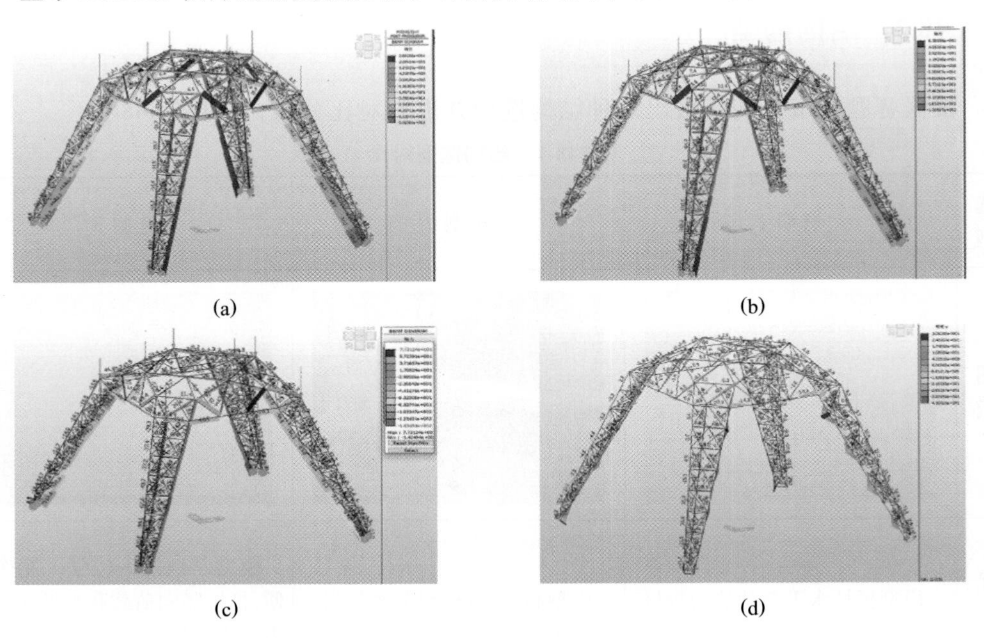

**图 48-2　计算分析结果图**

(a) 第一级荷载轴力图；(b) 第二级荷载轴力图；
(c) 第三级荷载轴力图；(d) 第三级荷载弯矩图

## 48.4 节点构造

节点是结构传力及模型制作的关键部位，本模型部分节点详图如图 48-3 所示。

(a)

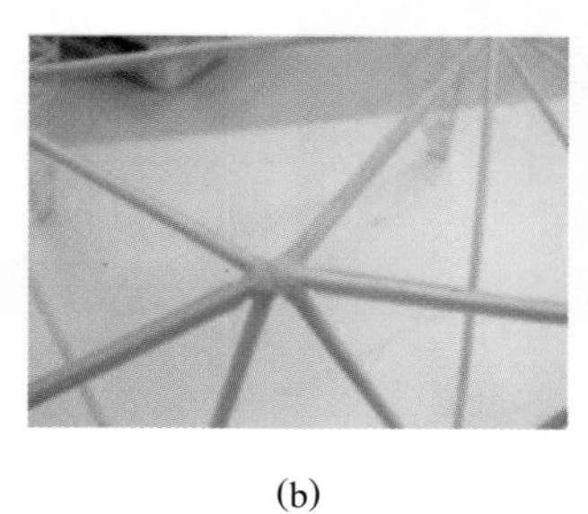

(b)

(c)

**图 48-3 节点详图**

(a) 柱脚节点；(b) 内圈加载处节点；(c) 外圈加载处节点

# 49 南京航空航天大学

| 作品名称 | A 计划 |
|---|---|
| 队　　员 | 柳冠华　贾泽龙　刘　维 |
| 指导教师 | 唐　敢　王法武 |
| 领　　队 | 程　晔 |

## 49.1 设计思路

本模型的总体设计思路是对多种荷载工况组合下的结构进行优化分析比较，找出在结构承载力和空间几何形状满足要求的前提下质量较小的结构形式。考虑到赛题的要求是随机抽签选取加载点，所以将结构设计成中心对称形式是比较合理的方案。考虑到竹材特性，在模型设计过程中应该尽量利用材料的抗拉性。经多方案比选及试验验证，创造性地采用加多道横隔和细绑条的箱形截面作为受压构件的截面形式，基本可避免受压构件的局部屈曲，使材料的受压强度得到充分发挥。502 胶渗透和凝固的时间较快，故要求点胶的速度要快而准。可以用竹皮做成竹条，用竹条蘸胶水涂到构件连接处，这样就可以做到涂胶均匀，也可以节省胶水用量。

## 49.2 结构构型

根据赛题要求，初步提出几种结构选型并进行对比分析，详见表 49-1。

**表 49-1　结构选型对比**

| 选型 | 选型 1(三铰拱+短柱+V 形撑+8 支座) | 选型 2(单层网壳+桁架柱+4 支座) | 选型 3(三铰拱+格构柱+4 支座) | 选型 4(三铰拱+A 形支撑柱+8 个“飞机翼”柱脚) |
|---|---|---|---|---|
| 图示 | | | | |
| 优点 | 构件较少，传力直接，整体受力好 | 每根构件截面小，整体受力性能好，质量较小 | 传力直接，支座点少，构件截面小，整体受力性能好 | 结构整体传力直接且清晰明确，杆件数量较少，便于制作安装，模型质量小 |
| 缺点 | 以很长的刚性构件来抵抗结构扭转，不太经济 | 构件数量多，结构对制作安装的缺陷非常敏感，成功概率低 | 构件数量多，制作及安装时间长 | 需通过构造措施增加柱脚平面外刚度 |

**总结：**经综合对比，确定选型 4 作为最终的方案。最终选型方案示意图如图 49-1 所示。

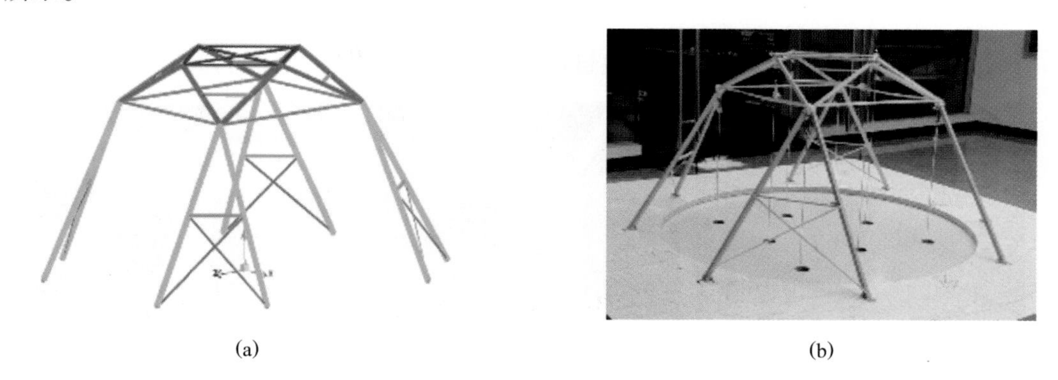

(a)　　　　(b)

**图 49-1　选型方案示意图**

(a) 模型效果图；(b) 模型实物图

## 49.3　计算分析

基于 NIDA 软件进行建模分析，计算分析结果如图 49-2 所示。

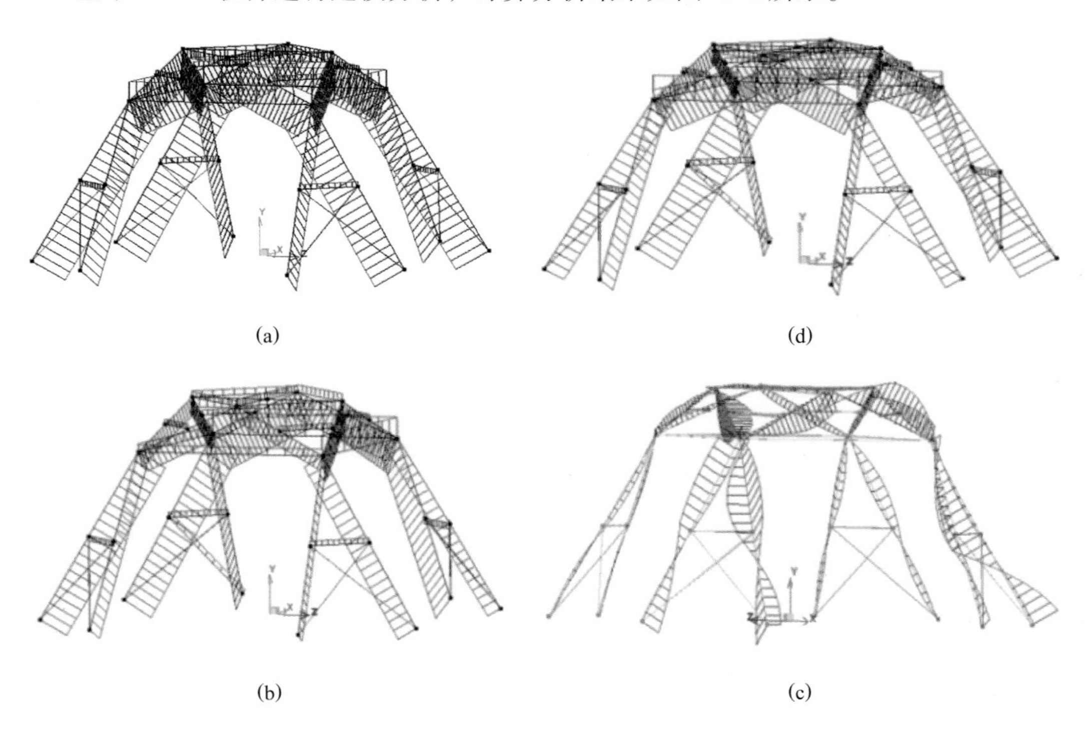

(a)　　　　(d)

(b)　　　　(c)

**图 49-2　计算分析结果图**

(a) 第一级荷载轴力图；(b) 第二级荷载 a 工况下轴力图；
(c) 第三级荷载轴力图；(d) 第三级荷载弯矩图

## 49.4　节点构造

节点是结构传力及模型制作的关键部位，本模型部分节点详图如图 49-3 所示。

(a)

(b)

(c)

**图 49-3　节点详图**

(a)“飞机翼”柱脚节点；(b) 上下结构连接节点；(c) 内四边形和交叉支撑连接节点

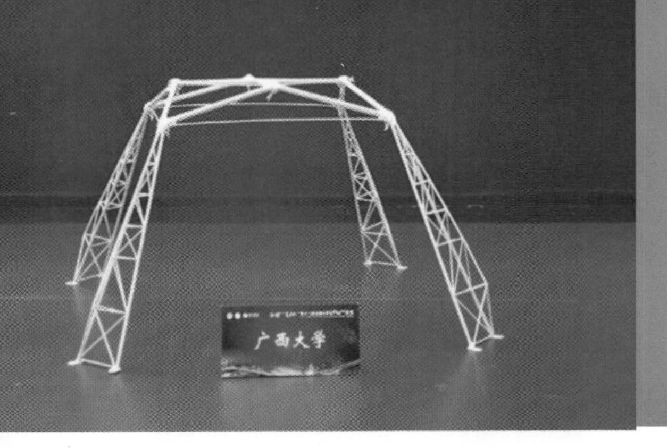


# 50 广西大学

| 作品名称 | 天圆地方 |
|---|---|
| 队　　员 | 邓　宾　黄乐华　胡佳琪 |
| 指导教师 | 杨　涛　林春姣 |
| 领　　队 | 秦　岭 |

## 50.1 设计思路

综合考虑下我们对以下结构体系进行了对比：框架结构具有传力路径明确、空间布置灵活等特点。但在随机偏载和水平移动荷载的作用下，框架结构中局部构件的受力较大，存在局部构件过早破坏的风险。拱结构可充分发挥材料的抗压强度，且结构具有较高的整体性和极限承载能力。但是拱结构的自重通常较大，结构单位承载力偏小。空间桁架结构具有较好的承载能力和刚度，结构中各杆件以承受轴向作用力为主，可以充分发挥竹材的力学性能。但在桁架结构中会出现多根杆件交汇于一点的情况，这给模型的节点处理带来了一定的难度。结合框架结构、拱结构和空间桁架结构的特点，模型中不同部位的构件可采用最优的结构形式：主要的竖向承重构件可以采用空间桁架或框架结构；模型顶部水平承重构件可以采用拉杆拱等自平衡结构体系。

## 50.2 结构构型

根据赛题要求，初步提出几种结构选型并进行对比分析，详见表 50-1。

**表 50-1　结构选型对比**

| 选型 | 选型 1 | 选型 2 | 选型 3 |
|---|---|---|---|
| 图示 | | | |
| 优点 | 整体性能好，承载能力可以满足赛题要求 | 具有一定的空间刚度，承载能力可以满足加载需要 | 传力路径简单明了，具有较好的承载能力和刚度，单位承载力较大 |
| 缺点 | 结构构件数量较多，自重大，模型单位承载能力偏小 | 结构自重较大，空间桁架是结构中的薄弱环节，模型单位承载力较小 | 易出现多根杆件交汇于一点的情况，节点处理难度增加 |

**总结**：综合对比可知，选型 3 具有较好的空间刚度和承载能力，结构传力路径简单明了，模型单位承载能力较好。因此，将选型 3 作为最终的结构设计方案，最终选型方案示意图如图 50-1 所示。

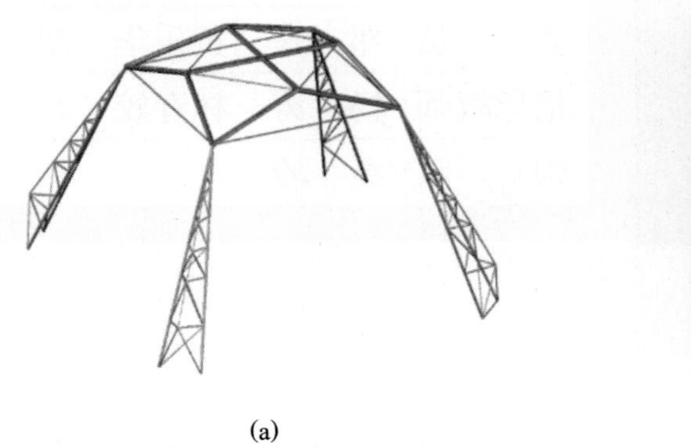

(a)

(b)

**图 50-1　选型方案示意图**

(a) 模型效果图；(b) 模型实物图

## 50.3　计算分析

基于 MIDAS 软件进行建模分析，计算分析结果如图 50-2 所示。

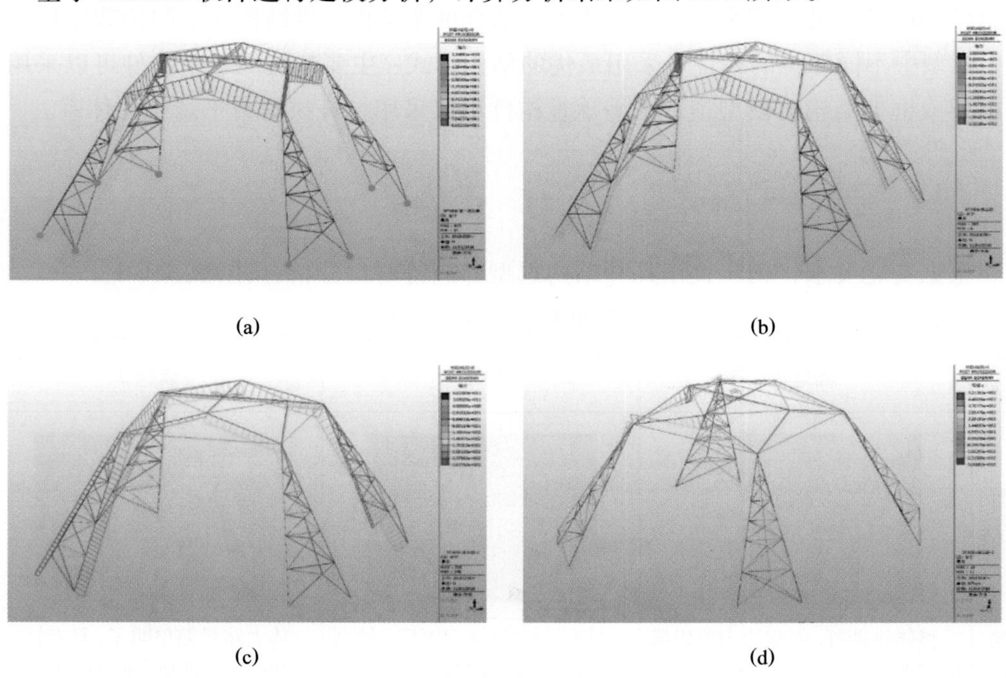

(a)　(b)

(c)　(d)

**图 50-2　计算分析结果图**

(a) 第一级荷载轴力图；(b) 第二级荷载轴力图；

(c) 第三级荷载轴力图；(c) 第三级荷载弯矩图

## 50.4 节点构造

节点是结构传力及模型制作的关键部位，本模型部分节点详图如图 50-3 所示。

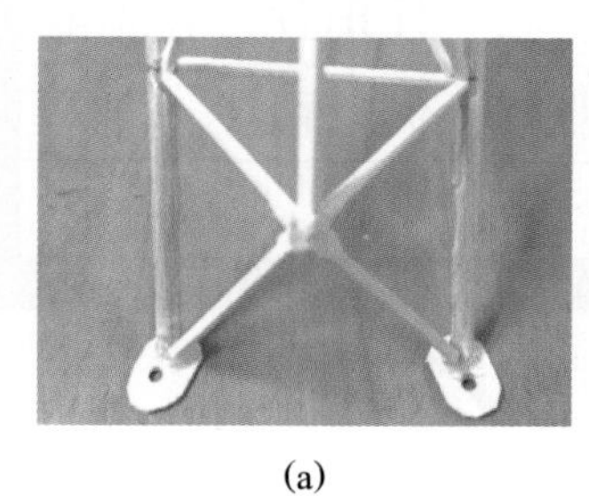

(a)

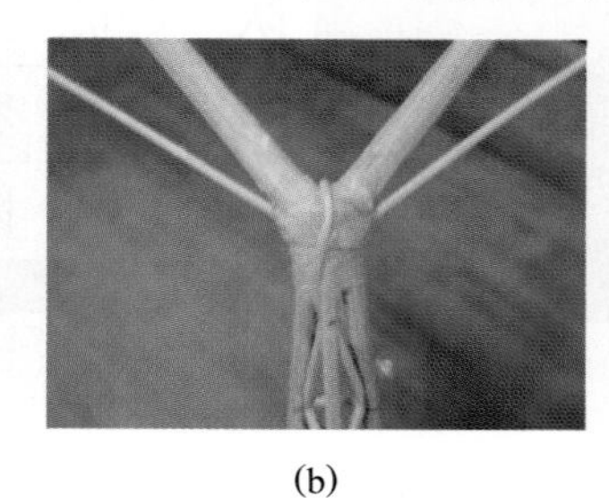

(b)

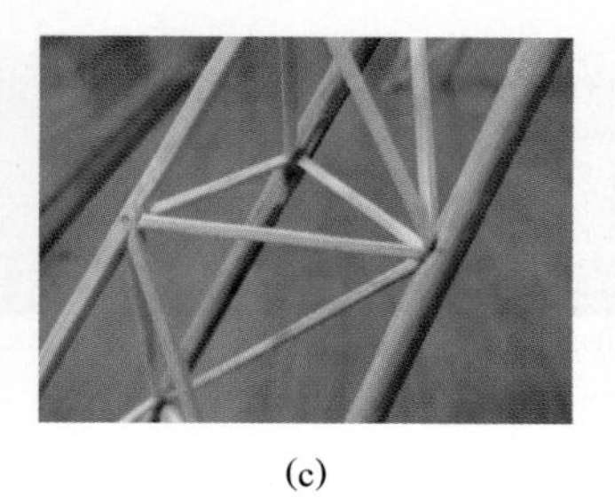

(c)

**图 50-3 节点详图**

(a) 柱脚节点；(b) 承重柱与上部水平承重体系的连接节点；(c) 柱肢空间桁架节点

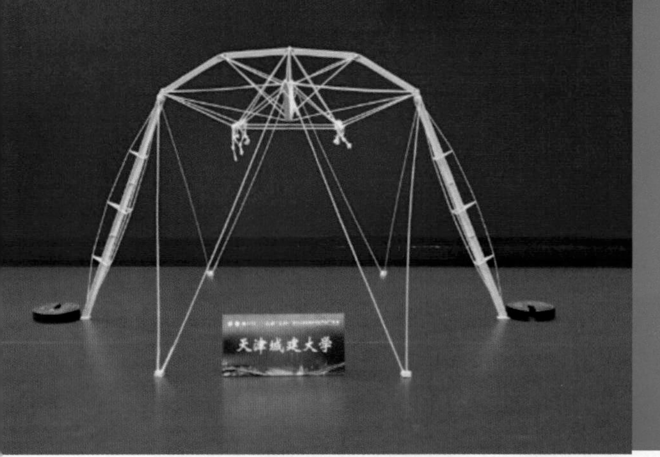


# 51 天津城建大学

| 作品名称 | 悬弓顶 |
|---|---|
| 队　　员 | 兰浚峰　任珀萱　郭志能 |
| 指导教师 | 罗兆辉　何　颖 |
| 领　　队 | 阳　芳 |

## 51.1 设计思路

赛题要求模型在有限的空间范围内进行布置，这就对结构体系的承载能力提出了较高的要求。可选体系以空间结构体系为佳。而控制结构的变形同样是关键的问题，解决思路有两个，一是选择整体刚度较大的结构体系，但需要解决与自重间的矛盾；二是增大结构局部的刚度，保证所测位置的位移量在限值之内。另外结构还应有足够的稳定性，包括整体稳定性和构件局部稳定性。对于前者，可以选择空间性较好的体系，如空间网架、空间桁架等；对于后者，应采取加强构件的制作质量，减小计算长度等措施。考虑到竹材良好的抗拉性能，合理设置拉条是解决稳定性问题的一个较好方案。

## 51.2 结构构型

根据赛题要求，初步提出几种结构选型并进行对比分析，详见表 51-1。

**表 51-1　结构选型对比**

| 选型 | 选型 1 | 选型 2 | 选型 3 | 选型 4 | 选型 5 |
|---|---|---|---|---|---|
| 图示 |  |  |  |  |  |
| 优点 | 可靠稳定，可满载 | 受力明确，杆件数较少，可满载 | 受力合理 | 结构自重较小 | 杆件较少，施工难度低，结构形式较新颖 |
| 缺点 | 构件较多，自重较大，且节点多，制作复杂 | 支柱有 8 根，数量多，自重大。改进后支柱为 4 根 | 自重较大。结构节点多，施工复杂且质量难以控制 | 稳定性不足，模型尺寸与赛题要求有些冲突 | 无法满载 |

**总结：**综合对比，最终确定参赛结构设计选型方案为双立柱正反弓拉索体系。最终选型方案示意图如图 51-1 所示。

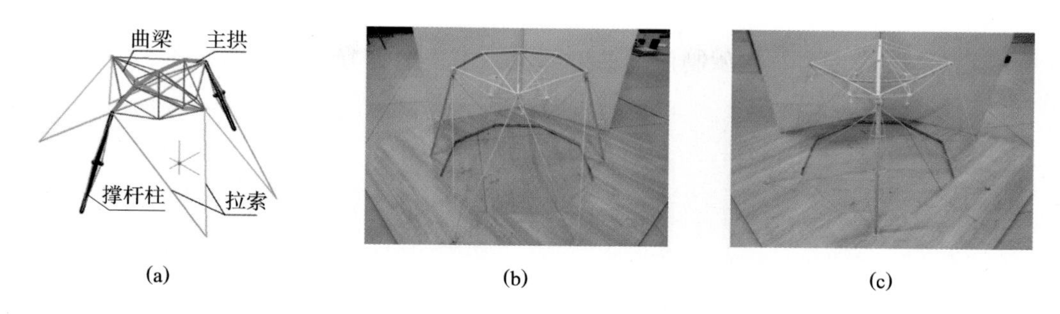


(a) (b) (c)

**图 51-1 选型方案示意图**

(a) 模型效果图；(b) 模型实物图 1；(c) 模型实物图 2

## 51.3 计算分析

基于 MIDAS 软件进行建模分析，计算分析结果如图 51-2 所示。

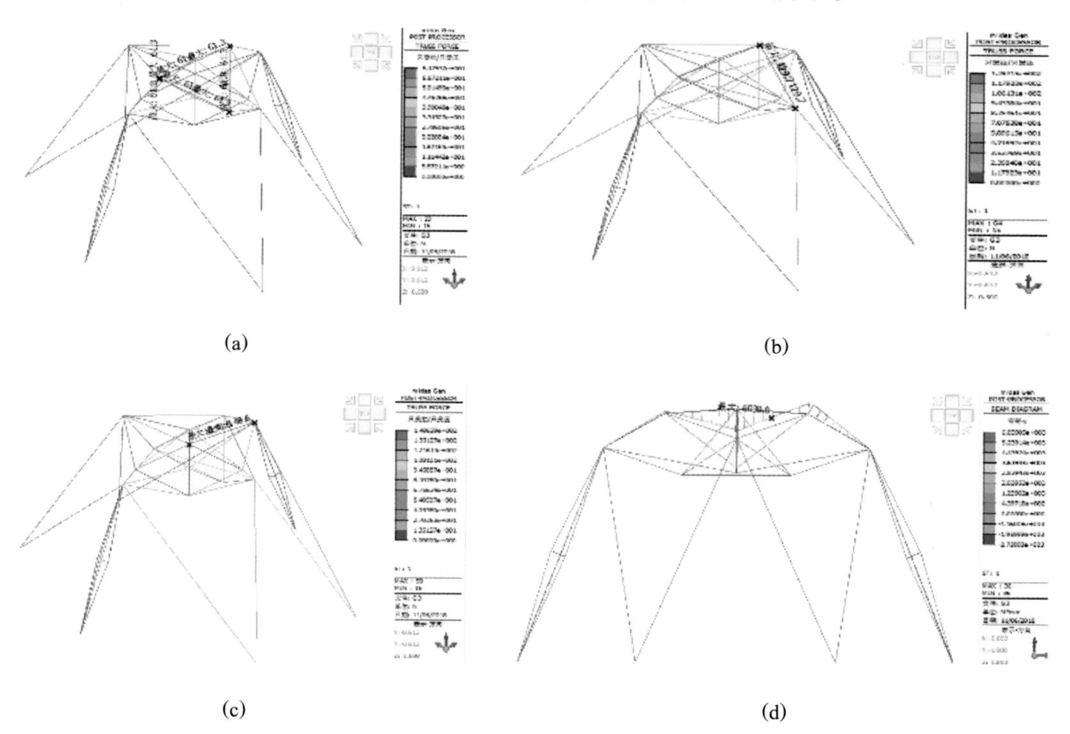

(a) (b) (c) (d)

**图 51-2 计算分析结果图**

(a) 第一级荷载轴力图；(b) 第二级荷载轴力图；

(c) 第三级荷载轴力图［（最不利）角度为 30°］；(d) 第三级荷载弯矩图［（最不利）角度为 0°］

## 51.4 节点构造

节点是结构传力及模型制作的关键部位，本模型部分节点详图如图 51-3 所示。

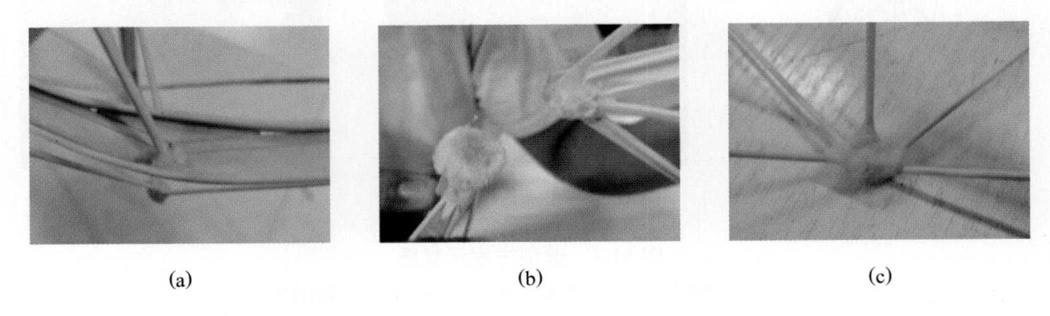

(a)　　(b)　　(c)

**图 51-3　节点详图**

(a) 工字形拱节点；(b) 拱体-立柱装配式连接节点；(c) 拉索加载节点

# 52　宁夏大学

| 作品名称 | 鼎立四方 |
|---|---|
| 队　　员 | 安学峰　孙尚涛　陈富华 |
| 指导教师 | 张尚荣　毛明杰 |
| 领　　队 | 包　超 |

## 52.1　设计思路

首先确定整体结构方案，然后确定各独立的支承构件，最后组成一套完整的空间结构体系。结构设计的基本原则是：安全、经济、美观。模型荷质比能够体现结构的合理性和材料利用效率，所以尽量要减小结构自重，因此结构体系不能太复杂，传力路径短，在满足结构安全的前提下，杆件数量要尽量少。由于此次竞赛结构形式不限，所以要在充分利用材料性能的基础上进行合理的构件和结构设计。由于所提供材料的抗压性能较差，抗拉性能较好，在保证结构质量小的前提下，既要满足结构竖向的承载能力，还要保证结构具有足够的稳定性，而且要满足变化方向水平荷载的作用。因此，构件截面选择以正方形截面为主。在模型制作过程中，需要采用不同的加强措施，制作模型尽量在“强节点、强构件”的原则下进行，要设置合理的支撑来抵抗荷载，避免单纯依靠单一构件来抵抗荷载。

## 52.2　结构构型

根据赛题要求，初步提出几种结构选型并进行对比分析，详见表 52-1。

**表 52-1　结构选型对比**

| 选型 | 选型 1 | 选型 2 | 选型 3 |
|---|---|---|---|
| 图示 | | | |
| 优点 | 整体稳定性好，上部结构变形小，结构简单、受力明确 | 整体稳定性较好，下部支柱变形较小（运用仿生学原理），上部结构变形均匀 | 整体稳定性较好，上部结构刚柔结合充分，受力合理，结构自重较小 |
| 缺点 | 下部支柱变形不稳定，结构自重较大 | 结构自重较大 | 制作工艺要求较高 |

**总结：**综合对比 3 种选型的受力性能及变形形态，综合 3 种选型有限元数值模拟分析结果和试验结果，最终确定选型 3 为最终方案。最终选型方案示意图如图 52-1 所示。

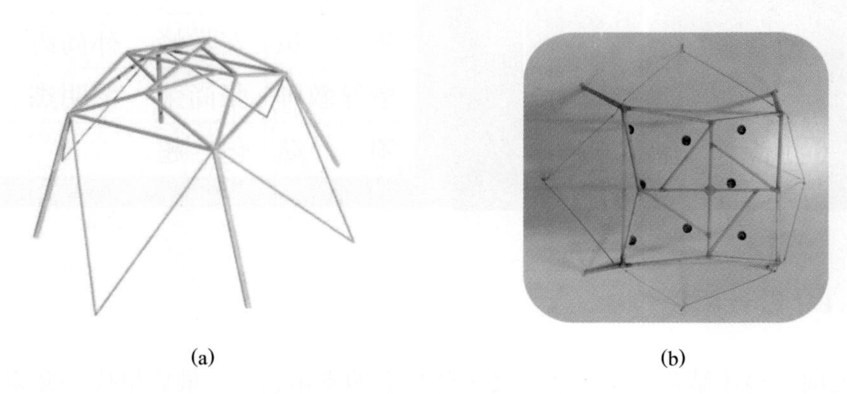

(a) (b)

**图 52-1　选型方案示意图**

(a) 模型效果图；(b) 模型实物图

## 52.3　计算分析

基于 MIDAS 软件进行建模分析，计算分析结果如图 52-2 所示。

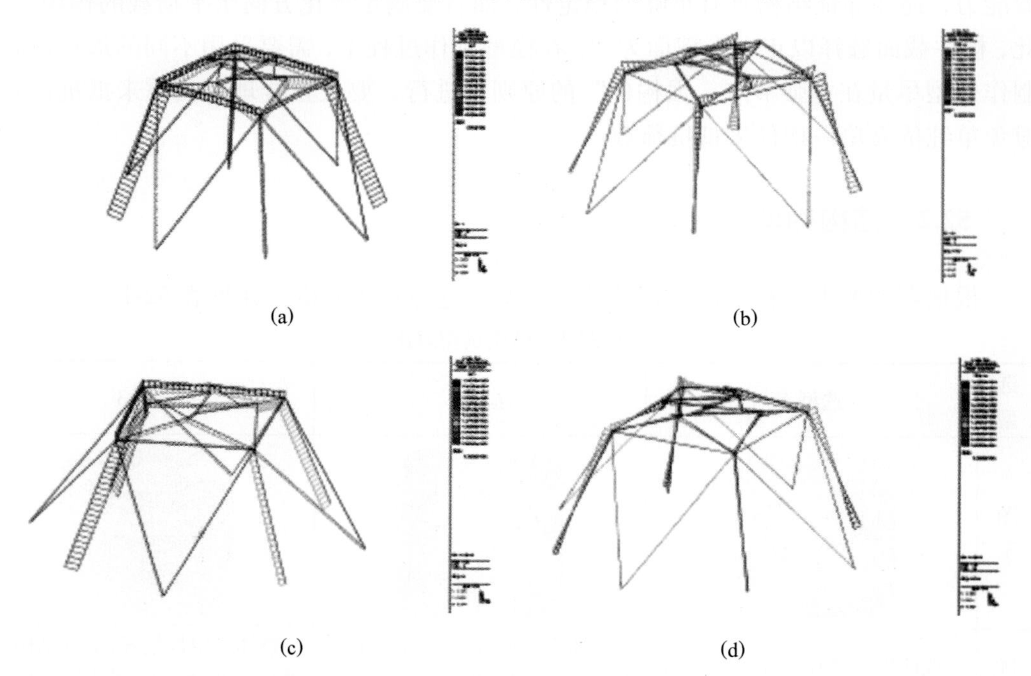

(a) (b)

(c) (d)

**图 52-2　计算分析结果图**

(a) 第一级荷载轴力图；(b) 第二级荷载 f 工况下弯矩图；

(c) 第三级荷载 b 工况下轴力图；(d) 第三级荷载 b 工况下弯矩图

## 52.4 节点构造

节点是结构传力及模型制作的关键部位，本模型部分节点详图如图 52-3 所示。

(a) (b) (c)

**图 52-3 节点详图**

(a) 柱脚节点；(b) 空间节点 1；(c) 空间节点 2

# 53 河南科技大学

| 作品名称 | 盾山 |
|---|---|
| 队　　员 | 窦磊明　喻志豪　邹　妞 |
| 指导教师 | 河南科技大学指导组 |
| 领　　队 | 张　伟 |

## 53.1 设计思路

针对模型外观尺寸、模型构造及其稳定性、加载点的位置等方面的要求，为了加大模型的空间跨度，我们最终决定采用网架结构。网架结构是由多根杆件按照一定的网格形式通过节点联结而成的空间结构。网架结构是高次超静定结构体系，具有空间受力小、质量小、刚度大、抗震性能好等优点。制作 8 个长 200mm 的柱脚，用 8 根斜梁以一定角度延伸至半径 150mm、高度 400mm 和半径 260mm、高度 350mm 的平面分别设置的 4 个加载点（共 8 个）处，在斜梁之间加斜支撑以分担竖向荷载，减少斜杆的正压力。最后用杆件围成一个正方形，连接各个斜杆使之成为一个整体。并在 8 根柱之间加上拉条以提高柱与柱之间的相对稳定性，增加结构的整体稳定性，以满足三级加载的要求。

## 53.2 结构构型

根据赛题要求，初步提出几种结构选型并进行对比分析，详见表 53-1。

**表 53-1　结构选型对比**

| 选型 | 选型 1:空间桁架结构 | 选型 2:空间壳体结构 | 选型 3:空间网架结构 |
|---|---|---|---|
| 优点 | 结构稳定,体型多样化 | 整体性强,造型优美 | 结构稳定，制作快捷，材料使用少 |
| 缺点 | 材料用量大,杆件之间采用铰接,难以满足要求 | 杆件是曲杆,制作过程烦琐 | 整体刚度大，稳定性好，能承受来自各方向的荷载 |

**总结：**综合对比三种结构选型，从结构用料、整体稳定性以及制作繁简程度、赛题要求等方面考虑，最终确定选用空间网架结构作为最终选型方案。最终选型方案示意图如图 53-1 所示。

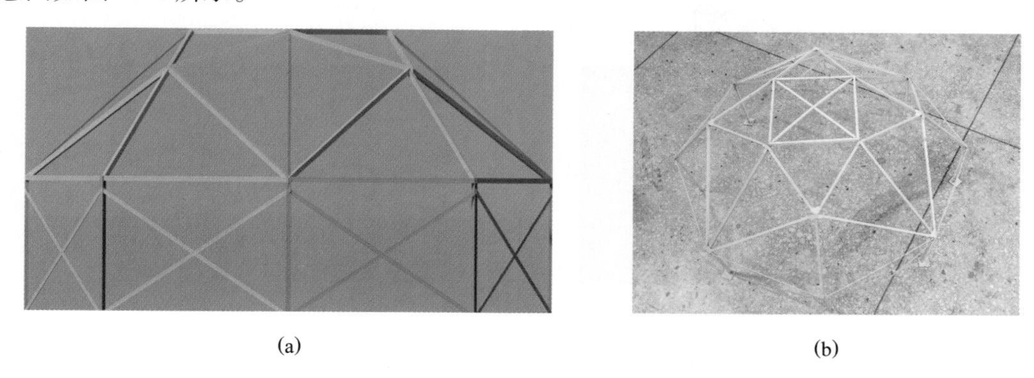

(a) (b)

**图 53-1　选型方案示意图**

(a) 模型效果图；(b) 模型实物图

## 53.3　计算分析

基于 ANSYS 软件进行建模分析，计算分析结果如图 53-2 所示。

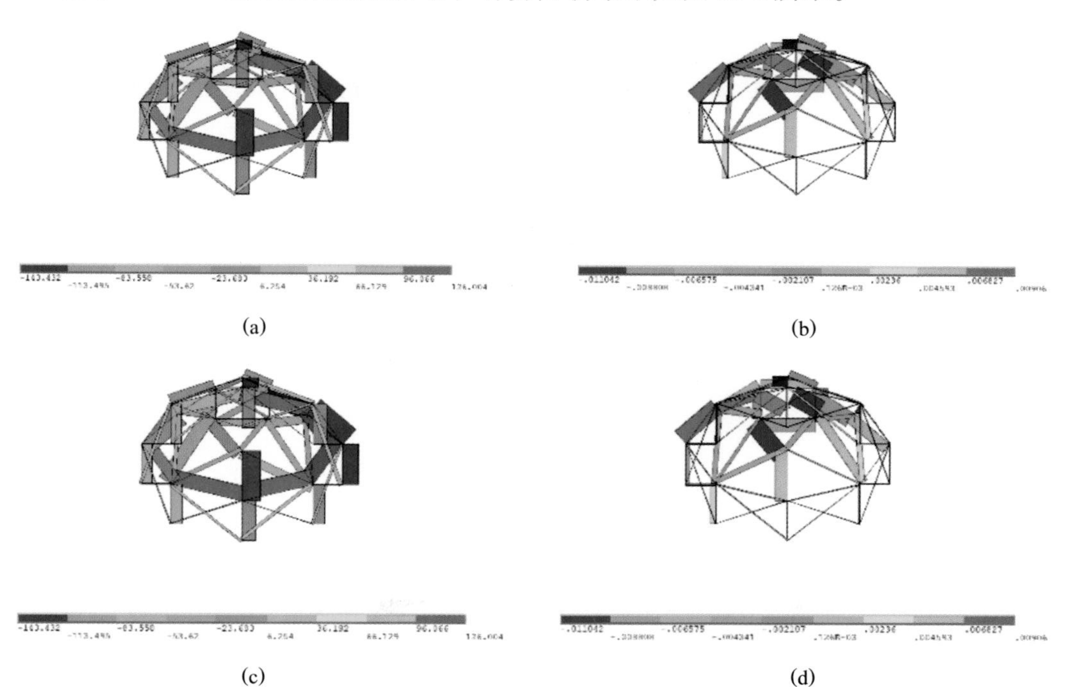

(a) (b) (c) (d)

**图 53-2　计算分析结果图**

(a) 第一级荷载轴力图；(b) 第二级荷载轴力图；

(c) 第三级荷载轴力图；(d) 第三级荷载弯矩图

## 53.4 节点构造

节点是结构传力及模型制作的关键部位，本模型部分节点详图如图 53-3 所示。

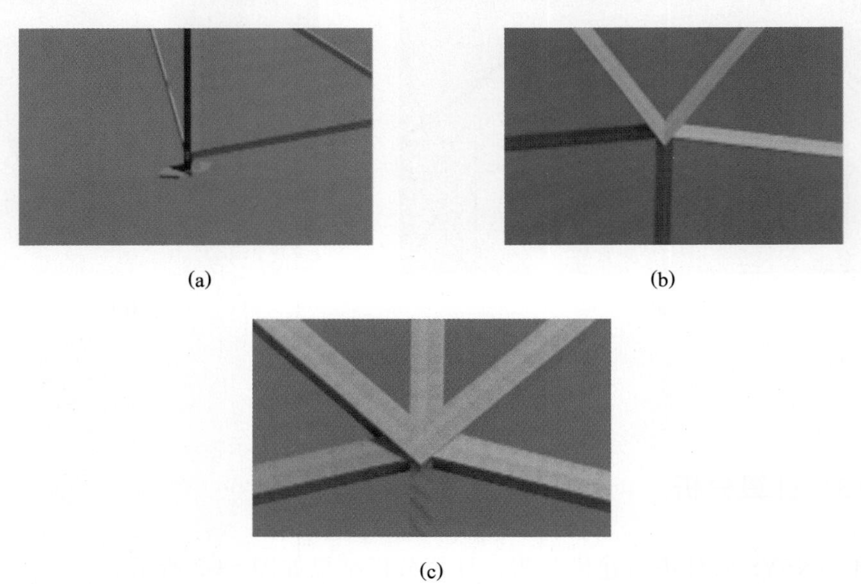

(a)

(b)

(c)

**图 53-3 节点详图**

(a) 柱脚节点；(b) 加载节点；(c) 顶部节点

# 54 长春工程学院

| 作品名称 | 苍穹之顶 |
|---|---|
| 队　　员 | 刘润民　佟金才　李良健 |
| 指导教师 | 朱　坤　邹向阳 |
| 领　　队 | 朱　坤 |

## 54.1 设计思路

本次赛题为承受多荷载工况的大跨度空间结构模型，根据材料和承台支撑系统结构的特点，我们从悬索、桁架、拱、预应力梁等组合的空间结构形式方案进行构思，最终确定了最优方案。采用悬索，可以充分利用竹材的抗拉性能，并且节省材料，但制作工艺要求较高，节点处索易断裂，安装复杂。采用桁架的空间体系结构较为美观，但制作复杂，且用料较多。拱结构造型优美，但是制作工艺较为复杂。梁、柱的组合结构，可充分利用材料性能，结构刚柔并济，质量较小，制作便捷。

## 54.2 结构构型

根据赛题要求，初步提出几种结构选型并进行对比分析，详见表 54-1。

表 54-1　结构选型对比

| 选型 | 选型 1 | 选型 2 |
|---|---|---|
| 图示 | | |
| 优点 | 挠度极小，较为稳定，且各构件安装便捷 | 挠度小，质量小，刚柔相济，充分发挥了竹材的抗拉性能 |
| 缺点 | 缺点节点较多，质量较大 | 节点处不易处理 |

**总结**：综合对比选型 1 和选型 2，最终确定的方案为选型 2，最终选型方案示意图如图 54-1 所示。

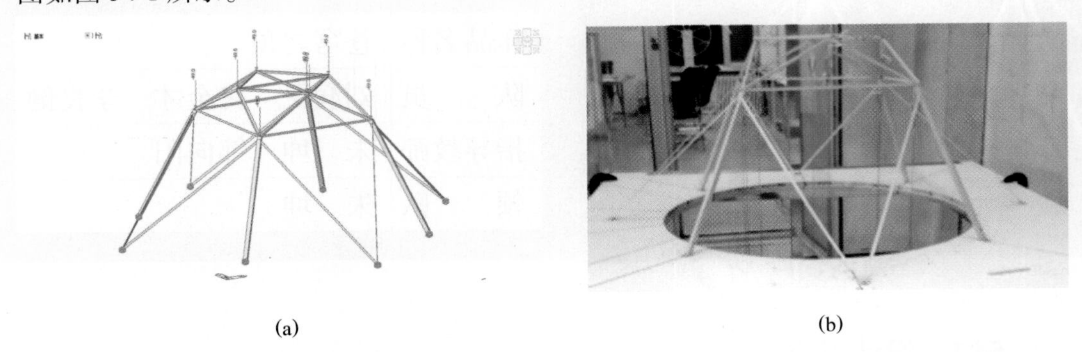

(a)　　(b)

**图 54-1　选型方案示意图**

(a) 模型效果图；(b) 模型实物图

## 54.3　计算分析

基于 MIDAS 软件进行建模分析，计算分析结果如图 54-2 所示。

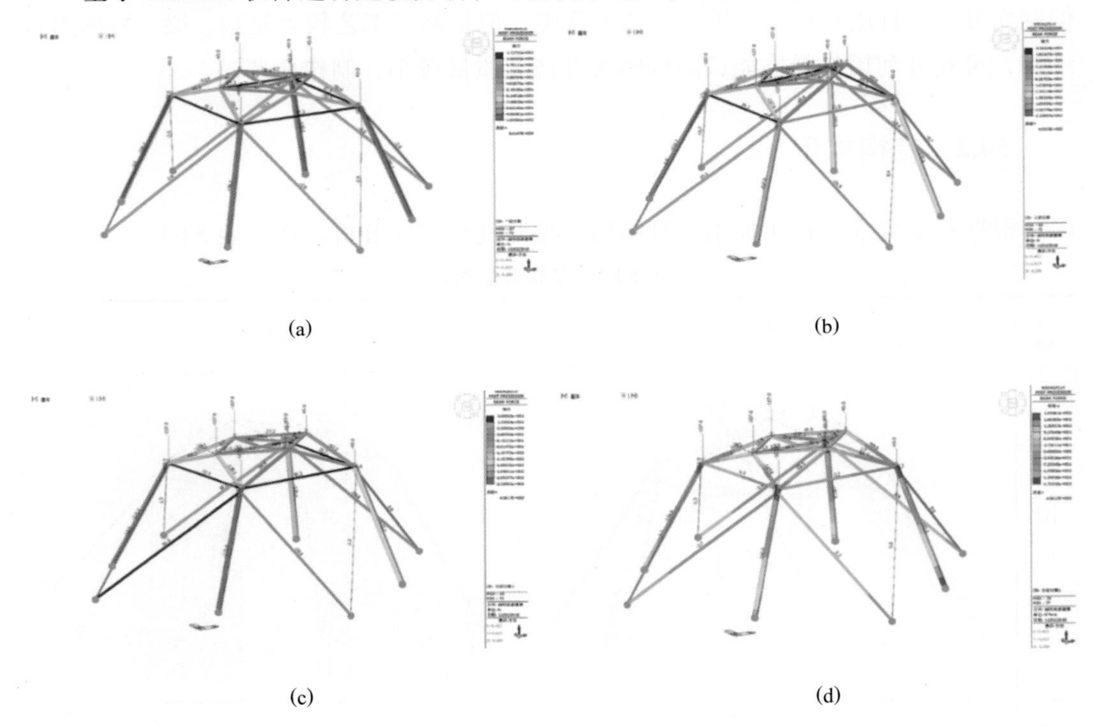

(a)　　(b)

(c)　　(d)

**图 54-2　计算分析结果图**

(a) 第一级荷载轴力图；(b) 第二级荷载轴力图；

(c) 第三级荷载轴力图；(d) 第三级荷载弯矩图

## 54.4 节点构造

节点是结构传力及模型制作的关键部位，本模型部分节点详图如图 54-3 所示。

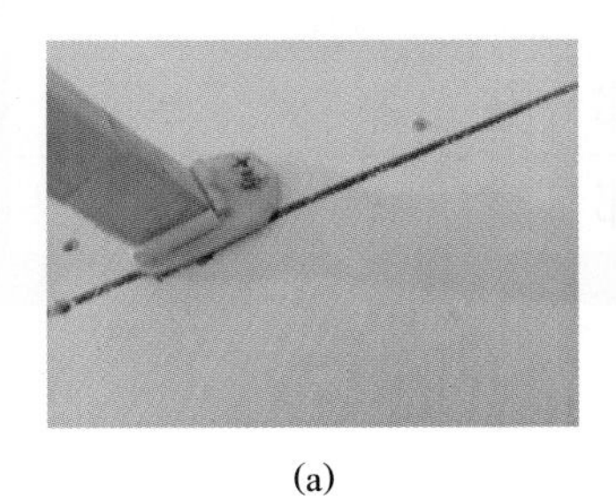

(a)

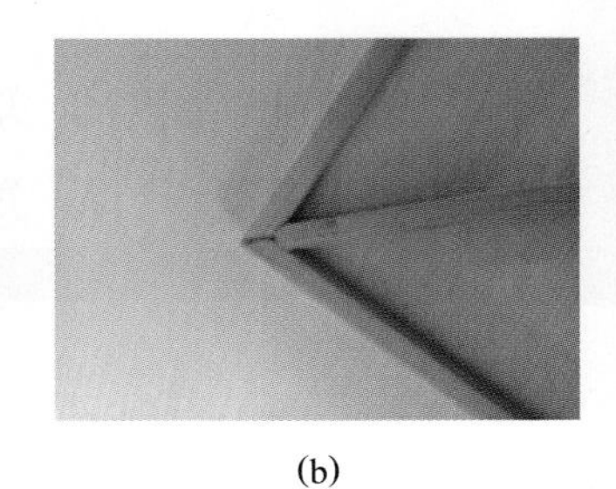

(b)

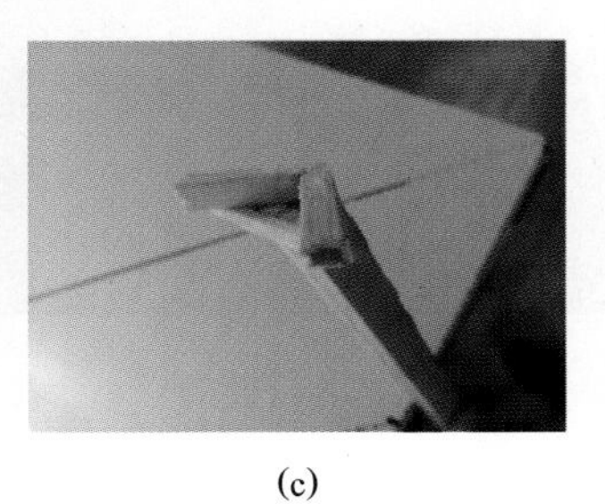

(c)

**图 54-3 节点详图**

(a) 柱脚节点；(b) 横梁之间的节点；(c) 横梁、斜梁及其柱之间节点

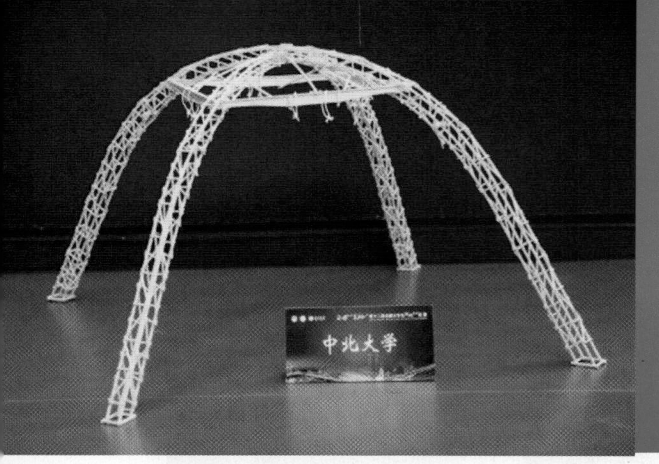


# 55 中北大学

| 作品名称 | 二龙戏珠 |
|---|---|
| 队　　员 | 覃刚尧　罗元江　许永杰 |
| 指导教师 | 郑　亮　高　营 |
| 领　　队 | 郑　亮 |

## 55.1 设计思路

现有空间结构形式包括：网架、单层网壳、双层网壳、桁架、空间拱桁架等多种结构形式。其中，空间拱桁架、单层网壳、双层网壳比较符合赛题要求。经过构思，选择了单层网壳结构、双层网壳结构和空间拱桁架结构这三种不同的空间结构形式进行对比分析。竹皮应用到空间结构中时，加工较为复杂且节点处理较为困难；而采用竹条只需对竹条进行剪切等简单加工，同时节点处可直接用胶水进行黏结，节点处理相对简单，因此本模型的材料采用竹条。

## 55.2 结构构型

根据赛题要求，初步提出几种结构选型并进行对比分析，详见表 55-1。

表 55-1　结构选型对比

| 选型 | 选型 1:单层网壳结构 | 选型 2:双层网壳结构 | 选型 3:空间拱桁架结构 |
|---|---|---|---|
| 优点 | 节点简单,制作方便 | 承载力较大,刚度较大 | 节点简单，制作方便，承载力较大，刚度较大，竹材用量适中 |
| 缺点 | 承载力较小，刚度较弱，竹材用量较大 | 竹材用量较大，节点复杂，制作不便 | — |

**总结：**综合对比承载力、刚度、节点连接、制作方便程度及竹材用量（结构重量），最终选型方案示意图如图 55-1 所示。

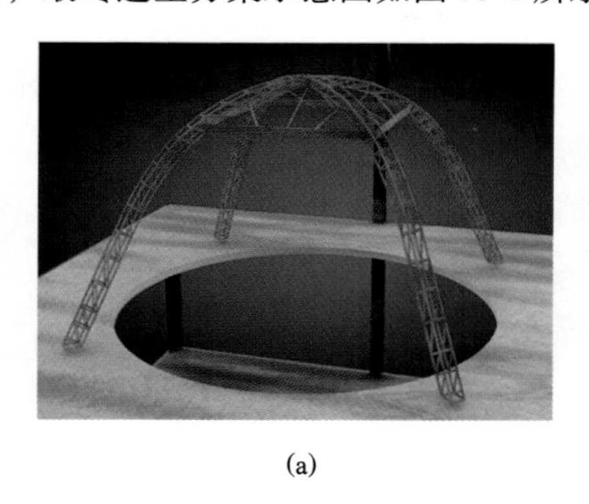

(a)

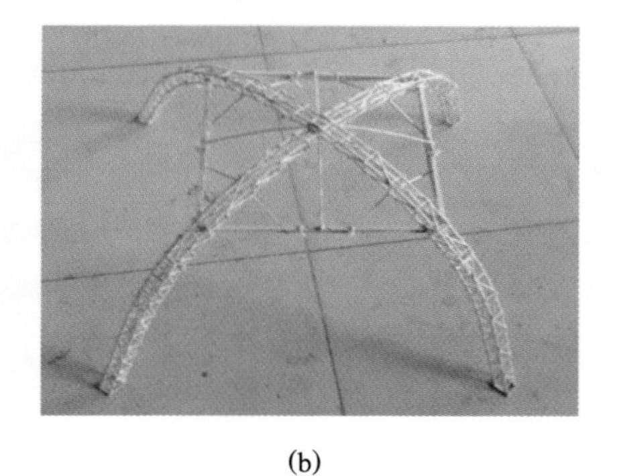

(b)

**图 55-1　选型方案示意图**

(a) 模型效果图；(b) 模型实物图

## 55.3　计算分析

基于 MIDAS 软件进行建模分析，计算分析结果如图 55-2 所示。

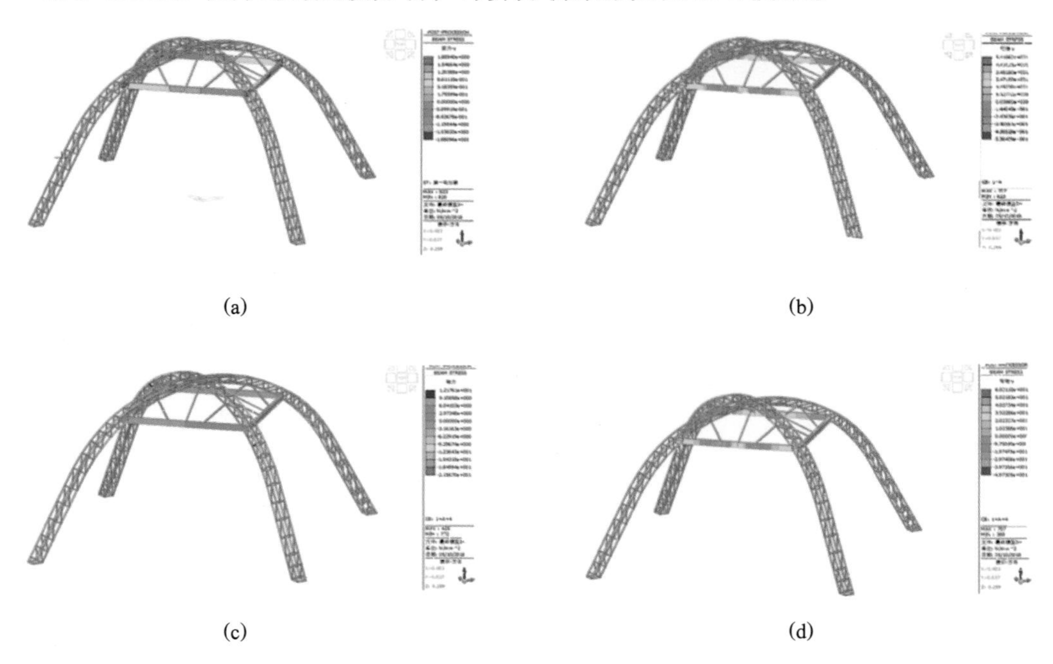

**图 55-2　计算分析结果图**

(a) 第一级荷载下轴力图；(b) 第二级荷载 b 工况下弯矩图；

(c) 第三级荷载 b 工况下 90°时轴力图；(d) 第三级荷载 b 工况下 90°时弯矩图

## 55.4 节点构造

节点是结构传力及模型制作的关键部位，本模型部分节点详图如图 55-3 所示。

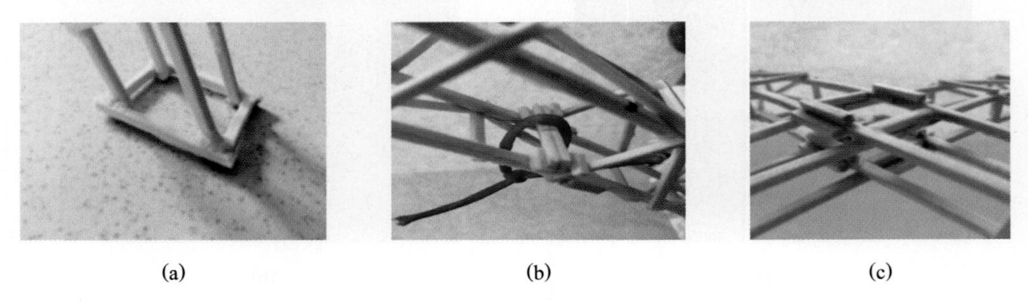

(a) (b) (c)

**图 55-3 节点详图**

(a) 柱脚节点；(b) 加载节点；(c) 拱顶交叉节点

# 56 青海民族大学

| 作品名称 | 足迹 |
|---|---|
| 队　　员 | 马义令　孔垂元　陆义文 |
| 指导教师 | 张　韬　曹　锋 |
| 领　　队 | 张　韬 |

## 56.1 设计思路

本赛题为承受多荷载工况的大跨度空间结构模型的设计与制作。学生针对静载、随机选位荷载及移动荷载等多种荷载工况下的空间结构进行受力分析、模型制作及试验，从大跨度空间网壳结构进行构思与制作。第一个选型采用八个支撑柱作为模型基本承载结构，模型上部结构充分考虑加载点的位置，取150mm作正方形内对角线，底部做成封闭式结构。模型下部结构采用八边形封闭圈，然后根据加载点的位置确定杆件长度与角度，再根据三角形稳定性原理将杆件连成一个整体。第二个选型是在第一个选型的基础上取消八边形封闭圈，使用通长杆件确定内圈、外圈加载点的位置，然后使用杆件将上述杆件连成一个整体。

## 56.2 结构构型

根据赛题要求，初步提出几种结构选型并进行对比分析，详见表56-1。

**表56-1　结构选型对比**

| 选型 | 选型1:八支撑柱结构,底部采用八边形封闭圈 | 选型2:在选型1的基础上取消八边形封闭圈 |
|---|---|---|
| 优点 | 稳定性好,结构承载力大 | 结构轻便,造型美观 |
| 缺点 | 自重大,结构制作复杂 | 稳定性一般,结构制作复杂 |

**总结：**综合对比选型1与选型2，最终选型方案示意图如图56-1所示。

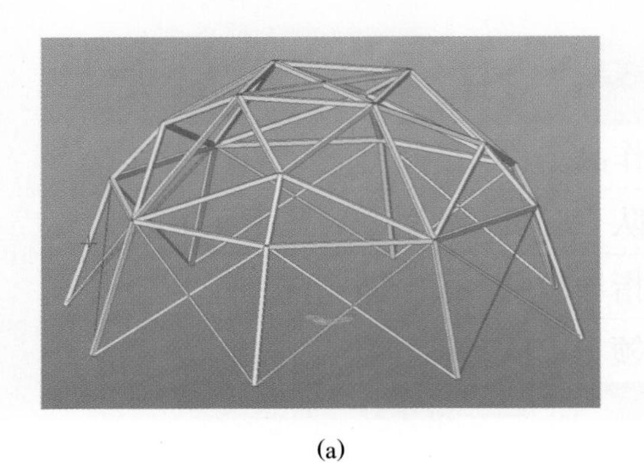

(a)

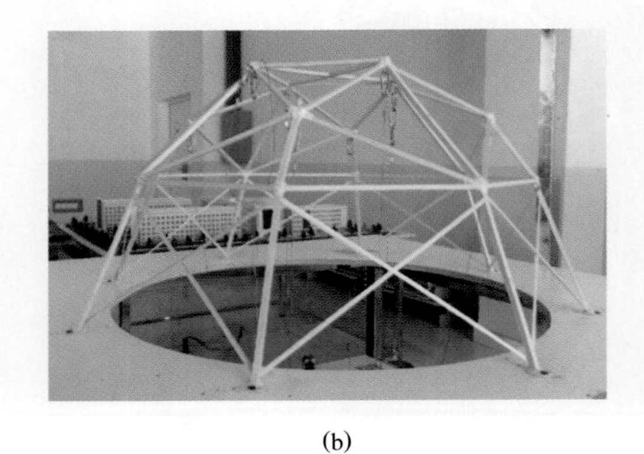

(b)

**图 56-1　选型方案示意图**

(a) 模型效果图；(b) 模型实物图

## 56.3　计算分析

基于 MIDAS 软件进行建模分析，计算分析结果如图 56-2 所示。

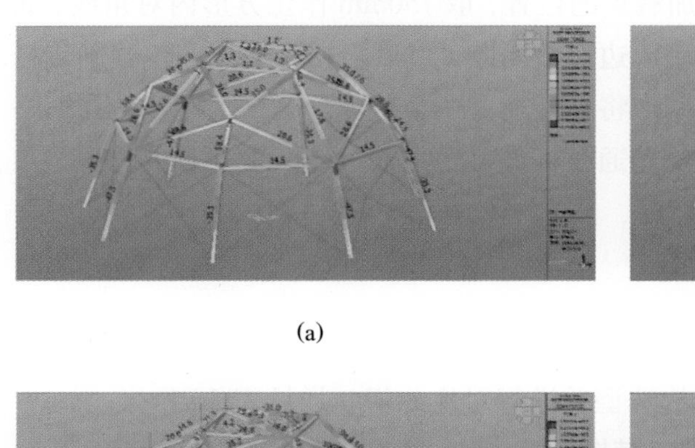

(a)

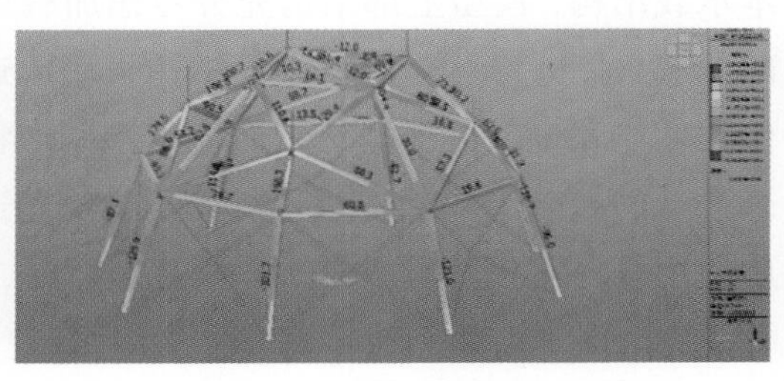

(b)

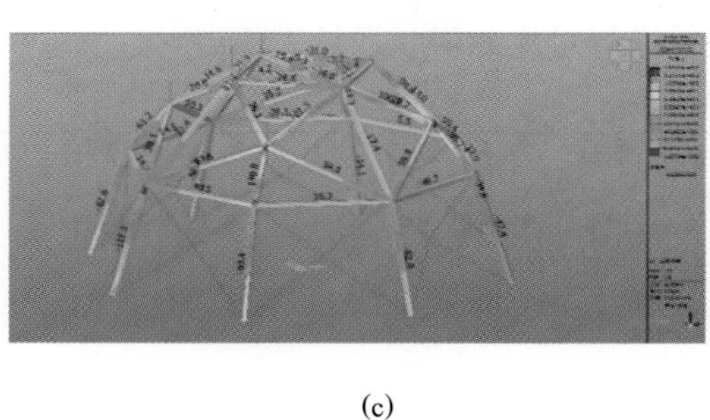

(c)

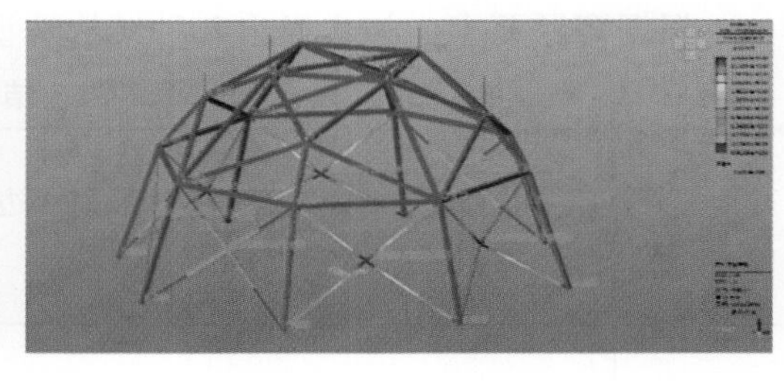

(d)

**图 56-2　计算分析结果图**

(a) 第一级荷载轴力图；(b) 第二级荷载 a 工况下轴力图；

(c) 第三级荷载轴力图（90°）；(d) 第三级荷载轴向变形图（90°）

## 56.4 节点构造

节点是结构传力及模型制作的关键部位，本模型部分节点详图如图 56-3 所示。

(a)

(b)

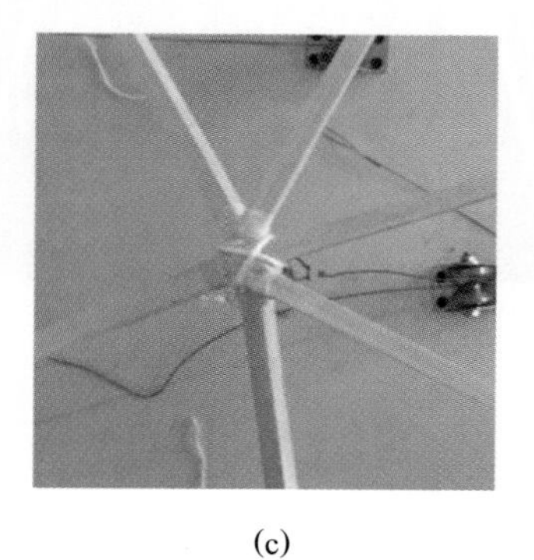

(c)

**图 56-3 节点详图**

(a) 柱脚节点；(b) 节点绑扎无纺布；(c) 交叉节点

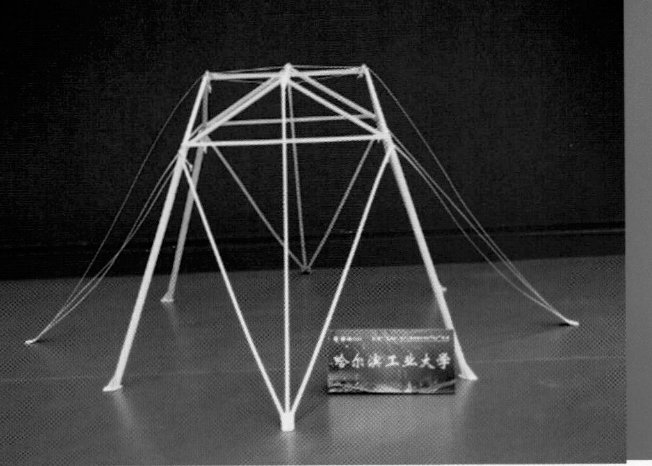


# 57　哈尔滨工业大学

| 作品名称 | 凫鹤从方 |
|---|---|
| 队　　员 | 符洋钰　袁昊祯　彭鑫帅 |
| 指导教师 | 邵永松　赵亚丁 |
| 领　　队 | 白雨佳 |

## 57.1　设计思路

从对赛题的解读可以看出，结构的设计要求是既要满足多荷载工况下的承载力要求，又能满足一定程度的挠度需要，做到材料物尽其用，还要考虑结构的合理性、创新性、美观性和实用性等因素。基于上述设计要求，为契合我国建筑设计“适用、安全、经济、美观”的方针，方案本着“简约而不简单”“安全又美观”“刚柔并济”三个设计要点，从体系的选择和优化、主要杆件的设计、节点构造的设计等方面来构思结构方案。“简约而不简单”是指我们要放弃复杂、怪异的结构形式，尽可能地节约材料，发挥材料的力学性能，构建简明的传力体系、简约的结构形式，返璞归真。“安全又美观”是指模型既能承受多工况荷载，满足挠度需要，同时又能满足简约之美的要求。“刚柔并济”不难理解，“太刚则必折，太柔则必缺”，过“刚”或过“柔”都不是最好的选择，只有保持适度的原则，才能恰到好处，正所谓刚而不柔，脆也；柔而不刚，弱也；柔而刚，韧也。

## 57.2　结构构型

根据赛题要求，初步提出几种结构选型并进行对比分析，详见表 57-1。

**表 57-1　结构选型对比**

| 选型 | 选型 1 | 选型 2 | 选型 3 |
|---|---|---|---|
| 图示 |  |  |  |
| 优点 | 竖向承载力大，刚度大 | 传力合理，承载力大，变形小 | 传力简明合理，承载力满足要求，造型美观，制作简单、质量小 |
| 缺点 | 传力不够简明，结构笨重，不利于水平加载，制作工艺复杂 | 存在应力集中的现象，质量较大，顶部结构制作难度较大 | 安装难度较大，变形较大 |

**总结：**结合传力过程、模型制作工艺、承载力、刚度、质量等多种因素，在3种选型方案中，选型3具有压倒性的优势，完全符合“简约而不简单”“安全又美观”“刚柔并济”的设计理念和要求。最终确定选用的方案为选型3，该方案的效果图及模型实物图如图57-1所示。

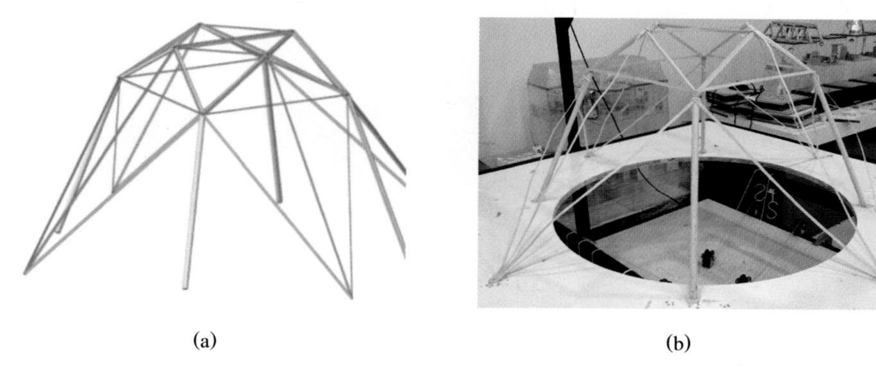

(a) (b)

**图57-1 选型方案示意图**

(a) 模型效果图；(b) 模型实物图

## 57.3 计算分析

基于MIDAS软件进行建模分析，计算分析结果如图57-2所示。

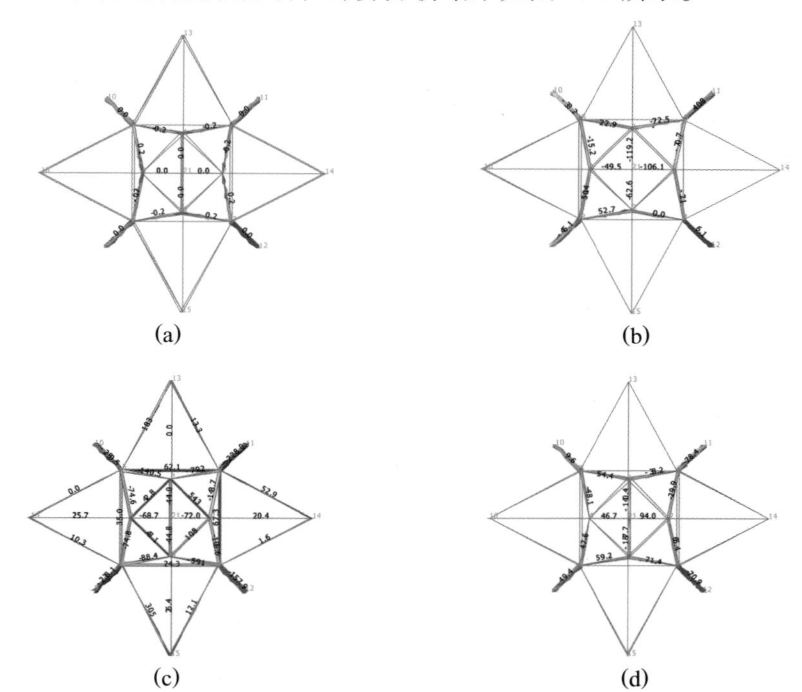

(a) (b)

(c) (d)

**图57-2 计算分析结果图**

(a) 第一级荷载下弯矩图；(b) 第二级荷载b工况下弯矩图；
(c) 第三级荷载b工况下轴力图；(d) 第三级荷载b工况下弯矩图

## 57.4　节点构造

节点是结构传力及模型制作的关键部位，本模型部分节点详图如图 57-3 所示。

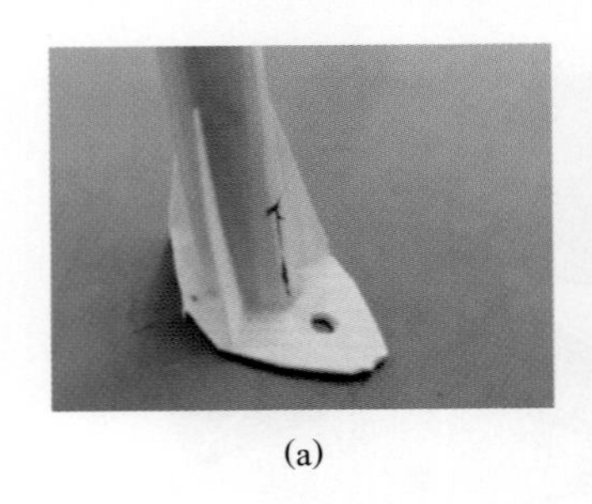

(a)

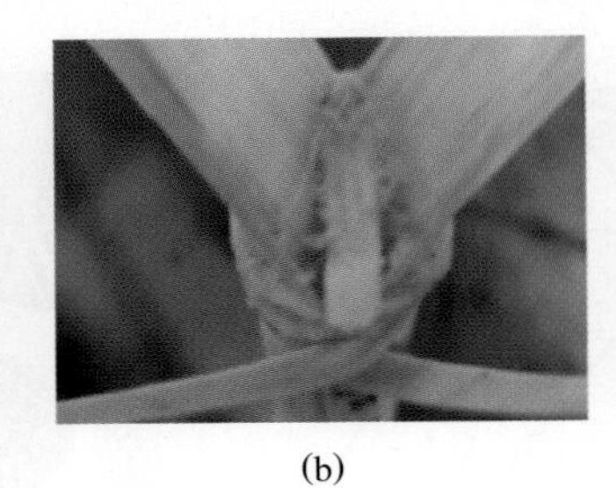

(b)

(c)

**图 57-3　节点详图**

(a) 柱脚节点；(b) 空间节点；(c) 加载点节点

# 58 广东工业大学

| 作品名称 | 穹之畅想 |
|---|---|
| 队　　员 | 宁健豪　刘广立　姚嘉豪 |
| 指导教师 | 梁靖波　何嘉年 |
| 领　　队 | 熊　哲 |

## 58.1　设计思路

本次比赛的大跨度空间屋盖题目十分贴近实际，既要考虑结构的自重又要考虑结构抵抗不对称竖向荷载与水平荷载的能力，且挠度要控制在一定范围内，这就要求在保证结构的强度、刚度和稳定性的前提下，设计出既合理又经济的方案。因此，我们从结构的强度、刚度、稳定性及结构优化等方面对结构方案进行构思，确定了设计最合理的结构类型、选用最合理的杆件尺寸、在模型能满载的前提下尽可能减轻模型质量的设计目标。同时赛题中只是对大跨度空间屋盖的尺寸进行了要求，而对具体的结构形式没做要求，因此一开始便收集了肋环型网壳、施威德勒型球面网壳、联方格型网壳、凯威特型网壳、三向格子型球面网壳等几种常见的大跨度空间结构的资料并进行了充分的比较，选取了 4 种构型进行了对比分析。

## 58.2　结构构型

根据赛题要求，初步提出几种结构选型并进行对比分析，详见表 58-1。

**表 58-1　结构选型对比**

| 选型 | 选型 1 | 选型 2 | 选型 3 | 选型 4 |
|---|---|---|---|---|
| 图示 | | | | |
| 优点 | 结构刚度最大，稳定性最强 | 整体稳定性较强 | 杆件数目少，截面尺寸小 | 理论上最轻的结构 |
| 缺点 | 结构最重，传力路径最复杂 | 结构下部的侧向支撑效果存疑 | 柱子稳定性不高 | 整体稳定性差，已发生扭转现象 |

**总结：**综合对比结构的强度、刚度、稳定性及荷质比，还有制作难度、制作耗时、比赛现场的不确定因素等，最终确定选用的方案为选型 3。最终选型方案示意图如图 58-1 所示。

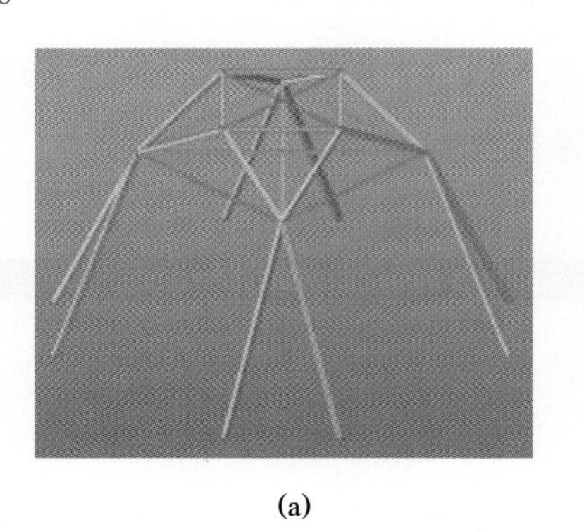

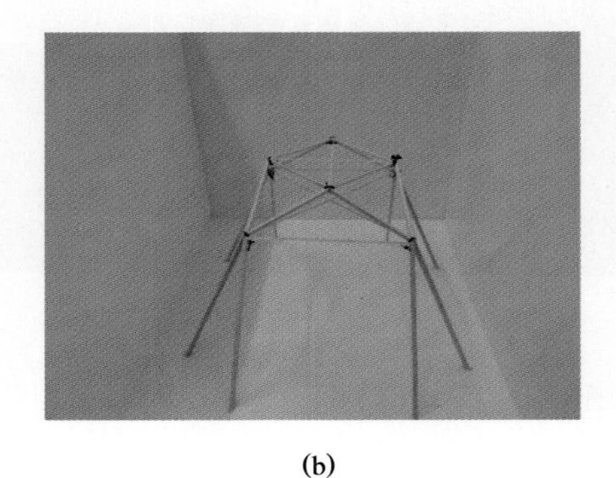

(a) (b)

**图 58-1 选型方案示意图**

（a） 模型效果图；（b） 模型实物图

## 58.3 计算分析

基于 MIDAS 软件进行建模分析，计算分析结果如图 58-2 所示。

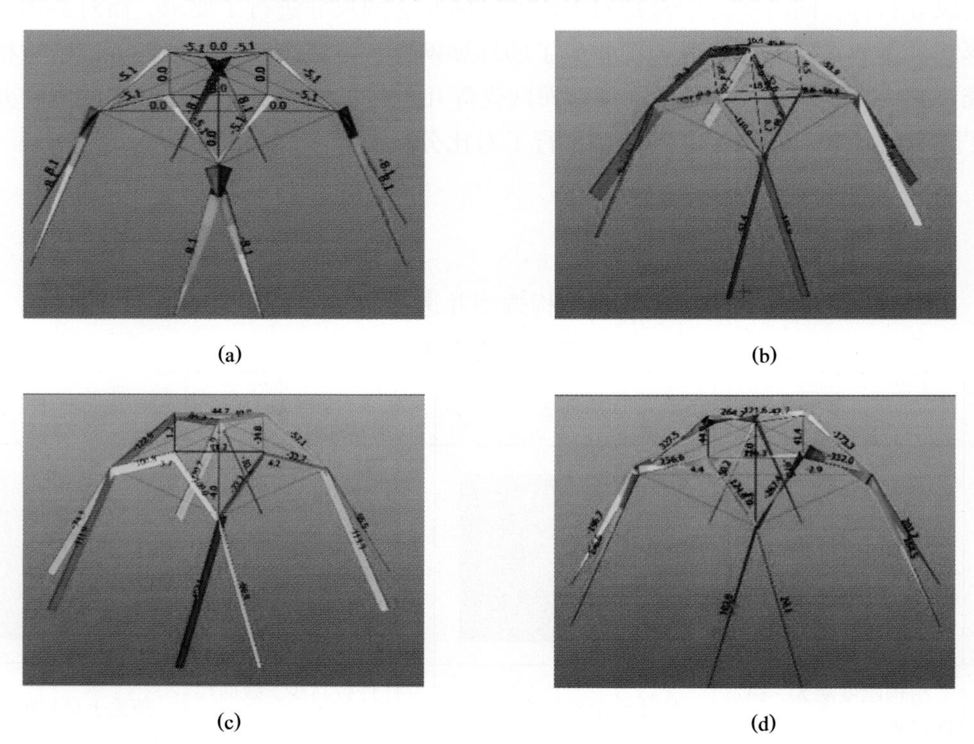

(a) (b)

(c) (d)

**图 58-2 计算分析结果图**

(a) 第一级荷载下弯矩图；(b) 第二级荷载 b 工况下轴力图；

(c) 第三级荷载 b 工况下轴力图；(d) 第三级荷载 b 工况下弯矩图

## 58.4 节点构造

节点是结构传力及模型制作的关键部位，本模型部分节点详图如图 58-3 所示。

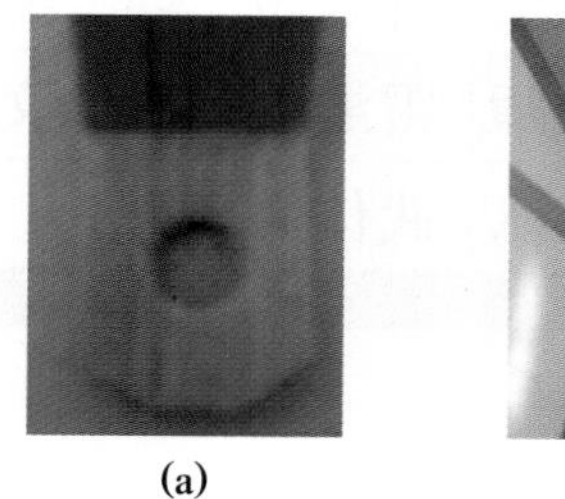

(a)

(b)

(c)

**图 58-3 节点详图**

(a) *A* 节点；(b) *B* 节点；(c) *C* 节点

# 59 山东建筑大学

| 作品名称 | 乾坤钵 |
| --- | --- |
| 队　　员 | 柳志伟　孙　豪　刘常玉 |
| 指导教师 | 雷淑忠　武佳文 |
| 领　　队 | 武佳文 |

## 59.1 设计思路

结合赛题要求，我们从稳定性、整体性、刚度、承载能力、质量等方面对结构方案进行构思。本模型采用底面为八边形的网壳结构，此结构受力均匀，以杆件拉压为主，可以用较小的构件组成较大的空间，并且具有良好的整体性能，在承受不均匀荷载时，也具有良好的稳定性。在空间网壳结构中，其杆件主要承担拉力或压力，且杆件较为细长，往往是杆件的稳定承载力起控制作用。因此模型杆件主要采用箱形截面和回形截面，以增强杆件稳定性，同时减小模型重量。在空间网壳结构中，外荷载主要作用于杆件节点，且杆件与杆件之间主要通过节点传力，因此节点的可靠性尤为重要。模型中采用包节点的方式，保证节点有效传力。同时包节点可以将节点变为刚节点，增加节点的承载能力，强化模型的刚度。在保证结构具有足够的承载能力和稳定性的前提下，从模型的尺寸、杆件截面等方面来尽量减小模型的重量。

## 59.2 结构构型

根据赛题要求，初步提出几种结构选型并进行对比分析，详见表 59-1。

**表 59-1　结构选型对比**

| 选型 | 选型 1:以四个拱为主要受力形式的空间网架结构 | 选型 2:四根纺锤形柱子加斜拉索结构 | 选型 3:空间网壳结构 |
| --- | --- | --- | --- |
| 优点 | 结构简易、传力简单、结构匀称 | 耗材较少、自重较轻、加工简易 | 受力均匀、稳定性好、外观优美 |
| 缺点 | 约束少、稳定性差 | 承载力差、易失稳 | 杆件较多、制作工序繁杂 |

**总结：**综合对比，选型 3 相比选型 1、2，结构更稳定、承载力更大、整体性更好，最终确定选用的方案为选型 3。最终选型方案示意图如图 59-1 所示。

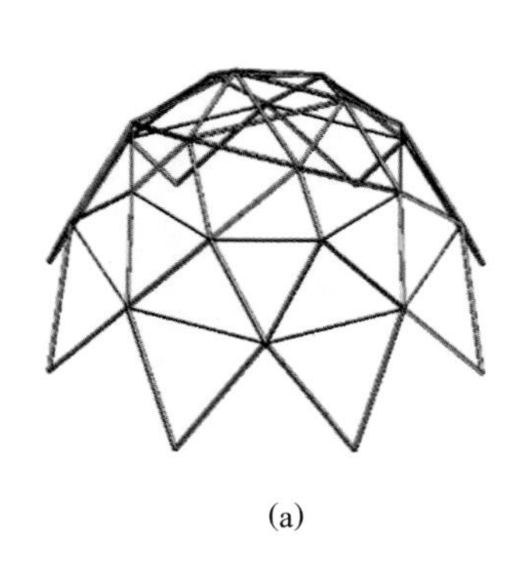

(a)

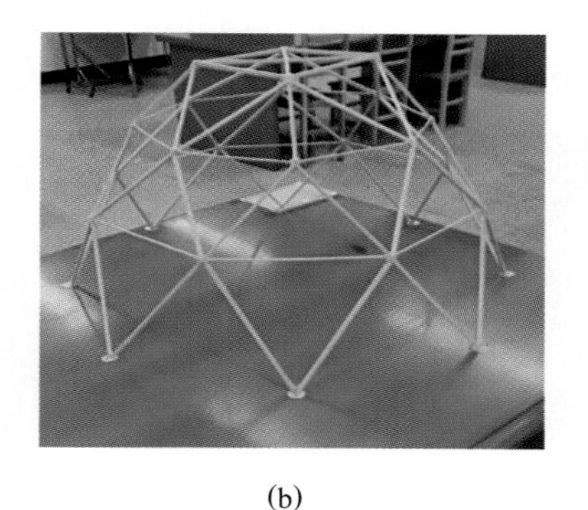

(b)

**图 59-1　选型方案示意图**

(a) 模型效果图；(b) 模型实物图

## 59.3　计算分析

基于 MIDAS 软件进行建模分析，计算分析结果如图 59-2 所示。

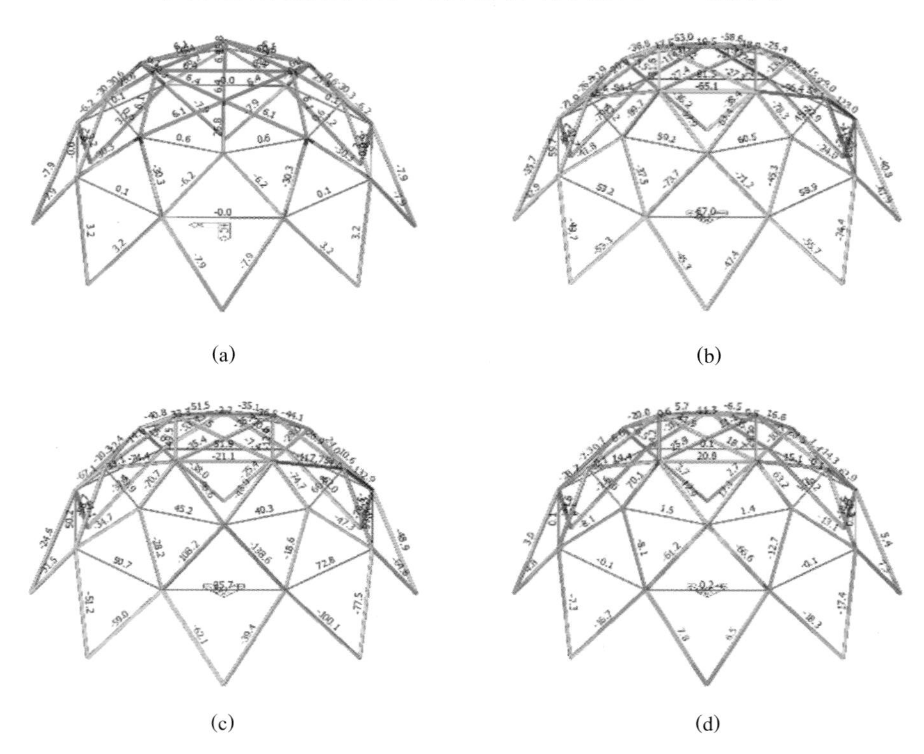

(a)　(b)　(c)　(d)

**图 59-2　计算分析结果图**

(a) 第一级荷载下弯矩图；(b) 第二级荷载 b 工况下轴力图；

(c) 第三级荷载 b 工况下轴力图；(d) 第三级荷载 b 工况下弯矩图

## 59.4 节点构造

节点是结构传力及模型制作的关键部位，本模型部分节点详图如图 59-3 所示。

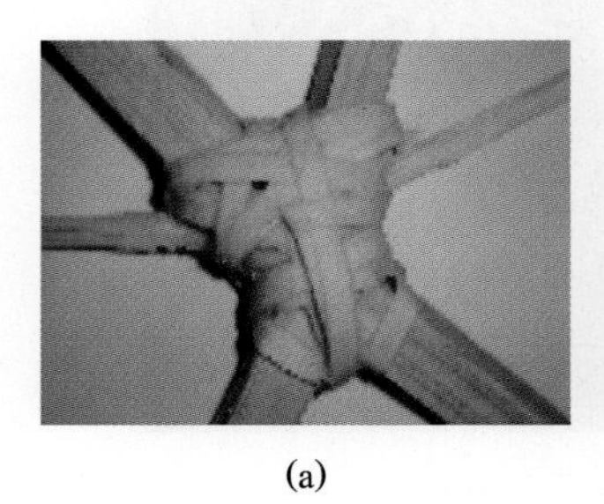

(a)

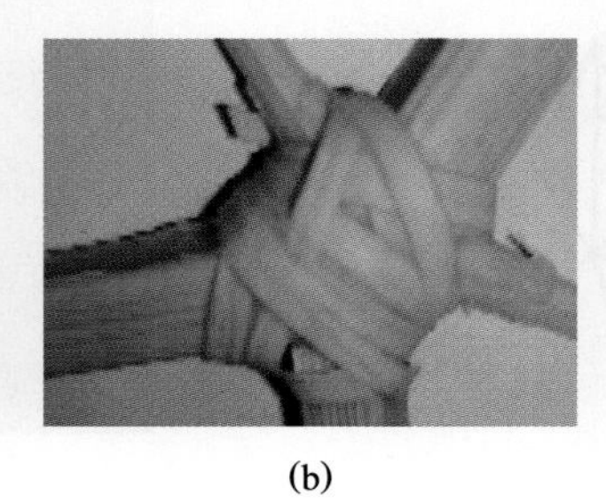

(b)

(c)

**图 59-3 节点详图**

(a) 第一层节点；(b) 第二层节点；(c) 第三层节点

# 60　新疆大学

| 作品名称 | 竹琉空阁 |
| --- | --- |
| 队　　员 | 许朕铭　张海虎　李汝飞 |
| 指导教师 | 王辉明　韩风霞 |
| 领　　队 | 王辉明 |

## 60.1　设计思路

结构设计竞赛的一个重要目标是用最少的材料做出满足赛题要求的结构形式，更好地实现结构的功效，并且能充分展现结构自身的魅力。带拱的空间组合桁架结构制作工艺简单，传力明确，且拱桁架具有较强的刚度，能满足竞赛要求的挠度限值。拱与桁架结合的组合结构，具备了较强的承载力和稳定性，为第三级阶段的加载提供了可靠的保障。结构构件功能明确，分析简单，便于计算，通过合理的结构布置和构件截面优化可以进一步改善模型的性能，以达到简单高效的效果。本模型采用对称结构以应对不同的加载方案，在选择承重体系时，结构的主要构件在第一阶段发挥作用，辅助构件在第二阶段发挥作用。选择竹条作为主要的承重构件，竹皮作为辅助构件，两者结合起来能够抵抗竖向荷载作用。制作模型时，在无竖向荷载作用下自然黏结拉条，使其在受竖向荷载后处于略微松弛的状态。这样在竖向荷载作用较小时拉条不起作用；而竖向荷载作用较大时，由于水平变形较大，拉条绷紧而产生拉力，可有效增大结构刚度，限制结构水平位移进一步发展，防止结构破坏。

## 60.2　结构构型

根据赛题要求，初步提出几种结构选型并进行对比分析，详见表 60-1。

**表 60-1　结构选型对比**

| 选型 | 选型 1:单独桁架结构 | 选型 2:单独拱结构 | 选型 3：桁架和拱结合的组合结构 |
| --- | --- | --- | --- |
| 优点 | 受力简单，制作简单，适用性强 | 适用性强，稳定性好，结构简单、美观 | 能承受很大的竖向荷载，同时能够把整体的受弯转化为拉压，让各个杆件充分发挥其性能 |
| 缺点 | 结构高度大，侧向刚度小，稳定性较差 | 制作时，难以保证拱的曲率精准 | 制作略复杂，用时较多 |

**总结**：综合对比以上结构形式，我们最终决定将拱和桁架结合在一起使用，避免了各自的缺点。最终选型方案示意图如图 60-1 所示。

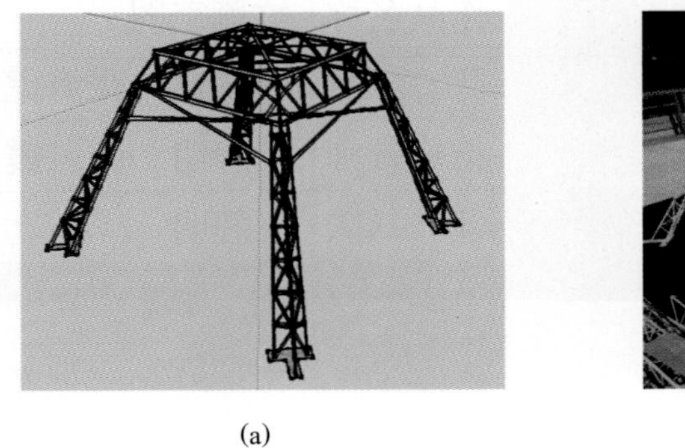

(a)　　(b)

**图 60-1　选型方案示意图**

(a) 模型效果图；(b) 模型实物图

## 60.3　计算分析

基于 MIDAS 软件进行建模分析，计算分析结果如图 60-2 所示。

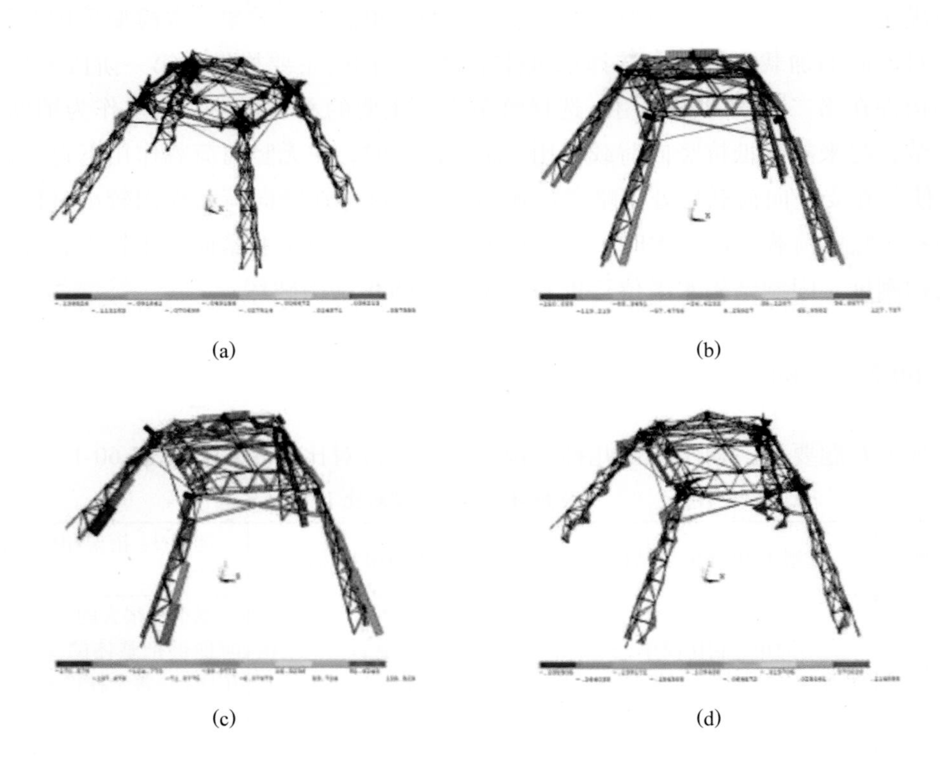

**图 60-2　计算分析结果图**

(a) 第一级荷载下弯矩图；(b) 第二级荷载 b 工况下轴力图；

(c) 第三级荷载 b 工况下轴力图；(d) 第三级荷载 b 工况下弯矩图

## 60.4 节点构造

节点是结构传力及模型制作的关键部位，本模型部分节点构造图如图 60-3 所示。

图 60-3 节点构造图

# 61　汕头大学

| 作品名称 | 凤凰花开 |
| --- | --- |
| 队　　员 | 张俊伟　韩一凡　刘　洁 |
| 指导教师 | 王传林　王钦华 |
| 领　　队 | 王传林 |

## 61.1　设计思路

本赛题要求参赛队设计并制作一个大跨度空间屋盖结构模型，模型构件允许的布置范围为两个半球面之间的空间，内半球体半径为 375mm，外半球体半径为 550mm。要求学生针对静载、随机选位荷载及移动荷载等多种荷载工况下的空间结构进行受力分析、模型制作及试验。此三种荷载工况分别对应实际结构设计中的恒荷载、活荷载和变化方向的水平荷载（如风荷载或地震荷载），并根据模型试验特点进行了一定简化。选题具有重要的现实意义和工程针对性。因此，针对赛题，我们主要从以下几个方面对结构方案进行构思：本赛题可定义为在给定设计空间内进行大跨度结构设计的问题；要在多荷载工况组合下进行结构优化分析；除了结构强度、刚度和稳定性问题之外，结构的节点设计安装也是不容忽视的重要问题与难点。

## 61.2　结构构型

根据赛题要求，初步提出几种结构选型并进行对比分析，详见表 61-1。

**表 61-1　结构选型对比**

| 选型 | 选型 1 | 选型 2 |
| --- | --- | --- |
| 图示 | | |
| 优点 | 结构组成较为简单，传力路径短；模型制作简单，杆件拼接较好控制，模型尺寸误差小 | 杆件之间相互支撑，受力较为均匀，轴力与弯矩都得以减小 |
| 缺点 | 杆件联系较弱，缺少整体性，杆件单体受力集中，外力传导效率不高，模型轴力与弯矩都很大，且模型杆件、拉索都较多，制作耗时长 | 杆件连接处受力复杂，对节点的强度要求高，稳定性要求较高，拼接比较困难 |

**总结：**综合对比，最终选择选型 2 作为最终方案。最终选型方案示意图如图 61-1 所示。

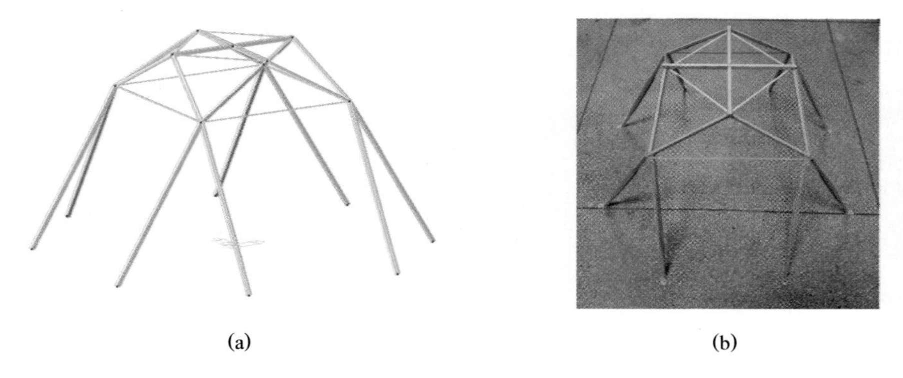

(a) (b)

**图 61-1 选型方案示意图**

(a) 模型效果图；(b) 模型实物图

## 61.3 计算分析

基于 MIDAS 软件进行建模分析，计算分析结果如图 61-2 所示。

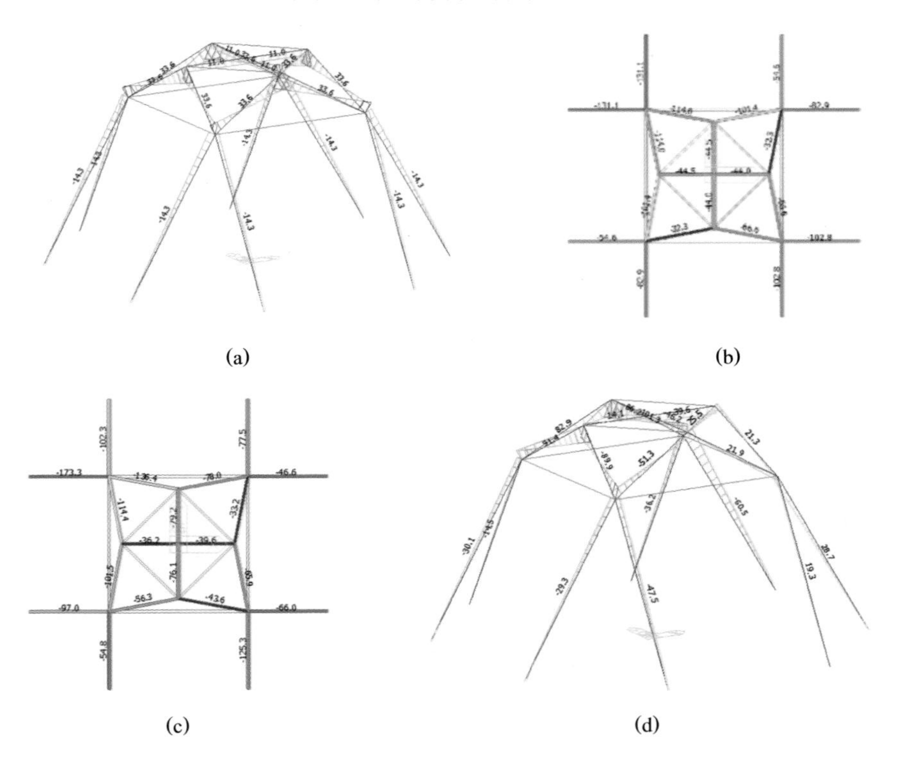

(a) (b)

(c) (d)

**图 61-2 计算分析结果图**

(a) 第一级荷载下弯矩图；(b) 第二级荷载下轴力图；

(c) 第三级荷载下轴力图；(d) 第三级荷载下弯矩图

## 61.4 节点构造

节点是结构传力及模型制作的关键部位，本模型部分节点详图如图 61-3 所示。

(a) (b) (c)

**图 61-3 节点详图**

(a) 上层节点；(b) 下层节点；(c) 柱脚节点

# 62 上海交通大学

| 作品名称 | 风语者 |
| --- | --- |
| 队　　员 | 闫勇升　朱天怡　汤　淼 |
| 指导教师 | 宋晓冰　陈思佳 |
| 领　　队 | 宋晓冰 |

## 62.1 设计思路

针对此题目，必须充分发挥结构的空间效应，将平面受力体系转变为空间受力体系，有助于解决结构的整体稳定和构件稳定问题。同时，空间结构的冗余度比平面结构高，能够实现更大的跨度、更高的承载力，结构失效的风险较低。而由于规避区的存在，竖向荷载悬挂点必定位于支座平面上方，无论采用怎样的体系，都无法回避压力流的传递问题。由于压杆体系在整个模型中占据的质量比重最大，怎样使用尽量少的材料，令压杆体系在较大的轴压力作用下不发生失稳，就成为设计过程中务必突破的难点之一。同时在偏心竖向荷载及方向不断变化的水平荷载作用下，结构需要承受数值和方向均不断变化的倾覆弯矩和扭矩，由此可能发展出两个设计方向，一种是强化压杆体系，增强整体性，使其具有足够大的刚度抵抗倾覆弯矩及扭矩，避免出现整体坍塌或挠度超过允许限值的情况，但杆件截面较大，所需材料也多；另一种则是强化拉杆体系，利用拉杆承担水平荷载，改善压杆支座条件，减小模型位移。两个设计方向各有利弊，通过建模分析及实际的模型试验，最终选择了第二个设计方向。

## 62.2 结构构型

根据赛题要求，初步提出几种结构选型并进行对比分析，详见表 62-1。

**表 62-1　结构选型对比**

| 选型 | 选型 1:空间桁架结构 | 选型 2:单层网壳结构 |
| --- | --- | --- |
| 图示 | | |
| 优点 | 内层柱与外层柱互为支撑,整体性好,刚度大,变形小 | 结构简单,受力明确,符合材料集中利用原则,质量控制较好 |
| 缺点 | 材料利用率较低,不利于质量控制 | 整体刚度较小,侧向变形较大 |

**总结：**综合对比，两种结构各有优缺点，都可以承受规定的荷载，但由于结构形式的限制，空间桁架方案的模型总质量难以降低，基于材料集中使用与制作轻质高强结构的原则，选择单层网壳结构作为参赛模型。最终选型方案示意图如图 62-1 所示。

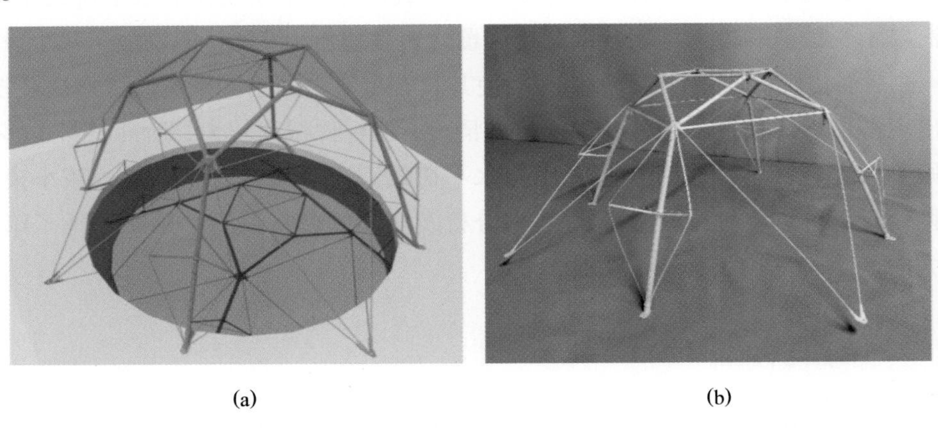

(a)　　(b)

**图 62-1　选型方案示意图**

(a) 模型效果图；(b) 模型实物图

## 62.3　计算分析

基于 RFEM 软件进行建模分析，计算分析结果如图 62-2 所示。

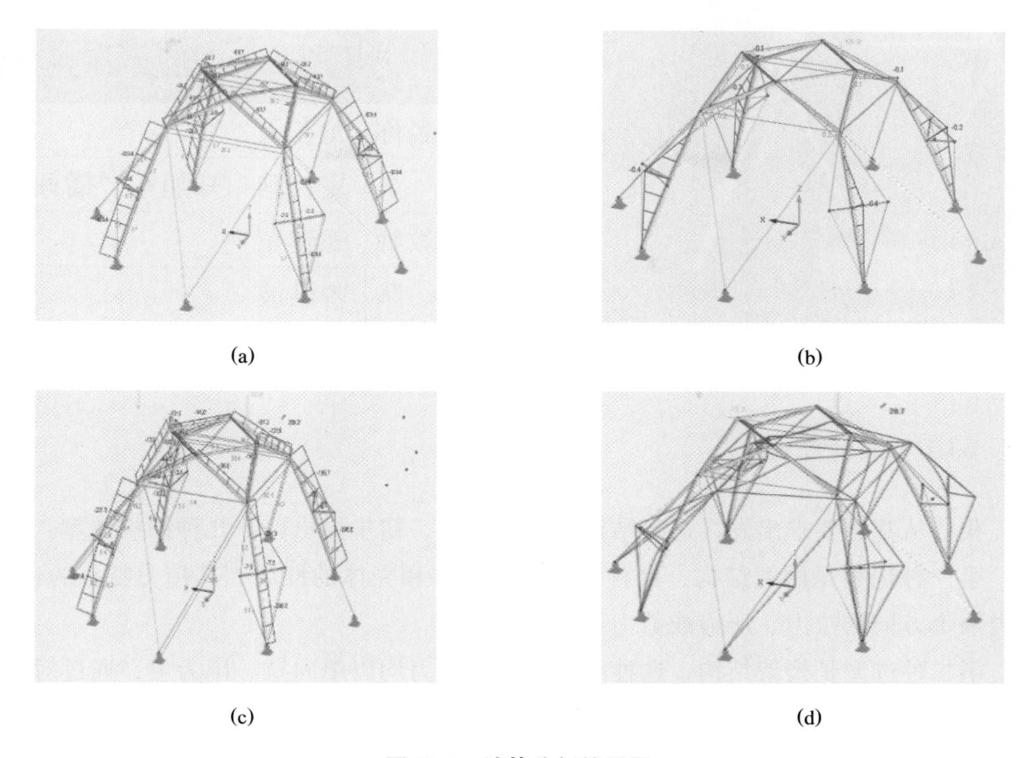

(a)　(b)　(c)　(d)

**图 62-2　计算分析结果图**

(a) 第一级荷载下轴力图；(b) 第二级荷载 e 工况下弯矩图；

(c) 第三级荷载 e 工况下 60°时轴力图；(d) 第三级荷载 e 工况下 60°时变形图

## 62.4　节点构造

节点是结构传力及模型制作的关键部位，本模型部分节点详图如图 62-3 所示。

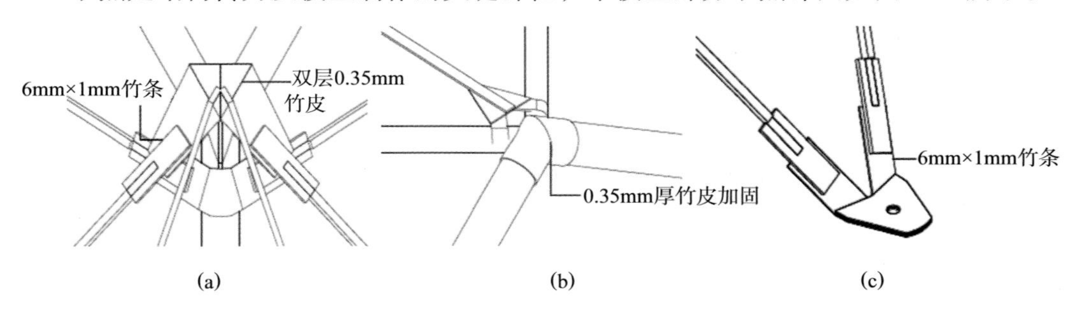


(a)　(b)　(c)

**图 62-3　节点详图**

(a) 梁柱节点；(b) 梁梁节点；(c) 拉杆底座节点

# 63　浙江工业大学

| 作品名称 | 龙在天 |
| --- | --- |
| 队　　员 | 夏哲聃　郑旭东　潘硕宸 |
| 指导教师 | 王建东 |
| 领　　队 | 曾洪波 |

## 63.1　设计思路

我们从赛题要求出发，进行结构方案的构思，初步提出以下几种结构选型：

第一种选型是网壳结构，这种结构兼具杆件和壳体的性质，其传力特点为通过壳内两个方向的拉力、压力或剪力逐点传力。

第二种选型是桁架结构，这种结构各杆件受力均以单向拉、压为主，通过对上、下弦杆和腹杆的合理布置，可适应结构内部的弯矩和剪力分布；由于水平方向的拉、压内力实现了自身平衡，整个结构不对支座产生水平推力；可将横弯作用下的实腹梁内部复杂的应力状态转化为桁架杆件内简单的拉压应力状态。

第三种选型是张弦梁结构，它由日本大学 M. Saitoh 教授明确提出，是一种区别于传统结构的新型杂交屋盖体系，是一种由刚性构件上弦、柔性拉索和中间连接的撑杆形成的混合结构体系。

第四种选型是框架结构，它是由许多梁和柱共同组成的框架来承受房屋全部荷载的结构，这种结构的整体性和刚度较好。

## 63.2　结构构型

根据赛题要求，初步提出几种结构选型并进行对比分析，详见表 63-1。

表 63-1　结构选型对比

| 选型 | 选型 1:网壳结构 | 选型 2:桁架结构 | 选型 3:张弦梁结构 | 选型 4:框架结构 |
|---|---|---|---|---|
| 优点 | 受力合理，可以跨越较大的跨度；网壳结构是典型的空间结构，合理的曲面可以使结构力流均匀；结构具有较大的刚度,结构变形小,稳定性好 | 通过对上、下弦杆和腹杆的合理布置，可适应结构内部的弯矩和剪力分布;由于水平方向的拉、压内力实现了自身平衡，整个结构不对支座产生水平推力;结构布置灵活,应用范围非常广 | 张弦梁结构可充分发挥高强索的强抗拉性能，改善整体结构受力性能，使压弯构件和抗拉构件取长补短，协同工作,达到自平衡状态,充分发挥了每种结构材料的作用 | 空间分隔灵活，自重轻,节省材料;具有可以较灵活地配合建筑平面布置的优点,利于安排需要较大空间的建筑结构 |
| 缺点 | 结构过于复杂 | 质量较大，顶部连接比较困难 | 模型制作难度较大,且存在不在规定模型范围的风险 | 框架节点应力集中显著,侧向刚度小 |

**总结：**综合对比制作难度、受力情况、稳定性、材料节省度等因素，最终选型方案示意图如图 63-1 所示。

(a)　　(b)

图 63-1　选型方案示意图

(a) 模型效果图；(b) 模型实物图

## 63.3　计算分析

基于 MIDAS 软件进行建模分析，计算分析结果如图 63-2 所示。

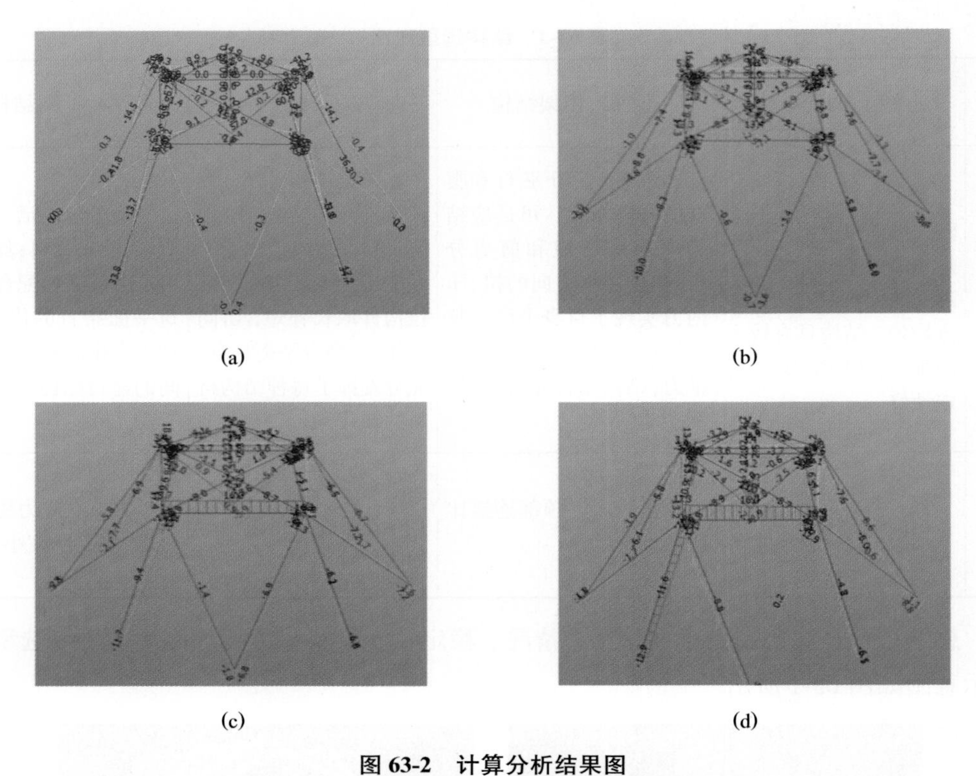

(a) (b)

(c) (d)

**图 63-2　计算分析结果图**

(a) 第一级荷载下弯矩图；(b) 第二级荷载 b 工况下轴力图；

(c) 第三级荷载 b 工况下轴力图；(d) 第三级荷载 b 工况下弯矩图

## 63.4　节点构造

节点是结构传力及模型制作的关键部位，本模型部分节点详图如图 63-3 所示。

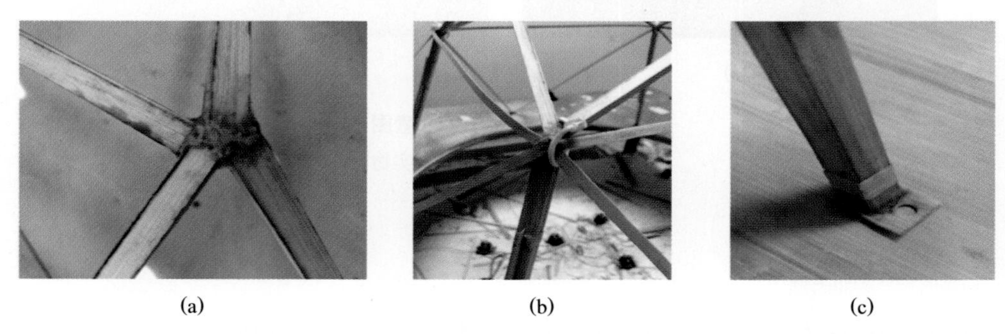

(a) (b) (c)

**图 63-3　节点详图**

(a) 中上层连接处节点；(b) 中下层连接处节点；(c) 柱脚节点

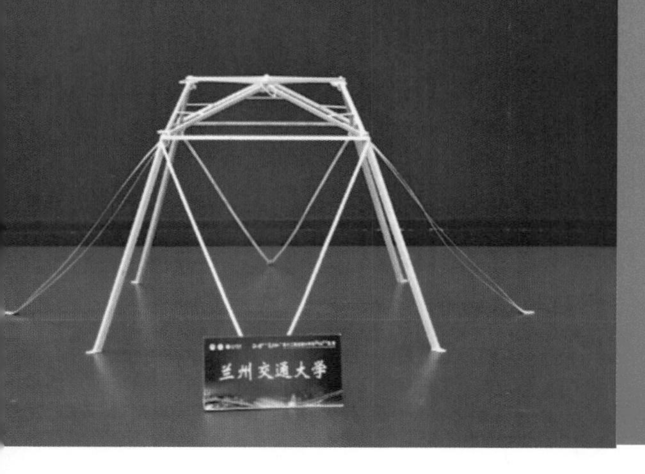


# 64 兰州交通大学

| 作品名称 | 浑然天成 |
|---|---|
| 队　　员 | 魏宇朔　陶　然　王　瑞 |
| 指导教师 | 张家玮　李　伟 |
| 领　　队 | 梁庆国 |

## 64.1 设计思路

应在保证结构的强度、质量、尺寸、刚度和稳定性的前提下，充分发挥竹片抗拉强度高的优势，力求设计出受力情况最佳的结构，以体现出力学与美学的融合。结构形式的选择应以结构本身富有艺术美感、结构简约而不简单、质地轻而强度高、节点便于连接与控制为原则；杆件的截面在满足赛题的条件下，模型先做加法，再做减法，然后确定截面的几种形式以及组合方式。因此我们选取以三角形单元为主的空间结构，以便于竹材抗拉、抗压性能的发挥。同时，选择以“树形柱+拉条”为主导，局部结构进行调整的方案。树形柱具有将荷载传递由一点变为多点，提供更多的传力路径，支承覆盖范围大的优点。它通过树杈分支减小屋盖结构的跨度，使较小的杆件即能构造出很大的立体空间。

## 64.2 结构构型

根据赛题要求，初步提出几种结构选型并进行对比分析，详见表 64-1。

**表 64-1　结构选型对比**

| 选型 | 选型 1:网壳结构 | 选型 2:张弦结构 | 选型 3:桁架结构 | 选型 4:空间刚架 |
|---|---|---|---|---|
| 图示 | | | | |
| 优点 | 结构空间性较好 | 理论受力性能好 | 制作简单,拼装方便 | 节点少,传力路径明确 |
| 缺点 | 制作复杂,节点脆弱 | 位移过大，不满足赛题要求 | 杆件利用率低 | 太过于依赖拉条 |

**总结：** 综合对比模型制作工艺、整体拼装、结构体系、承载力及质量等，确定选型 4 作为参赛方案。最终选型方案示意图如图 64-1 所示。

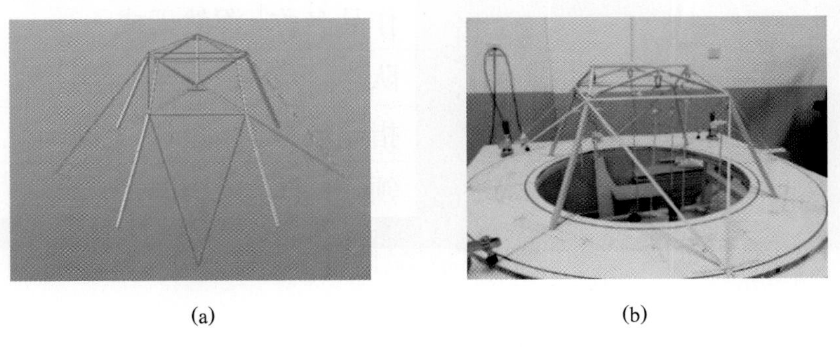

(a) (b)

**图 64-1 选型方案示意图**

(a) 模型效果图；(b) 模型实物图

## 64.3 计算分析

基于 MIDAS 软件进行建模分析，计算分析结果如图 64-2 所示。

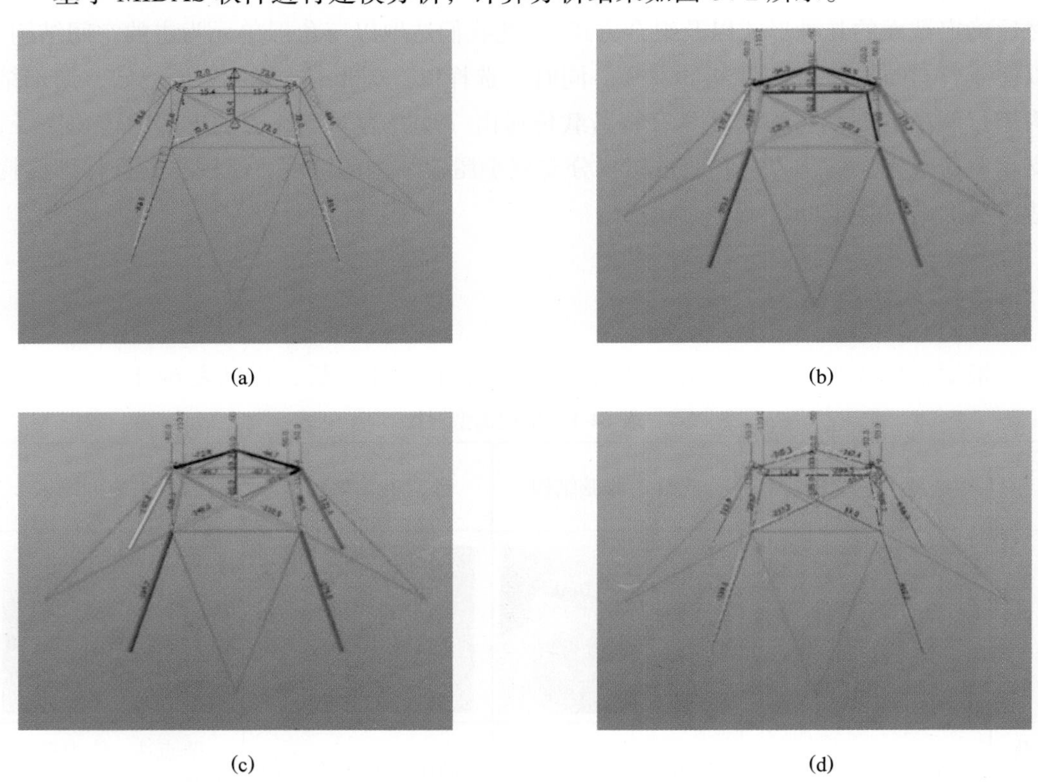

(a) (b)

(c) (d)

**图 64-2 计算分析结果图**

(a) 第一级荷载下弯矩图；(b) 第二级荷载下轴力图；

(c) 第三级荷载 b 工况下轴力图；(d) 第三级荷载 b 工况下弯矩图

## 64.4 节点构造

节点是结构传力及模型制作的关键部位，本模型部分节点详图如图 64-3 所示。

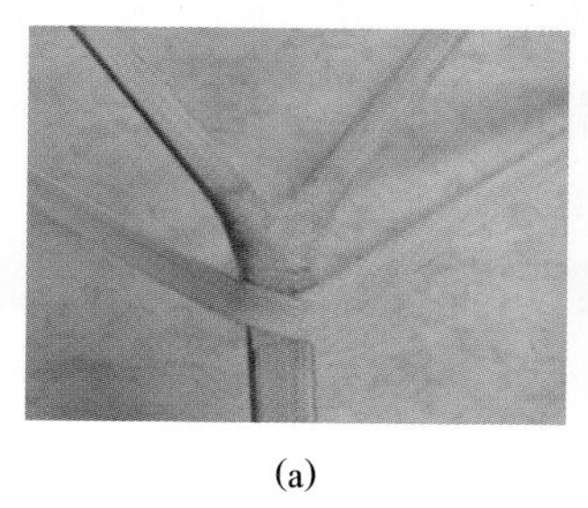

(a)

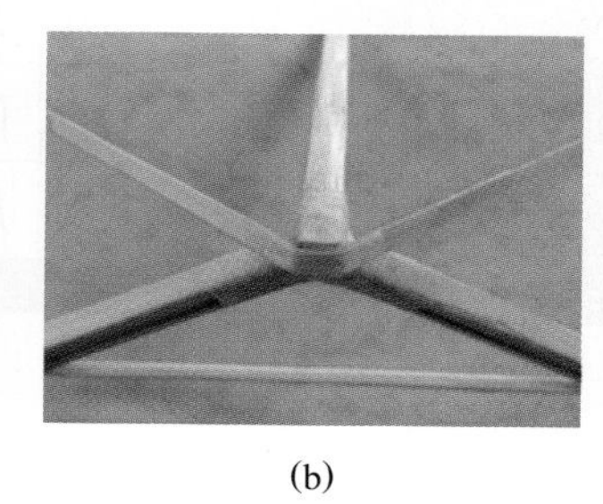

(b)

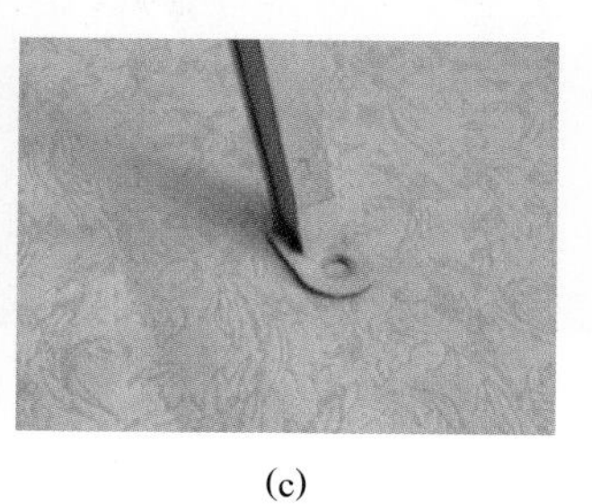

(c)

**图 64-3 节点详图**

(a) *A* 节点；(b) *B* 节点；(c) 柱脚节点

# 65 南华大学

| 作品名称 | 求是致远 |
|---|---|
| 队　　员 | 钟鹏程　贝一鸣　熊燕妮 |
| 指导教师 | 南华大学指导组 |
| 领　　队 | 唐素芝 |

## 65.1 设计思路

目前大跨度结构的建造和所采用的技术已成为衡量一个国家建筑水平的重要标志，许多宏伟且富有特色的大跨度建筑已成为当地的象征性标志和著名的人文景观。针对本次赛题背景及要求，我们从日常生活中所见到的和世界闻名的大跨度空间结构的设计思路出发，发现类似于电塔、埃菲尔铁塔一类的空间刚桁架结构比较符合本次赛题的要求。以铁塔的结构形式为基础，综合赛题要求，初步选型以“桁架支腿+上部承台”为主要结构形式。

## 65.2 结构构型

根据赛题要求，初步提出几种结构选型并进行对比分析，详见表 65-1。

**表 65-1　结构选型对比**

| 选型 | 选型 1 | 选型 2 | 选型 3 |
|---|---|---|---|
| 图示 | | | |
| 优点 | 外部拉带能有效抵抗偏心荷载与移动水平荷载带给模型的变形；支腿较短，挠曲变形较小 | 三角刚架平台受拉构件，将抗弯受力形式设计为抗拉形式，充分利用竹材抗拉性能；模型整体性、抗倾覆能力强 | 拉条可以控制模型腿部扭转和侧向挠度变形；抵消部分水平荷载的作用，减少模型横向变形；拉条还可以控制模型柱腿的安装位置，提高柱脚安装精度 |
| 缺点 | 平台尺寸过大且平台受力为二维空间受力状态，易受力不均 | 桁架腿为主要受力构件，易出现扭转变形导致杆件失稳 | 拉条较为细薄，模型安装及检测过程中易弄坏拉条 |

**总结：** 综合对比模型制作工艺、整体拼装、结构体系、承载力及质量等，确定选型 3 作为参赛方案。最终选型方案示意图如图 65-1 所示。

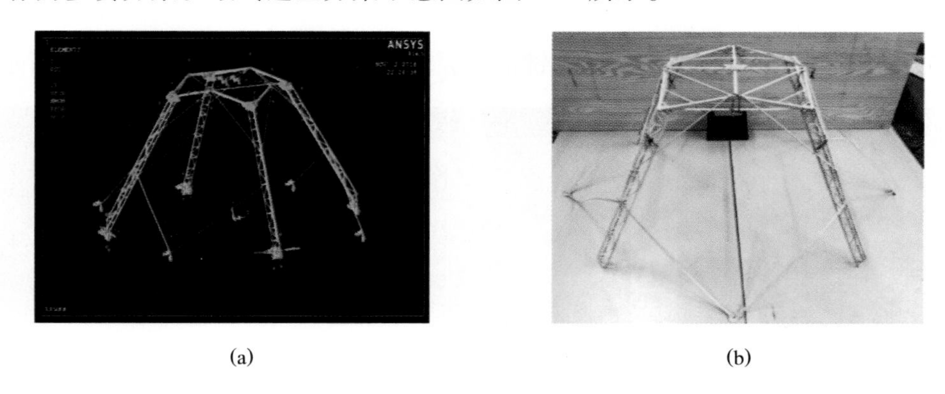

(a) (b)

**图 65-1 选型方案示意图**

(a) 模型效果图；(b) 模型实物图

## 65.3 计算分析

基于 ANSYS 软件进行建模分析，计算分析结果如图 65-2 所示。

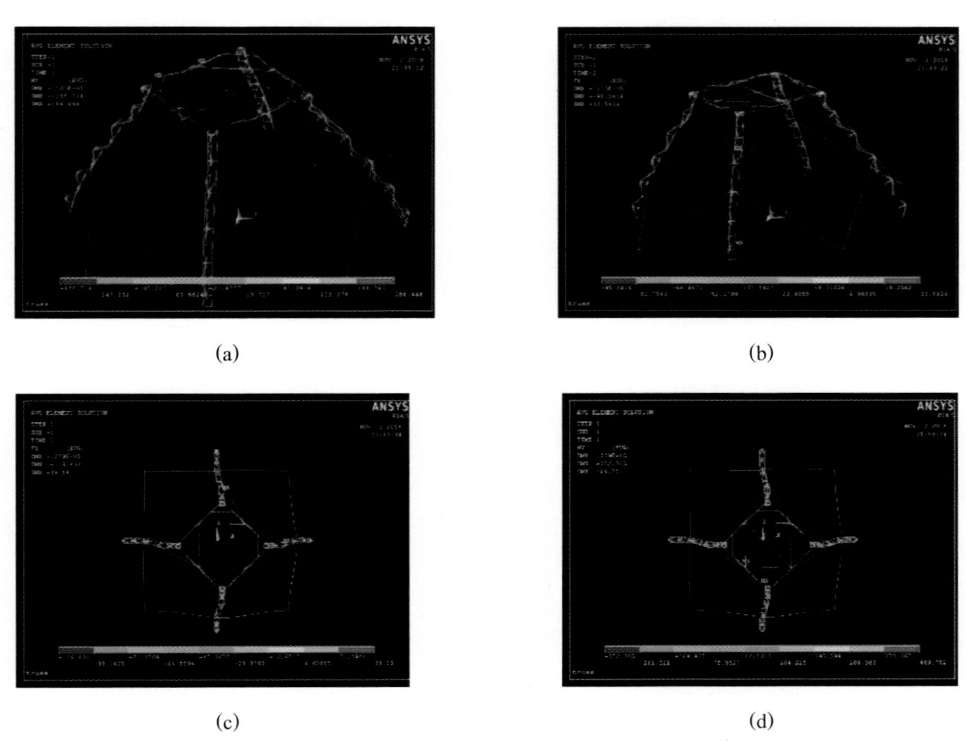

(a) (b)

(c) (d)

**图 65-2 计算分析结果图**

(a) 第一级荷载下弯矩图；(b) 第二级荷载下轴力图；

(c) 第三级荷载下轴力图；(d) 第三级荷载下弯矩图

## 65.4　节点构造

节点是结构传力及模型制作的关键部位，本模型部分节点详图如图 65-3 所示。

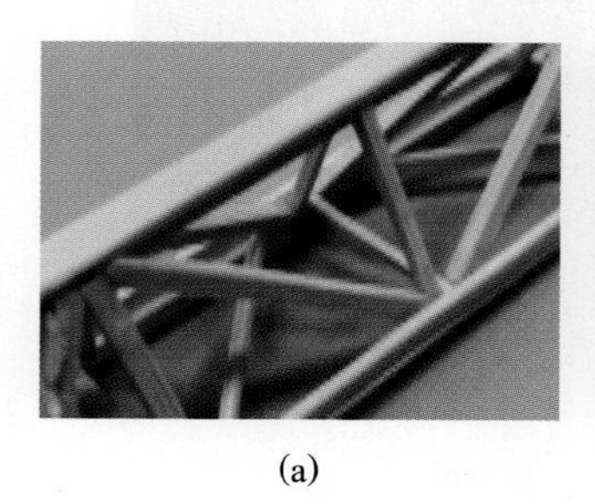

(a)

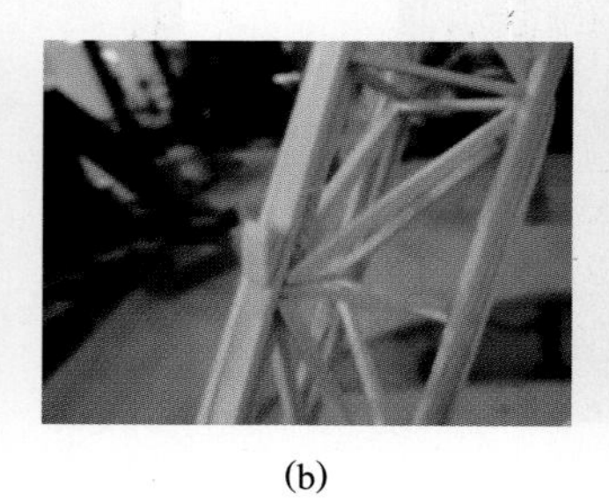

(b)

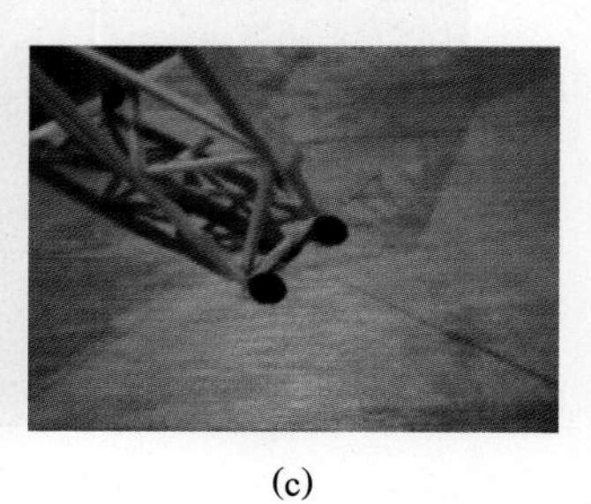

(c)

**图 65-3　节点详图**

(a) 桁架腹杆节点；(b) 吊点节点；(c) 柱脚节点

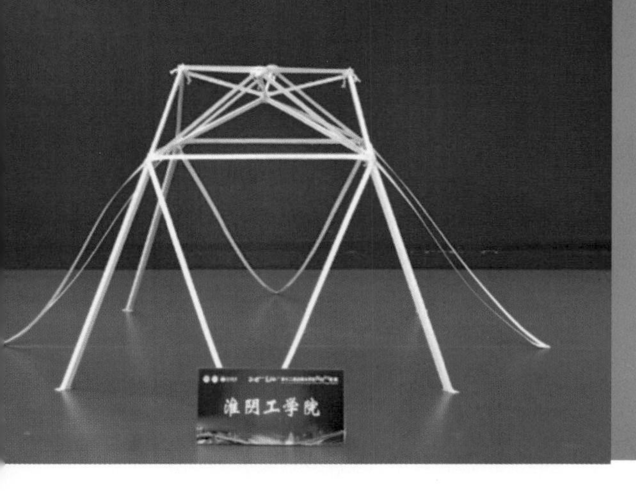


# 66　淮阴工学院

| 作品名称 | 半窗半弦 |
|---|---|
| 队　　员 | 刘振宇　刘金鑫　孟　亮 |
| 指导教师 | 刘剑雄　张　鹏 |
| 领　　队 | 顾文虎 |

## 66.1　设计思路

本赛题要求学生针对静载、随机选位荷载及移动荷载等多种荷载工况下的空间结构进行受力分析、模型制作及试验验证。此三种荷载工况分别对应实际结构设计中的恒荷载、活荷载和变化方向的水平荷载（如风荷载或地震荷载），并根据模型试验特点进行了一定简化。选题具有重要的现实意义和工程针对性。因此，我们结合赛题要求，从以下几个方面对结构方案进行构思：构造合理，传力路径简单、明确；尽可能减少杆件数量，节约材料，便于制作；力求精致美观，使造型简洁、优美。

## 66.2　结构构型

根据赛题要求，初步提出几种结构选型并进行对比分析，详见表 66-1。

**表 66-1　结构选型对比**

| 选型 | 选型 1 | 选型 2 | 选型 3 |
|---|---|---|---|
| 图示 | | | |
| 优点 | 外型美观，构造较简单 | 结构刚度大，稳定性好 | 传力路径简单、明确，杆件数量较少 |
| 缺点 | 对支座的固定连接要求较高，杆件、节点多，制作复杂 | 杆件、节点数量较多，制作难，制作时间长 | 杆件制作要求高，节点拼接难度大 |

**总结**：综合对比三种结构的优缺点，在选型 3 的基础上，进一步优化，最终选型方案示意图如图 66-1 所示。

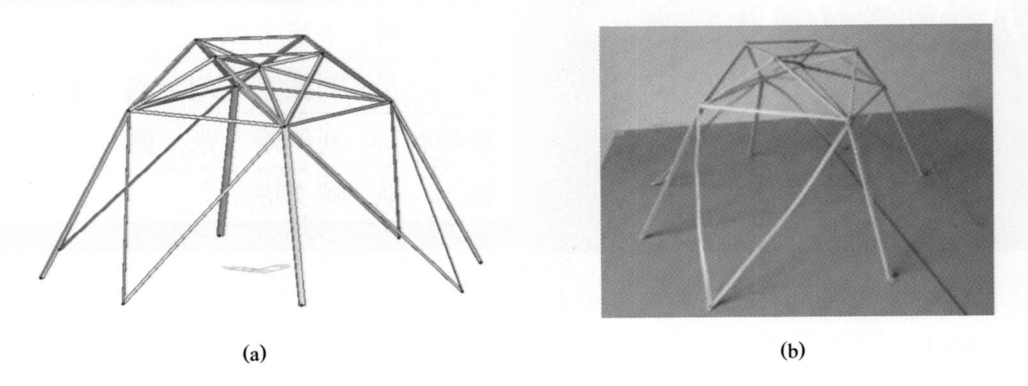

(a) (b)

**图 66-1　选型方案示意图**

(a) 模型效果图；(b) 模型实物图

## 66.3　计算分析

基于 MIDAS 软件进行建模分析，计算分析结果如图 66-2 所示。

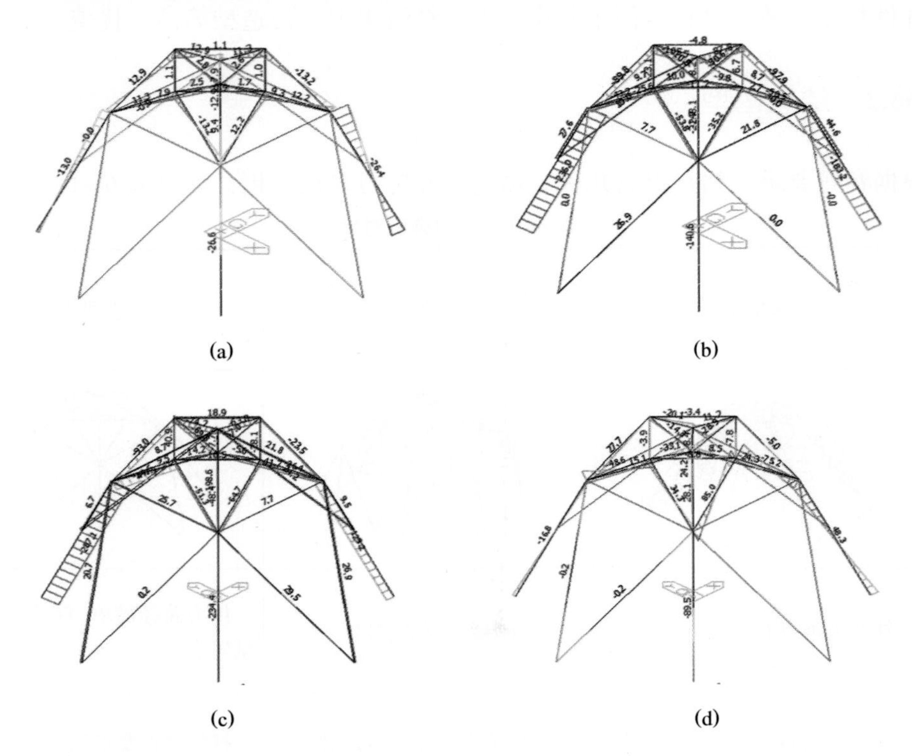

(a) (b) (c) (d)

**图 66-2　计算分析结果图**

(a) 第一级荷载下弯矩图；(b) 第二级荷载下轴力图；

(c) 第三级荷载下轴力图；(d) 第三级荷载下弯矩图

## 66.4　节点构造

节点是结构传力及模型制作的关键部位，本模型部分节点详图如图 66-3 所示。

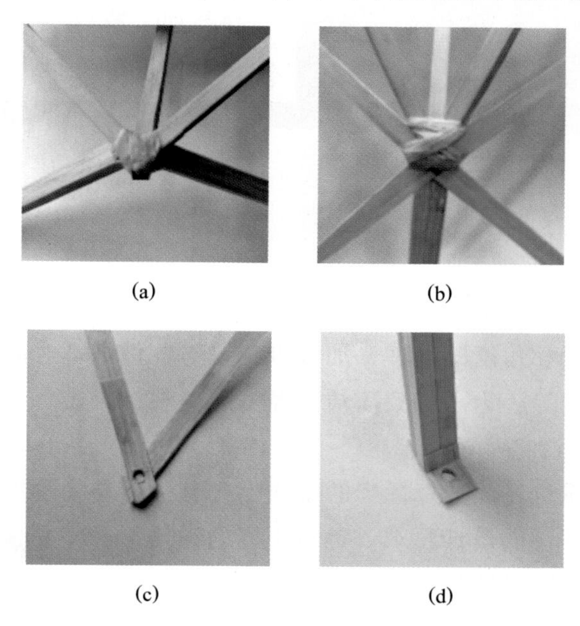

(a)　(b)　(c)　(d)

**图 66-3　节点详图**

(a) *A* 节点；(b) *B* 节点；(c) 拉条固定节点；(d) 柱脚节点

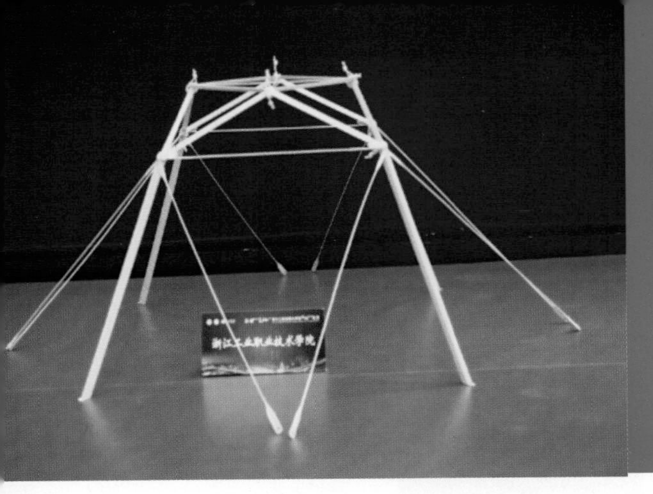

# 67　浙江工业职业技术学院

| 作品名称 | 圆梦顶 |
|---|---|
| 队　　员 | 周许栋　陈倩莹　汪伟涛 |
| 指导教师 | 罗烨钶　单豪良 |
| 领　　队 | 钟振宇 |

## 67.1　设计思路

本次竞赛得分的关键是尽可能提高模型的荷质比。分析赛题后发现，难点在于竖向传力杆件的位置和角度的处理、加载点位置与杆件处理之间的关系、节点的处理、加载方式的处理等。为了得到简洁、经济、美观、轻盈、高强的模型，我们从多方面进行了构思。

根据模型的制作材料，选择适当的结构形式，提高结构刚度和整体性，符合强柱弱梁、强节点弱杆件的设计要求。针对不同的结构形式，在保证安全可靠的前提下，尽量优化模型、减轻质量，使荷质比达到最大。针对不同的结构形式，通过大量加载试验，观测模型的位移，在满足安全的前提下，尽可能提高效率比。由于制作材料是竹皮、竹条和胶水，三者的材料力学特性因制作工艺不同而与理论有所差异，因此需做材料性能试验，包括竹皮抗拉强度试验、竹条抗拉强度试验、立柱抗压强度试验、胶水抗剪强度试验等。合理运用竹皮材料的特性，充分发挥其优越的力学性能。精心设计和制作杆件及节点板，发现问题及时解决，从实践中不断总结，敢于创新，打破思维定式的约束。

## 67.2　结构构型

根据赛题要求，初步提出几种结构选型并进行对比分析，详见表 67-1。

表 67-1　结构选型对比

| 选型 | 选型 1 | 选型 2 | 选型 3 |
|---|---|---|---|
| 图示 | | | |
| 优点 | 稳定性好，形式简单，易于制作，位移小 | 稳定性好，形式简单，易于制作，位移较小 | 稳定性较好，形式简单，易于制作，竖向位移小 |
| 缺点 | 优化费时，制作费时，易出现薄弱节点 | 受压柱冗余 | 水平稳定性较差 |

**总结：**综合对比三种结构的优缺点，在选型 3 的基础上，进一步优化，最终选型方案示意图如图 67-1 所示。

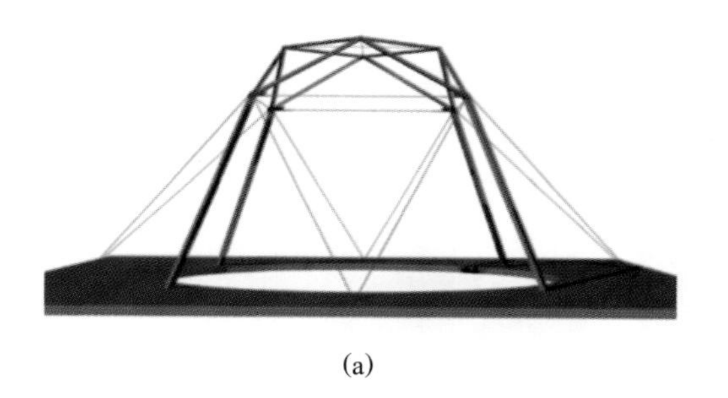

(a)

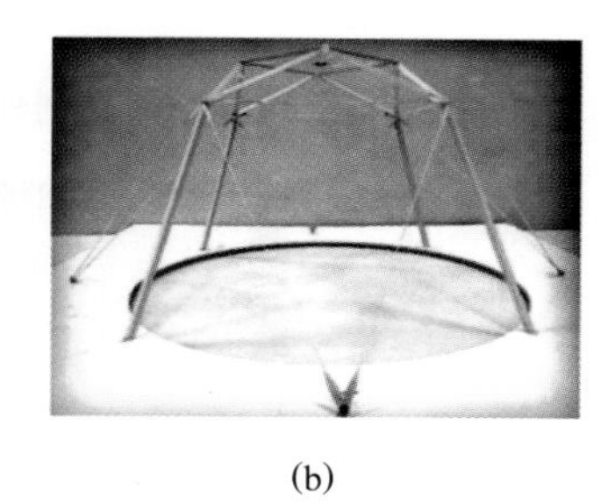

(b)

**图 67-1　选型方案示意图**

(a) 模型效果图；(b) 模型实物图

## 67.3　计算分析

基于 MIDAS 软件进行建模分析，计算分析结果如图 67-2 所示。

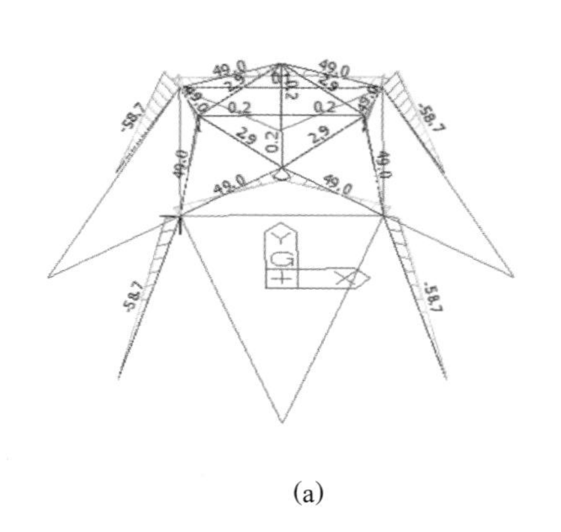


(a)

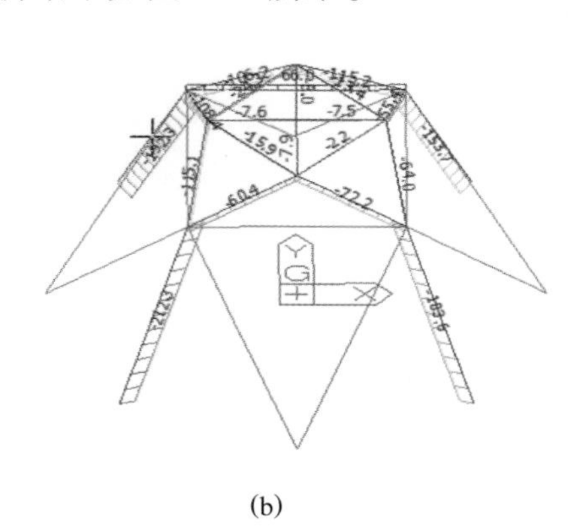


(b)

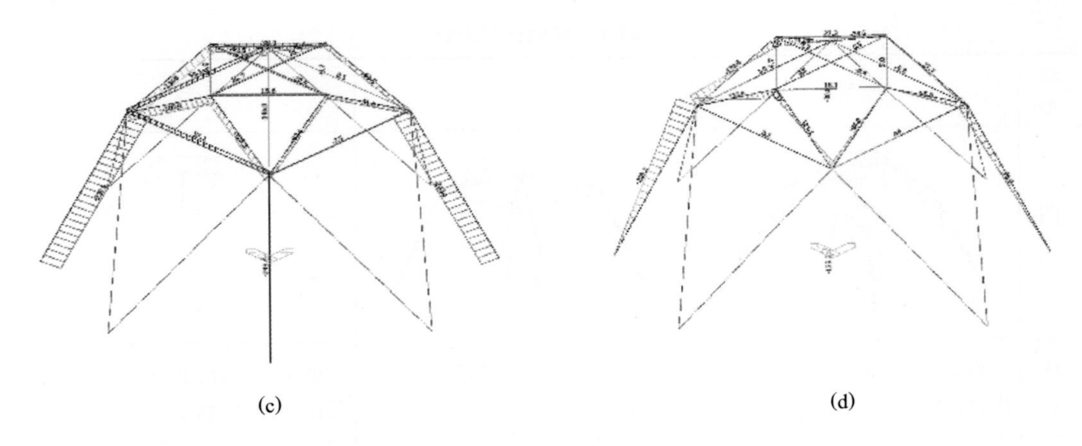

(c)　　　　　　　　(d)

**图 67-2　计算分析结果图**

(a) 第一级荷载下弯矩图；(b) 第二级荷载 b 工况下轴力图；
(c) 第三级荷载 b 工况下轴力图；(d) 第三级荷载 b 工况下弯矩图

## 67.4　节点构造

节点是结构传力及模型制作的关键部位，本模型部分节点详图如图 67-3 所示。

(a)　　(b)　　(c)　　(d)

**图 67-3　节点详图**

(a) 柱头节点；(b) 顶撑节点；(c) 加载台拉条节点；(d) 柱脚节点

# 68 上海应用技术大学

| 作品名称 | 简构 |
|---|---|
| 队　　员 | 林子豪　肖楚柠　张　冠 |
| 指导教师 | 胡大柱　崔大光 |
| 领　　队 | 丁文胜 |

## 68.1 设计思路

本赛题要求设计并制作承受多荷载工况的大跨度空间结构模型，受力方向明确，受力大小自定，因此，我们从结构受力、结构耗材、结构美观、结构制作方法等方面对结构方案进行构思。赛题设计了 8 个集中受力点，考虑到结构规避区，从结构的竖向剖面不难分析，结构外形竖向剖面可制作为弧形，或制作为单元直杆并以一定角度连接。其中外圈受力点与其相邻的两个内圈受力点相连接，能让受力杆件得到充分的运用，并且能很好地解决结构的受力问题。模型主要走简约路线，无论是从受力、外观还是耗材上面来说，都尽量选择最简单的形式，并且让每一个单元杆件都得到充分的利用。选用竹皮制作成杆件，杆件采用箱形截面，这样不仅质量轻，并且能够承受更大的外力。模型制作过程中，最困难的是节点的连接问题，我们通过精确计算与设计，使得每根杆件都能拼接在一起。

## 68.2 结构构型

根据赛题要求，初步提出几种结构选型并进行对比分析，详见表 68-1。

**表 68-1　结构选型对比**

| 选型 | 选型 1 | 选型 2 |
|---|---|---|
| 图示 | | |
| 优点 | 能够较好地解决模型抵抗变化方向水平荷载的问题,并能避免杆件发生屈曲现象 | 受力清晰,耗材少,制作简单 |
| 缺点 | 制作难度大,耗材多 | 模型抵抗变化方向的水平荷载的能力较弱 |

**总结：**通过选型 1 与选型 2 的对比，最终选型方案示意图如图 68-1 所示。

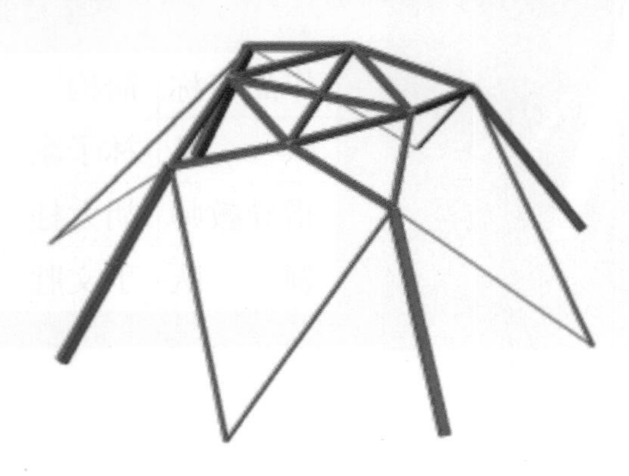

**图 68-1　选型方案示意图**

## 68.3　计算分析

基于 MIDAS 软件进行建模分析，计算分析结果如图 68-2 所示。

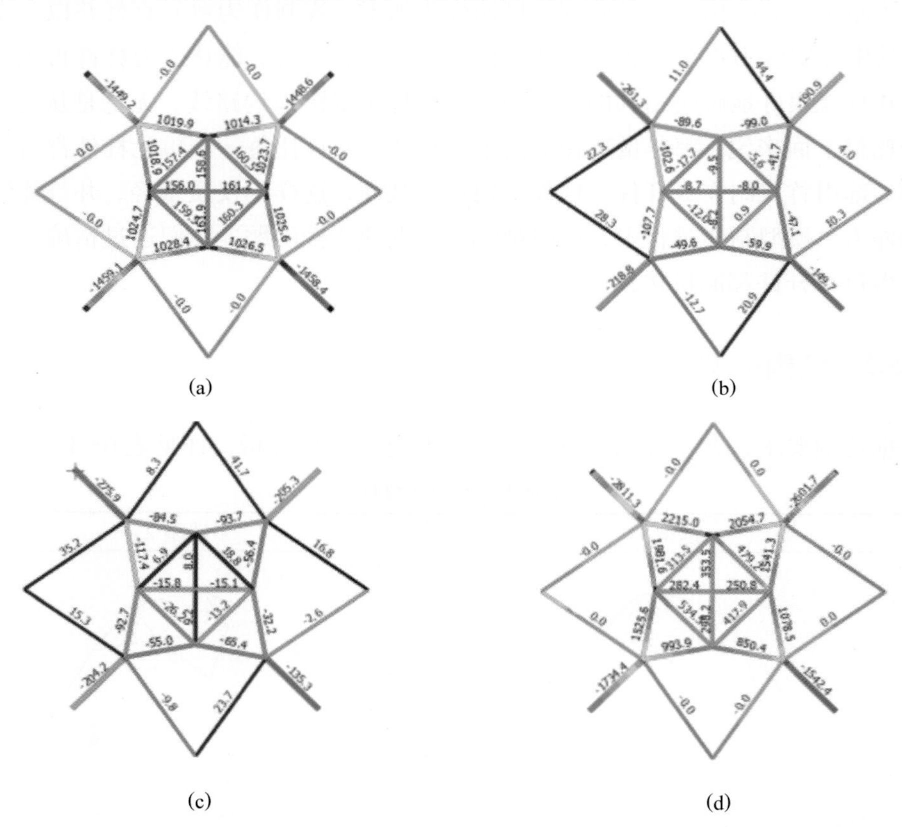


**图 68-2　计算分析结果图**

(a) 第一级荷载下弯矩图；(b) 第二级荷载下轴力图；
(c) 第三级荷载下轴力图；(d) 第三级荷载下弯矩图

## 68.4 节点构造

节点是结构传力及模型制作的关键部位，本模型部分节点详图如图 68-3 所示。

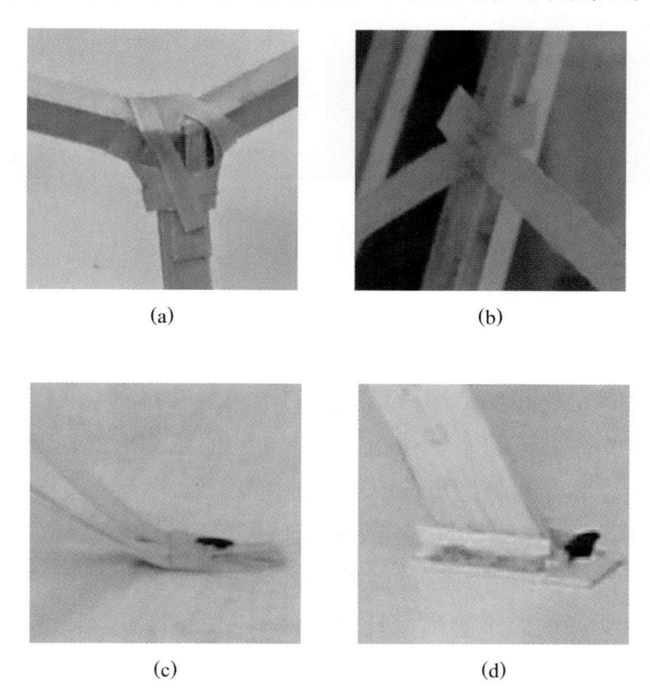

(a) (b) (c) (d)

**图 68-3 节点详图**

(a) 杆件相交节点；(b) 竹皮杆件交接节点；(c) 竹皮固定节点；(d) 柱脚节点

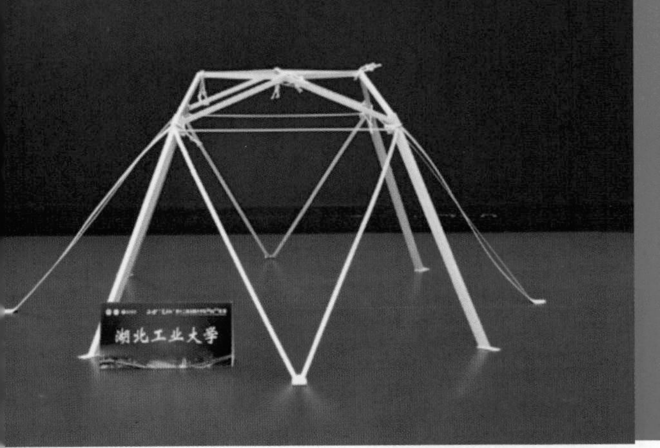


# 69 湖北工业大学

| 作品名称 | Sanctuary(圣所) |
|---|---|
| 队　　员 | 彭宇林　余中阳　曾美龄 |
| 指导教师 | 余佳力　张　晋 |
| 领　　队 | 苏　骏 |

## 69.1 设计思路

结构设计，就是一门关于如何用最少的材料来达到结构合适的安全度，最好地实现结构的效果，并能充分展现结构自身魅力的学问。放弃复杂、怪异的结构形式，尽可能地节约材料，发挥材料的力学性能，构建简约的结构形式，返璞归真，并在减少材料用量的基础上，尽可能满足建筑原有功能的需要。模型在受到竖向和水平荷载作用时，刚性过大的结构其承载力可能会出现问题，但太柔的结构亦容易出现变形过大的问题。结构设计要求采用指定的竹皮和502胶水，但不同厚度的竹皮做出来的结构粘接成构件后其力学特性尚不明确。针对上述状况，需要进行相应的材料性能试验，包括构件抗拉试验、抗压试验等。此次模型设计过程中，应专门对模型中不同长度的竹质构件抗压性能进行试验分析，从而为合理运用竹皮与502胶水材料，充分发挥其各自优越的力学性能提供理论基础。

## 69.2 结构构型

根据赛题要求，初步提出几种结构选型并进行对比分析，详见表69-1。

**表69-1　结构选型对比**

| 选型 | 选型1:双层式结构 | 选型2:不对称式结构 | 选型3:单层式结构 |
|---|---|---|---|
| 图示 | | | |
| 优点 | 整体性较好,受力较为均匀 | 整体性好 | 制作较为简单,节点少 |
| 缺点 | 杆件数量较多 | 稳定性差 | 拉带的使用量较多，杆件尺寸较大 |

**总结：**通过上述选型的对比，最终选型方案示意图如图 69-1 所示。

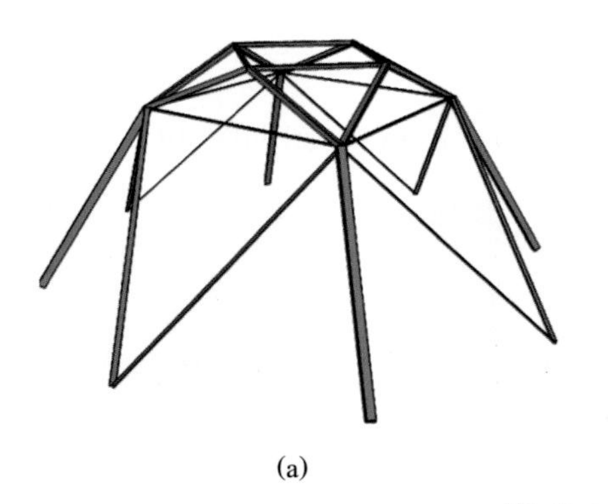

(a)

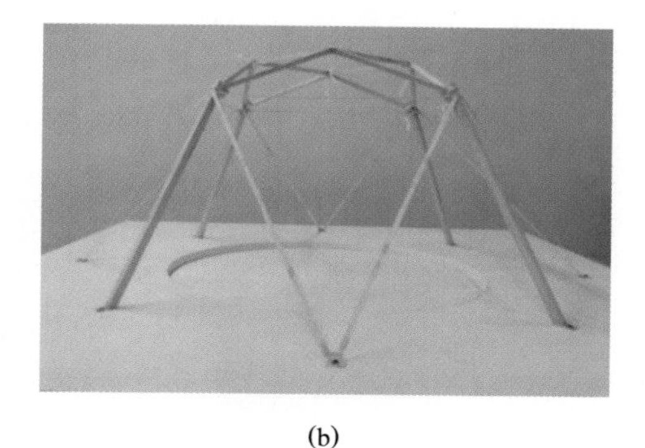

(b)

**图 69-1　选型方案示意图**

(a) 模型效果图；(b) 模型实物图

## 69.3　计算分析

基于 SAP2000 软件进行建模分析，计算分析结果如图 69-2 所示。

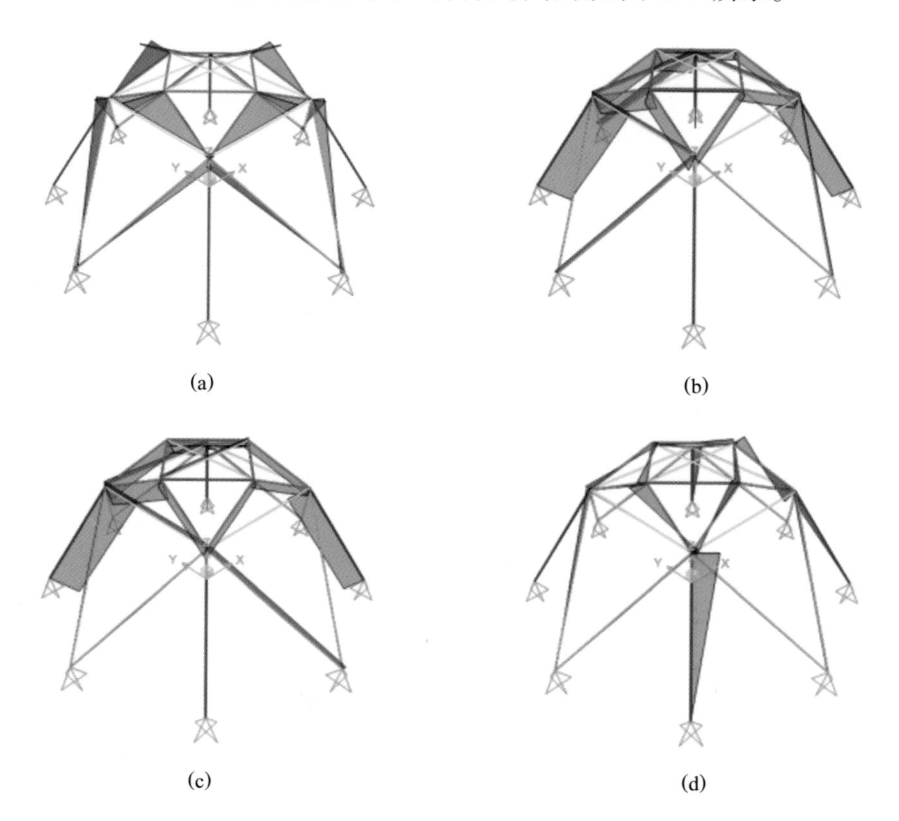

(a)　(b)　(c)　(d)

**图 69-2　计算分析结果图**

(a) 第一级荷载下弯矩图；(b) 第二级荷载 a 工况下轴力图；
(c) 第三级荷载 c 工况下轴力图；(d) 第三级荷载 c 工况下弯矩图

## 69.4　节点构造

节点是结构传力及模型制作的关键部位，本模型部分节点详图如图 69-3 所示。

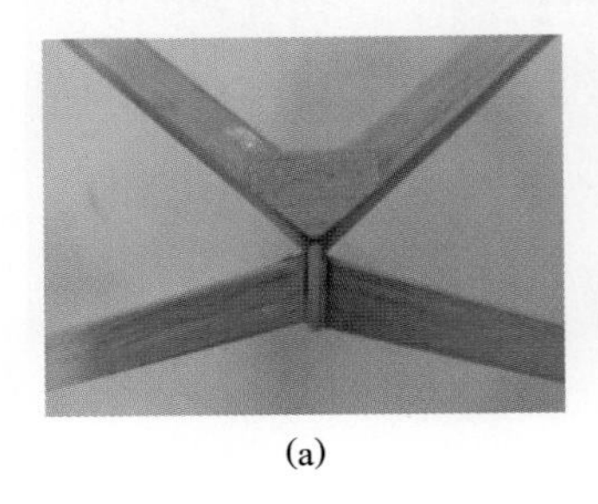

(a)

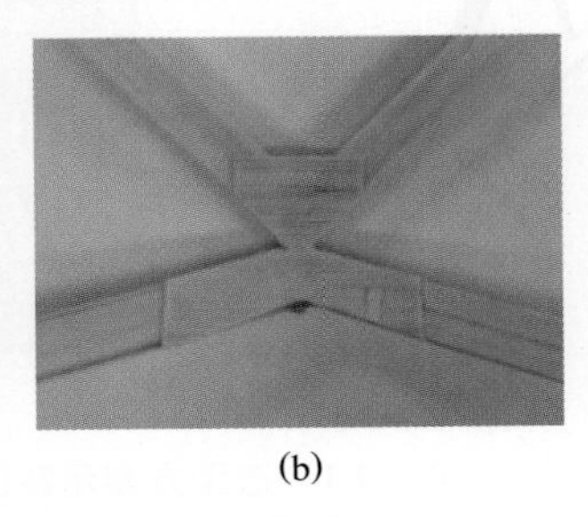

(b)

(c)

**图 69-3　节点详图**

(a) 顶部节点 1；(b) 顶部节点 2；(c) 中部节点

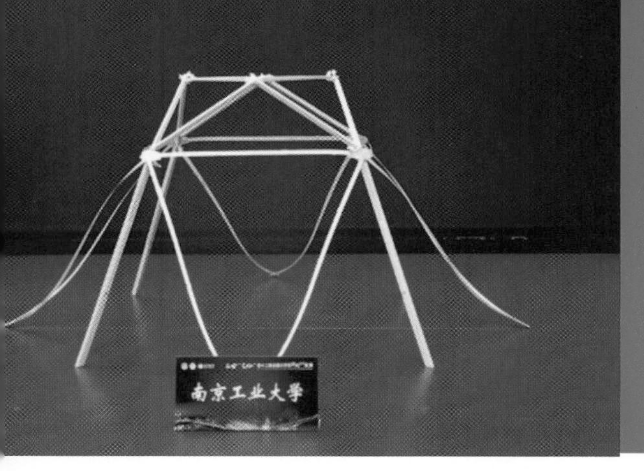


# 70　南京工业大学

| 作品名称 | 穹顶之下 |
| --- | --- |
| 队　　员 | 陆跃贤　吴　鹏　张棋飞 |
| 指导教师 | 万　里　王　俊 |
| 领　　队 | 徐　汛 |

## 70.1　设计思路

本赛题为承受多荷载工况的大跨度空间结构模型设计，要求在两个不同半径的半球夹层之间设计并制作模型，并对结构施加竖直方向和水平方向的集中荷载。因此，我们从拱合理轴线、拱在集中荷载下的压力线、竹材的力学性能以及模型制作的难易程度等方面对结构方案进行构思。在均布荷载作用下，拱的合理轴线形状为二次或多次抛物线形状。在集中荷载作用下，拱的合理轴线及其压力线均为在集中荷载处转折的折线形状。竹材的抗拉性能优越，故应充分利用竹材的抗拉性能。因为该结构跨度较大，所以应尽量减少模型节点，使得传力路径明确。

## 70.2　结构构型

最终选型方案示意图如图 70-1 所示。

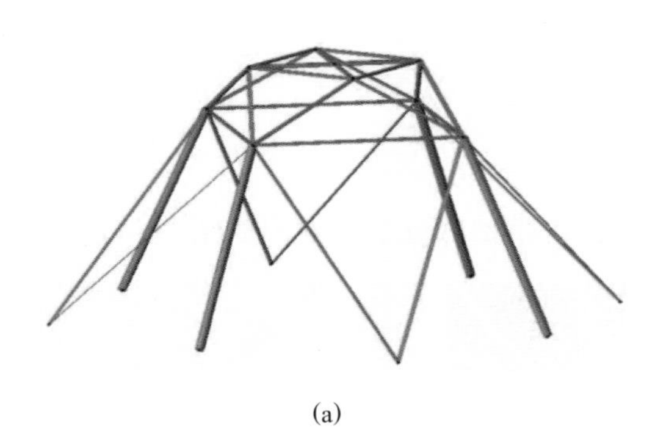

(a)

(b)

**图 70-1　选型方案示意图**

(a) 模型效果图；(b) 模型实物图

## 70.3 计算分析

基于软件 MIDAS 进行建模分析，计算分析结果如图 70-2 所示。

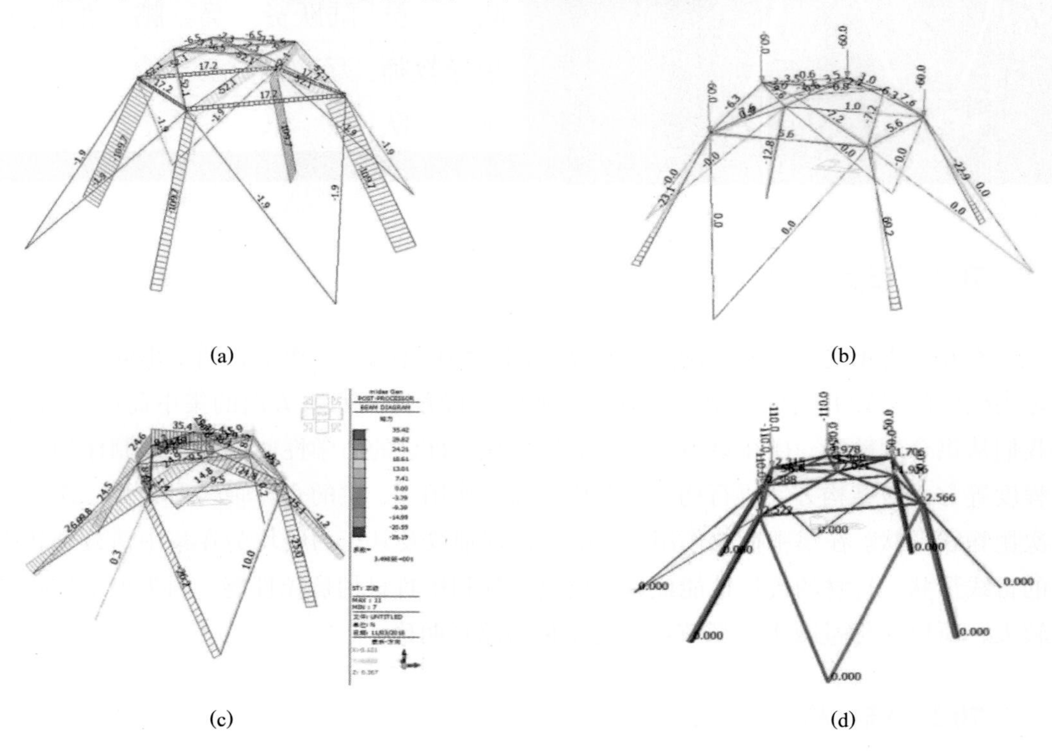

(a) (b) (c) (d)

**图 70-2 计算分析结果图**

(a) 第一级荷载下轴力图；(b) 第二级荷载 d 工况下弯矩图；
(c) 第三级荷载 a 工况下轴力图；(d) 第三级荷载 a 工况下变形图

## 70.4 节点构造

节点是结构传力及模型制作的关键部位，本模型部分节点详图如图 70-3 所示。

(a) (b) (c)

**图 70-3 节点详图**

(a) 交叉拉条节点；(b) 加载点节点；(c) 柱脚节点

# 71 厦门理工学院

| 作品名称 | 独木 |
|---|---|
| 队　　员 | 录亦豪　许清钊　罗　帅 |
| 指导教师 | 陈昉健　李建良 |
| 领　　队 | 陈昉健 |

## 71.1 设计思路

本届赛题为采用竹质材料制作大跨度结构模型，大跨度结构模型的设计在满足强度、刚度、稳定性的条件下还应具备自重小、美观实用等优点。而不同的结构体系对模型上述各方面特点有较大影响，因此设计中着重考虑体系的合理性，然后在合理的体系上进行优化。我们主要从以下几个方面对结构方案展开构思，确保结构的传力方式以及结构的强度、刚度、稳定性等达到最优：结构模型的传力路径需要满足简单明确的要求；通过尽量减小梁的弯矩以避免出现压杆失稳问题，使各个杆件受力合理；此外，适当使用桁架结构，可减少大跨度所带来的不利因素。

## 71.2 结构构型

根据赛题要求，初步提出几种结构选型并进行对比分析，详见表 71-1。

**表 71-1　结构选型对比**

| 选型 | 选型 1 | 选型 2 | 选型 3 | 选型 4 |
|---|---|---|---|---|
| 图示 | | | | |
| 优点 | 用钉少，弯矩较小 | 自重小，可将竖向力转化为水平力 | 结构稳定，受力明确 | 结构稳定，受力明确，自重小 |
| 缺点 | 制作难度较大，材料利用不充分 | 上部拱易失稳，受力形式不明确 | 制作复杂，自重大 | 模型制作工艺要求高 |

**总结：** 综合对比上述选型的结构性能、质量以及受力方式，最终选型方案示意图如图 71-1 所示。

(a)　　(b)

**图 71-1　选型方案示意图**

(a) 模型效果图；(b) 模型实物图

## 71.3　计算分析

基于 MIDAS 软件进行建模分析，计算分析结果如图 71-2 所示。

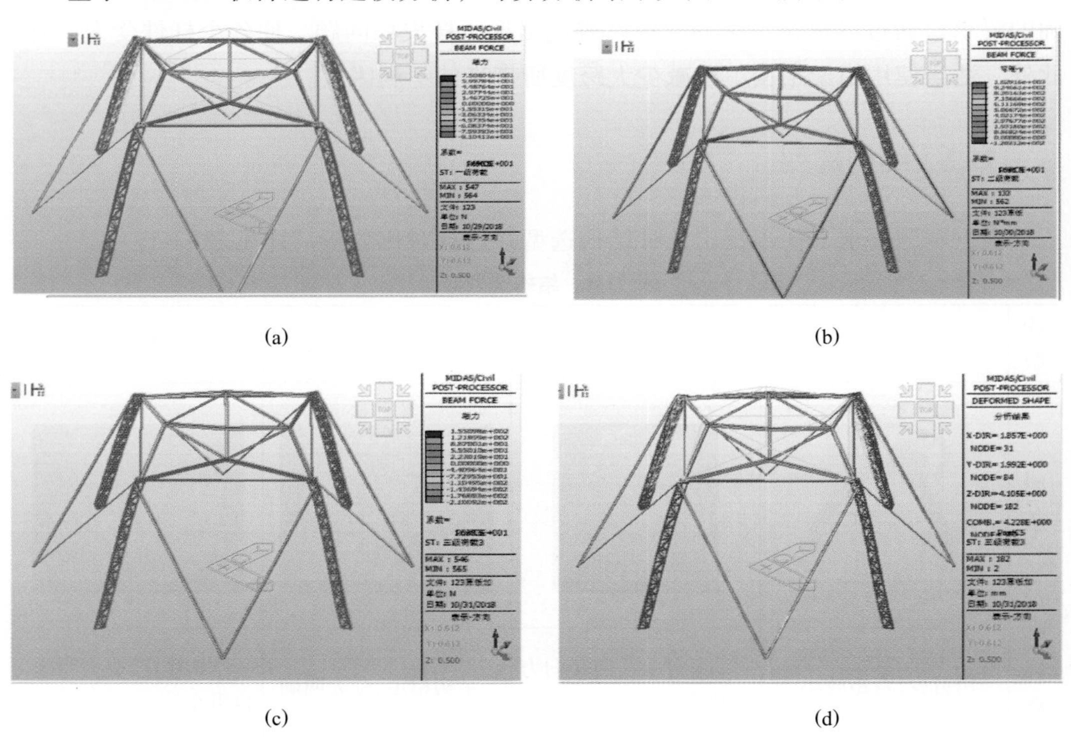


(a)　　(b)

(c)　　(d)

**图 71-2　计算分析结果图**

(a) 第一级荷载下轴力图；(b) 第二级荷载下弯矩图；

(c) 第三级荷载下 105°时轴力图；(d) 第三级荷载下 105°时变形图

## 71.4 节点构造

节点是结构传力及模型制作的关键部位，本模型部分节点详图如图 71-3 所示。

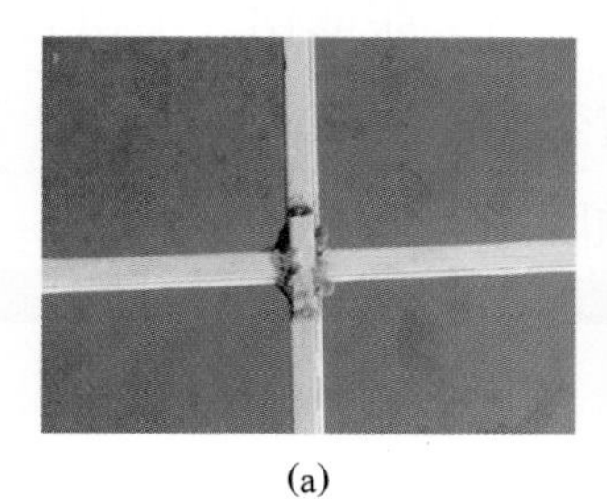

(a)

(b)

(c)

**图 71-3 节点详图**

(a) 拼接节点；(b) 连接节点；(c) 柱脚节点

# 72 绍兴文理学院元培学院

| 作品名称 | 大四号 |
|---|---|
| 队　　员 | 赵　杰　张彧铭　吴祖云 |
| 指导教师 | 赏莹莹　王琪栋 |
| 领　　队 | 顾晓林 |

## 72.1 设计思路

从受荷形式、结构允许最小尺寸、杆件形式等方面对结构方案进行构思。由于三级加载和二级加载方式由抽签决定，存在不可预估性，故拟将结构设计成关于原点对称的形式。一级加载为 8 个向下的集中荷载，且大小方向不变，这就要求在这 8 个点上都需要有相应的节点。加载点与加载点之间是主要的力的传导途径，外圈加载点与支座处是所有力的传递点，因此需保证结构模型这两处的构件强度、刚度、稳定性满足要求。由于二级加载的不对称性，三级加载为水平方向的动荷载，结构会出现整体的扭转，因此需要拉条来解决结构整体抗扭的问题。赛题要求模型处在半径为 375mm 和 550mm 的两个半球形成的空间范围，于是我们决定沿内球面的切面布置柱子，并综合考虑质量与承载能力的效益最大化，计算出柱子的最佳质量，然后依次计算出斜梁、上梁、斜拉条的尺寸与布置角度。

## 72.2 结构构型

根据赛题要求，初步提出几种结构选型并进行对比分析，详见表 72-1。

**表 72-1　结构选型对比**

| 选型 | 选型 1:八柱式结构 | 选型 2:四柱式结构 | 选型 3:拱式结构 |
|---|---|---|---|
| 优点 | 结构传力明确,传力简单可靠,柱子的强度足够应对一个加载点所产生的荷载 | 结构传力明确,荷载通过斜梁传递到柱,再到支座;下弦杆在复杂的加载情况下几乎是受拉杆件,可充分利用竹材的抗拉强度 | 拱结构制作中,外圈的 4 个加载点充分利用了柱子的抗拉强度,在减少结构质量上起到了很重要的作用 |
| 缺点 | 由于需要 8 根柱子,柱子用材太多,大赛所给材料不一定能满足需求 | 重要受力构件较多,手工制作要求高 | 由于二级不对称荷载较大,容易将拱压成不对称结构,使拱左右失稳,外圈荷载的连接处,竹皮容易发生剪切破坏 |

**总结：**综合对比不同选型的结构稳定性、质量等因素，最终选型方案示意图如图 72-1 所示。

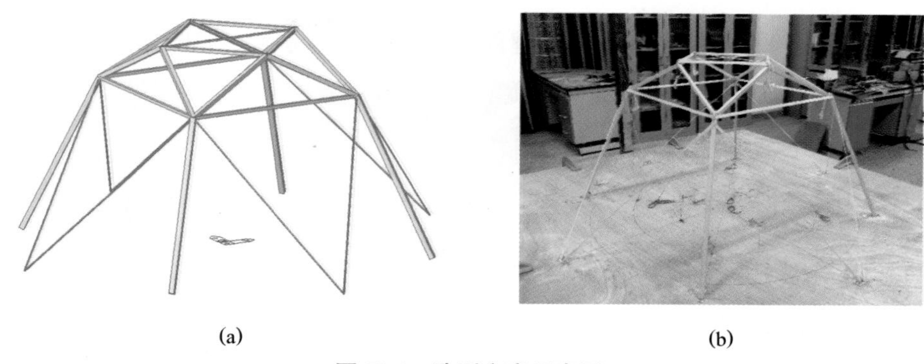

(a) (b)

**图 72-1 选型方案示意图**

(a) 模型效果图；(b) 模型实物图

## 72.3 计算分析

基于 MIDAS 软件进行建模分析，计算分析结果如图 72-2 所示。

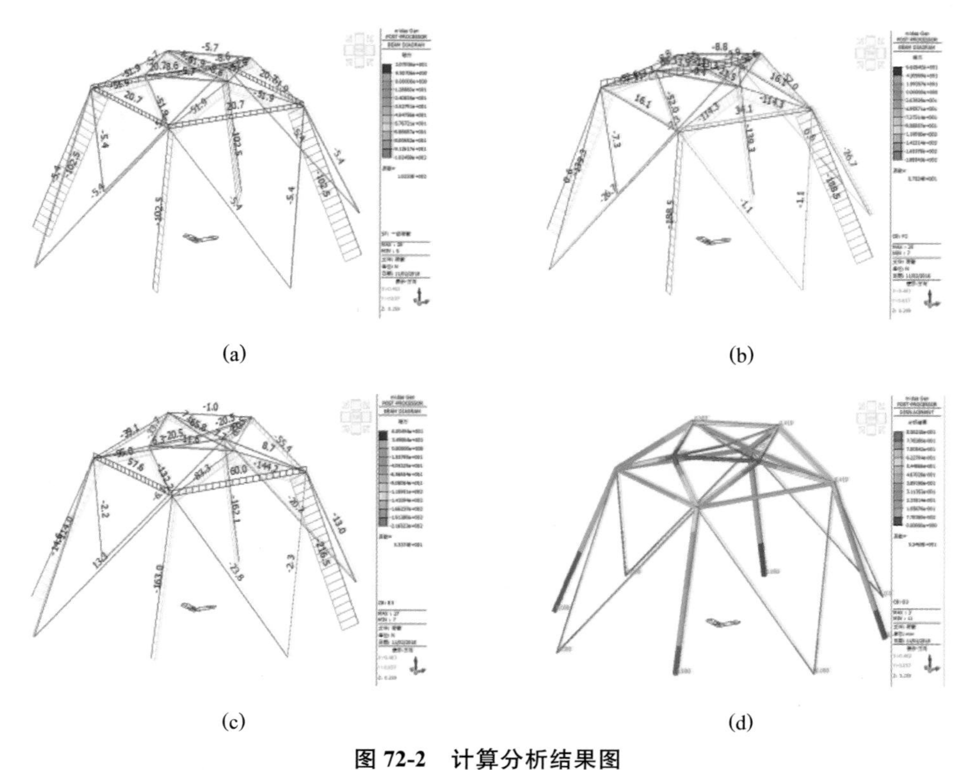

(a) (b)

(c) (d)

**图 72-2 计算分析结果图**

(a) 第一级荷载下轴力图；(b) 第二级荷载 f 工况下轴力图；

(c) 第三级荷载 b 工况下轴力图；(d) 第三级荷载 b 工况下变形图

## 72.4 节点构造

节点是结构传力及模型制作的关键部位，本模型部分节点详图如图 72-3 所示。

(a)

(b)

(c)

**图 72-3 节点详图**

(a) 斜梁下节点；(b) 柱上部节点；(c) 拉条节点

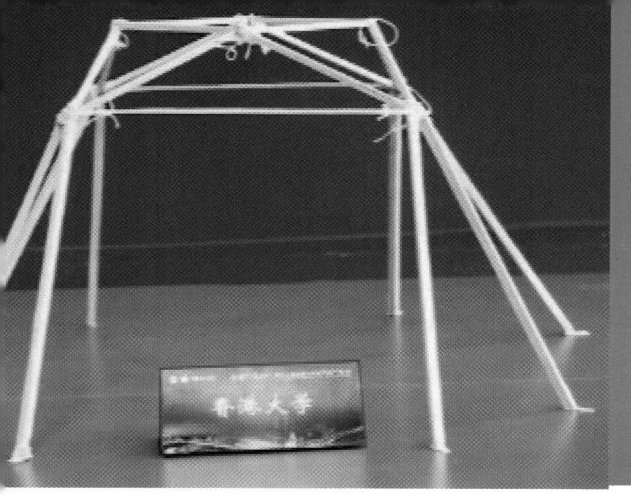


# 73　香港大学

| 队　　员 | 朱海昊　江百川　卢学丰 |
| --- | --- |
| 指导教师 | 罗君皓 |
| 领　　队 | 陈何永恩 |

基于有限元软件进行建模分析，计算分析结果如图 73 所示。

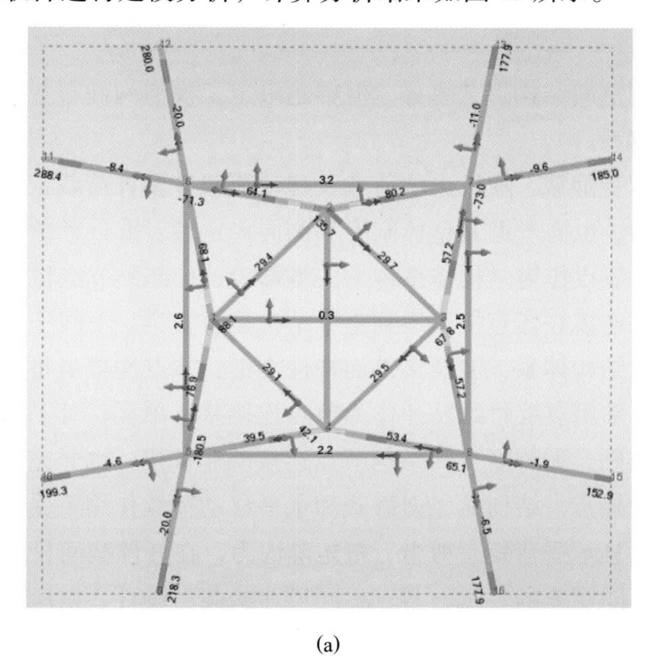


(a)

(b)

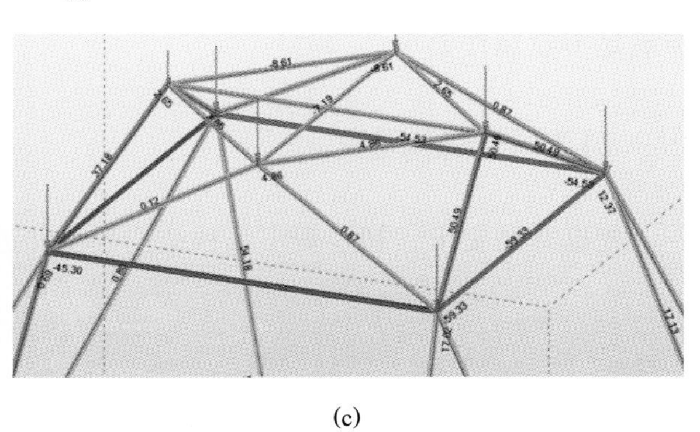


(c)

**图 73　计算分析结果图**

(a) $M_y$ 上部包络图；(b) 压力包络图；(c) 拉力包络图

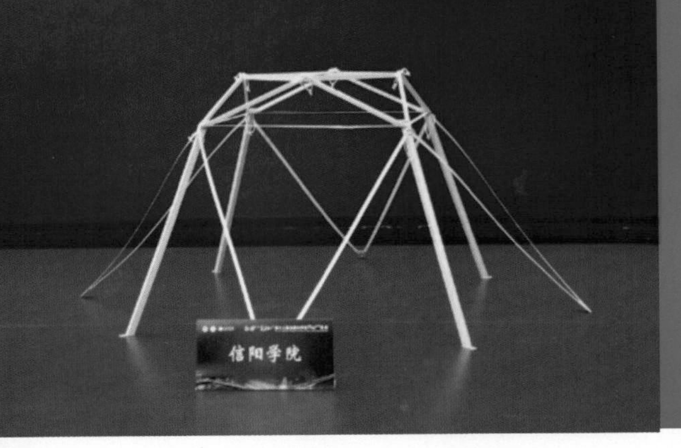


# 74 信阳学院

| 作品名称 | 霸下 |
|---|---|
| 队　　员 | 于中潮　齐柳钰　李嘉馨 |
| 指导教师 | 付善春　王　亮 |
| 领　　队 | 潘卫国 |

## 74.1 设计思路

常用的大跨度空间结构形式多样，但赛题限定了模型构件布置范围，故初选大跨度空间网架结构体系。

结构体系将承受静载、随机选位荷载及移动荷载等多种荷载工况，在设计时不仅要考虑结构承载力，也需考虑其整体刚度和侧向稳定性，重点考虑各类杆件的倾斜角度和结构高跨比。节点作为结构体系传力关键部位，且部分节点将直接承受竖向及水平移动荷载，节点连接好坏直接关系到整个结构是否安全。不同于平面内杆件节点连接，本模型为空间结构体系，涉及多平面杆件交汇，节点连接也将更为复杂。为了保证节点连接可靠，采用双层竹纸贴片作为节点连接基本单元，对于交汇角度较大的杆件可将贴片弯折粘贴。大跨度空间结构节点连接既非铰接，也非完全刚接，而是介于铰接和刚接的半刚接点。结构在竖向静载和水平移动荷载作用下受力复杂，部分杆件不仅受轴向力，而且承受弯矩、剪力、扭矩等内力，在杆件截面设计上应根据不同的受力状态，使用不同厚度的竹纸材料、不同尺寸的截面设计，在保证结构刚度及承载力的前提下节约材料，以减轻模型重量，同时还要考虑同一节点连接的杆件截面尺寸应满足节点制作要求。

## 74.2 结构构型

根据赛题要求，初步提出几种结构选型并进行对比分析，详见表 74-1。

表 74-1　结构选型对比

| 选型 | 选型 1 | 选型 2 | 选型 3 | 选型 4 |
| --- | --- | --- | --- | --- |
| 图示 |   | 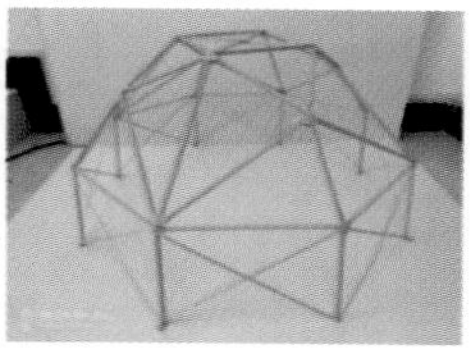  |   | 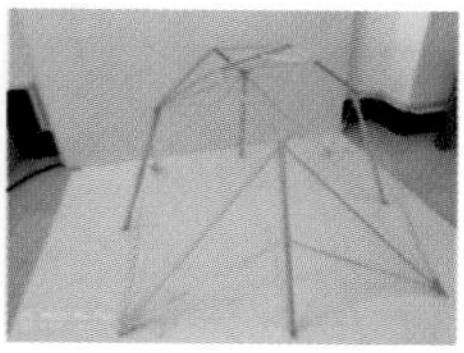  |
| 优点 | 外形对称美观，内部空间较大 | 传力明确、整体性较好 | 外形美观、传力明确 | 结构简洁明了，传力明确，无多余杆件及节点，质量较小 |
| 缺点 | 质量较大，杆件、拉带、节点过多，制作、拼接复杂，受荷变形不易控制 | 部分杆件长细比过大，易失稳，空间拼接较困难，支座过多不易安装 | 支座杆件长细比过大，造成结构平面外易失稳；由于杆件角度原因，模型中没有发挥拱的效应 | 支座杆件过长，易失稳；支座不易定位 |

**总结：**经过综合比选，最终确定选型 4 作为最终方案，并通过有限元分析和反复实际加载试验对选型 4 模型做进一步优化，最终选型方案示意图如图 74-1 所示。

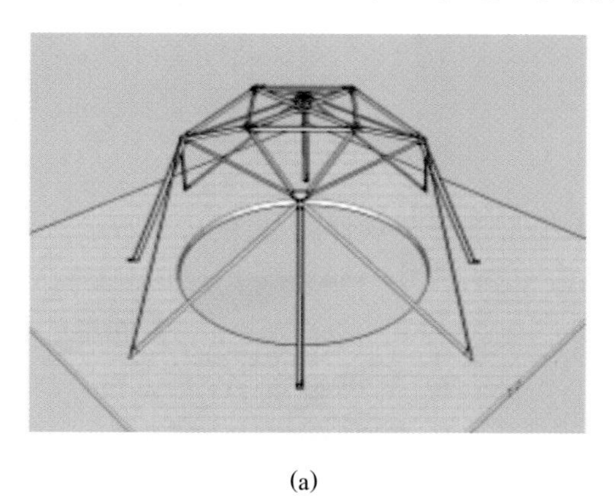

(a)

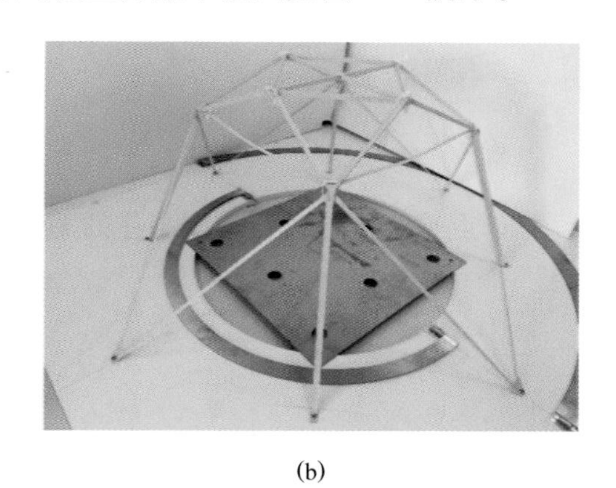

(b)

**图 74-1　选型方案示意图**

(a) 模型效果图；(b) 模型实物图

## 74.3 计算分析

基于 SAP2000 软件进行建模分析，计算分析结果如图 74-2 所示。

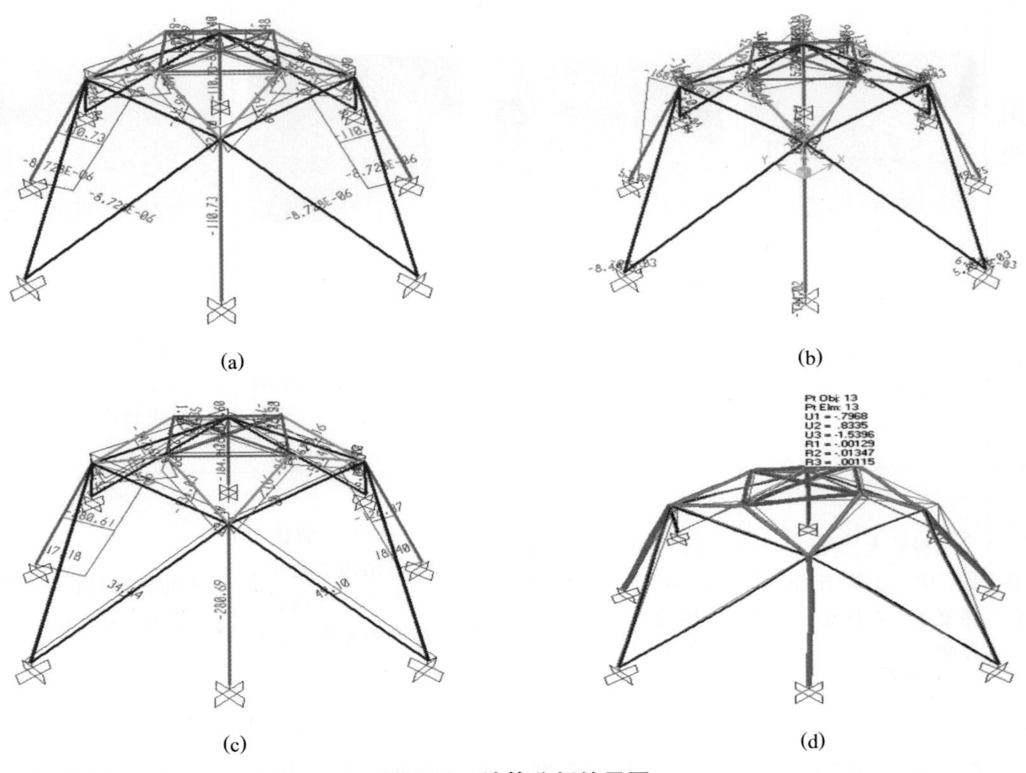


(a) (b) (c) (d)

**图 74-2 计算分析结果图**

(a) 第一级荷载下轴力图；(b) 第二级荷载下弯矩图；
(c) 第三级荷载下轴力图；(d) 第三级荷载下变形图

## 74.4 节点构造

节点是结构传力及模型制作的关键部位，本模型部分节点详图如图 74-3 所示。

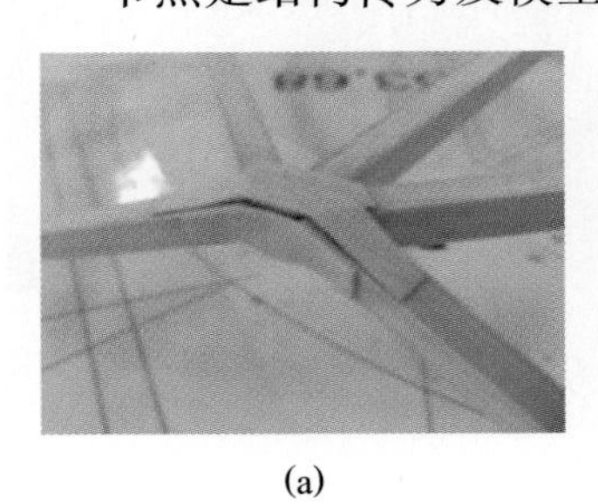

(a)

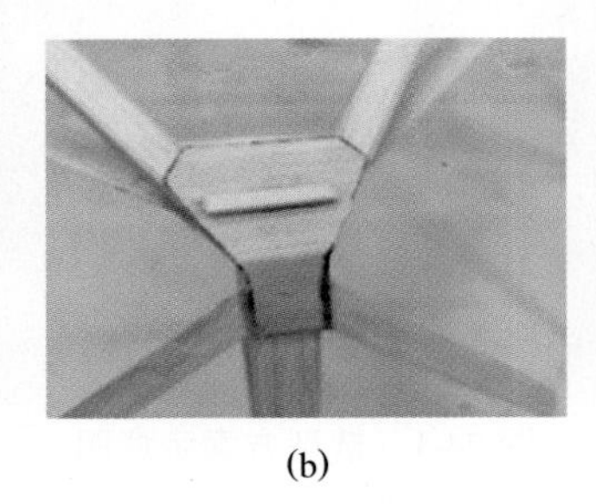

(b)

(c)

**图 74-3 节点详图**

(a) 斜撑杆件与顶部杆件连接节点；(b) 斜撑杆件与腿部支撑连接节点；(c) 顶部杆件十字交叉节点

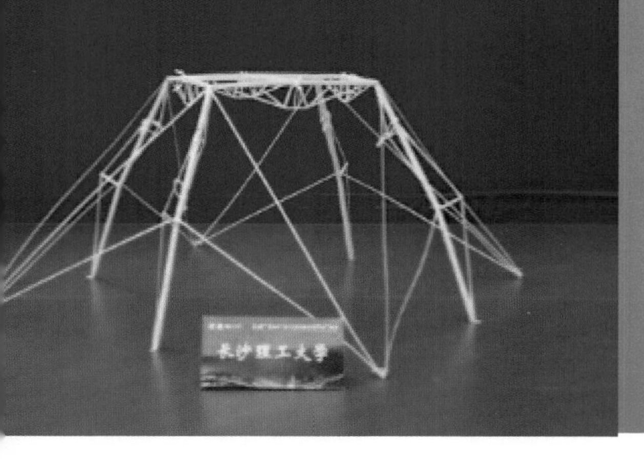


# 75　长沙理工大学

| 作品名称 | 四平八稳 |
| --- | --- |
| 队　　员 | 骆兰迎　陈若楠　胡　健 |
| 指导教师 | 付　果　李传习 |
| 领　　队 | 付　果 |

## 75.1　设计思路

在满足加载条件的前提下，对结构起控制作用的变量主要是模型自重、结构刚度以及模型的约束条件。各个变量彼此关联，不同结构选型在这些方面存在较大差异，需要通过理论分析并结合试验结果，协调其相互之间的关系，最终得出最优方案，尽可能提高荷质比。因此需要根据模型的制作材料选择适当的结构形式，提高结构刚度和整体性；使用有限元软件进行辅助分析，对结构进行合理设计，针对不同的结构形式，在保证安全可靠的前提下，尽量优化模型体系、杆件尺寸以减小质量，将每一个构件的利用率发挥到极致，使荷质比达到最大；制作材料是竹材和502胶水，需要进行材料性能试验，以了解实际制作杆件的强度与理论值的差距，更准确地进行设计；明确各拉、压、弯、扭杆件及受力大小，合理运用竹材特性设计结构，各构件秉承“能用弯则不用扭，能用压则不用弯，能用拉则不用压”的原则，充分发挥其“抗拉不抗压”的力学性能；合理设计结构各构件截面尺寸，“能用空心压杆则不用实腹压杆”，尽可能增大截面形心主对称轴个数与截面惯性矩，提高构件稳定性，增加结构可靠度；精心设计和制作构件及节点、连接件，发现问题及时解决，从实践中不断总结，然后升级理论再应用于实践中，敢于创新，打破思维定式的约束；模型的尺寸应尽可能贴内圆检测空间，尺寸过大会导致材料浪费，质量较大；仔细研究往届的优秀作品及失败作品，从中借鉴成功经验，以达到学习和启发设计思路的目的，总结失败原因，避免出现同样的问题导致最终的失败。

## 75.2　结构构型

根据赛题要求，初步提出几种结构选型并进行对比分析，详见表75-1。

**表 75-1 结构选型对比**

| 选型 | 选型 1:悬索结构 | 选型 2:斜拉结构 | 选型 3:穹顶结构 | 选型 4:桁架结构 |
| --- | --- | --- | --- | --- |
| 图示 | | | | |
| 优点 | 结构中不出现弯矩和剪力效应；悬索结构形式多样,布置灵活,并能适应多种建筑平面形式 | 内力分布均匀合理,结构轻巧,适用性强,竖向刚度和抗扭刚度均较大,能满足大跨度要求 | 传力路径明确，结构简单,受力简单明确 | 可以将结构从“承压”状态转换为“受拉”状态，充分发挥竹材的抗拉性能；约束变形能力强,承载能力大 |
| 缺点 | 立柱在内外圈多工况荷载共同作用下，承受弯矩过大，极易受弯折断；悬索在内圈荷载作用下变形太大，该变形不符合赛题要求 | 内圈点变形较大；整个体系拉条较多，难以发挥出整体协同性；整个立柱的布设形式类似风车型，在三级荷载作用下受扭变形严重 | 该体系除拉条外的所有杆件为受压、受弯杆件，这就对制作杆件的抗压、抗弯能力提出了相当高的要求，同时长压杆具有容易失稳的不足之处 | 节点弯矩较大，传力性能差，相互协调能力差；桁架结构节点都是铰结点,不传递弯矩 |

**总结：**综合考虑，最终结构选型为“上承式微拱型桁架+独立柱拉条约束”体系。最终选型方案示意图如图 75-1 所示。

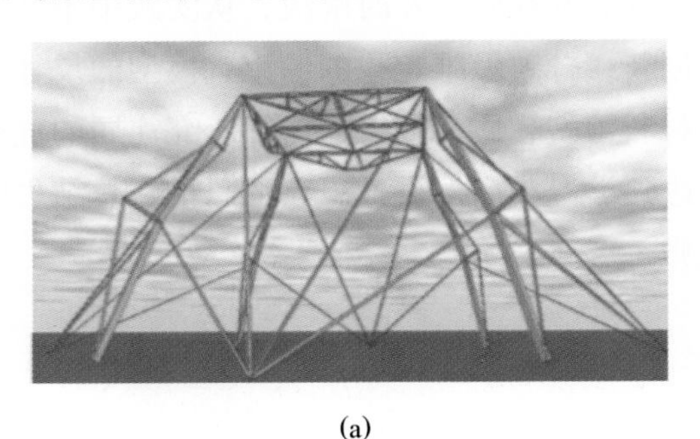

(a)

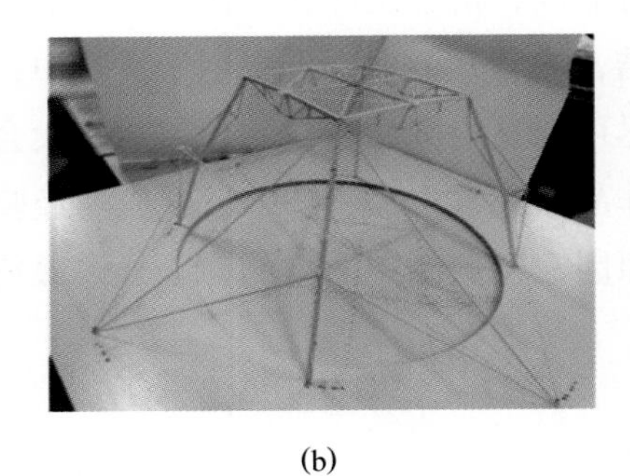

(b)

**图 75-1 选型方案示意图**

(a) 模型效果图；(b) 模型实物图

## 75.3 计算分析

基于 MIDAS 软件进行建模分析，计算分析结果如图 75-2 所示。

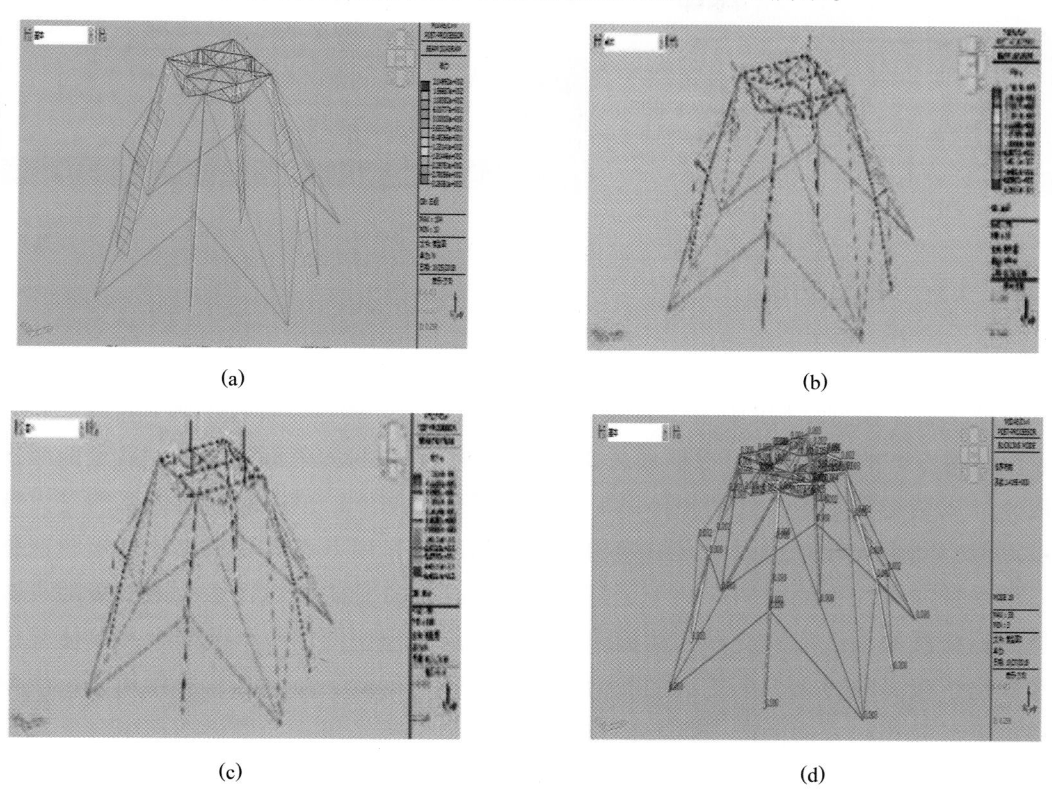

(a) (b) (c) (d)

**图 75-2 计算分析结果图**

(a) 第三级荷载下轴力图；(b) 第三级荷载下弯矩图；
(c) 第三级荷载下剪力图；(d) 第三级荷载 c 工况下 45°时变形图

## 75.4 节点构造

节点是结构传力及模型制作的关键部位，本模型部分节点详图如图 75-3 所示。

(a) (b) (c)

**图 75-3 节点详图**

(a) 立柱拐点；(b) 腹杆与下弦杆的连接节点；(c) 拉条与螺母的连接节点

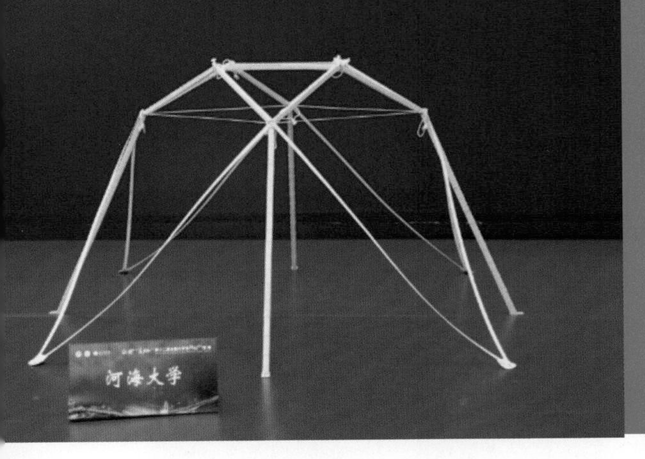


# 76　河海大学

| 作品名称 | 海之尊 |
|---|---|
| 队　　员 | 杨宏武　谌建霖　秦快乐 |
| 指导教师 | 张　勤　胡锦林 |
| 领　　队 | 胡锦林 |

## 76.1　设计思路

根据赛题要求的空间限制,结构模型设计时其内部边界应尽量贴合内半球的边界,从而减小整个模型结构的体量,使模型兼具承载能力好和模型自重小两大优点。充分考虑结构方案的经济性,可根据加载要求采用刚性杆件将内外圈的 8 个加载点两两连接,形成结构稳定的空间网架体系。在点荷载的作用下,该空间网架体系的受力特点近似空间桁架体系,因而其结构构件在点荷载的作用下仅承受较小的弯矩,这种以承受轴向力为主的结构有利于更好地发挥各杆件自身的材料特性。第二级随机选择的点荷载的加载形式会导致结构偏心受力,这对模型的偏心承载能力和整体稳定性提出了较高的要求。第三级加载为施加水平转动荷载。在该级荷载作用下,模型随水平荷载作用方向的改变将产生较大的偏心和扭转作用,如果模型产生较大的水平向位移,则其结构稳定性和抗倾覆性会大大降低。为抵抗该级水平荷载作用,可在结构模型的四周布置拉索,形成拉结体系,以平衡模型结构在水平方向上的受力,同时也增加了结构模型的稳定性和抗倾覆性。此外,拉索的质量较小,几乎不增加整体模型的质量。

## 76.2　结构构型

根据赛题要求,初步提出几种结构选型并进行对比分析,详见表 76-1。

**表 76-1　结构选型对比**

| 选型 | 选型 1:整体空间网架结构体系 | 选型 2:空间网架顶盖加刚性支撑和柔性拉索的复合结构体系 | 选型 3:空间网架顶盖加刚性支撑的复合结构体系 |
| --- | --- | --- | --- |
| 图示 | | | |
| 优点 | 整体性强，传力路径多样化，结构承载能力较好且抗侧刚度较大 | 模型杆件较少，传力直接，具备良好的设计经济性；设计过程中采用拉条限制节点位移及变形，考虑了竹材抗拉强度高的特点 | 结构自重最小，模型受压杆件最少，制作时间成本最低；体系中受拉构件多，充分利用了竹材良好的抗拉强度，达到减重的效果 |
| 缺点 | 杆件有效利用率不高，杆件数量太多，节点制作复杂，制作费时，并且结构自重大 | 单腿柱的长细比较大，容易失稳，节点直接受力，需要进行高质量处理 | 由于大量拉索的使用，使得模型整体的变形较大，挠度需要得到有效控制 |

**总结：**综上所述，通过综合对比三种结构选型的优缺点，同时综合考虑模型结构自重、结构稳定性以及制作难度等因素，并通过实际加载试验验证，最终确定的模型结构方案为空间网架顶盖加刚性支撑和柔性拉索的复合结构体系。最终选型方案示意图如图 76-1 所示。

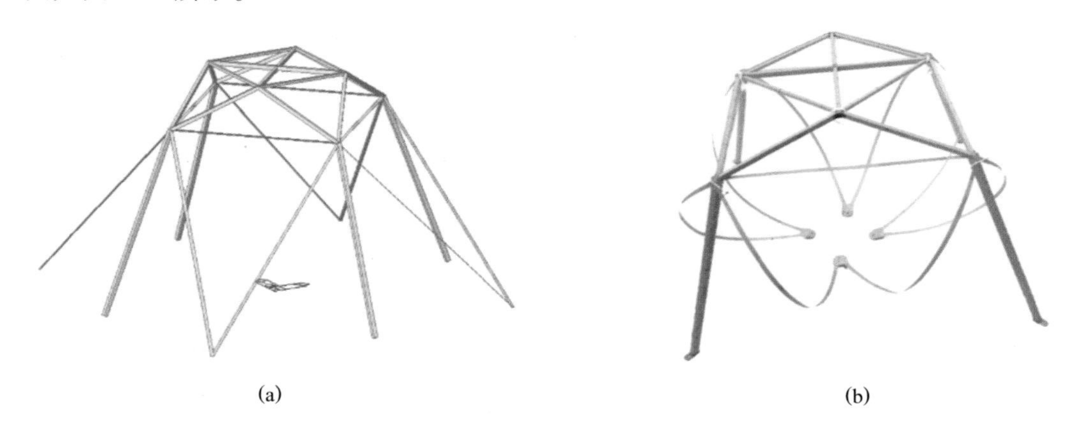

(a)　　(b)

**图 76-1　选型方案示意图**

(a) 模型效果图；(b) 模型实物图

## 76.3　计算分析

基于 MIDAS 软件进行建模分析，计算分析结果如图 76-2 所示。

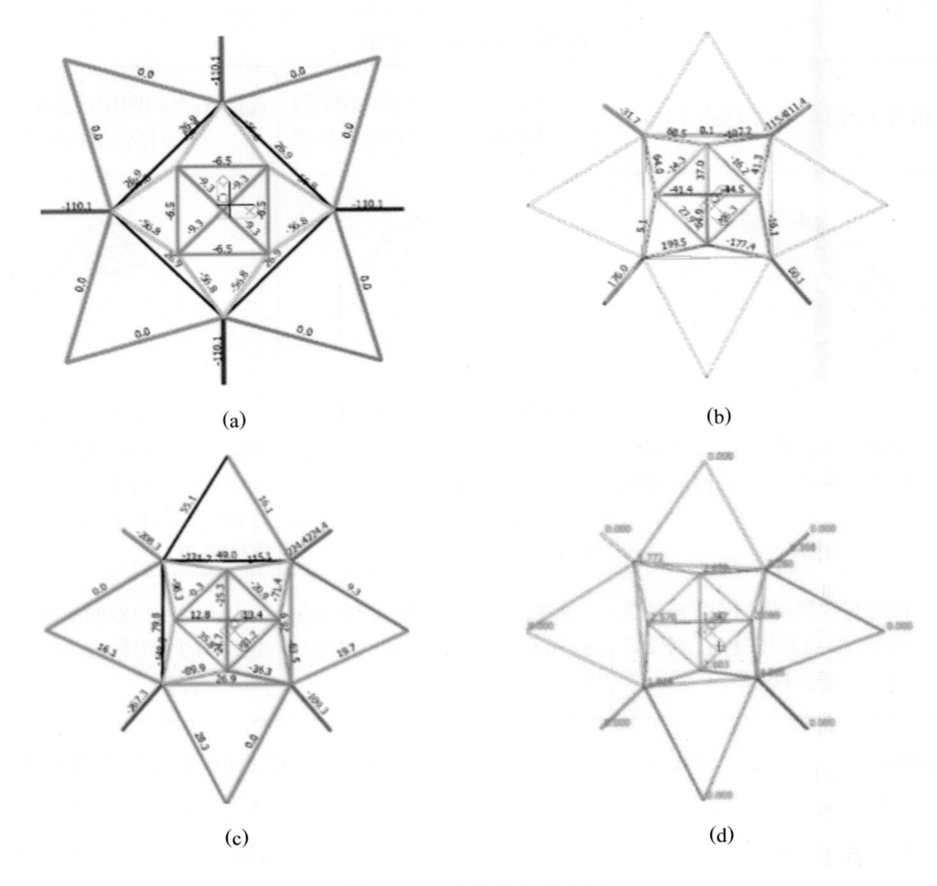

(a) (b)

(c) (d)

**图 76-2　计算分析结果图**

(a) 第一级荷载下轴力图；(b) 第二级荷载 e 工况下弯矩图；

(c) 第三级荷载 d 工况下 45°时轴力图；(d) 第三级荷载 a 工况下 45°时变形图

## 76.4　节点构造

节点是结构传力及模型制作的关键部位，本模型部分节点详图如图 76-3 所示。

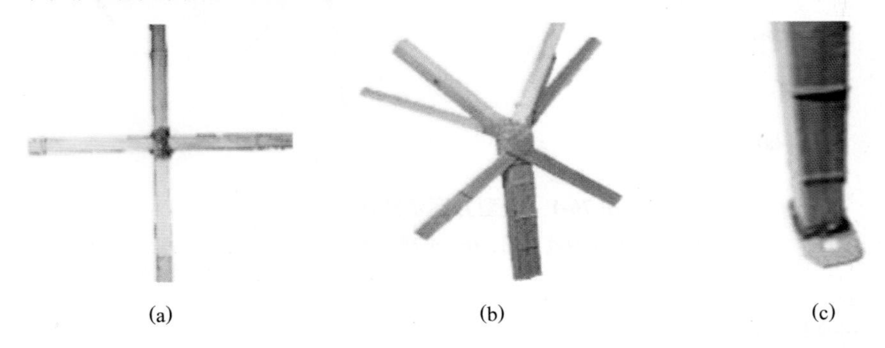

(a) (b) (c)

**图 76-3　节点详图**

(a) 顶部中心节点；(b) 外圈加载点；(c) 柱脚节点

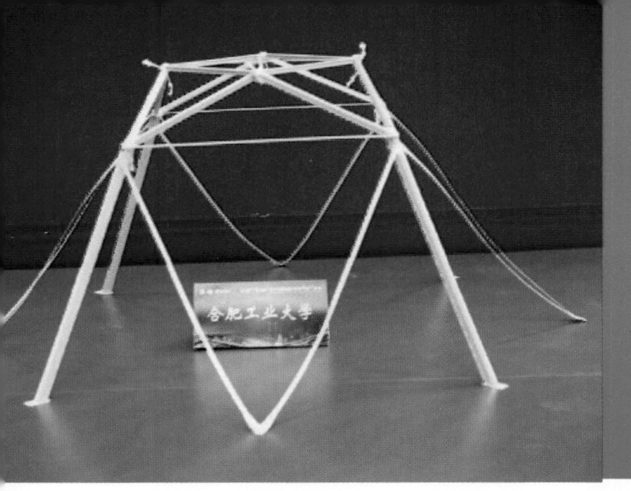


# 77 合肥工业大学

| 作品名称 | 不倒翁 |
|---|---|
| 队　　员 | 夏　春　葛　健　何佩棠 |
| 指导教师 | 王　辉　宋满荣 |
| 领　　队 | 陈安英 |

## 77.1 设计思路

“一个水桶能装多少水取决于最短的那一块板”，一个成功的模型不仅仅体现在整体结构上，还体现在每一个细节的处理上。根据赛题要求，一级加载是 8 个点每点施加 5kg 的竖向荷载，二级加载是在一级加载的基础上选出 4 个点，每点施加 4 ~ 6kg 的竖向荷载，由此可以看出模型的承重能力应该比较强，而且三级加载是施加水平变向恒荷载，这对模型的整体性要求比较高。在满足结构整体高强的基础上要考虑用料的问题，轻质是方案设计过程中需要考虑的一个非常重要的因素，但是轻质可能会与高强产生矛盾，因此必须权衡好强度和质量之间的关系。考虑到二级加载是偏心加载，三级加载是施加水平荷载，选择刚性结构和柔性结构相结合是比较合理的方式，刚性结构能够抵抗竖向荷载的变形与破坏，柔性结构的变形可以适应偏心加载与三级非竖向荷载。

## 77.2 结构构型

根据赛题要求，初步提出几种结构选型并进行对比分析，详见表 77-1。

表 77-1　结构选型对比

| 选型 | 选型 1:四柱承重 | 选型 2:八柱承重 | 选型 3:其他承重 |
|---|---|---|---|
| 图示 | | | |
| 优点 | 所用杆件较少，结构简单，受力与传力较为清晰 | 结构美观，整体性好，受力均匀 | 整体性能比较合理，结构比较美观 |
| 缺点 | 对单根杆件的强度要求比较高，容易发生扭转变形而失稳 | 有部分杆件受力富余度较大，会造成材料浪费 | 制作难度较大，对精确度要求高，且对于单层网壳结构，此种受力方式不合理 |

**总结：**为达到模型轻质高强的目的，最终选用四柱承重的结构形式，最终选型方案示意图如图 77-1 所示。

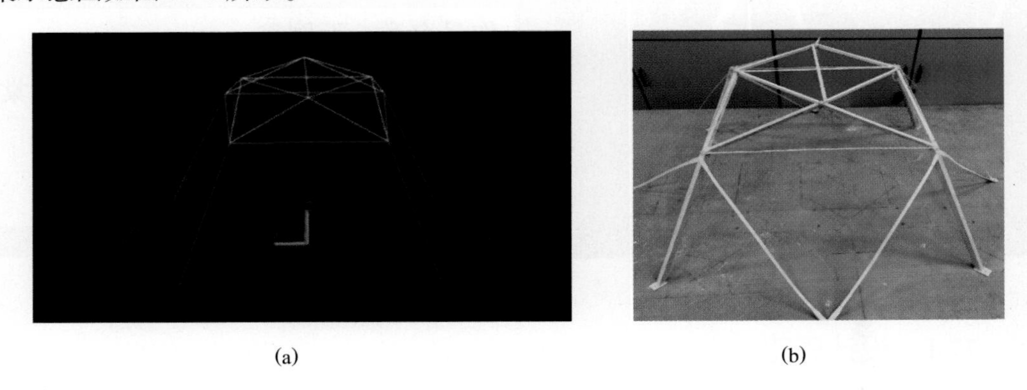

(a) (b)

**图 77-1 选型方案示意图**

(a) 模型效果图；(b) 模型实物图

## 77.3 计算分析

基于 MIDAS 软件进行建模分析，计算分析结果如图 77-2 所示。

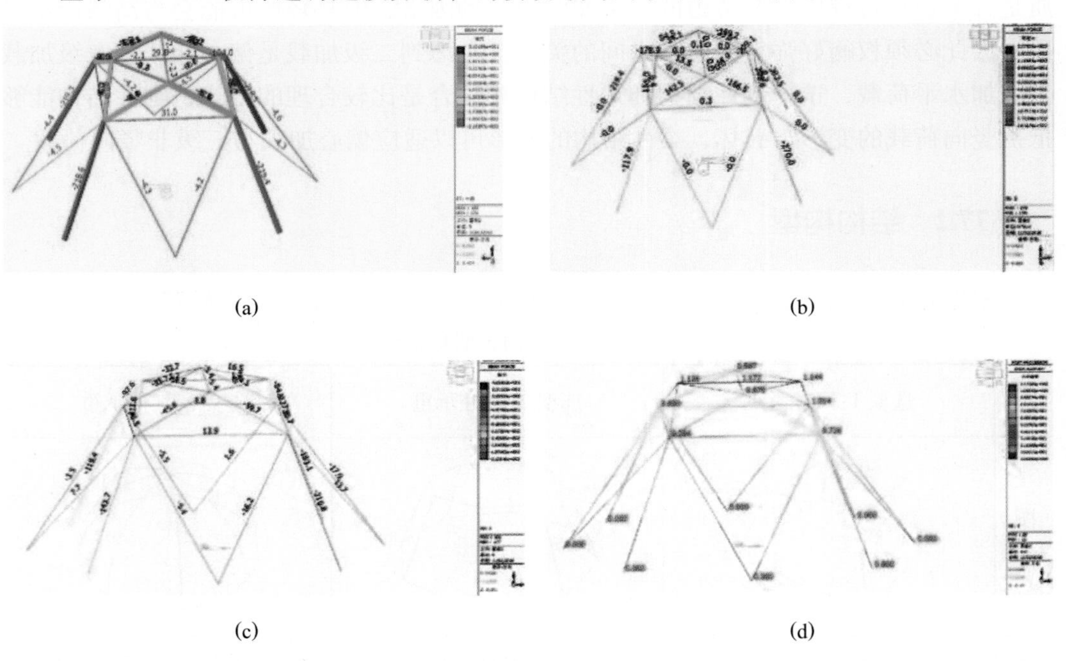

(a) (b)

(c) (d)

**图 77-2 计算分析结果图**

(a) 第一级荷载下轴力图；(b) 第二级荷载 c 工况下弯矩图；

(c) 第三级荷载 f 工况下 45°时轴力图；(d) 第三级荷载 f 工况下 45°时变形图

## 77.4　节点构造

节点是结构传力及模型制作的关键部位，本模型部分节点详图如图 77-3 所示。

(a)

(b)

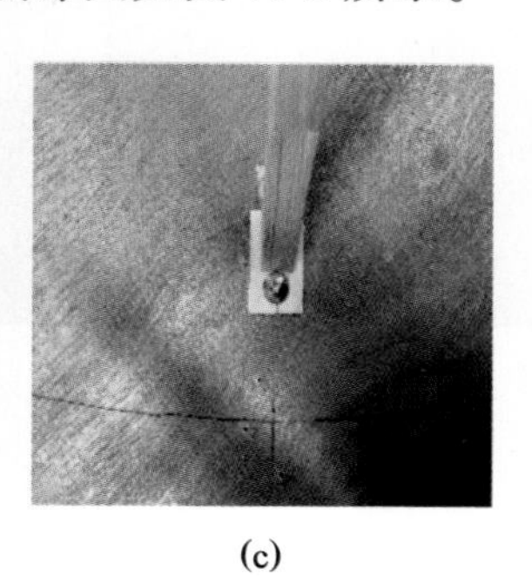

(c)

**图 77-3　节点详图**

(a) 顶部节点；(b) 中圈拉条与支撑腿节点；(c) 柱脚节点

# 78 昆明理工大学

| 作品名称 | 八面玲珑台 |
|---|---|
| 队　　员 | 桂云程　曹镇伟　沈　未 |
| 指导教师 | 胡兴国　李晓章 |
| 领　　队 | 叶苏荣 |

## 78.1 设计思路

建筑不仅是凝固的音乐，更是一种优美的语言，蕴含其中的建筑手法，通过构建的形式和结构的选择来体现。本赛题要求学生针对静载、随机选位荷载及移动荷载等多种荷载工况对模型进行分析与制作，模型受 8 个集中荷载作用，并且有空间尺寸上的要求。因此，我们从受力点位置、空间尺寸要求和传力等方面对结构方案进行构思。8 个受力点均匀分布在两个半径为 150mm 和 260mm 的圆上，因此我们先在平面上将 8 个受力点串联起来，这是我们方案构思的最初步骤。赛题要求设计制作一个大跨度空间屋盖结构模型，模型构件允许的布置范围为两个半球面之间的空间。为了符合空间上的尺寸要求，我们在立面上用近似拱形的折线段把受力点连接起来并承接到承台板上。

## 78.2 结构构型

根据赛题要求，初步提出几种结构选型并进行对比分析，详见表 78-1。

表 78-1　结构选型对比

| 选型 | 选型 1 | 选型 2 | 选型 3 |
|---|---|---|---|
| 图示 | | | |
| 优点 | 受力情况比较简洁 | 受力情况简洁 | 空间整体性好,合理应用材料的抗拉性能 |
| 缺点 | 杆件过多,节点处理复杂 | 构件质量过大,细长杆件过多 | 拼接比较烦琐 |

**总结**：综合对比后选择选型 3，该方案空间整体性好，通过拉条的传力让整个模型整体受力，并且符合轻质高强的目的。最终选型方案示意图如图 78-1 所示。

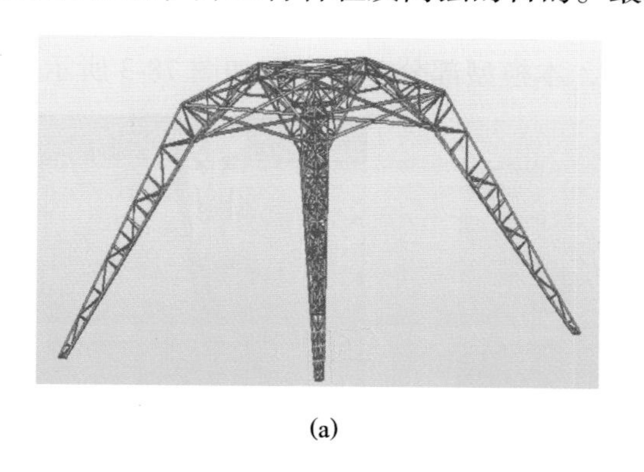

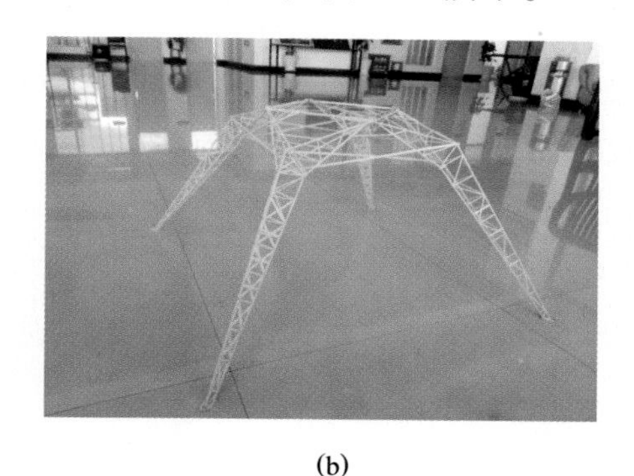

**图 78-1　选型方案示意图**

(a) 模型效果图；(b) 模型实物图

## 78.3　计算分析

基于 SAP2000 软件进行建模分析，计算分析结果如图 78-2 所示。

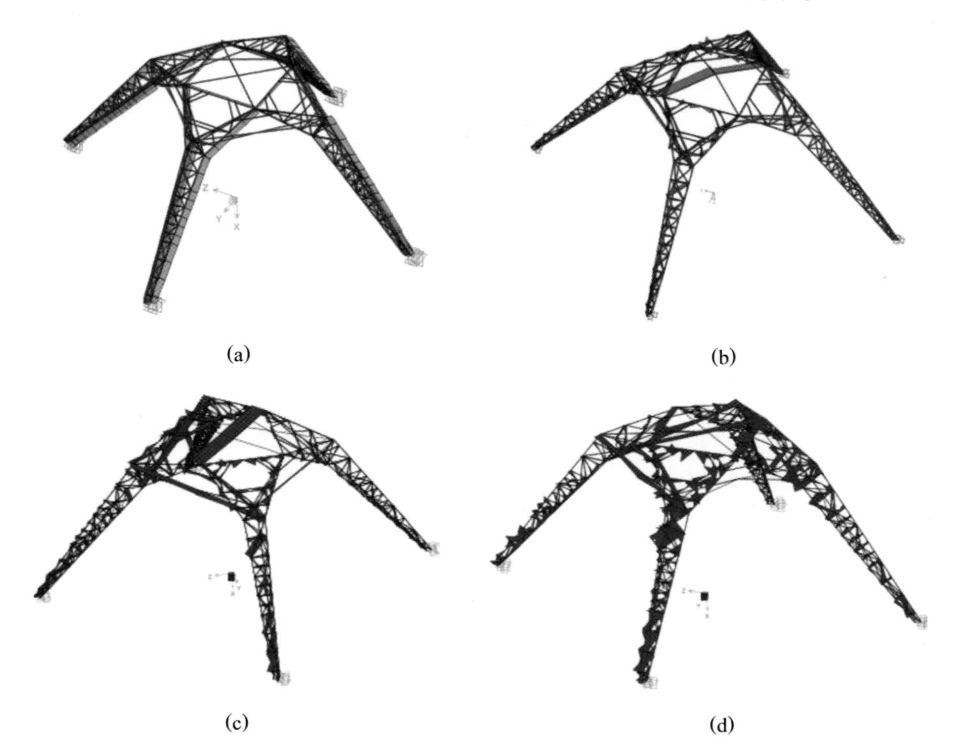

**图 78-2　计算分析结果图**

(a) 第一级荷载下轴力图；(b) 第二级荷载 b 工况下轴力图；
(c) 第三级荷载 d 工况下应力图；(d) 第三级荷载 f 工况下应力图

## 78.4 节点构造

节点是结构传力及模型制作的关键部位，本模型部分节点详图如图 78-3 所示。

(a)

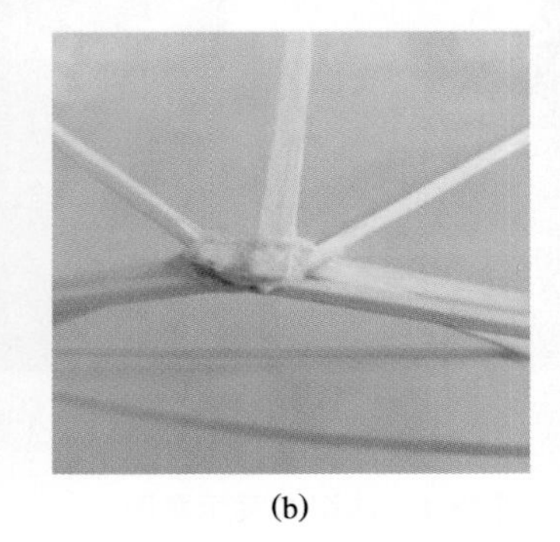

(b)

(c)

**图 78-3 节点详图**

(a) 传力节点；(b) 拼接节点；(c) 柱脚节点

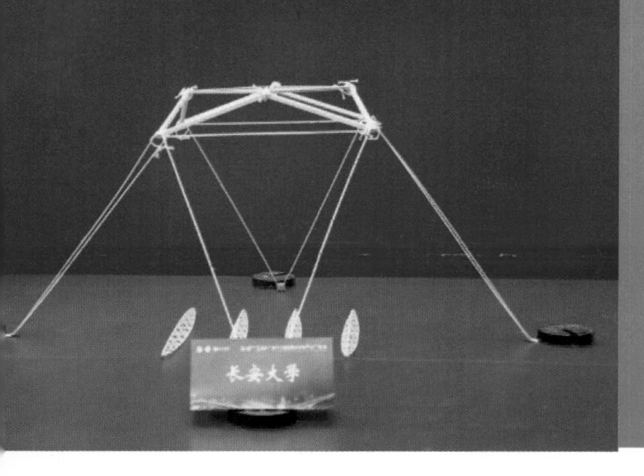


# 79 长安大学

| 作品名称 | Future |
|---|---|
| 队　　员 | 邹云鹤　于振鑫　奚宇博 |
| 指导教师 | 王　步　李　悦 |
| 领　　队 | 王　步 |

## 79.1 设计思路

考虑到本次赛题中设置的静载、随机选位荷载及移动荷载，分别对应实际结构设计中的恒荷载、活荷载和变化方向的水平荷载，故在进行结构设计的过程中，就需要按照实际工程设计对结构进行荷载组合计算，找到最不利内力组合，对整个结构进行分析，最终依靠分析结果对结构模型进行优化。

在刚开始拿到赛题的时候，我们小组与指导老师对赛题一起进行了分析，首先确定了几个原则：结构必须在节点加载；结构应该尽可能贴近内圈，使得结构尺寸尽可能小；在考虑完成承载目标的同时，设计结构应该刚柔并济，适当使用柔性结构来减小质量；结构的竖向传力构件应该尽量贴近于垂直状态，如此结构传力更为科学；考虑到结构有变换方向的水平荷载，结构的高度应该尽量低，使得底座处的弯矩最小。

经过综合考虑分析，我们提出了梭形柱加侧向拉带的解决方案。梭形柱整体形状是两头小、中间大，由于它中间大，压杆最常见的失稳破坏形式对它几乎没有作用；同时它的两端又非常小，完全可以不制作成刚接形式而在连接构件上刻槽将柱子两头卡进去，并不影响柱子的转动，这样一来柱子两头铰接，就只受轴力不受弯矩作用了。

## 79.2 结构构型

根据赛题要求，初步提出几种结构选型并进行对比分析，详见表 79-1。

**表 79-1　结构选型比较**

| 选型 | 选型 1 | 选型 2 | 选型 3 |
| --- | --- | --- | --- |
| 图示 | | | |
| 优点 | 稳定性强 | 质量小，传力路径科学 | 质量最小，制作简便 |
| 缺点 | 质量小 | 稳定性稍差 | 稳定性极差 |

**总结：**选型 2 的各项综合性能相对其他两种选型都较为优越，故确定选型 2 为最终方案，最终选型方案示意图如图 79-1 所示。

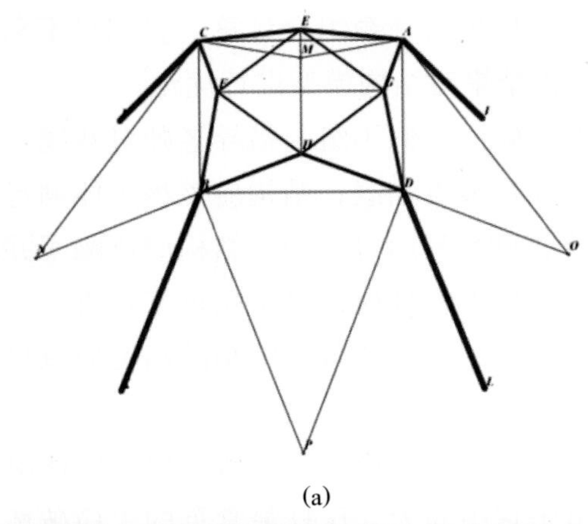


(a)

(b)

**图 79-1　选型方案示意图**

(a) 模型效果图；(b) 模型实物图

## 79.3 计算分析

基于 MIDAS 软件进行建模分析，计算分析结果如图 79-2 所示。

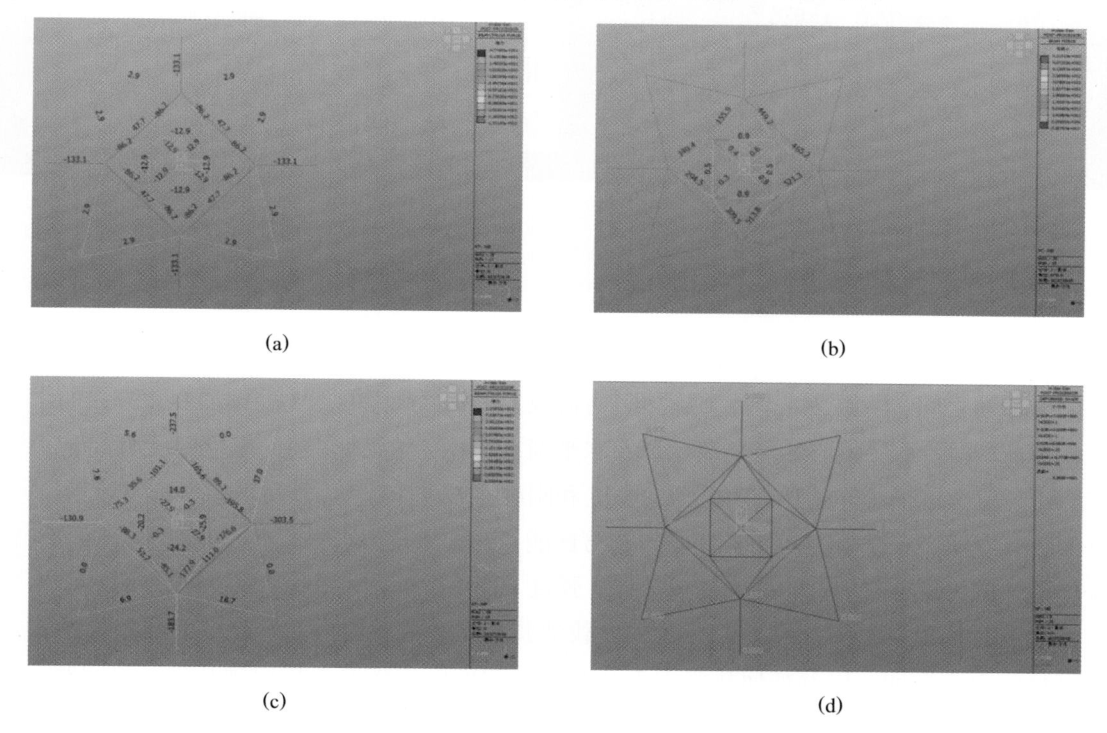

(a) (b) (c) (d)

**图 79-2 计算分析结果图**

(a) 第一级荷载下轴力图；(b) 第二级荷载 a 工况下弯矩图；
(c) 第三级荷载 a 工况下轴力图；(d) 第三级荷载 a 工况下变形图

## 79.4 节点构造

节点是结构传力及模型制作的关键部位，本模型部分节点详图如图 79-3 所示。

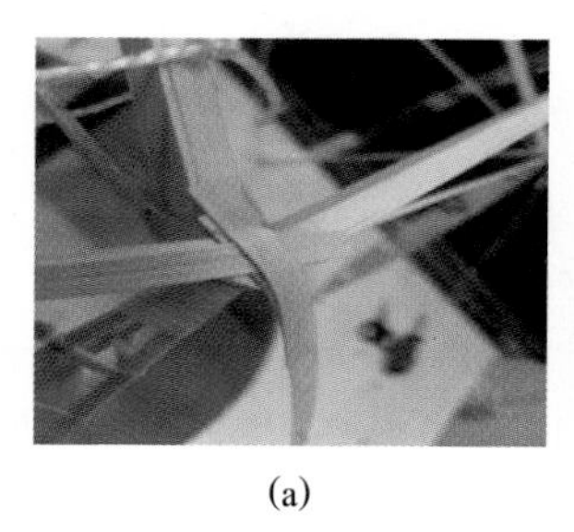

(a)

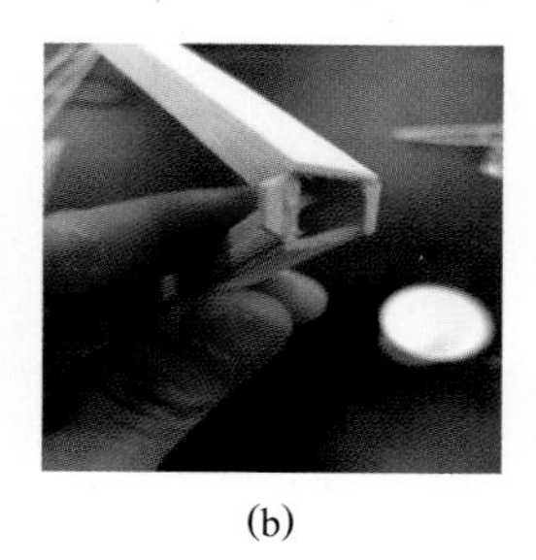

(b)

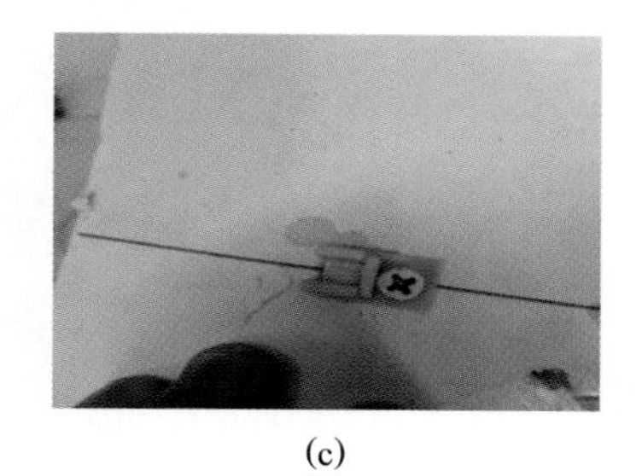

(c)

**图 79-3 节点详图**

(a) 拉带节点；(b) 柱头节点；(c) 柱脚节点

# 80　华南农业大学

| 作品名称 | 紫荆桥 |
| --- | --- |
| 队　　员 | 陈俊杰　陈莞城　卢浩贤 |
| 指导教师 | 何春保　唐贵和 |
| 领　　队 | 何春保 |

## 80.1　设计思路

本赛题为制作一个大跨度空间屋盖结构模型，规定允许模型构件存在的空间为两个半球面之间。模型在 8 个点上施加竖向荷载，在 8 个点中的点 1 处施加变化方向的水平荷载，即要承受偏心的竖向荷载以及水平荷载作用。一级加载是对称的，壳体结构无弯矩，剪力也很小，主要考验模型的强度和刚度；二级加载为偏心加载，则模型支撑结构会有弯矩，支撑结构需要有良好的抗弯性能；三级加载为水平荷载，更加考验模型结构整体的稳定性。因此，我们从荷质比、强度、刚度、稳定性、制作难度等方面对结构方案进行构思，主要考虑了进行多次加载试验并比较荷质比关系，确定不同截面形式材料的力学性能，以及如何从受力点开始设计构件使之将外力传递到基础上等问题。

## 80.2　结构构型

根据赛题要求，初步提出几种结构选型并进行对比分析，详见表 80-1。

**表 80-1　结构选型对比**

| 选型 | 选型 1 | 选型 2 |
| --- | --- | --- |
| 图示 | | |
| 优点 | 结构受力方向直接且明确，模型整体稳定性好 | 杆件较少，自重较小，能充分发挥竹材的抗拉性能，节点处交汇的杆件数量较少 |
| 缺点 | 杆件、节点较多，制作工艺较复杂，耗时长 | 结构刚度比选型 1 小，拉带要求较高 |

**总结**：综合对比后，选择选型 2 拱架结构作为最终方案，最终选型方案示意图如图 80-1 所示。

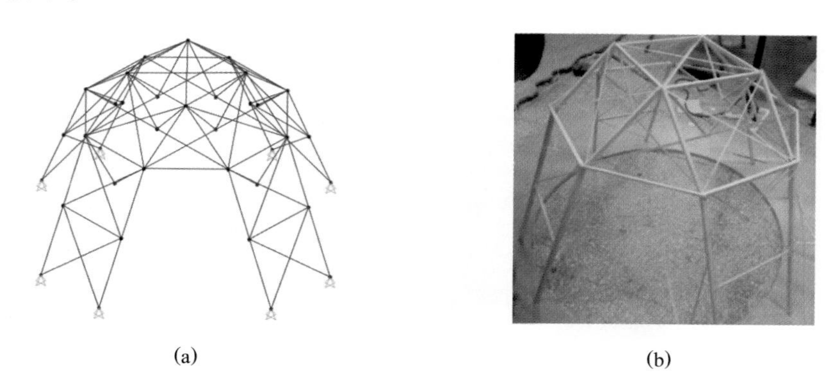
(a) (b)

**图 80-1　选型方案示意图**

(a) 模型效果图；(b) 模型实物图

## 80.3　计算分析

基于 SAP2000 软件进行建模分析，计算分析结果如图 80-2 所示。

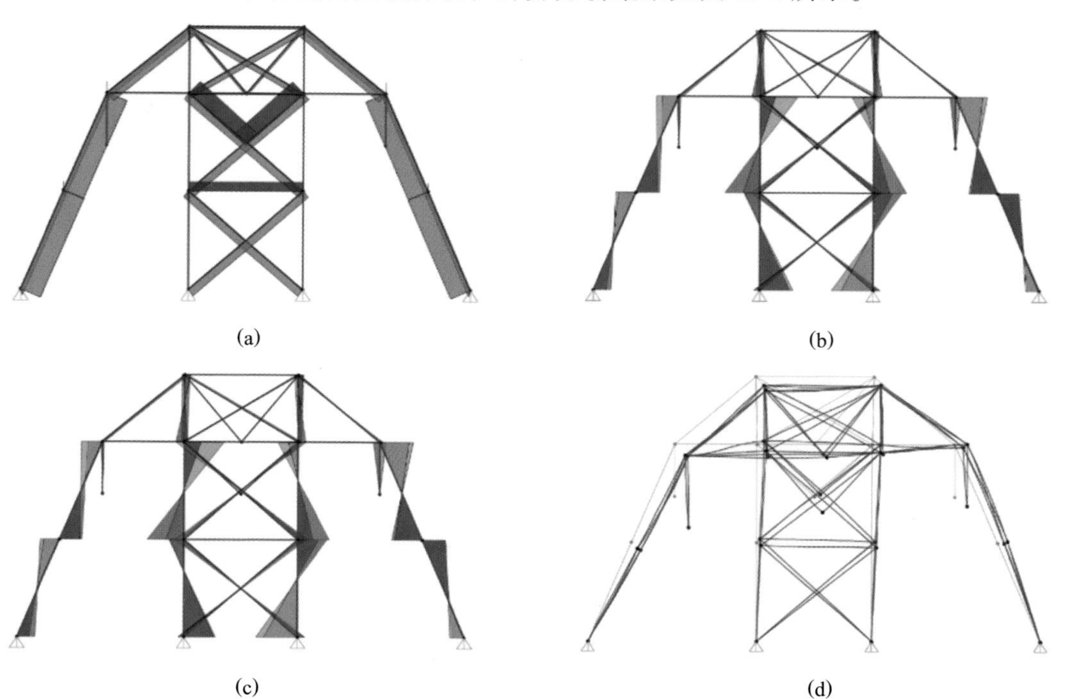
(a) (b) (c) (d)

**图 80-2　计算分析结果图**

(a) 第一级荷载下轴力图；(b) 第二级荷载下弯矩图；
(c) 第三级荷载下弯矩图；(d) 第三级荷载下变形图

## 80.4 节点构造

节点是结构传力及模型制作的关键部位，本模型部分节点详图如图 80-3 所示。

(a)

(b)

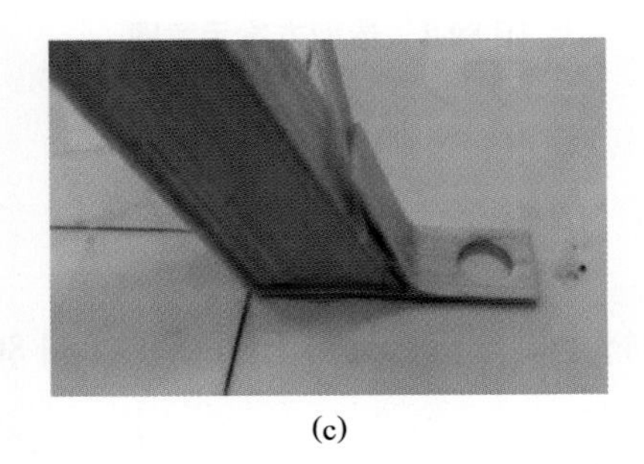

(c)

**图 80-3 节点详图**

(a) 上部节点；(b) 外加载点；(c) 柱脚节点

# 81　吉林建筑大学城建学院

| 作品名称 | 六马架 |
|---|---|
| 队　　员 | 古　龙　曹　峰　李　维 |
| 指导教师 | 魏　丹　袁其华 |
| 领　　队 | 魏　丹 |

## 81.1　设计思路

根据第十二届全国大学生结构设计竞赛赛题要求和加载规则，综合考虑材料的特点、受力情况、评分规则等因素，并经大量试验发现：本次结构设计的重点应致力于选择轻质高强的结构，充分发挥竹材抗拉性能优良的特点，通过控制构件的长细比增强结构的稳定性。总体设计思路为：通过底部 4 根 A 字形杆件，承受竖直方向的荷载；通过简单桁架结构，承受水平方向的荷载和随机荷载；通过横向杆件与主杆共同构成整体框架，最后利用简单的三角桁架和拉带连接增强结构整体稳定性。

## 81.2　结构构型

根据赛题要求，初步提出几种结构选型并进行对比分析，详见表 81-1。

**表 81-1　结构选型对比**

| 选型 | 选型 1 | 选型 2 | 选型 3 |
|---|---|---|---|
| 图示 |  | 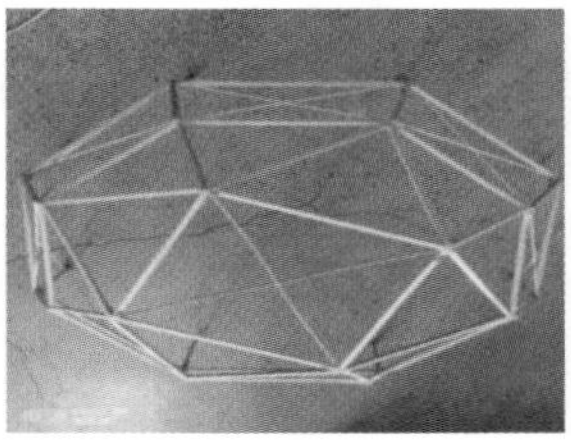 |  |
| 优点 | 结构稳定，位移小，刚度大，能够承受较大荷载 | 该结构稳定性较好，可以承受期望的荷载 | 结构简单、受力清晰、质量较小，加载测试结果表明，该模型能够承受三种工况的荷载，并且挠度满足比赛要求 |
| 缺点 | 模型质量大，受力较为复杂，杆件较多，模型制作烦琐 | 上部结构较为烦琐，节点连接处容易开裂导致脱落，并且杆件较为笨重 | — |

**总结：**以选型 3 为基础，进行进一步优化，最终选型方案示意图如图 81-1 所示。

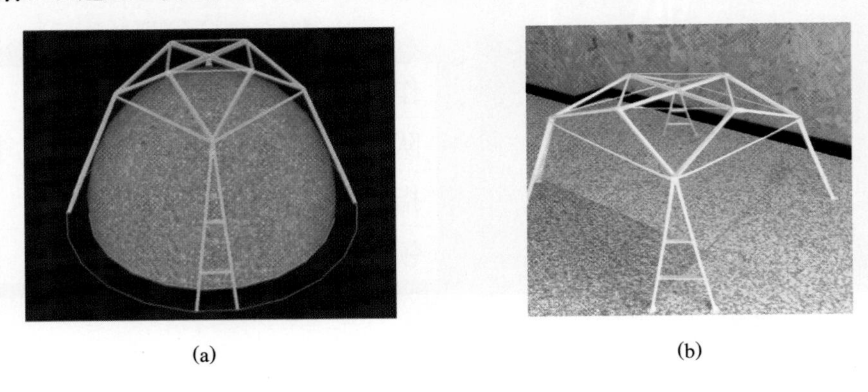

(a) (b)

**图 81-1　选型方案示意图**

(a) 模型效果图；(b) 模型实物图

## 81.3　计算分析

基于 MIDAS 软件进行建模分析，计算分析结果如图 81-2 所示。

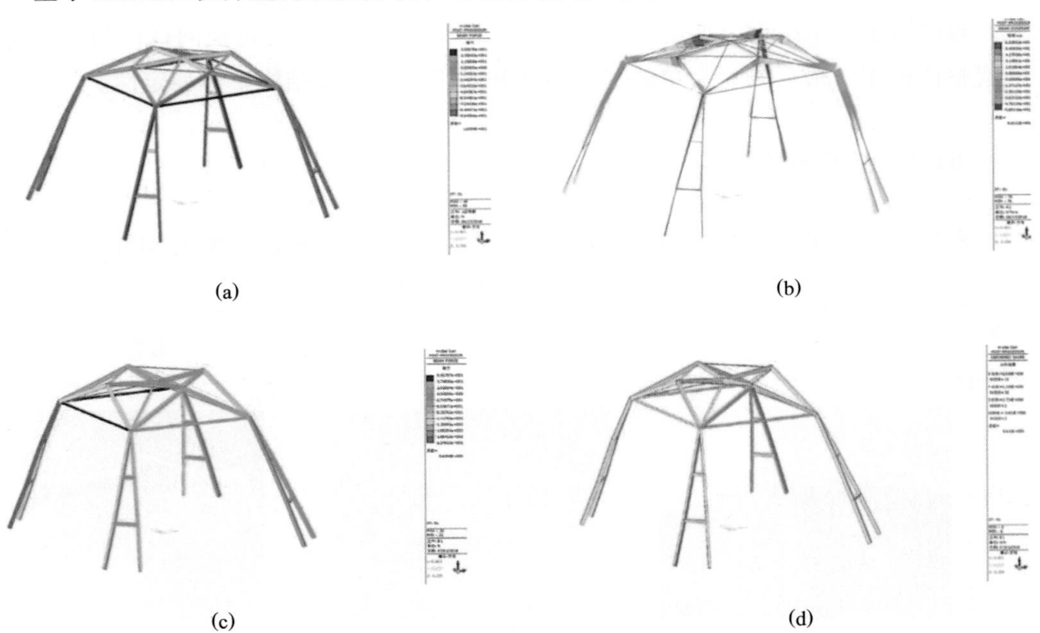

(a) (b)

(c) (d)

**图 81-2　计算分析结果图**

(a) 第一级荷载下轴力图；(b) 第二级荷载 a 工况下弯矩图；

(c) 第三级荷载 a 工况下 45°时轴力图；(d) 第三级荷载 a 工况下 45°时变形图

## 81.4 节点构造

节点是结构传力及模型制作的关键部位，本模型部分节点详图如图 81-3 所示。

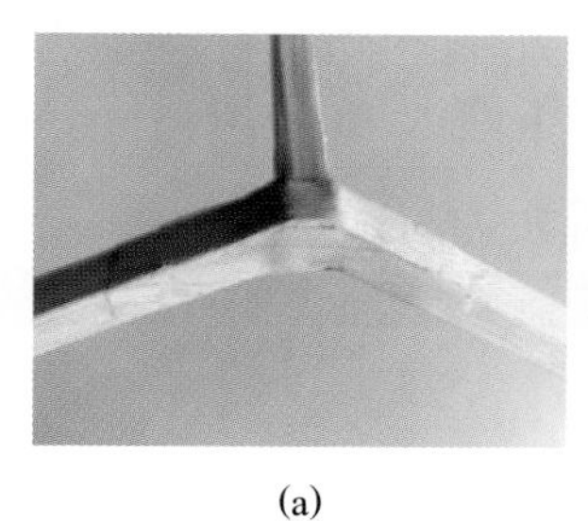

(a)

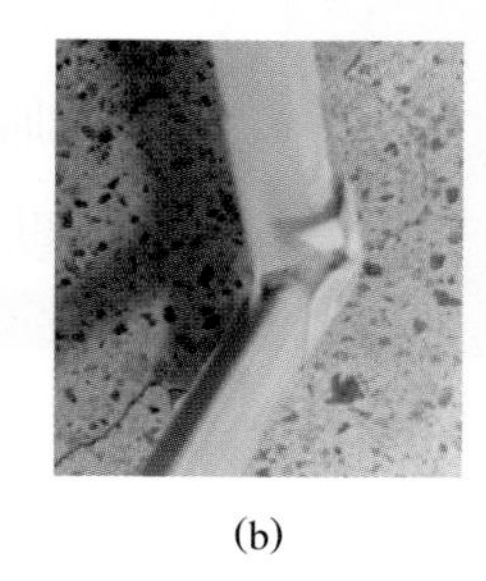

(b)

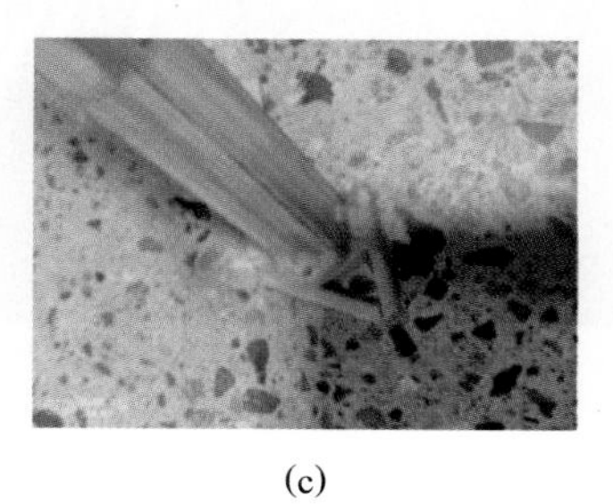

(c)

**图 81-3 节点详图**

(a) 第一级荷载节点；(b) 第二级荷载节点；(c) 柱脚节点

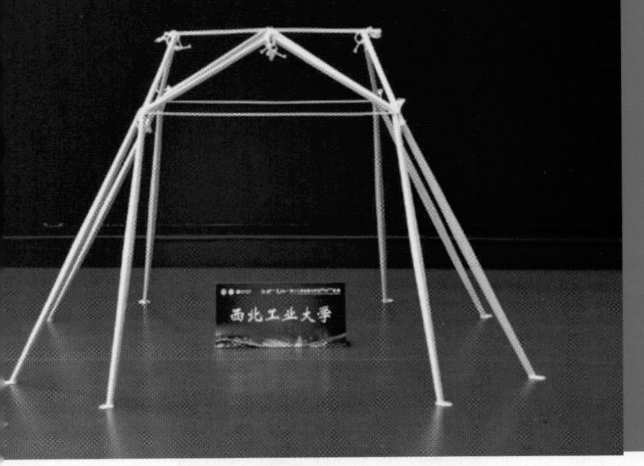


# 82　西北工业大学

| 作品名称 | 凤霄树 |
| --- | --- |
| 队　　员 | 李奉泽　姜霄汉　梁淑一 |
| 指导教师 | 李玉刚　黄　河 |
| 领　　队 | 高大力 |

## 82.1　设计思路

本赛题要求学生针对静载、随机选位荷载及移动荷载等多种荷载工况下的空间结构进行受力分析、模型制作及试验。此三种荷载工况分别对应实际结构设计中的恒荷载、活荷载和变化方向的水平荷载，并根据模型试验特点进行简化。因此，我们从提高抗压承载能力、抗扭承载能力，减轻自重等方面对结构方案进行构思。从加载点位置入手，根据内外两层加载点设计了空间双层网架结构；主要承力杆件采用纺锤形空心矩形截面杆件，可以大大提高其抗压、抗弯能力，同时减轻重量；节点连接方式，采用从竹皮中剥离的竹纤维加 502 胶水组成的复合材料加强连接，提高节点强度。

## 82.2　结构构型

根据赛题要求，初步提出几种结构选型并进行对比分析，详见表 82-1。

**表 82-1　结构选型对比**

| 选型 | 选型 1 | 选型 2 | 选型 3 |
| --- | --- | --- | --- |
| 图示 |  |  |  |
| 优点 | 制作简单 | 结构稳定 | 承载能力好 |
| 缺点 | 抗弯、抗扭能力弱 | 自重大 | 制作难度大 |

**总结**：综合对比不同选型方案的承载能力、制作难易程度以及自重等因素，并作进一步优化，最终选型方案示意图如图 82-1 所示。

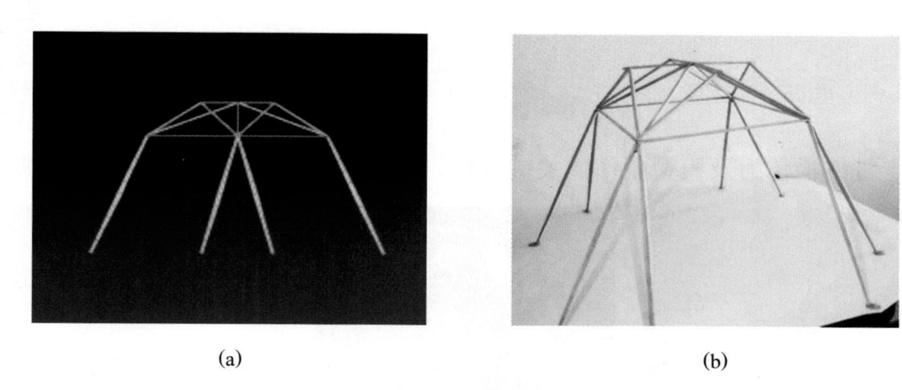

(a)　　　　　　　　　　　　(b)

**图 82-1　选型方案示意图**

(a) 模型效果图；(b) 模型实物图

## 82.3　计算分析

基于 FEMAP 和 ABAQUS 软件进行建模分析，计算分析结果如图 82-2 所示。

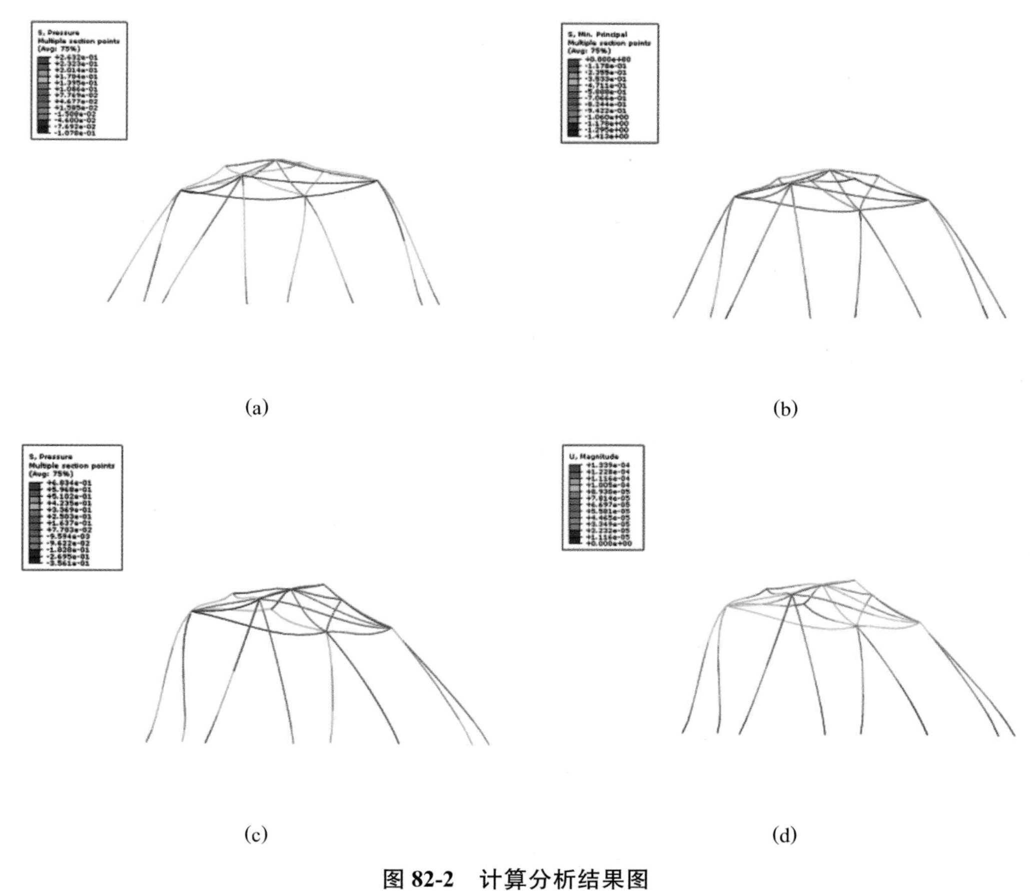


(a)　　　　　　　　　　　　(b)

(c)　　　　　　　　　　　　(d)

**图 82-2　计算分析结果图**

(a) 第一级荷载下轴力图；(b) 第二级荷载 b 工况下弯矩图；

(c) 第三级荷载 b 工况下轴力图；(d) 第三级荷载 b 工况下变形图

## 82.4 节点构造

节点是结构传力及模型制作的关键部位，本模型部分节点详图如图 82-3 所示。

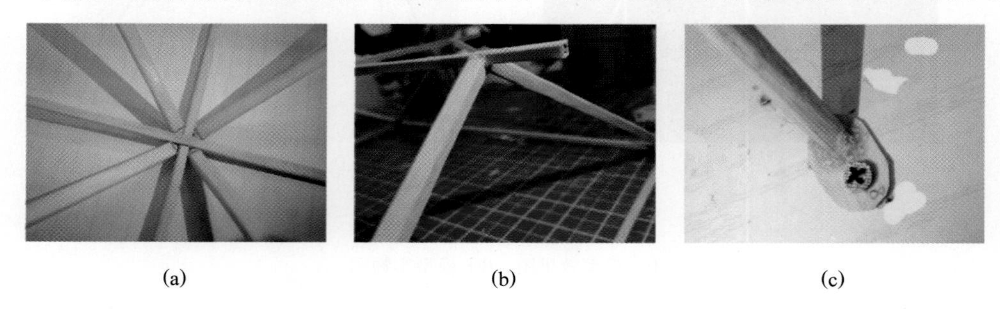

(a) (b) (c)

**图 82-3 节点详图**

(a)“米”字形节点；(b)“人”字形节点；(c) 柱脚节点

# 83 贵州大学

| 作品名称 | 跨越 |
|---|---|
| 队　　员 | 薄　钰　刘　悦　陈伟彬 |
| 指导教师 | 孔德文　吴　辽 |
| 领　　队 | 孔德文 |

## 83.1 设计思路

本队伍从强度、刚度、材料用量、实用性及美观程度等方面对结构方案进行构思。

在强度方面：为了加强结构强度，需要充分利用竹材顺纹抗拉性能强的特点，尽可能地将构件的受力情况转化为顺纹受拉状态；另外为了提高受弯构件和偏心受压构件的抗弯性能，需要增大杆件的截面面积。

在刚度方面：该模型中不可避免地会出现偏心受压杆件，为保证结构不出现失稳，需尽可能地减小偏心距，增大截面面积；同时需减小偏心受压构件的高度，以减小长细比，提高稳定性；另外可以考虑使用拉索进行张拉，减小构件的位移。

在材料用量方面：模型需在满足承载力要求的前提下尽量减小质量，在增大截面面积的同时，可考虑使用空腹截面的构件；受拉的构件可考虑使用剥离出的竹纤维索代替杆件，进一步减轻自重；另外需对模型进行简化设计，并提高模型制作工艺，精确按照尺寸制作杆件，减少不必要的构件。

在实用性及美观程度方面：模型需要考虑实用性，保证模型内部无影响使用的杆件等，同时模型要造型美观，符合大众审美要求。

## 83.2 结构构型

根据赛题要求，初步提出几种结构选型并进行对比分析，详见表 83-1。

**表 83-1　结构选型对比**

| 选型 | 选型 1:借鉴 K8 形单层球面网壳,设计三层八边形结构,层间以三角形形式连接 | 选型 2:对选型 1 进行简化,仅保留需设置加载点的上部两层结构 |
|---|---|---|
| 优点 | 稳定性强，有成熟的钢结构理论方案可供参考,造型美观 | 材料用量少,模型制作较为方便,结构形式新颖 |
| 缺点 | 制作难度大,造型不易控制,用料多,结构自重较大,上部节点承载能力较弱 | 稳定性较差,偏心受压杆件长细比较大 |

**总结：**综合对比后发现选型 2 自重更轻，且可以通过其他方式提高结构稳定性，结构形式较为新颖，简洁实用，故将选型 2 作为最终选型方案。最终选型方案示意图如图 83-1 所示。

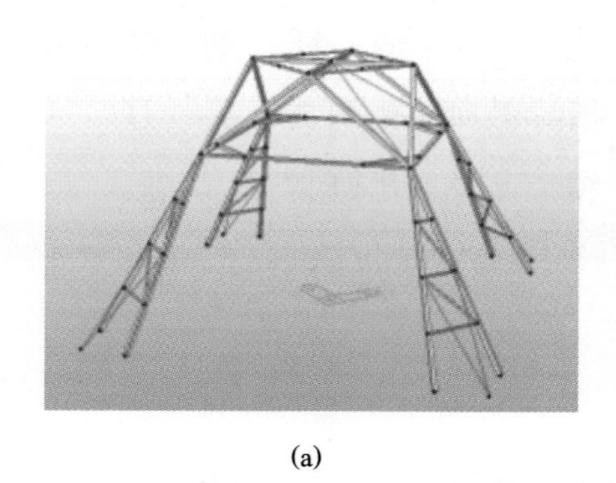

(a)

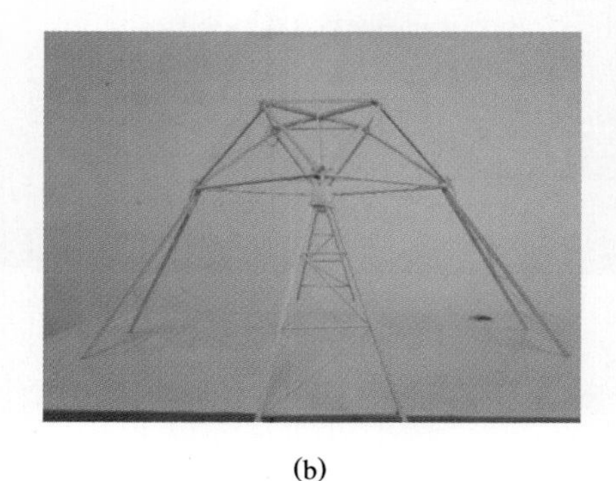

(b)

**图 83-1　选型方案示意图**

（a） 模型效果图；（b） 模型实物图

## 83.3　计算分析

基于 MIDAS 软件进行建模分析，计算分析结果如图 83-2 所示。

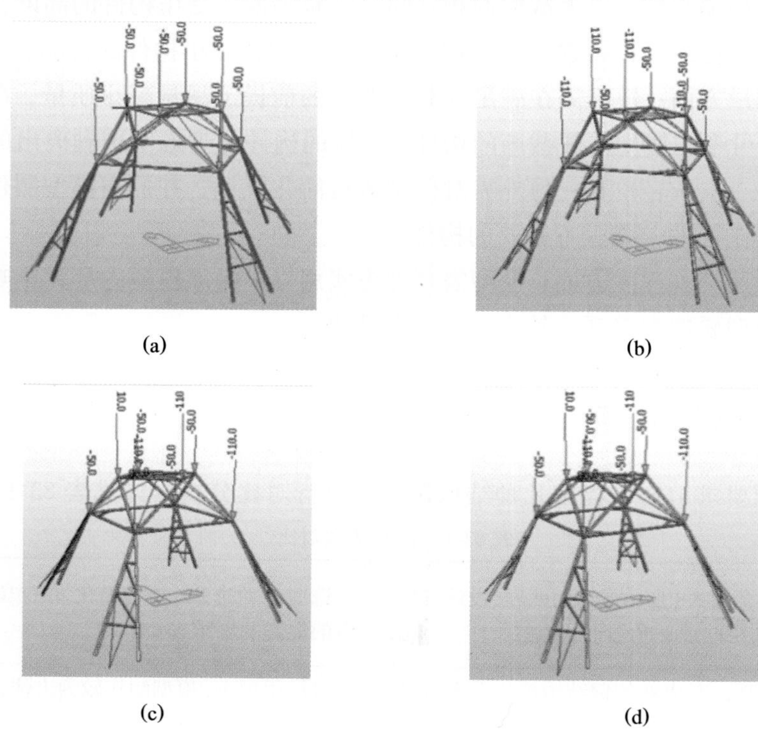

(a)　(b)　(c)　(d)

**图 83-2　计算分析结果图**

(a) 第一级荷载下轴力图；(b) 第二级荷载下弯矩图；

(c) 第三级荷载下轴力图；(d) 第三级荷载下弯矩图

## 83.4 节点构造

节点是结构传力及模型制作的关键部位，本模型部分节点详图如图 83-3 所示。

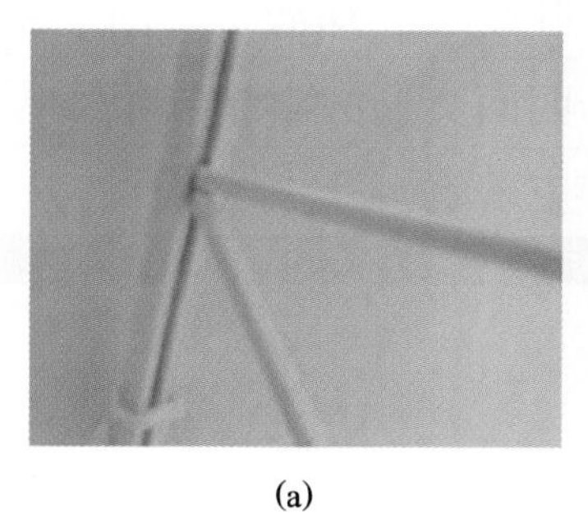

(a)

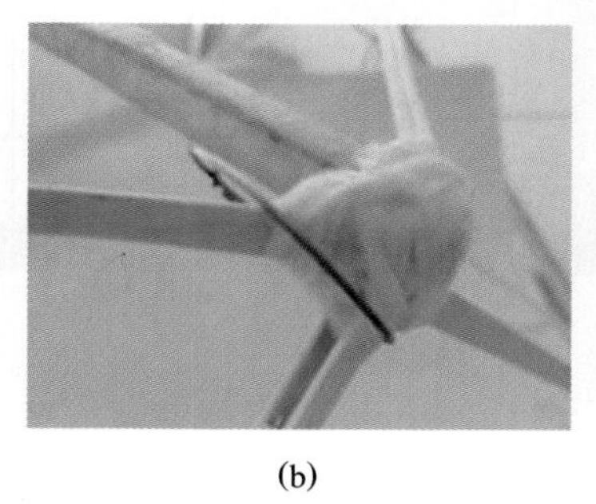

(b)

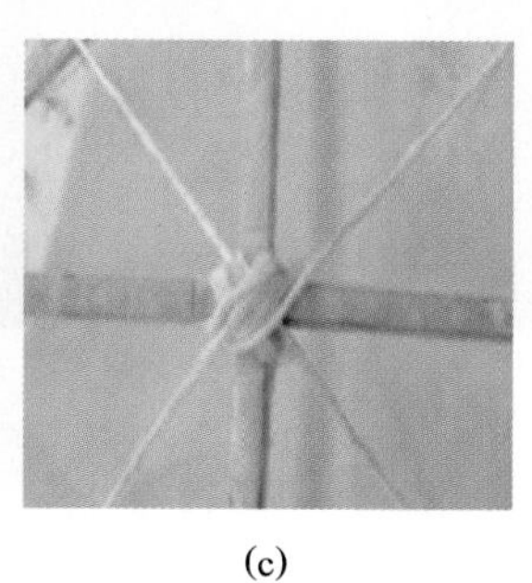

(c)

**图 83-3 节点详图**

(a) 柱节点；(b) 一层节点；(c) 拱顶节点

# 84 西南交通大学

| 作品名称 | 八方辐辏 |
|---|---|
| 队　　员 | 叶高宏　郑浩宇　周　豪 |
| 指导教师 | 西南交通大学指导组 |
| 领　　队 | 王若羽 |

## 84.1　设计思路

本队伍从如下几个方面对结构方案进行构思：考虑到竹材的顺纹抗拉能力远大于抗压能力，同时竹皮杆件多为规则的矩形构件，模型承载力要求高，加载工况复杂，因此，我们采用空间网架结构。空间网架结构具有三维受力的特点，能够满足赛题中复杂多变的各种加载工况，可以承受各个方向上的荷载；在节点荷载作用下，网架中各杆件处于较简单的轴向受压、受拉状态，可以充分利用竹皮材料的性能；空间网架结构整体性强、稳定性好、整体刚度大，有较高的安全储备，可以有效地应对手工制作误差、材料自身缺陷等不可控因素造成的问题；空间网架多为规则的对称结构，在模型制作时，杆件的尺寸、制作工艺相同，可以节约制作时间，降低拼装难度。另外，本队伍精密测算了模型质量和每一级的荷载所对应的得分增减关系，最终决定将模型质量控制在 110g 以内并且完成三级满载加载，并以此作为结构优化依据。

## 84.2　结构构型

根据赛题要求，初步提出几种结构选型并进行对比分析，详见表 84-1。

**表 84-1　结构选型对比**

| 选型 | 选型 1 | 选型 2 | 选型 3 |
|---|---|---|---|
| 图示 | | | |
| 优点 | 稳定性最好，模型刚度最大 | 模型质量最小，制作难度最低 | 在选型 2 的基础上，增加了部分质量，稳定性中等偏高，模型刚度中等偏高 |
| 缺点 | 模型质量最大，杆件繁多，制作难度最大 | 稳定性最差，模型刚度最弱 | 模型质量中等偏低，制作难度中等 |

**总结**：对比分析可知，选型 3 在选型 2 的基础上进行了改良，增加了部分质量，但获得了稳定性的大幅提升，同时制作难度中等，需要特殊处理的节点不多。因此，确定选型 3 作为最终方案，命名为八方辐辏。最终选型方案示意图如图 84-1 所示。

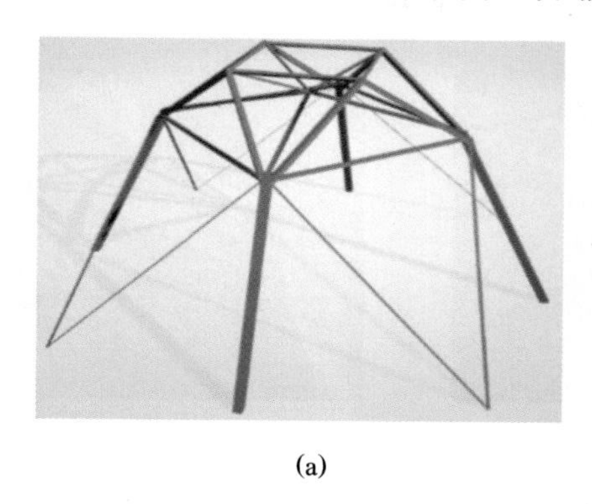

(a)

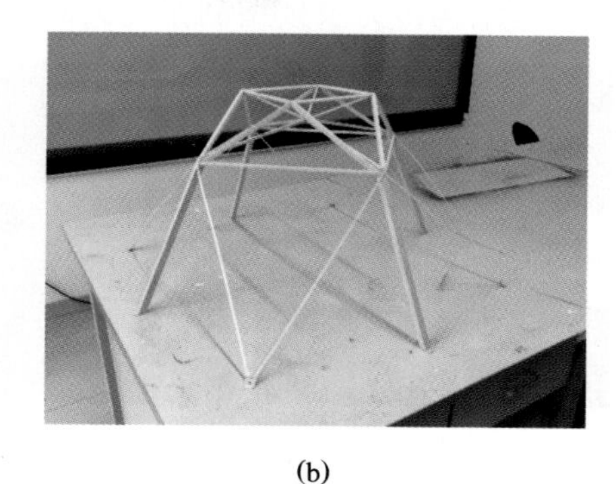

(b)

**图 84-1　选型方案示意图**

(a) 模型效果图；(b) 模型实物图

## 84.3　计算分析

基于 MIDAS 软件进行建模分析，计算分析结果如图 84-2 所示。

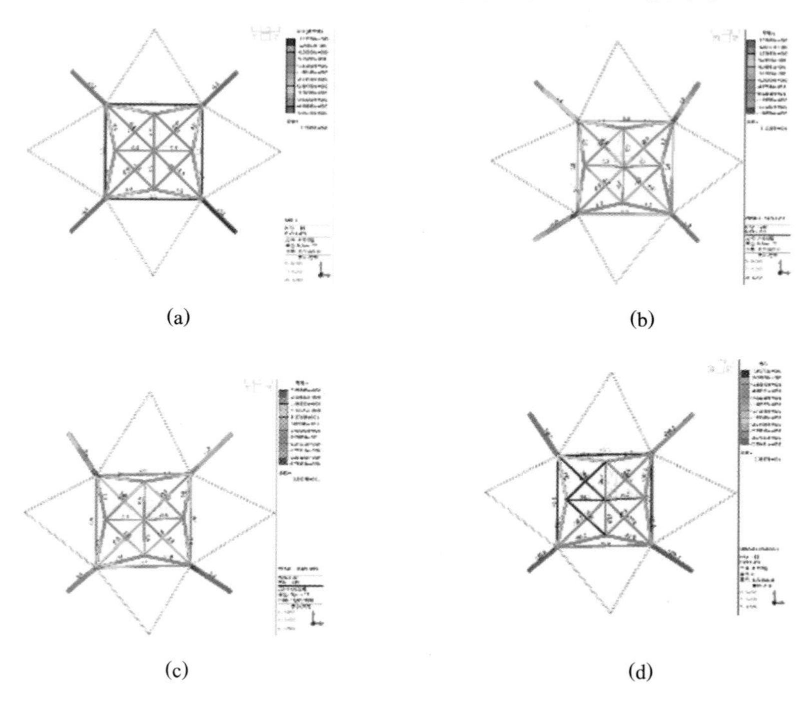

**图 84-2　计算分析结果图**

(a) 第一级荷载下梁单元轴力图；(b) 第二级荷载下梁单元弯矩图；
(c) 第三级荷载下梁单元轴力图；(d) 第三级荷载下梁单元弯矩图

## 84.4 节点构造

节点是结构传力及模型制作的关键部位，本模型部分节点详图如图 84-3 所示。

(a)

(b)

(c)

**图 84-3 节点详图**

(a) 中心节点；(b) 内圈加载点节点；(c) 外圈加载点节点

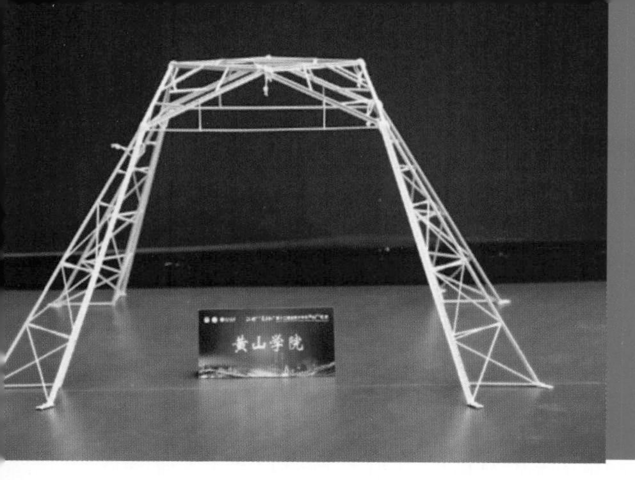


# 85 黄山学院

| 作品名称 | 勇桁 |
| --- | --- |
| 队　　员 | 王干亮　燕郭胜　廖陈鑫 |
| 指导教师 | 邓　林　高雪冰 |
| 领　　队 | 邓　林 |

## 85.1 设计思路

根据赛题初步了解该结构为大跨空间屋盖结构体系，目前常见的网架结构、网壳结构、悬索结构、薄膜结构等，均可应用于大跨空间结构体系中，各结构通过合理设计都能承受一定的竖向力和侧向水平力。另外，模型的制作材料为竹材，这种材料顺纹抗拉强度较高，平均为木材的两倍，顺纹抗剪强度低，因此在模型设计中应当考虑尽量充分利用竹材抗拉的这一力学特性，从而达到减少竹材使用，节约资源的目的。悬索结构能够充分利用拉索材料的受拉性能，做到跨度大、自重小、材料省，然而题目所要求的结构布置范围有限，所以整体应用悬索结构可行性难度较大。网架结构是由多根杆件按照一定的网格形式通过节点连接而成的空间结构，其具有空间受力小、质量小、刚度大、抗震性能好等优点。但与网架结构相比，桁架结构省去下弦纵向杆件和网架的球节点，可满足各种不同建筑形式的要求，尤其是构筑圆拱和任意曲线形状比网架结构更有优势。因此，我们选择材料用量相对经济的桁架结构，并对结构中一些单纯的受拉杆件作拉索设计。

## 85.2 结构构型

根据赛题要求，初步提出几种结构选型并进行对比分析，详见表 85-1。

**表 85-1　结构选型对比**

| 选型 | 选型 1 | 选型 2 | 选型 3 |
| --- | --- | --- | --- |
| 图示 |  |  |  |
| 优点 | 受力均匀，且具有较大的刚度,稳定性好,制作方便 | 各格构柱之间拼接简单,结构整体刚度大,变形小,安装方便 | 质量小,刚度大,受力合理,受力简单明确 |
| 缺点 | 柱底抵抗弯曲变形的能力较小,易变形 | 结构内部存在较大弯矩,局部易发生弯曲变形 | 柱脚位置不易确定 |

**总结：**综合对比分析这几种选型，并作进一步的优化，最终选型方案示意图如图 85-1 所示。

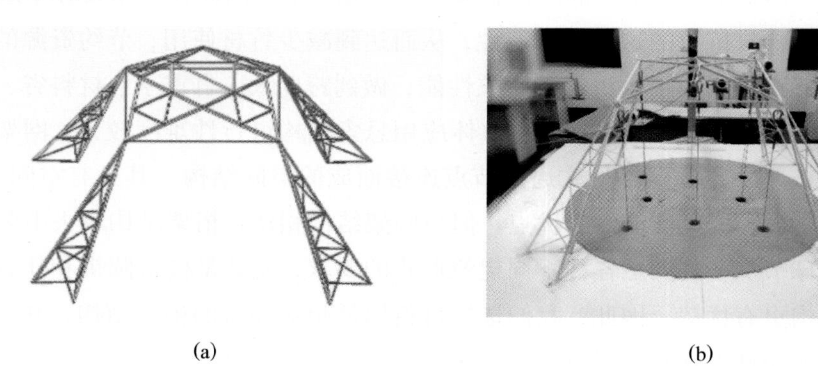

(a)　　　　(b)

**图 85-1　选型方案示意图**

(a) 模型效果图；(b) 模型实物图

## 85.3　计算分析

基于 MIDAS 软件进行建模分析，计算分析结果如图 85-2 所示。

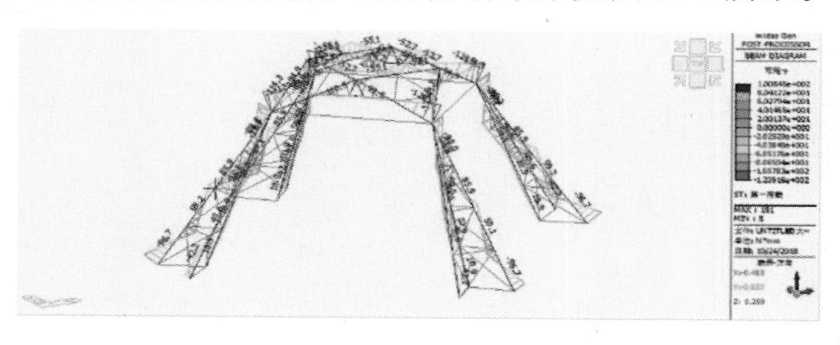

(a)

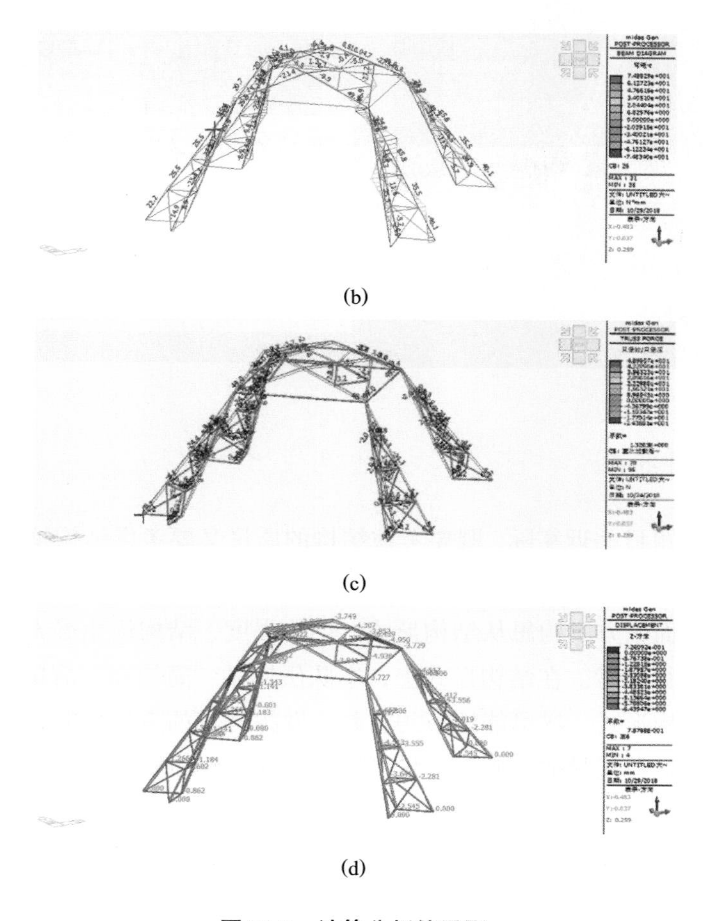

(b)

(c)

(d)

**图 85-2　计算分析结果图**

(a) 第一级荷载下梁单元弯矩图；(b) 第二级荷载下梁单元弯矩图；
(c) 第三级荷载下梁单元轴力图；(d) 第三级荷载下变形图

## 85.4　节点构造

节点是结构传力及模型制作的关键部位，本模型部分节点详图如图 85-3 所示。

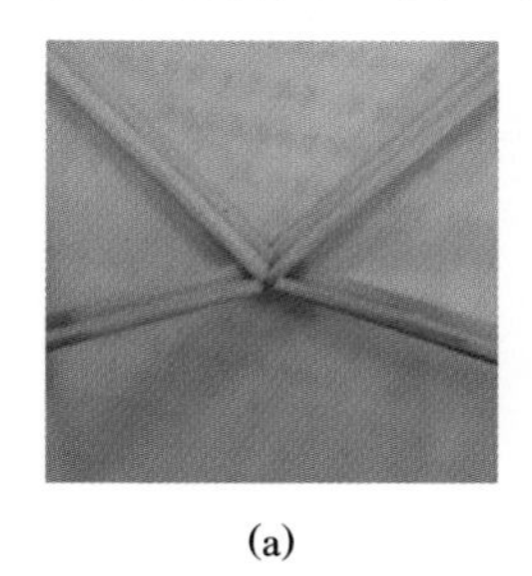

(a)

(b)

(c)

**图 85-3　节点详图**

(a) 节点 1；(b) 节点 2；(c) 节点 3

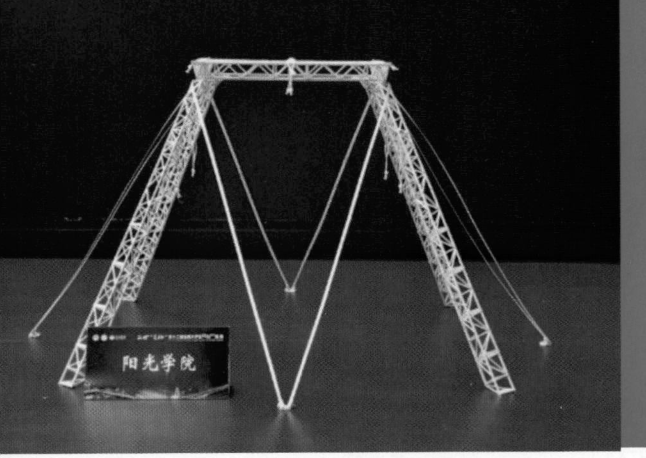


# 86 阳光学院

| 作品名称 | 天穹 |
| --- | --- |
| 队　　员 | 陈雨铭　江俊强　谢鸿轩 |
| 指导教师 | 陈建飞　林国华 |
| 领　　队 | 林国华 |

## 86.1 设计思路

本次比赛的题目贴近实际，既要考虑结构的质量又要考虑结构抵抗竖向集中荷载和水平荷载的能力，在保证结构的强度、刚度和稳定性的前提下，设计出安全、经济、合理的方案。因而，方案构思从结构形式、结构强度、结构优化等方面进行考虑，并对结构的本质进行思考。在结构形式上，本队伍遵循“简约而不简单”的原则，放弃复杂、怪异的结构形式，尽可能地节约材料，发挥材料的力学性能，构建简约的结构形式，并在减少材料用量的基础上，尽可能满足建筑物目标功能。在结构设计中追求结构与艺术间美的平衡，合理受力和传力的结构由于符合自然规律的美感，在理论推导上是美的，这样的结构在形式上往往也是简单明确的；同时，结构的形态、采光等方面让结构具有了艺术上的观赏性和可被想象的空间。在减少结构杆件数量的同时，结构传力更加简单明确，联合受力，共同变形，每根杆、每个节点都发挥其最大承载能力。

## 86.2 结构构型

根据赛题要求，在确定了结构的基本构造形式后，初步提出几种格构柱的支撑形式并进行对比分析，详见表 86-1。

表 86-1　支撑形式对比

| 支撑 | 对角中心支撑 | K 形支撑 | 十字撑 |
|---|---|---|---|
| 图示 | | | |
| 力学性能 | 增加结构抗侧移刚度，有效利用构件强度，支撑构件刚度大,受力大,容易发生整体或局部失稳 | 减少了支撑构件的轴向力,在静荷载作用下,具有良好的抗侧能力 | 很好地利用材料的受拉性能,能保证平面内、平面外的结构稳定性 |
| 制作用料 | 需用竹条做成斜撑，总长度偏长,节点多,材料用量多 | 需用竹条做成斜撑，下料省,节点多 | 需用竹条做成斜撑,强度、刚度大,下料最多 |

**总结：**通过对比分析，本结构采用 K 形支撑形式，为增强加载点的稳定性，加载点中间增加横杆。最终选型方案示意图如图 86-1 所示。

图 86-1　选型方案示意图（模型效果图）

## 86.3　计算分析

基于 MIDAS 软件进行建模分析，计算分析结果如图 86-2 所示。

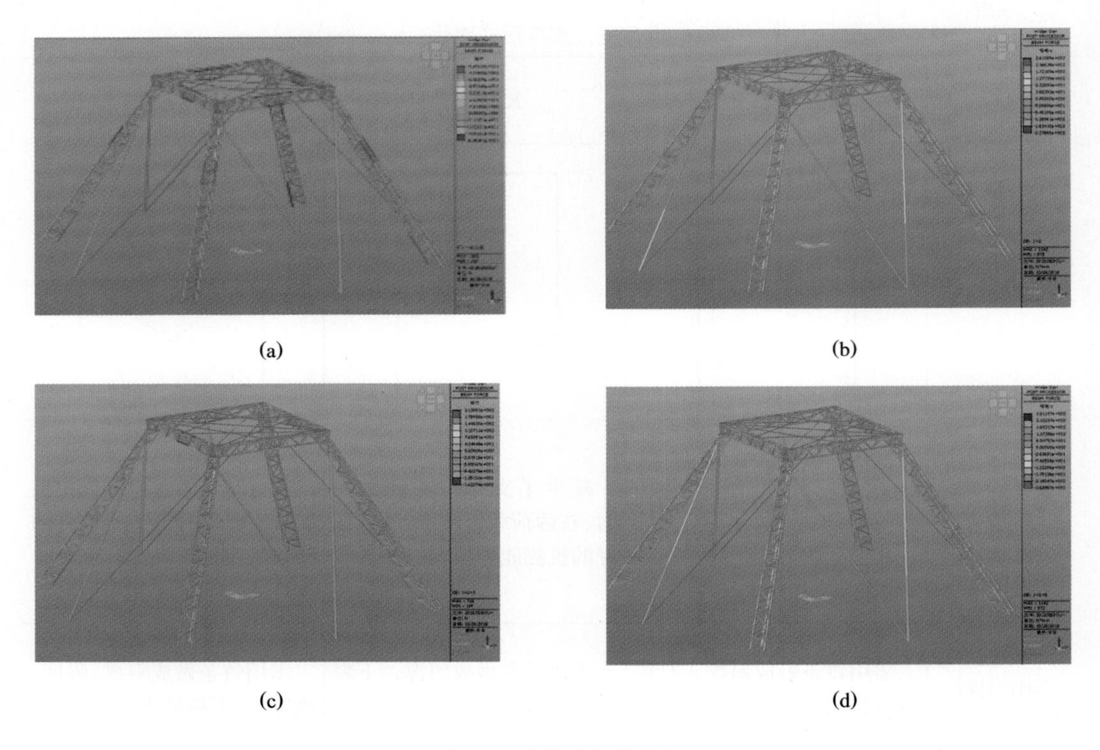

(a) (b) (c) (d)

**图 86-2 计算分析结果图**

(a) 第一级荷载下轴力图；(b) 第二级荷载下弯矩图；
(c) 第三级荷载下轴力图；(d) 第三级荷载下弯矩图

## 86.4 节点构造

节点是结构传力及模型制作的关键部位，本模型部分节点详图如图 86-3 所示。

(a) (b) (c)

**图 86-3 节点详图**

(a) 节点 1；(b) 节点 2；(c) 节点 3

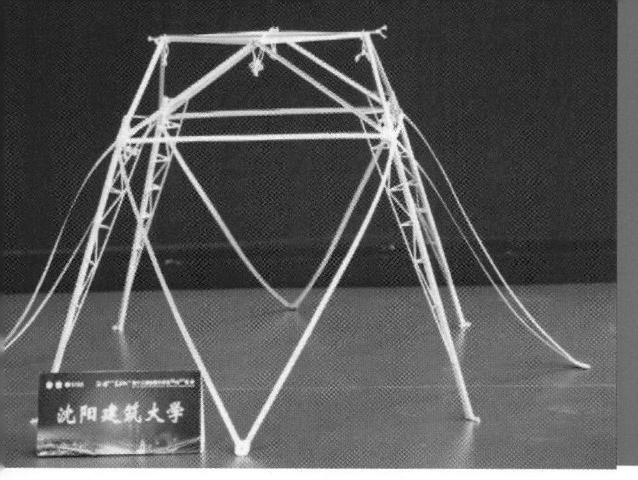


# 87　沈阳建筑大学

| 作品名称 | 千年穹顶 |
| --- | --- |
| 队　　员 | 王娅妮　苏国君　曹孟恺 |
| 指导教师 | 王庆贺　耿　琳 |
| 领　　队 | 耿　琳 |

## 87.1　设计思路

由于桁架组合结构在桥梁工程中应用广泛，并适用于大跨度屋盖，具有承载能力强、结构稳定性好等诸多优点。故根据方案构思，本队伍的结构选型为桁架结构。设计 4 个斜柱支撑群，各杆件受力均以轴向拉、压为主，通过对上弦杆、下弦杆和腹杆的合理布置，可适应结构内部的弯矩和剪力分布。桁架梁在抗弯方面，由于将受拉与受压的截面集中布置在上下两端，增大了内力臂，使得以同样的材料用量实现了更大的抗弯强度。在抗剪方面，通过合理布置斜撑，能够将剪力逐步传递给支座。这样无论是抗弯还是抗剪，桁架结构都能够使材料强度得到充分发挥。更重要的意义还在于，它将横弯作用下的实腹梁内复杂的应力状态转化为桁架杆件内简单的拉压应力状态，使我们能够直观地了解力的分布和传递，便于结构的变化和组合。为了提高 4 个格构式斜柱间的整体性，本队伍采用了 4 个柱端拉条和 4 组柱间斜拉条以保证水平方向的拉、压内力实现自身平衡，整个结构不对支座产生水平推力。为了能够将竖向荷载高效地传递到 4 个格构式斜柱上，本队伍采用 4 组三角形的桁架杆连接 8 个加载点，并采用 2 组杆件连接 4 组三角形桁架杆，提高模型的整体性。同时采用上述的 4 个拉条连接 4 组三角形桁架杆的底部节点。

## 87.2　结构构型

根据赛题要求，初步提出几种结构选型并进行对比分析，详见表 87-1。

**表 87-1　结构选型对比**

| 选型 | 选型 1 | 选型 2 |
| --- | --- | --- |
| 图示 | 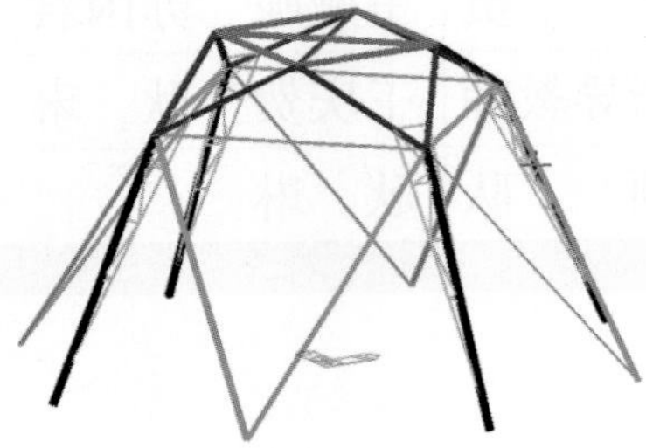 |  |
| 优点 | 设计简便，用料少，跨度大 | 结构新颖、美观；刚度大，变形小 |
| 缺点 | 侧向刚度小，需加支撑 | 设计复杂，尺寸精度要求高 |

**总结：**综合对比，选型 1 具有良好的承载能力和刚度，设计过程较选型 2 简单，并且所用材料少，因此确定最终方案为选型 1，最终选型方案示意图如图 87-1 所示。

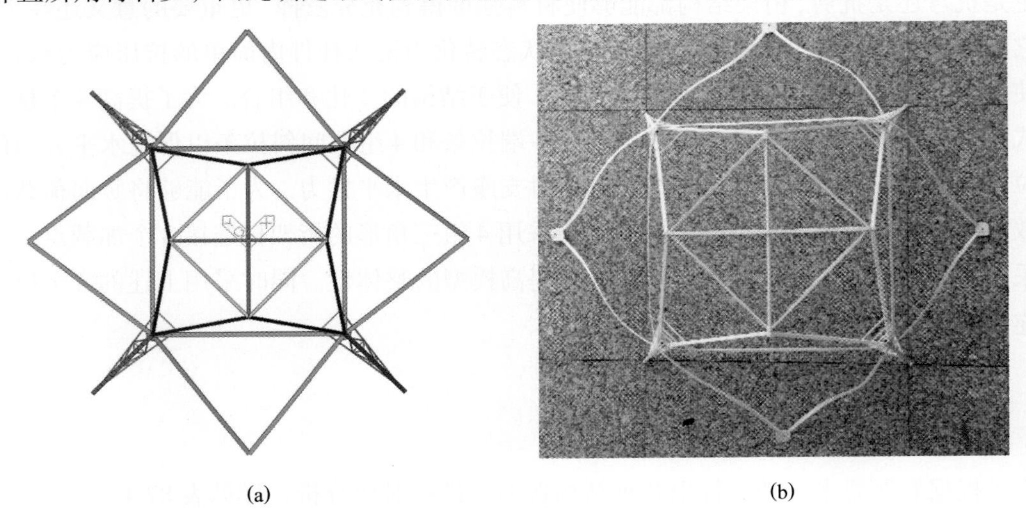

(a)　　(b)

**图 87-1　选型方案示意图**

(a) 模型效果图；(b) 模型实物图

## 87.3　计算分析

基于 MIDAS 软件进行建模分析，计算分析结果如图 87-2 所示。

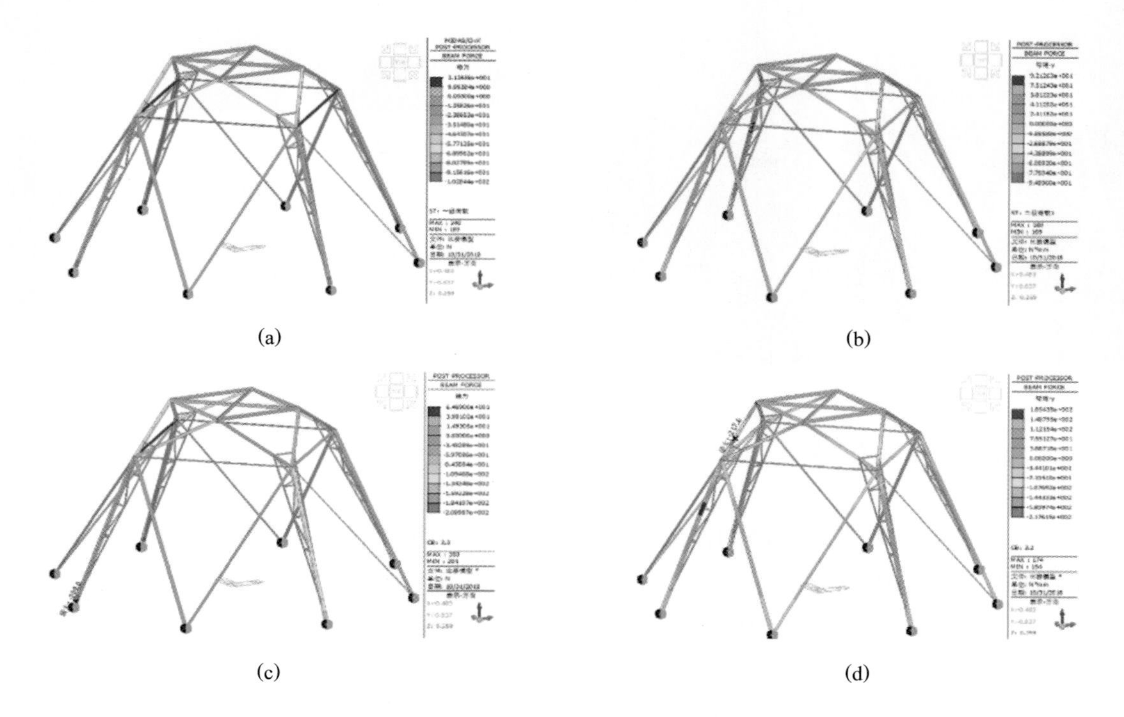

图 87-2　计算分析结果图

(a) 第一级荷载 a 工况下轴力图；(b) 第二级荷载 a 工况下弯矩图；
(c) 第三级荷载 a 工况下轴力图；(d) 第三级荷载 a 工况下弯矩图

## 87.4　节点构造

节点是结构传力及模型制作的关键部位，本模型部分节点详图如图 87-3 所示。

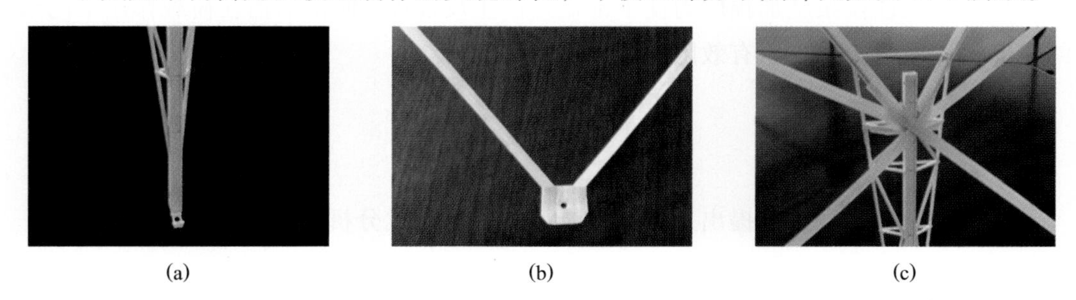

(a)　(b)　(c)

图 87-3　节点详图

(a) 格构式斜柱 $A$ 柱脚节点；(b) 拉杆 $B$ 柱脚节点；(c) 格构式斜柱 $A$ 与腰部斜压杆 $E$ 节点

# 88　西安理工大学

| 作品名称 | 苍穹顶 |
| --- | --- |
| 队　　员 | 张国恒　刘诚涛　高　欢 |
| 指导教师 | 潘秀珍　杜宁军 |
| 领　　队 | 潘秀珍 |

## 88.1　设计思路

按照赛题的要求，本次制作的大跨度空间结构模型上部采用空间桁架结构形式，下部采用4根空腹式矩形杆，然后通过柔性拉条给整个结构施加预应力。上部结构采用的空间桁架结构，是一种格构化的梁式结构，具有安全冗余度高、几何稳定、传力路径明确的优点，其内部各杆件受力均以单向拉、压为主。通过对上弦杆、下弦杆和腹杆的合理布置，可适应结构内部的弯矩和剪力分布。空间桁架屋盖结构水平方向的拉、压内力实现了自身平衡，使得整个结构不对柱顶产生水平推力，从而降低了结构对柱的要求。在抗弯方面，桁架结构将受拉与受压的截面集中布置在上下两端，增大了内力臂，使得以同样的材料用量实现了更大的抗弯强度、更高的承载力、较小的挠度。总之，上部结构选用空间桁架结构能够直观地了解力的分布和传递，平面外稳定性具有可靠的保证，而且可以充分利用材料强度，便于对结构的优化选型和布置。下部结构中的柔性拉条施加预应力使下部矩形产生反挠度，使得结构在荷载作用下的最终挠度得以减少，并可以有效限制结构的冲切破坏。

## 88.2　结构构型

根据赛题要求，初步提出几种结构选型并进行对比分析，详见表88-1。

表 88-1　结构选型对比

| 选型 | 选型 1 | 选型 2 | 选型 3 | 选型 4 |
| --- | --- | --- | --- | --- |
| 图示 |  |  |  |  |
| 优点 | 柱子的刚度大，竖向承载力高 | 模型自重最小，杆件的数目较少，传力路径较明确 | 模型质量较小，上部杆件数目更少，传力路径简洁 | 模型质量小，杆件数目最少，传力路径简洁，承载力高 |
| 缺点 | 模型自重大，结构杆件多，传力路径不明，支柱与承台连接困难 | 结构上部V形撑易发生破坏，拉条过多，对安装要求高 | A 形柱的加工较麻烦，对安装精度要求较高 | 拉条安装需要有一定经验 |

**总结：** 综合对比，选型 4 的质量最小、杆件数目最少、传力路径明确、承载能力高，故将其作为参赛方案。最终选型方案示意图如图 88-1 所示。

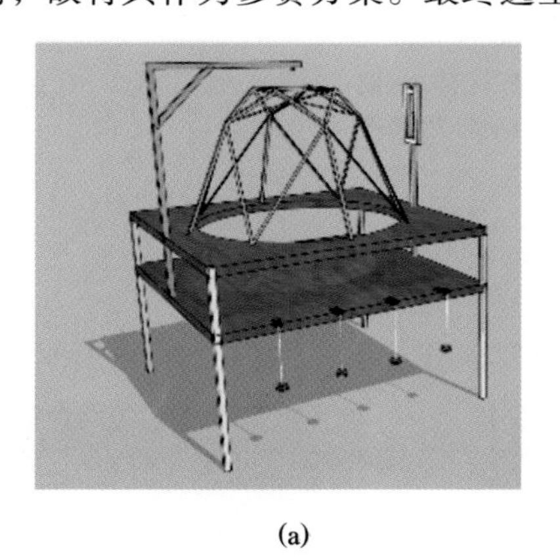

(a)

(b)

**图 88-1　选型方案示意图**

(a) 模型效果图；(b) 模型实物图

## 88.3　计算分析

基于 SAP2000 软件进行建模分析，计算分析结果如图 88-2 所示。

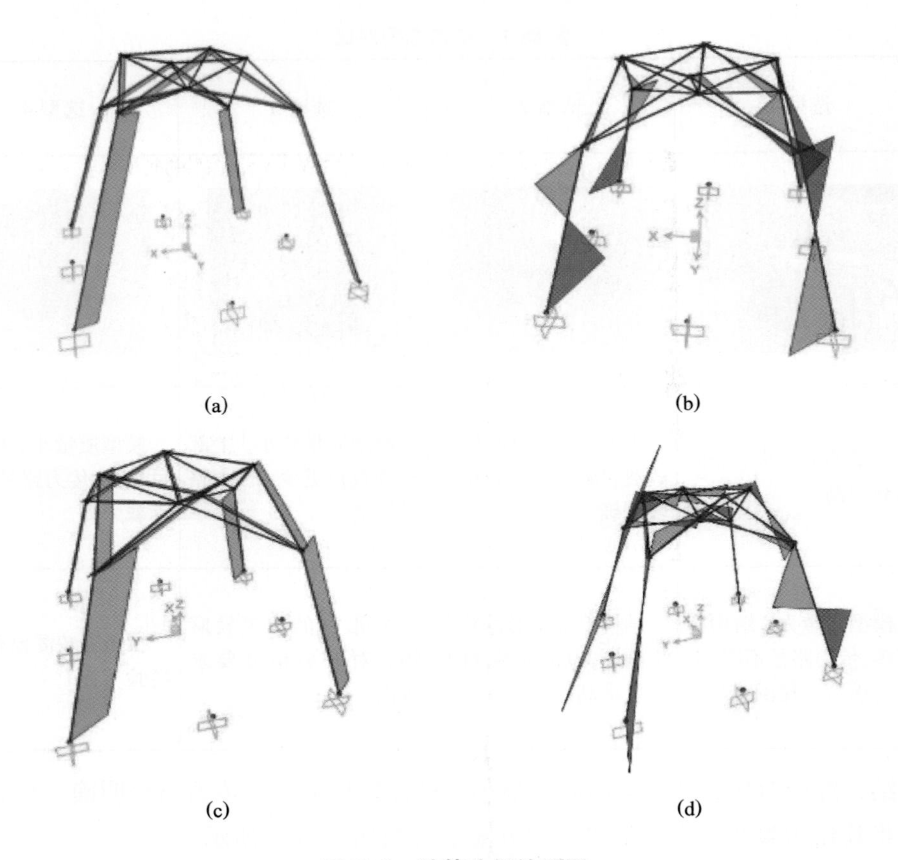

图 88-2　计算分析结果图

(a) 第一级荷载下轴力图；(b) 第二级荷载下弯矩图；
(c) 第二级荷载下轴力图；(d) 第三级荷载下弯矩图

## 88.4　节点构造

节点是结构传力及模型制作的关键部位，本模型部分节点详图如图 88-3 所示。

(a)

(b)

(c)

图 88-3　节点详图

(a) V 形撑与上部方形屋盖杆件连接节点；(b) 下部支柱与上部空间桁架连接节点；
(c) 长斜撑与短斜撑连接节点

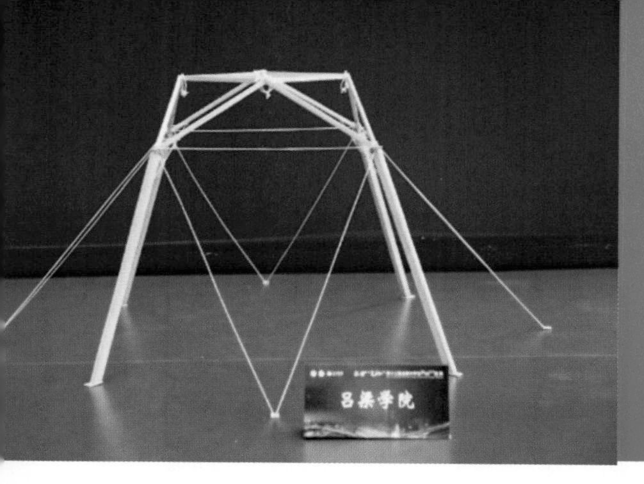


# 89 吕梁学院

| 作品名称 | 举梦 |
|---|---|
| 队　　员 | 赵　旭　邓　义　易　宇 |
| 指导教师 | 高树峰　宋季耘 |
| 领　　队 | 高树峰 |

## 89.1 设计思路

本赛题为大跨度空间屋盖结构模型，主要承受恒荷载、活荷载和变化方向的水平荷载，因此，我们从该结构较容易满足恒荷载的承载力要求，但非对称分布活荷载和水平动荷载对整体结构的刚度要求较高，同时要求结构要有足够的抗剪强度等方面对结构方案进行构思。考虑到竹材的抗拉强度要强于抗压强度，设计制作模型时要尽量使构件处于拉伸状态，这样才能充分利用材料，提高结构强度。本队伍在设计结构时，通过调整结构中杆件的受力方向，使各加载点的荷载相互抵消，这样既可以满足加载要求，还可以减轻结构质量。本赛题第二级荷载为非对称荷载，而且不同方案对结构的影响不同。因此设计时要充分考虑结构在非对称荷载下的稳定性。综上所述，决定选用刚架结构。首先刚架结构容易制作和组装，且稳定性强；其次通过结构设计，可使杆件主要受到轴力作用，不易受到弯曲破坏；最后刚架结构受力明确，可以通过杆件方向的调整平衡各节点处荷载。

## 89.2 结构构型

根据赛题要求，初步提出几种结构选型并进行对比分析，详见表 89-1。

**表 89-1　结构选型对比**

| 选型 | 选型 1 | 选型 2 |
|---|---|---|
| 图示 | | |
| 优点 | 整体结构稳定，变形较小 | 自重较小，拼装简单，内圈节点竖向荷载和外圈节点竖向荷载可通过平衡作用部分抵消 |
| 缺点 | 不易拼装，模型自重较大 | 活荷载不同方案差异大，对材料品质要求高 |

**总结**：经过综合对比分析，选型 2 稳定性虽比选型 1 差，但是主体结构简单，质量很小，充分利用了材料拉伸强度高和荷载分散分布的特点，故选择选型 2 作为最终方案。最终选型方案示意图如图 89-1 所示。

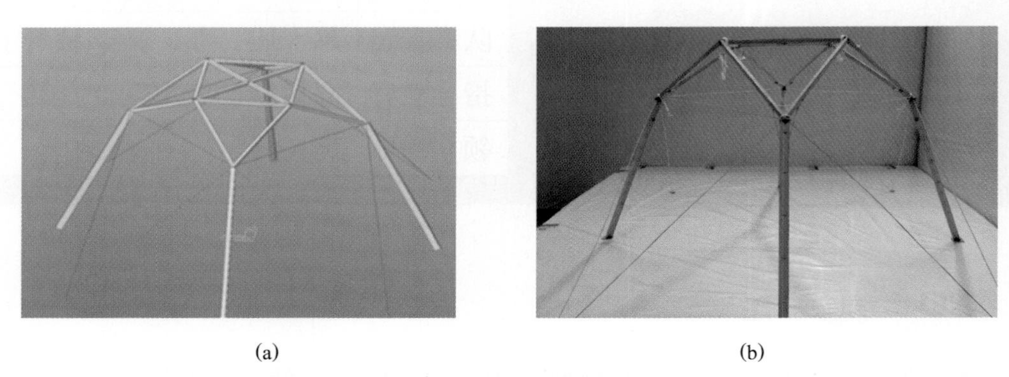

(a) (b)

**图 89-1　选型方案示意图**

(a) 模型效果图；(b) 模型实物图

## 89.3　计算分析

基于 MIDAS 软件进行建模分析，计算分析结果如图 89-2 所示。

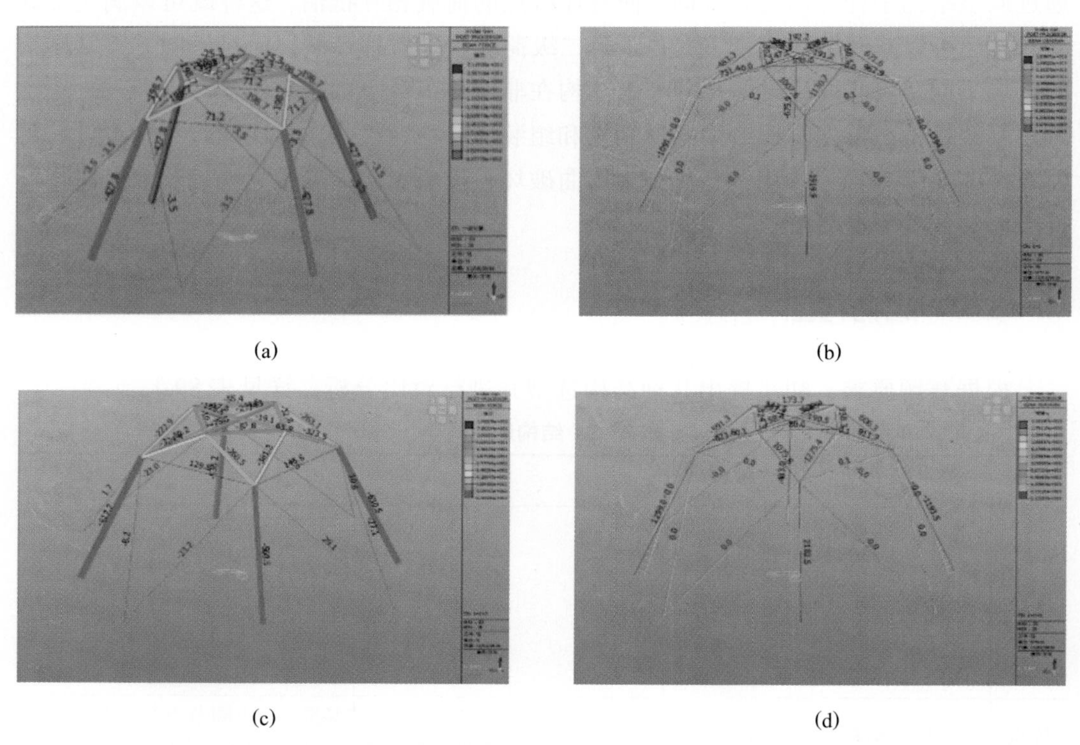

(a) (b)

(c) (d)

**图 89-2　计算分析结果图**

(a) 第一级荷载下轴力图；(b) 第二级荷载下弯矩图；

(c) 第三级荷载下轴力图；(d) 第三级荷载下弯矩图

## 89.4 节点构造

节点是结构传力及模型制作的关键部位，本模型部分节点详图如图 89-3 所示。

(a)

(b)

(c)

**图 89-3 节点详图**

(a) 普通节点；(b) 梁柱节点；(c) 柱脚节点

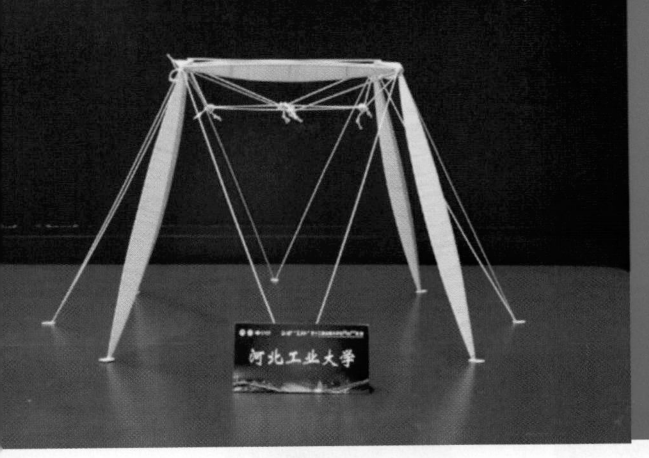


# 90　河北工业大学

| 作品名称 | 工学并举 |
| --- | --- |
| 队　　员 | 王应圳　张亚磊　陈思德 |
| 指导教师 | 陈向上　刘金春 |
| 领　　队 | 刘金春 |

## 90.1　设计思路

本赛题要求参赛队设计并制作一个大跨度空间屋盖结构模型，模型构件允许的布置范围为两个半球面之间的空间，内半球体半径为375mm，外半球体半径为550mm。模型需在指定位置设置加载点。因此，我们从杆件、加载点以及整体结构等方面对结构方案进行构思。

在杆件方面：在第一级和第二级共同加载的情况下，一共需要承载640N的力，因此需要柱子可以承受足够大的轴向压力，所以我们选择了鱼腹杆，其具有足够大的承载力。

在加载点方面：本队伍决定模型由拉压结构组成，考虑到加载点的空间分布范围，决定外圈加载点高，内圈加载点低；外圈荷载采用鱼腹杆承载，内圈荷载采用拉条承载。

在整体结构方面：本队伍的设计理念是“简”，因此只有8个节点，离散性小，模型承载稳定性好。由于加载点对称分布，且第二级荷载不确定、第三级荷载加载点不确定，整体模型设计严格中心对称。整体模型为四棱台，4个鱼腹杆柱（抗压性能好），8个拉条（提高稳定性），4根鱼腹横杆，通过拉条拉出4个内圈加载点，充分利用了拉压杆的受拉、受压特性，以保证模型加载成功。

## 90.2　结构构型

根据赛题要求，初步提出几种结构选型并进行对比分析，详见表90-1。

表 90-1　结构选型对比

| 选型 | 选型 1 | 选型 2 | 选型 3 |
| --- | --- | --- | --- |
| 图示 |  |  |  |
| 优点 | 承载力高 | 竖向承载力高，美观 | 承载力适中，简洁美观，制作较简单，抗变形能力强 |
| 缺点 | 受力不均，自重较大 | 抗变形能力差，制作复杂 | — |

**总结：** 综合对比分析各选型的优缺点，在全部荷载满载的情况下，加载能够成功，并结合模型制作难度及模型美观性的综合因素，确定最终方案为选型 3，其相对于选型 1 美观性更高、自重更小，相对于选型 2 制作难度更低、抗偏心荷载能力更强。最终选型方案示意图如图 90-1 所示。

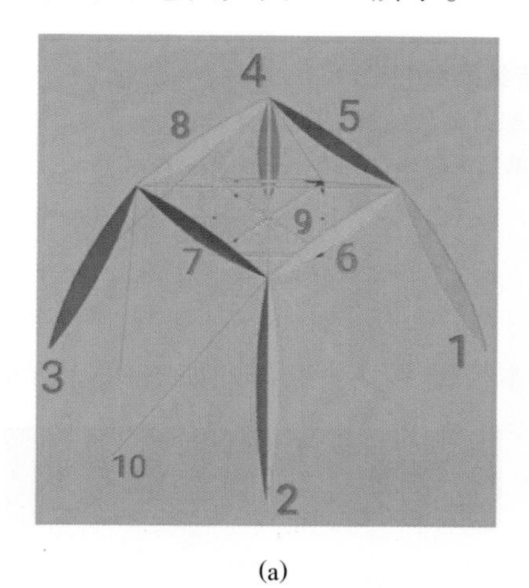


(a)

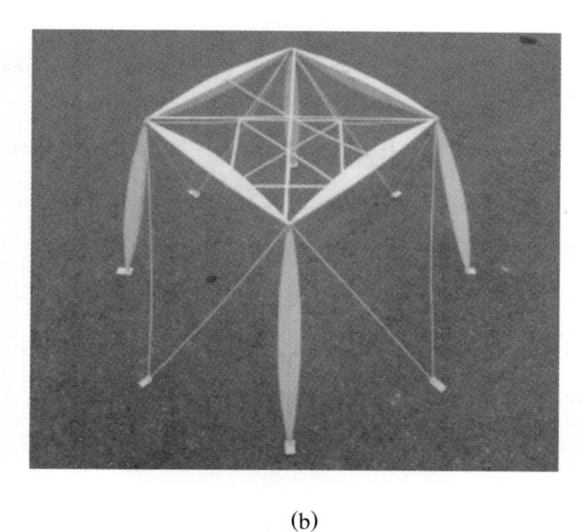

(b)

图 90-1　选型方案示意图

(a) 模型效果图；(b) 模型实物图

## 90.3　计算分析

基于 MIDAS 软件进行建模分析，计算分析结果如图 90-2 所示。

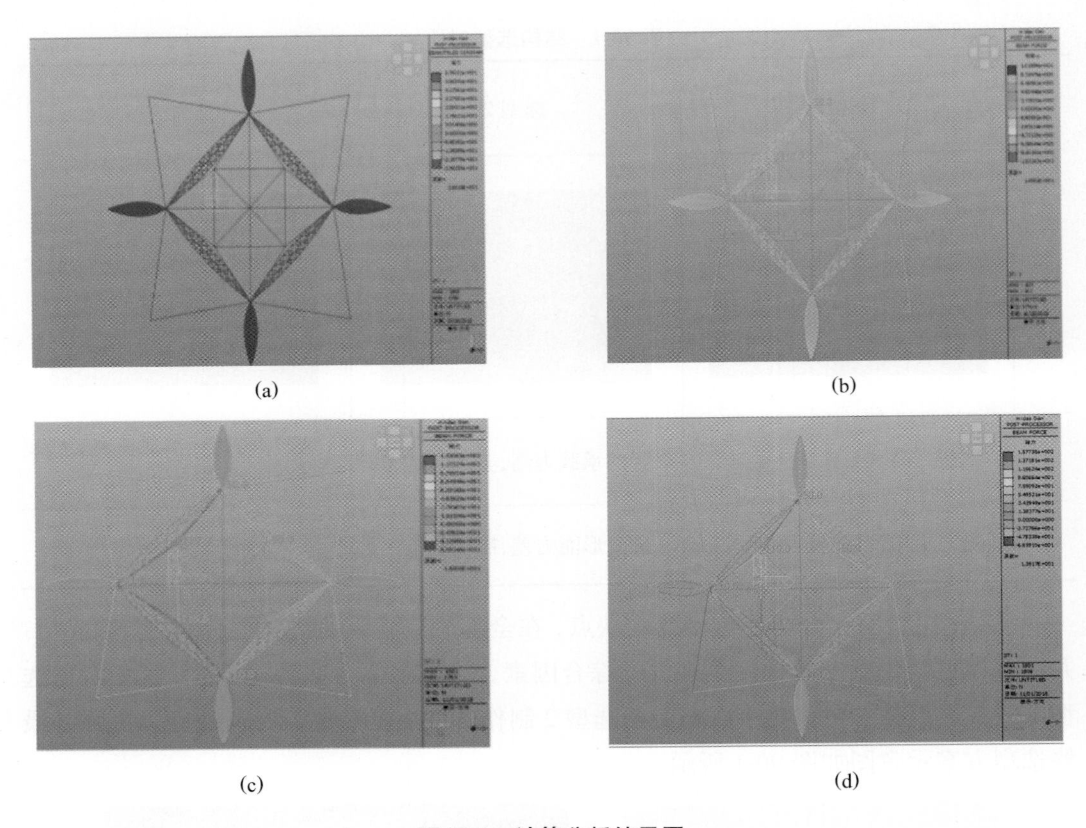

图 90-2 计算分析结果图

(a) 第一级荷载下轴力图；(b) 第二级荷载 a 工况下弯矩图；
(c) 第二级荷载 b 工况下轴力图；(d) 第三级荷载 a 工况下轴力图

## 90.4 节点构造

节点是结构传力及模型制作的关键部位，本模型部分节点详图如图 90-3 所示。

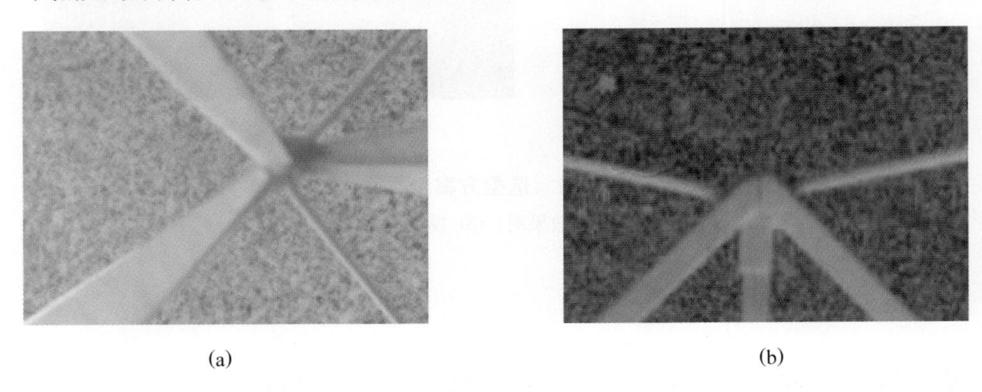

图 90-3 节点详图

(a) 外圈加载点；(b) 内圈加载点

# 91　安阳工学院

| 作品名称 | 鸣启 |
|---|---|
| 队　　员 | 马福博　赵威峰　卫一博 |
| 指导教师 | 赵　军　拓万永 |
| 领　　队 | 史永涛 |

## 91.1　设计思路

底部构件既要承受全部竖向荷载又要承受水平荷载，且要保证构件不发生破坏，因此对底部构件的刚度及强度提出了更高的要求；若使杆件承受横向荷载，则需要杆件具有较大的刚度，但考虑到材料的各向异性，不建议用杆件中部承受横向荷载，而是全部采用节点承载的方式。

因此，我们主要从材料的各向异性、加载形式、结构设计基本原则等方面对结构方案进行构思。结构采用空间桁架结构，该结构具有轻质高强的特点，可以充分发挥材料的作用，节约材料，减小结构质量，同时便于手工制作。制作模型时，通过对一层及二层支撑斜杆的受力性质的分析，以及对其长细比的计算，决定对不同层之间的支撑杆件采用不同的截面尺寸，使整体结构受力合理，同时保证结构的整体稳定性。对底层支撑适当增加刚度，即加大杆件的截面尺寸以及竹皮纸厚度，或改为用受力性能更好的结构来承受轴力、剪力及弯矩。模型在“强节点弱构件，强柱弱梁，强焊缝弱构件”的“三强”原则下进行制作，防止节点的破坏先于构件的破坏，确保构件的整体性。

在杆件的细节处理方面：根据计算好的数据对杆端进行裁剪、切割处理，有利于各构件接触面的处理及后期各构件的拼装。在模型拼装方面：杆件拼接完成以后，在各个节点处用竹粉进行加强处理，使杆件与杆件的连接节点更加牢固，增加结构的整体稳定性，同时提高节点的强度。

## 91.2　结构构型

根据赛题要求，初步提出几种结构选型并进行对比分析，详见表91-1。

**表 91-1　结构选型对比**

| 选型 | 选型 1 | 选型 2 | 选型 3 |
|---|---|---|---|
| 图示 | | | |
| 优点 | 结构外观设计新颖,美观 | 整体稳定性和受力性能好 | 模型具有创意,外观独特 |
| 缺点 | 自重较大,承受荷载易发生结构破坏和失稳 | 杆件较多,自重较大,承载能力过剩 | 结构选型不合理,无法承受目标荷载 |

**总结：**通过对结构模型的制作难易程度、质量、受力性能和经济性等方面的综合考虑，最终方案确定为选型 2，最终选型方案示意图如图 91-1 所示。

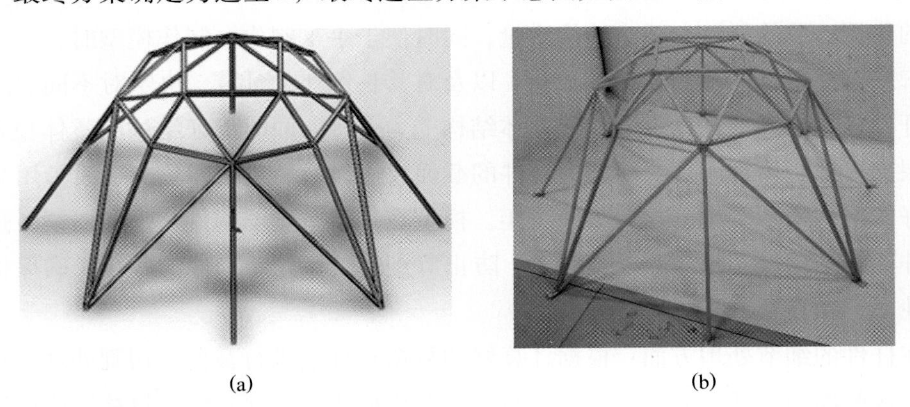

(a)　　(b)

**图 91-1　选型方案示意图**

(a) 模型效果图；(b) 模型实物图

## 91.3　计算分析

基于 MIDAS 软件进行建模分析，计算分析结果如图 91-2 所示。

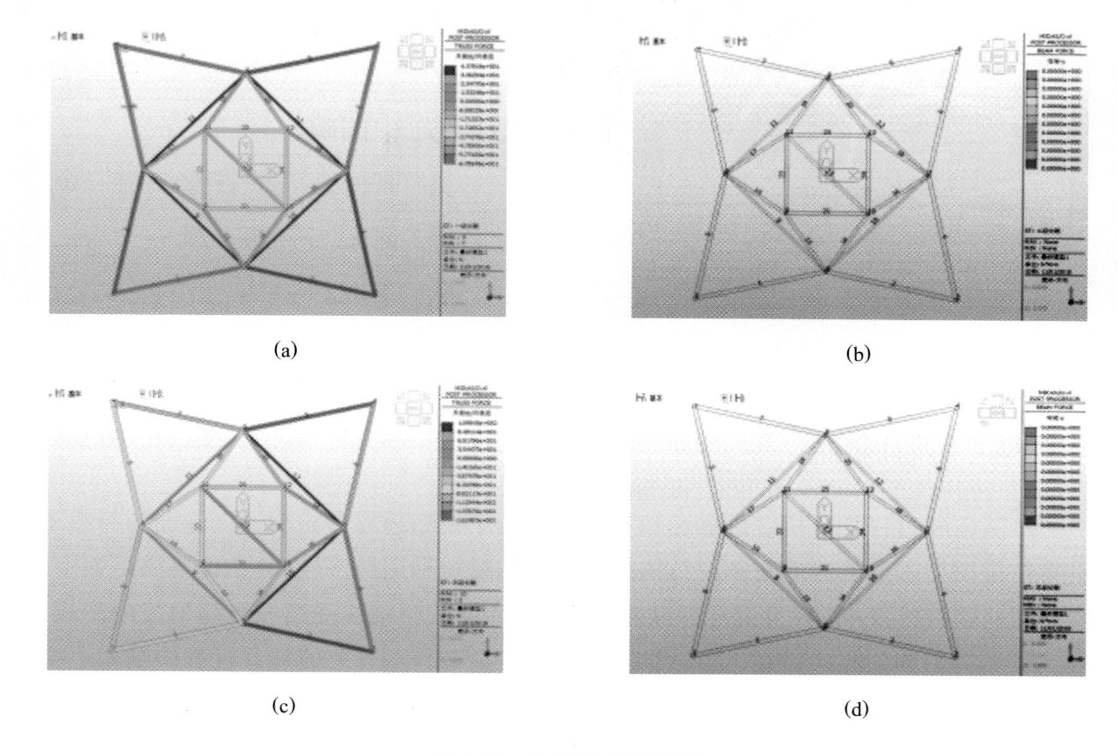

(a)　　(b)

(c)　　(d)

**图 91-2　计算分析结果图**

(a) 第一级荷载下轴力图；(b) 第一级荷载下弯矩图；
(c) 第三级荷载下轴力图；(d) 第三级荷载下弯矩图

## 91.4　节点构造

节点是结构传力及模型制作的关键部位，本模型部分节点详图如图 91-3 所示。

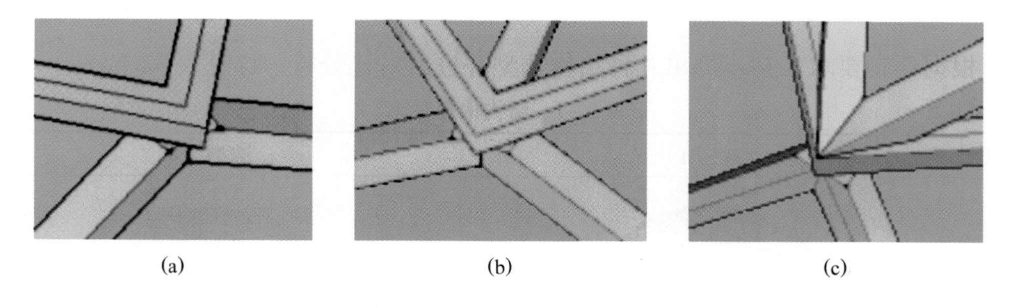

(a)　　(b)　　(c)

**图 91-3　节点详图**

(a) 空间节点 1；(b) 空间节点 2；(c) 空间节点 3

# 92　西藏农牧学院

| 作品名称 | 中国碗 |
| --- | --- |
| 队　　员 | 张博钰　严吉堂　措　姆 |
| 指导教师 | 何军杰　柳　斌 |
| 领　　队 | 李成林 |

## 92.1　设计思路

本队伍经过仔细分析赛题做出以下构思：由于模型最终评定时，以施加的荷载质量与结构模型质量的比值来体现结构的合理性和材料利用经济性，故结构要满足强度、刚度和稳定性的要求，并且要尽量减小结构自重。加载时结构受第一级均匀竖向荷载、第二级随机不均匀竖向荷载、第三级变方向水平荷载作用，要使加载过程中结构不会破坏，结构应有较好的对称性。结构的形状被限制在半径为 375mm 和 550mm 的两个同心半球围成的区域内，因此结构形状采用半球形。为了使结构具有较大的强度和刚度，可采用拱为主要受力构件，拱横截面形状为工字形。单拱为细长的曲杆，必须设置可靠的约束来保证单拱的稳定性。拱之间不能独立存在，可以用细（薄）杆件作为拱之间的系杆和支撑，系杆兼作单拱的约束，各拱连接成牢固的穹顶结构。每个拱脚采用单颗螺丝钉与承台板相连，理论分析时可将拱脚作为铰接点处理。

## 92.2　结构构型

根据赛题要求，初步提出几种结构选型并进行对比分析，详见表 92-1。

**表 92-1　结构构型对比**

| 选型 | 选型 1 | 选型 2 |
| --- | --- | --- |
| 图示 | | |
| 优点 | 强度高，刚度大，稳定性好，能承受的荷载大 | 结构形式简洁，传力路径明确，结构的强度、刚度和整体稳定性好 |
| 缺点 | 结构外观复杂，质量过大，制作较烦琐 | — |

**总结**：综合对比上述选型的优缺点，以及在试验加载所得的分数，确定选型 2 为最终的结构方案，最终选型方案示意图如图 92-1 所示。

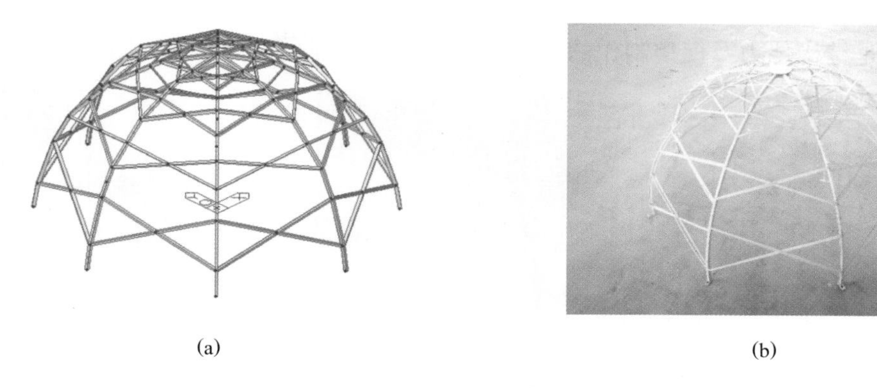

(a)　　　　(b)

**图 92-1　选型方案示意图**

(a) 模型效果图；(b) 模型实物图

## 92.3　计算分析

基于 MIDAS 软件进行建模分析，计算分析结果如图 92-2 所示。

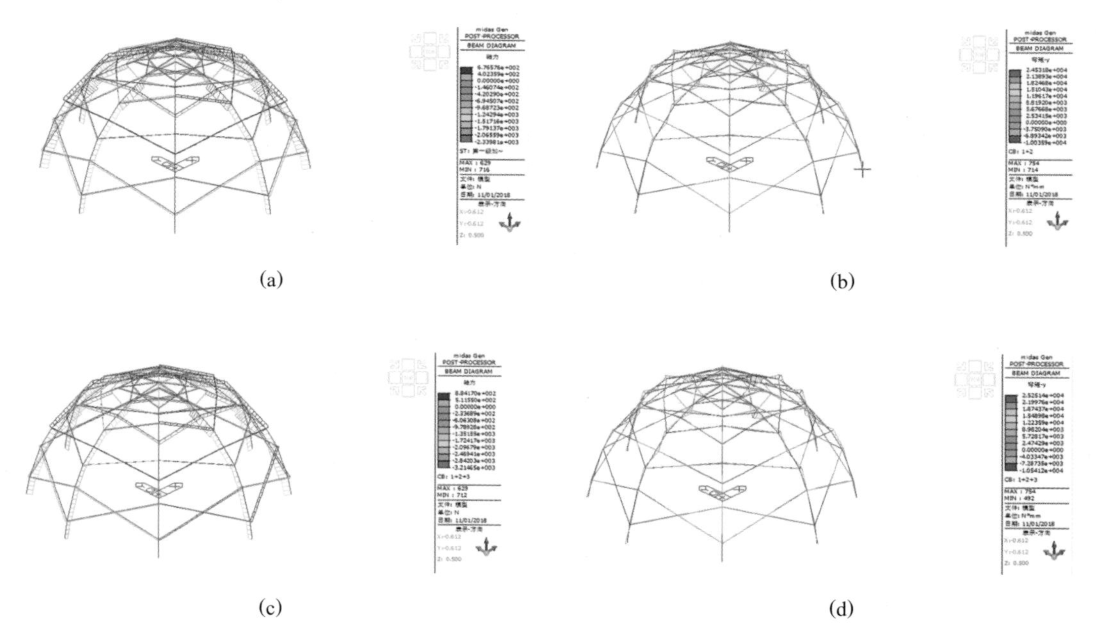

(a)　　　　(b)

(c)　　　　(d)

**图 92-2　计算分析结果图**

(a) 第一级荷载下轴力图；(b) 第二级荷载下弯矩图；

(c) 在 1 号点施加第三级荷载的轴力图；(d) 在 1 号点施加第三级荷载的弯矩图

## 92.4 节点构造

节点是结构传力及模型制作的关键部位，本模型部分节点详图如图 92-3 所示。

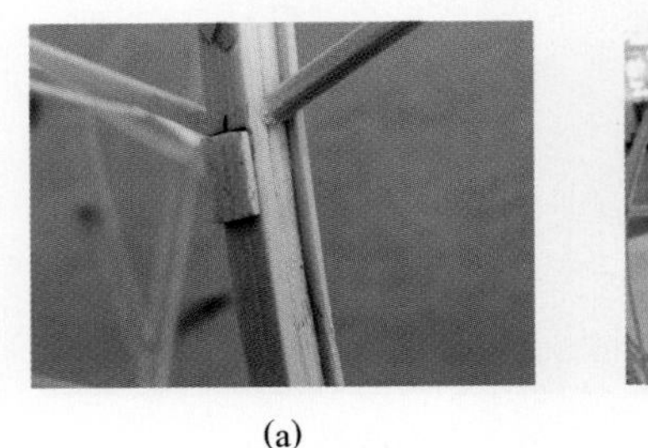

(a)

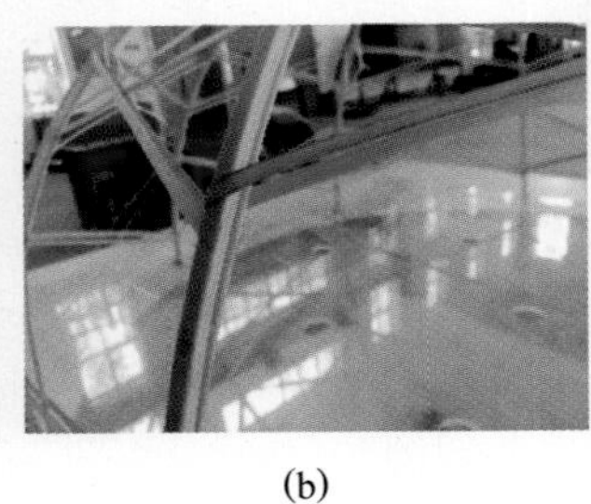

(b)

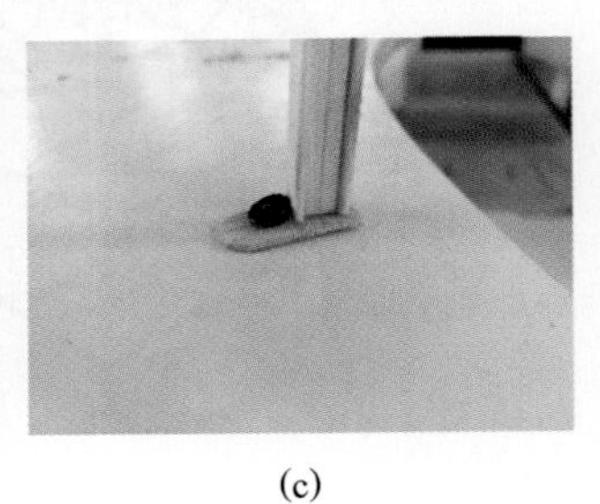

(c)

**图 92-3 节点详图**

(a) 加载点节点；(b) 交叉支撑节点；(c) 拱脚节点

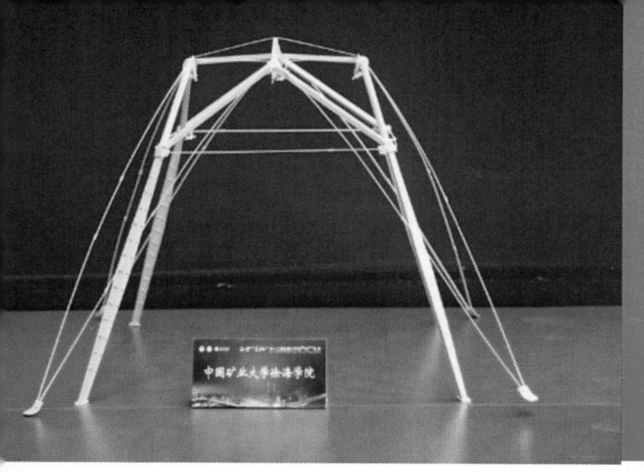


# 93 中国矿业大学徐海学院

| 作品名称 | 刚柔并济 |
| --- | --- |
| 队　　员 | 张　健　蒋洋洋　张一博 |
| 指导教师 | 刘玉田　谢　伟 |
| 领　　队 | 谢　伟 |

## 93.1 设计思路

综合分析赛题的各项要求可知，本届赛题主要有以下特点和难点：模型加载点多，加载组合形式众多；加载方案随机抽取，无法有针对性地进行设计；模型跨径大，可利用布设空间小，设计、制作难度大；制作原材料抗拉强度大，而抗压能力则比较差。

鉴于以上分析，我们主要从以下方面对结构方案进行构思：*X-Y* 平面内，结构应沿对称轴对称，且从任意角度施加相同荷载，结构整体强度始终保持一致。模型结构应力传递路径简单、明确，能充分利用制作材料抗拉不抗压的力学特点，用有限的材料获得尽可能大的承载能力。模型制作简单，尽可能减少节点数量和异形杆件的使用，能够使用常规的卷、刨、切等工序获得较高的制作质量，减少结构弱面的存在。结构具有较好的可靠性，能够承受制作、组装、搬运、称重、安装、检测等全过程中所有可能的外力作用而不产生破坏，能够应对竹片等材质的不均匀性以及制作过程中的误差等不可控因素带来的强度变化，确保模型能顺利完成加载过程。

## 93.2 结构构型

根据赛题要求，初步提出几种结构选型并进行对比分析，详见表 93-1。

表 93-1　结构选型对比

| 选型 | 选型 1 | 选型 2 |
| --- | --- | --- |
| 图示 | | |
| 优点 | 应力传递路径明确，节点数量少，模型可靠性好；受压构件采用空心大截面杆件，受拉构件采用实心小截面拉条，材料性能利用合理、充分；预应力的施加使第三级加载前 8 根拉条始终处于受拉状态，结构抗扭刚度大；模型质量小，荷质比大，第三级荷载均满载情况下，模型总重 115g 左右 | 模型受压构件采用空心大截面杆件，受拉构件采用实心小截面拉条，材料性能利用较为合理；模型底部采用拉条将 8 个柱脚依次连接，下层对称径向杆水平应力方向相反，模型自平衡；模型柱脚与承载板间的摩擦力抵抗第三级荷载，承载板表面粗糙时，可不加螺栓固定柱脚 |
| 缺点 | 下层变截面正三棱柱制作具有一定难度，但稍加练习，很容易解决；预紧力通过预紧螺栓施加，预紧程度的控制需要有一定的经验 | 模型应力传递复杂，节点数量多达 21 个，模型弱面多，制作耗时长；模型强度过剩，但各构件截面尺寸又无法继续减小，材料利用率不高；模型质量大，荷质比小，第三级荷载均满载情况下，模型总重超过 160g |

**总结：**综合对比两个选型的优缺点，确定选型 1 为最优方案，最终选型方案示意图如图 93-1 所示。

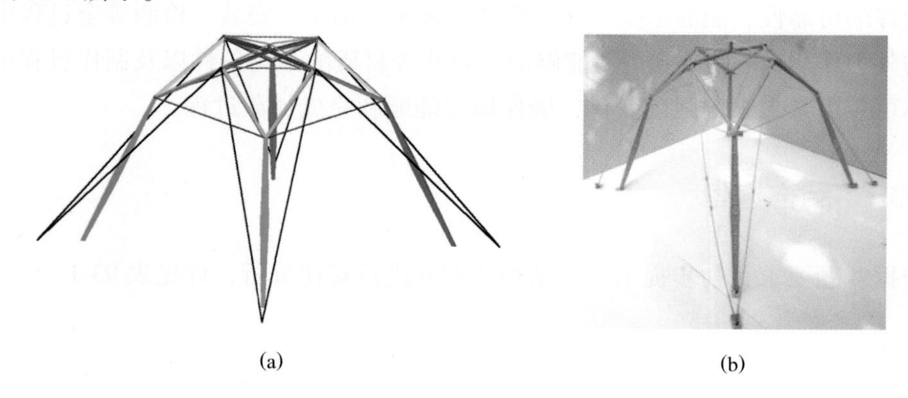

(a)　　(b)

图 93-1　选型方案示意图

(a) 模型效果图；(b) 模型实物图

## 93.3　计算分析

基于有限差分软件 FLAC3D 5.0 软件进行建模分析，计算分析结果如图 93-2 所示。

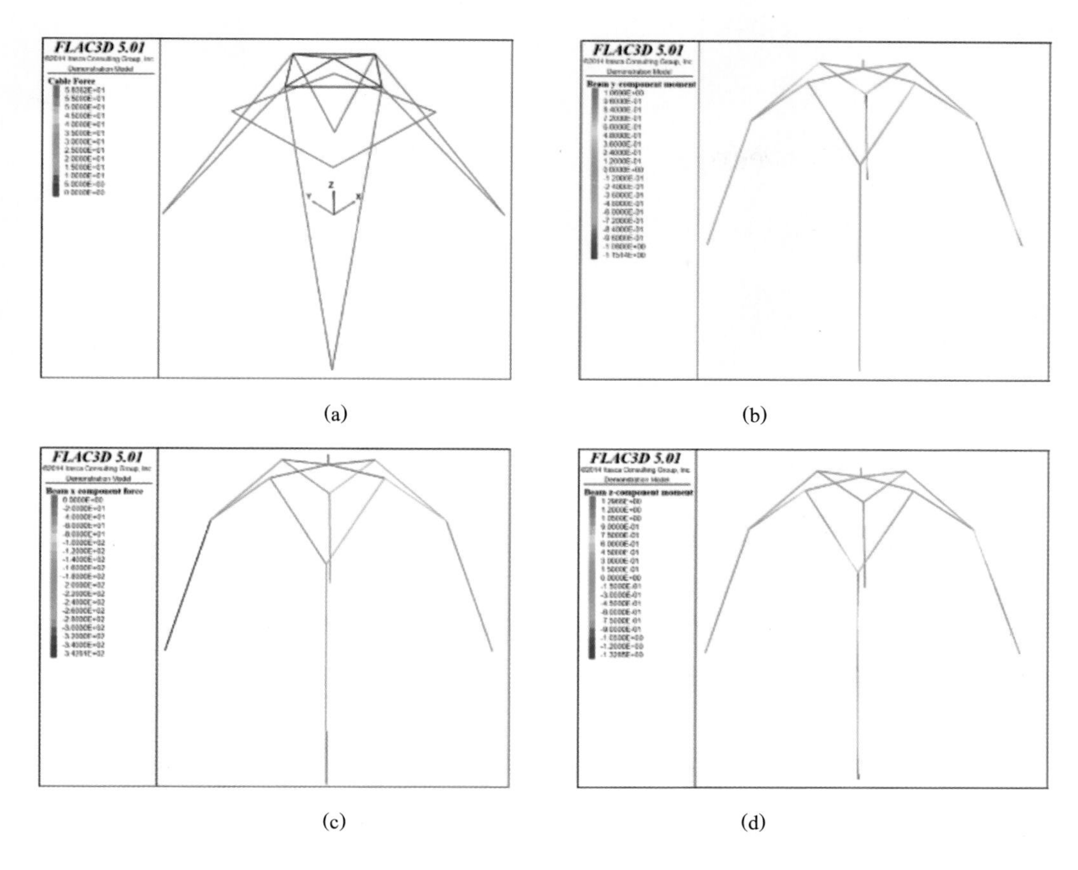


(a) (b)

(c) (d)

**图 93-2　计算分析结果图**

(a) 第一级荷载下柔性杆件的轴力图；(b) 第二级荷载下刚性杆件的弯矩图；
(c) 第三级荷载下刚性杆件的轴力图；(d) 第三级荷载下刚性杆件的弯矩图

## 93.4　节点构造

节点是结构传力及模型制作的关键部位，本模型部分节点详图如图 93-3 所示。

(a) (b) (c)

**图 93-3　节点详图**

(a) 上层杆件连接节点；(b) 榫接节点；(c) 柔-刚节点

# 94　重庆大学

| 作品名称 | 宇柱 |
| --- | --- |
| 队　　员 | 郭曌坤　邓儒杰　张　辉 |
| 指导教师 | 重庆大学指导组 |
| 领　　队 | 舒泽民 |

## 94.1　设计思路

准确分析结构所承受的荷载情况以及由此可能造成的破坏方式，是我们在构思及选取结构方案时需要着重考虑的。

关于竖向荷载：结构承受的主要竖向荷载为铁块产生的重力方向的荷载，另外第二级荷载为随机选位荷载，结构受力不对称，偏心较大，不能预测选位加载点，故结构设计应整体对称。

关于水平荷载：结构承受的主要水平荷载为模拟风荷载和地震所产生的变化水平方向荷载，针对水平荷载需要设计相应的横向抗侧力构件，例如立面支撑杆、立面拉索、立面张力膜、立柱等。

关于稳定性：结构模型除了需满足构件的强度和刚度要求外，还必须满足构件整体稳定性要求，防止构件失稳而导致结构失效。为了提高构件整体稳定性，需要选取能够增大构件承载力的截面形式及连接方式。

综合考虑桁架结构、拱结构、网架结构、悬索结构之后，最终选取单层网壳与拉索构件相结合的结构形式，并且整体结构采用对称形式，以 8 个加载点的空间位置为基础，选择较简洁的传力路径以减少传力构件数量，进而减小结构自重。

## 94.2　结构构型

根据赛题要求，初步提出几种结构选型并进行对比分析，详见表 94-1。

表 94-1　结构选型对比

| 选型 | 选型 1 | 选型 2 | 选型 3 | 选型 4 |
|---|---|---|---|---|
| 图示 | | | | |
| 优点 | 结构整体稳定性较好，结构刚度、强度均强于其他三种模型，同时在六种工况下的加载表现也最稳定 | 杆件数量最少，结构形式较为简单，制作耗时较少，竹皮纤维制作绳索利用了竹皮的抗拉性能 | 杆件数量较少，结构形式较为简单，张弦柱可以增加柱子的面内刚度，防止其弯曲失稳。在六种工况下的加载表现相对稳定 | 杆件数量较少，自重较小。结构形式简单，制作耗时少 |
| 缺点 | 杆件数量最多，制作耗时最长，同时杆件质量较大，结构自重很大 | 结构整体稳定性较差，结构刚度、强度均弱于其他三种模型，对柱子的要求较高，需要使用较多材料加强柱子承载力，对于材料的使用并不是十分经济 | 制作耗时较长，柱子的处理方式较复杂，柱子的质量较大，相比选型 4，柱子的处理对结构整体承载力的加强效果不明显，对于材料的使用并不是十分经济 | 结构对拉条的制作以及安装要求较高，拉条在安装过程中容易松弛，在加载过程中易断裂，同时结构在 e 工况下的加载表现不是很稳定 |

**总结：**综合对比四种选型的结构稳定性、整体承载力以及自重等多种因素，确定选型 4 作为参赛方案。最终选型方案示意图如图 94-1 所示。

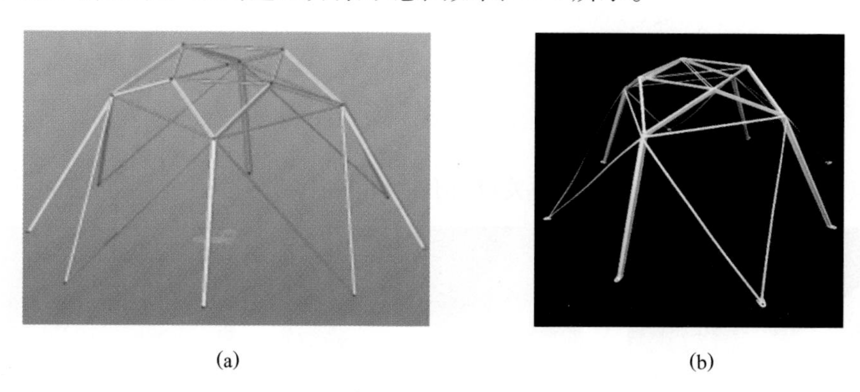

(a)　　　　　　　　　　(b)

**图 94-1　选型方案示意图**

(a) 模型效果图；(b) 模型实物图

## 94.3　计算分析

基于 MIDAS 软件进行建模分析，计算分析结果如图 94-2 所示。

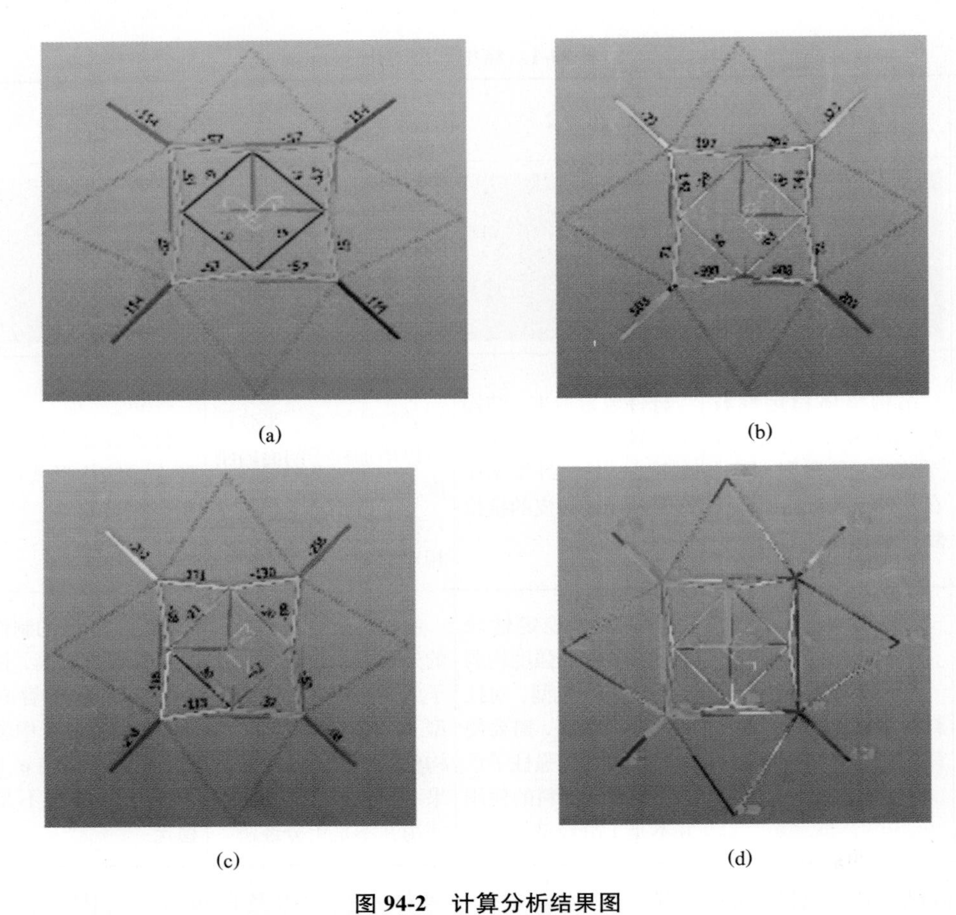

(a) (b)

(c) (d)

**图 94-2 计算分析结果图**

(a) 第一级荷载下轴力图；(b) 第二级荷载 a 工况下弯矩图；

(c) 第三级荷载 d 工况下 60°时轴力图；(d) 第三级荷载 d 工况下 60°时变形图

## 94.4 节点构造

节点是结构传力及模型制作的关键部位，本模型部分节点详图如图 94-3 所示。

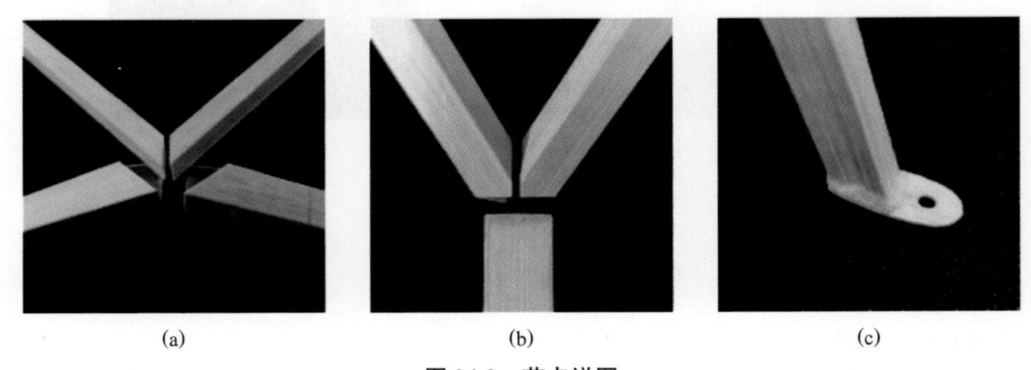

(a) (b) (c)

**图 94-3 节点详图**

(a) 上部节点；(b) 中部节点；(c) 柱脚节点

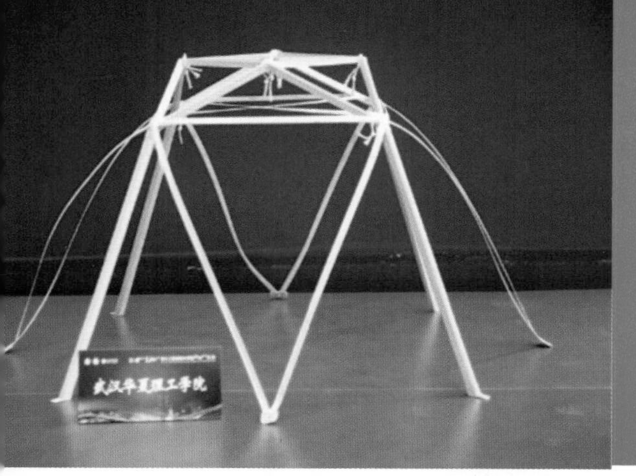


# 95 武汉华夏理工学院

| 作品名称 | 大道至简 |
|---|---|
| 队　　员 | 罗嘉峰　李　勇　王　坤 |
| 指导教师 | 靳帮虎　李　静 |
| 领　　队 | 靳帮虎 |

## 95.1 设计思路

本队伍主要从模型尺寸、加载点位置以及加载方式等方面对结构方案进行构思。此次模型制作要求是在两个半球面之间的空间范围内完成。通过反复试验发现：从受力方面看，如果模型的尺寸仅仅与内半球体相切，则下部四根主柱的弯矩很大，此时不仅模型自重较大，并且对结构本身不利，容易发生主柱失稳现象；从模型自重方面看，在能承受全部荷载以及规定的制作范围内的前提下，模型不宜制作得太大。综上所述，模型的尺寸以及矢高都要控制在合适的范围内。在加载点位置方面：加载点不应布置在直径为 30mm 的圆孔之外，即不能使钢绳碰到带圆孔的板。在加载方式方面：本次模型的加载方式是分级加载，第一级荷载与第二级荷载为竖向静荷载，而第三级荷载为水平方向的荷载，由于第三级加载是传动的，所以将其看作是水平方向的动荷载。那么在保证模型竖直方向的稳定性的同时还要维持水平方向的稳定性。

## 95.2 结构构型

根据赛题要求，初步提出几种结构选型并进行对比分析，详见表 95-1。

**表 95-1　结构选型对比**

| 选型 | 选型 1 | 选型 2 | 选型 3 |
|---|---|---|---|
| 图示 | | | |
| 优点 | 桁架支撑有较强的承载力，桁架支撑与上部结构的结合可以很好地保持水平方向的稳定性 | 优化了模型中部分冗余杆件 | 矢高较合适，主柱的弯矩小，自重小，竖直方向以及水平方向的稳定性好 |
| 缺点 | 模型自重较大 | 模型的矢高较低，主柱的弯矩较大 | — |

**总结**：综合对比选型 1、2、3，从模型自重、模型的竖向承载力及稳定性、模型的水平稳定性三方面来考虑，确定选型 3 作为参赛方案。最终选型方案示意图如图 95-1 所示。

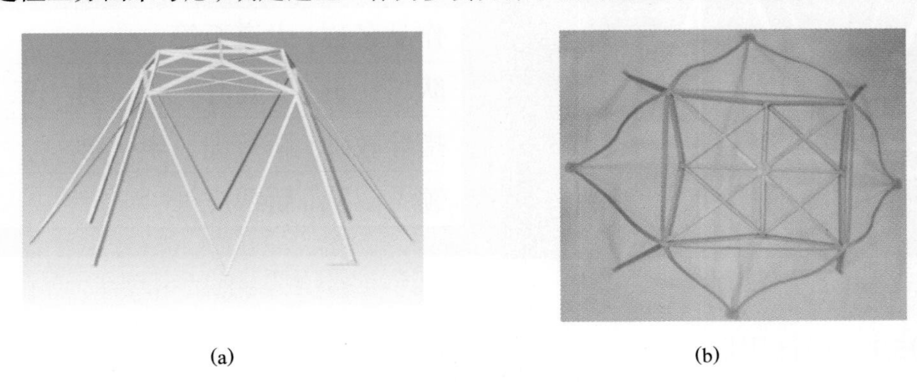

(a) (b)

**图 95-1　选型方案示意图**

(a) 模型效果图；(b) 模型实物图

## 95.3　计算分析

基于 MIDAS 软件进行建模分析，计算分析结果如图 95-2 所示。

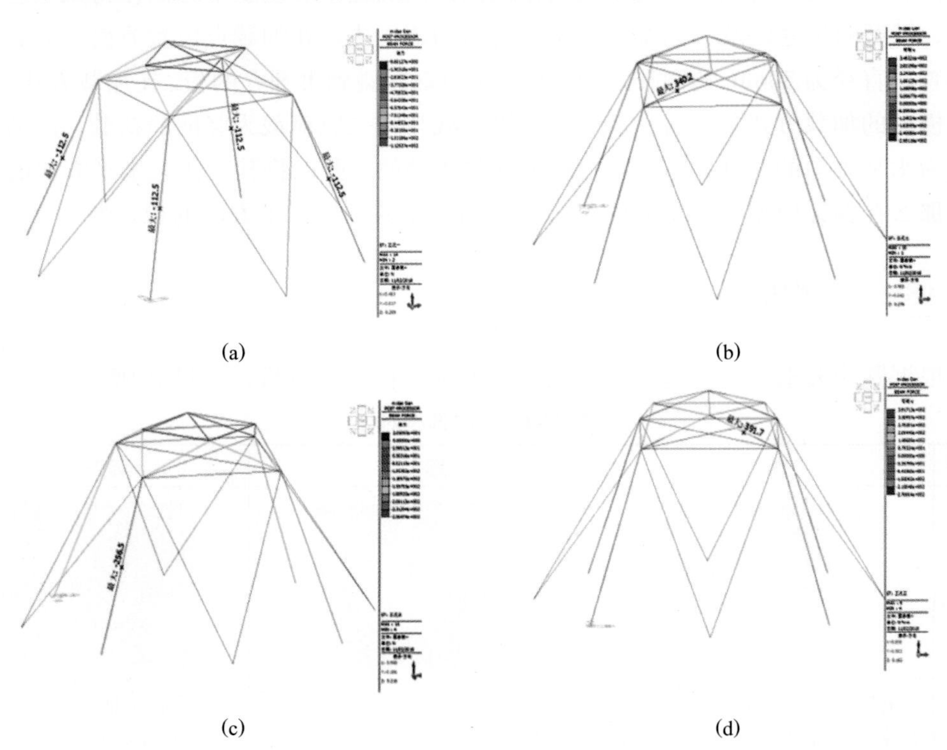

(a) (b)

(c) (d)

**图 95-2　计算分析结果图**

(a) 第一级荷载下轴力图；(b) 第二级荷载下弯矩图；

(c) 第三级荷载下轴力图；(d) 第三级荷载下弯矩图

## 95.4 节点构造

节点是结构传力及模型制作的关键部位，本模型部分节点详图如图 95-3 所示。

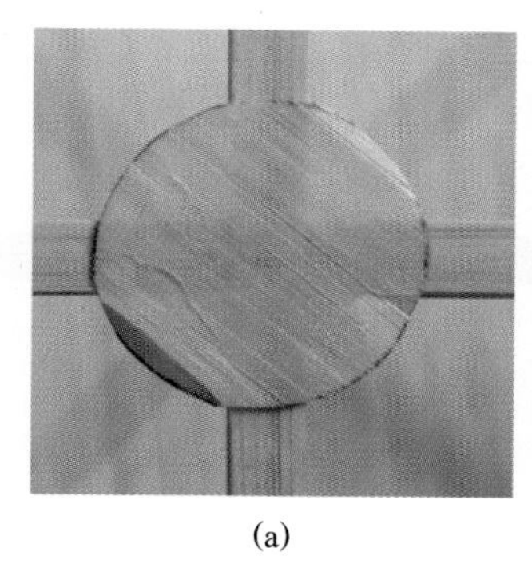

(a)

(b)

(c)

**图 95-3 节点详图**

(a) 顶部节点；(b) 斜撑节点；(c) 柱顶节点

# 96　中国矿业大学

| 作品名称 | 登峰造极 |
|---|---|
| 队　　员 | 韩玉彬　赵　健　杨　涵 |
| 指导教师 | 中国矿业大学指导组 |
| 领　　队 | 张营营 |

## 96.1　设计思路

本赛题要求参赛队设计并制作一个大跨度空间屋盖结构模型，因此，我们从强度、刚度、稳定性等方面对结构方案进行构思。在承受不同荷载的情况下，保证梁、柱、拉索等构件不发生剪切、弯扭、拉伸等破坏；保证结构整体刚度，控制结构位移满足赛题要求；保证结构稳定，不发生明显晃动。在满足以上三个条件的情况下，尽量减小结构质量。

## 96.2　结构构型

根据赛题要求，初步提出几种结构选型并进行对比分析，详见表 96-1。

**表 96-1　结构选型对比**

| 选型 | 选型 1 | 选型 2 | 选型 3 | 选型 4 | 选型 5 |
|---|---|---|---|---|---|
| 图示 | | | | | |
| 优点 | 稳定性好 | 质量较小 | 质量较小 | 稳定性好 | 稳定性较好、模型质量较小 |
| 缺点 | 质量大 | 杆件受剪 | 变形较大 | 质量较大 | — |

**总结：** 综合对比五种选型的结构稳定性、整体承载力以及自重等多种因素，确定选型 5 作为参赛方案。最终选型方案示意图如图 96-1 所示。

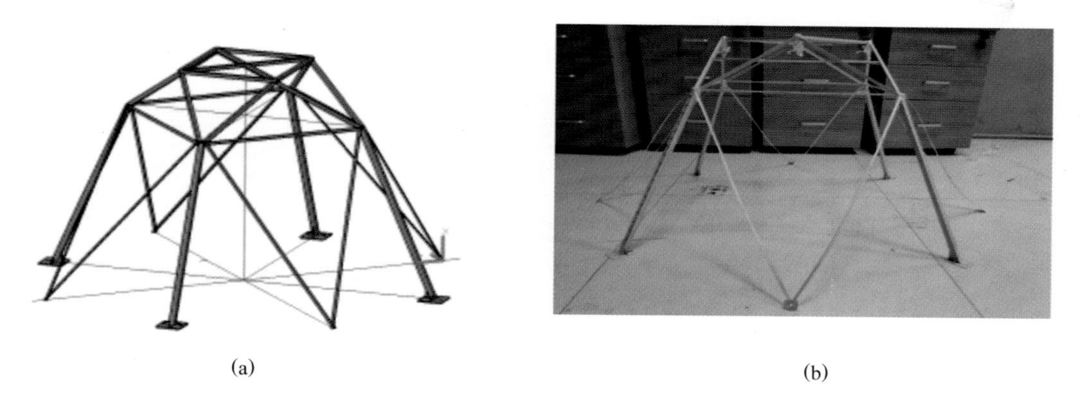

(a)　　　　(b)

**图 96-1　选型方案示意图**

(a) 模型效果图；(b) 模型实物图

## 96.3　计算分析

基于 MIDAS 软件进行建模分析，计算分析结果如图 96-2 所示。

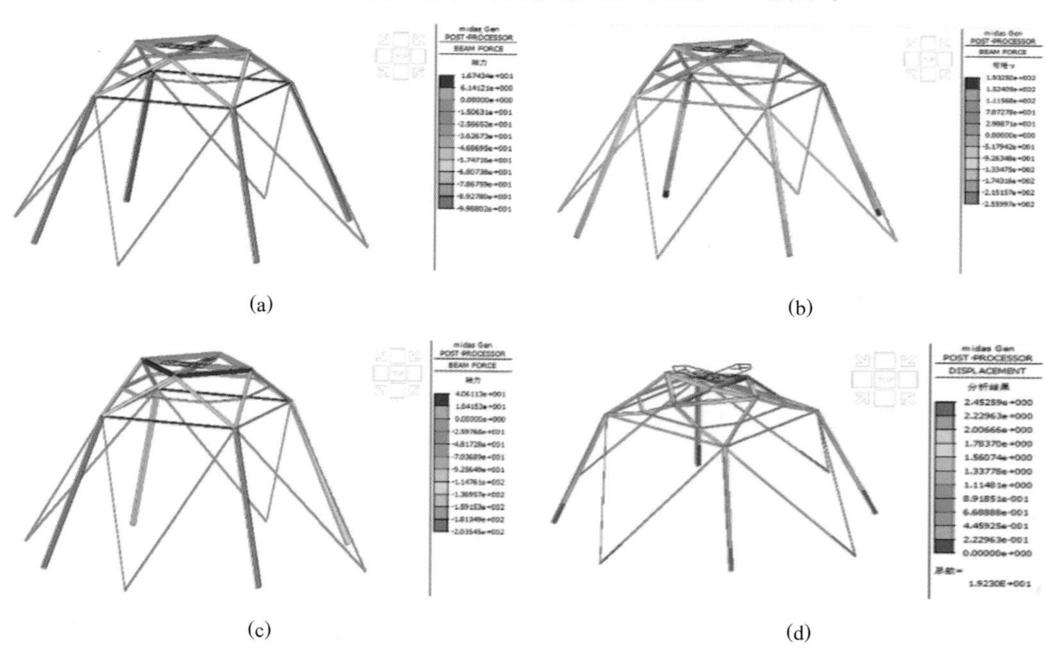


(a)　　　　(b)

(c)　　　　(d)

**图 96-2　计算分析结果图**

(a) 第一级荷载下轴力图；(b) 第二级荷载 a 工况下弯矩图；

(c) 第三级荷载下轴力图；(d) 第三级荷载下变形图

## 96.4 节点构造

节点是结构传力及模型制作的关键部位，本模型部分节点详图如图 96-3 所示。

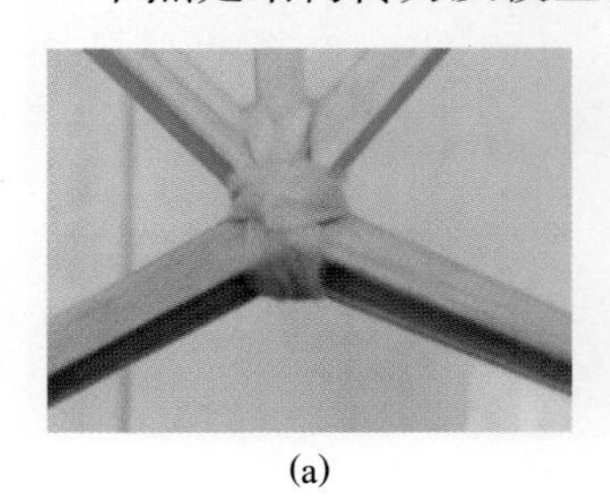
(a)

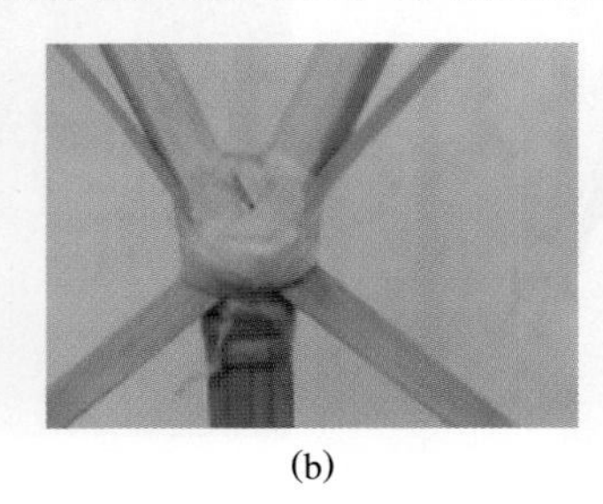
(b)

(c)

**图 96-3 节点详图**

(a) 顶部结构与撑杆节点；(b) 撑杆与柱节点；(c) 柱脚节点

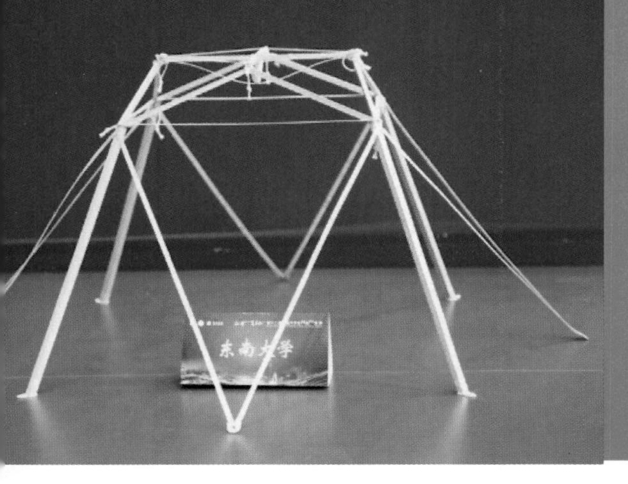


# 97 东南大学

| 作品名称 | 竹吟 |
| --- | --- |
| 队　　员 | 支新航　孙雨勤　王田虎 |
| 指导教师 | 孙泽阳　陆金钰 |
| 领　　队 | 郑逸川 |

## 97.1 设计思路

本参赛队从对称性、传力特性、效率比等方面对结构方案进行构思。

在对称性方面：由于本次比赛第二级、第三级荷载抽签决定，具有随机性，因此本结构需具有四向对称性。

在传力特性方面：本结构设计需传力直接、构造简单，将荷载通过支承结构快速有效地传递到基础。

在效率比方面：在模型质量尽可能小的条件下，保证整个结构的强度和刚度满足要求。

设计方案考虑了以下几种结构体系：凯威特型网壳结构、交叉张弦梁结构体系、"大跨屋盖+立柱" 结构体系、"大跨屋盖+立柱+侧边拉索" 结构体系。同时，经过多次试验，从强度、刚度、稳定性、效率比等多方面考虑，对柱的截面进行了探索，采用竹条-竹皮组合柱截面形式作为立柱截面形式。

## 97.2 结构构型

根据赛题要求，初步提出几种结构选型并进行对比分析，详见表 97-1。

表 97-1　结构选型对比

| 选型 | 选型 1 | 选型 2 | 选型 3 | 选型 4 |
| --- | --- | --- | --- | --- |
| 图示 | | | | |
| 优点 | 刚度大，内力分布均匀 | 抗弯刚度大，抗拉强度高，结构自重相对较小，且体系的刚度和形状稳定性相对较大 | 整体结构对称，竖向承载力较大，并有较好的抵抗各个方向水平力的侧向刚度 | 整体结构对称，竖向承载力大，水平抗侧刚度大，自重小，效率比高 |
| 缺点 | 自重太大，效率比很低；节点连接较为复杂，拼接难度与精度控制难度很大 | 对于节点集中荷载，会出现局部区域应力集中的现象；体系抗侧刚度较差，水平荷载作用下会发生平面外的弯扭失稳现象且承载后挠度大 | 8 根柱导致自重偏大 | 4 根柱轴力较大，易发生失稳 |

**总结：**综合对比四种选型的刚度、承载力、效率比等多种因素，确定选型 4 作为参赛方案。最终选型方案示意图如图 97-1 所示。

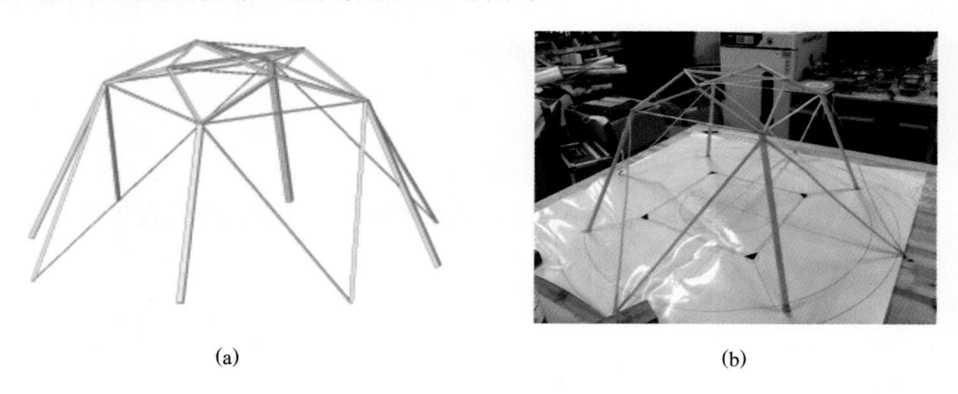

(a)　　(b)

**图 97-1　选型方案示意图**

(a) 模型效果图；(b) 模型实物图

## 97.3　计算分析

基于 MIDAS 软件进行建模分析，计算分析结果如图 97-2 所示。

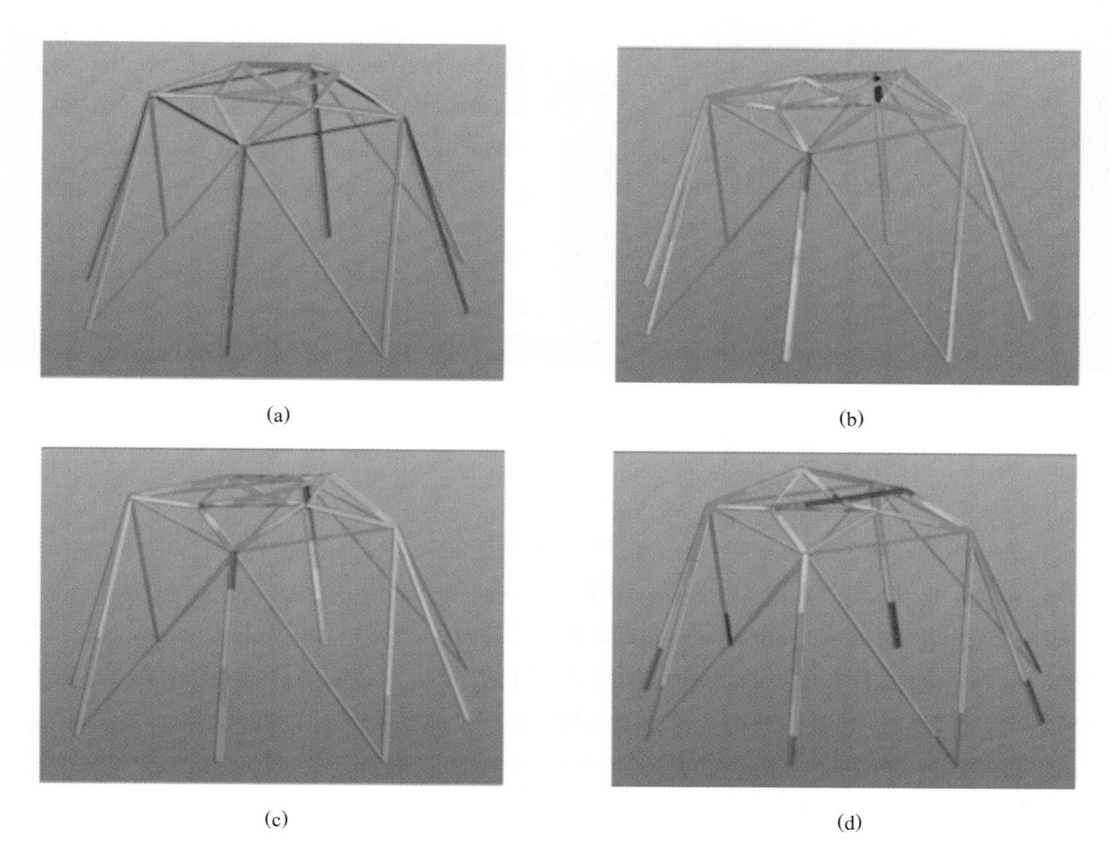

(a) (b) (c) (d)

**图 97-2　计算分析结果图**

(a) 第一级荷载下轴力图；(b) 第二级荷载 d 工况下弯矩图；
(c) 第三级荷载 d 工况下弯矩图；(d) 第三级荷载 e 工况下变形图

## 97.4　节点构造

节点是结构传力及模型制作的关键部位，本模型部分节点详图如图 97-3 所示。

(a) (b) (c)

**图 97-3　节点详图**

(a) 斜杆与上层构件的节点；(b) 立柱、斜杆与横杆的节点；(c) 侧边拉条锚固节点

# 98 南宁职业技术学院

| 作品名称 | 南鼎 |
| --- | --- |
| 队　　员 | 黄河清　姚奕安　农加祺 |
| 指导教师 | 朱正国　蒲瑞新 |
| 领　　队 | 朱正国 |

## 98.1 设计思路

本队伍从强度、刚度、稳定性、制作难易程度、连接可靠性等方面对结构方案进行构思。立足于结构设计极限状态（承载力极限状态和正常使用极限状态）的基本概念，融入"刚柔并济"的结构设计理念。考虑到加载方式和时间限制，按结构模型最大加载量时的极限承载能力进行强度设计，确定结构各杆件的用料，再按内力分析各压杆的稳定性，满足稳定性要求后，最后分析变形，使结构满足二级加载跨中挠度变形要求，充分发挥出材料的物理力学性能。节点的设计和制作尽可能按照铰接考虑，尽可能排除弯矩、扭矩以及剪力对杆件的不利影响，另外要考虑空间结构体系的几何不变性。结构主要采用桁架体系，主要受力杆件全部采用空心圆管，有利于杆件受压稳定性的提高，其他腹杆用小条和竹丝，尽可能在满足结构强度、刚度、稳定性的情况下，减少材料的用量。

## 98.2 结构构型

根据赛题要求，初步提出几种结构选型并进行对比分析，详见表 98-1。

**表 98-1　结构选型对比**

| 选型 | 选型 1 | 选型 2 | 选型 3 | 选型 4 |
| --- | --- | --- | --- | --- |
| 图示 | | | | |
| 优点 | 结构中心对称，杆件相似度大，便于下料和制作 | 屋顶刚度大，杆件相似度大，便于制作 | 能抵抗水平荷载，传力直接，杆件相似度大，便于下料和制作 | 支撑稳定，能抵抗竖向和水平荷载，杆件数量较少，相似度大，制作安装容易 |
| 缺点 | 屋顶刚度小，加载变形大，杆件多，自重大 | 屋顶杆件多，自重大，抵抗水平荷载能力低 | 支撑长度大，稳定性差，杆件用量多，自重大 | 屋顶在多工况的水平荷载作用下容易失稳 |

**总结**：综合对比四种选型的结构稳定性、整体承载力以及自重等多种因素，最终选型方案示意图如图 98-1 所示。

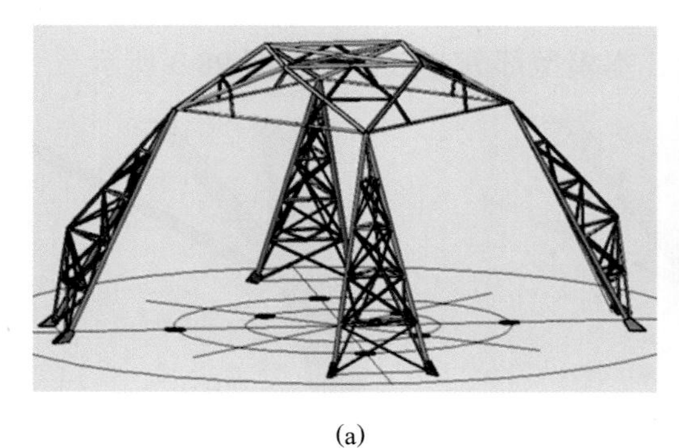

(a)

(b)

**图 98-1　选型方案示意图**

(a) 模型效果图；(b) 模型实物图

## 98.3　计算分析

基于 SM Solver 3D 和 ANSYS12.0 软件进行建模分析，计算分析结果如图 98-2 所示。

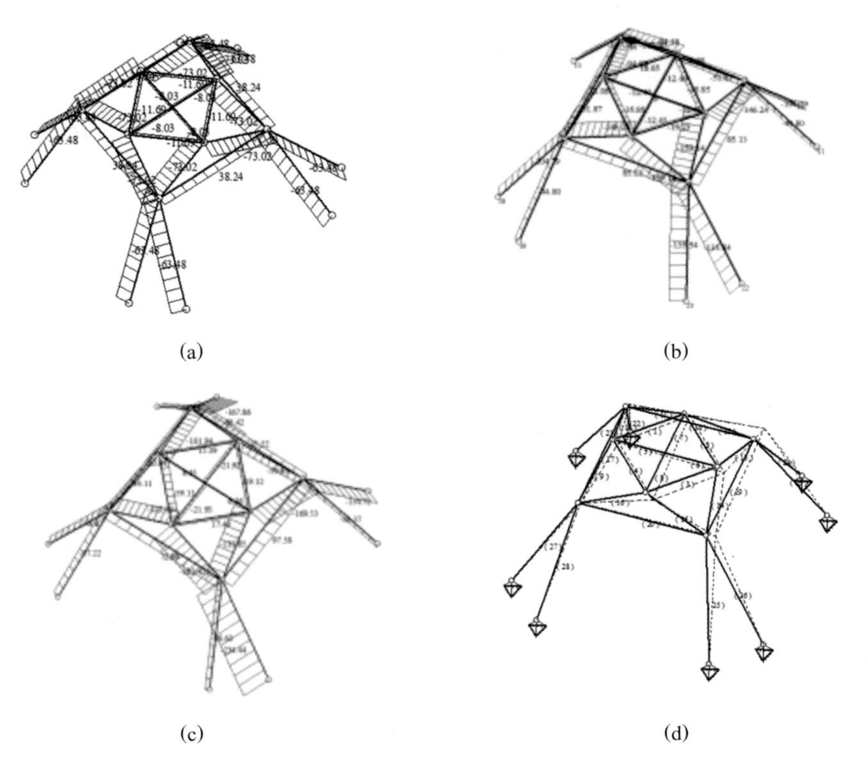

(a)　(b)　(c)　(d)

**图 98-2　计算分析结果图**

(a) 第一级荷载下轴力图；(b) 第二级荷载 c 工况下内力图；
(c) 第三级荷载 c 工况下 0°时内力图；(d) 第三级荷载 c 工况下 0°时变形图

## 98.4 节点构造

节点是结构传力及模型制作的关键部位，本模型部分节点详图如图 98-3 所示。

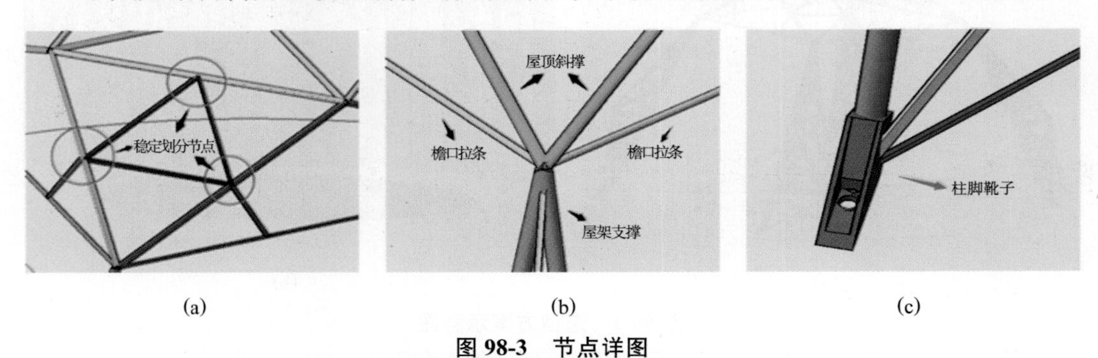


(a) (b) (c)

**图 98-3 节点详图**

(a) 屋顶斜撑及顶口压杆的节点；(b) 屋架与支撑的节点；(c) 柱脚节点

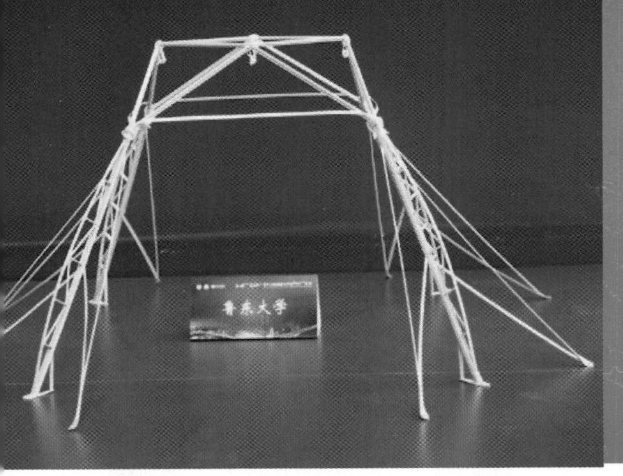


# 99　鲁东大学

| 作品名称 | 王冠给我戴 |
|---|---|
| 队　　员 | 李　俊　于亚楠　朱传超 |
| 指导教师 | 孟　雷　贾淑娟 |
| 领　　队 | 贾淑娟 |

## 99.1　设计思路

从题目设定出发，本赛题有别于实际结构分析过程，因为在结构方案未确定之前，荷载作用位置已经确定。因此我们采用逆向思维，不再局限于传统的网壳结构形式，而是基于荷载作用位置来布置结构杆件，确定传力途径，使传力更为简洁、明确。对于稳定性方面，则采用增加支撑的方式，同时通过结构选型来控制结构重心，并尽量采取对称结构，以增加结构的稳定性。充分利用材料性能，根据受力特征设计出最优结构方案。根据竹材的力学指标，可考虑构件以弯曲形式承载，充分利用竹材抗压强度和顺纹抗拉强度。竹片刚度低，抗拉不抗压，可当作拉索用于抵抗水平荷载。此外节点的刚性对结构稳定性也有影响，若节点刚度小，将使结构整体或局部失稳，甚至产生多米诺骨牌效应导致结构倒塌。因此，在模型设计时要加强节点的刚度，防止节点处破坏。

## 99.2　结构构型

根据赛题要求，确定好顶部选型后，初步提出几种结构支撑选型并进行对比分析，详见表 99-1。

**表 99-1　结构支撑选型对比**

| 选型 | 支撑 1 | 支撑 2 | 支撑 3 |
|---|---|---|---|
| 图示 | | | |
| 优点 | 承载力强，稳定性好 | 结构形式精简，制作简单，传力明确，能充分发挥材料的性能 | 能充分发挥材料性能，杆件受力合理，质量小 |
| 缺点 | 杆件较多，质量大，节点处不好处理；主要受压杆长细比较大 | 整体结构对节点以及拉条处理要求较高 | 模拟拉索的构件加工处理要求较高 |

**总结**：采用结构设计软件 MIDAS 进行反复模拟计算，结合加载试验结果，逐一淘汰了相对薄弱或自重较大的结构体系，最终选型方案示意图如图 99-1 所示。

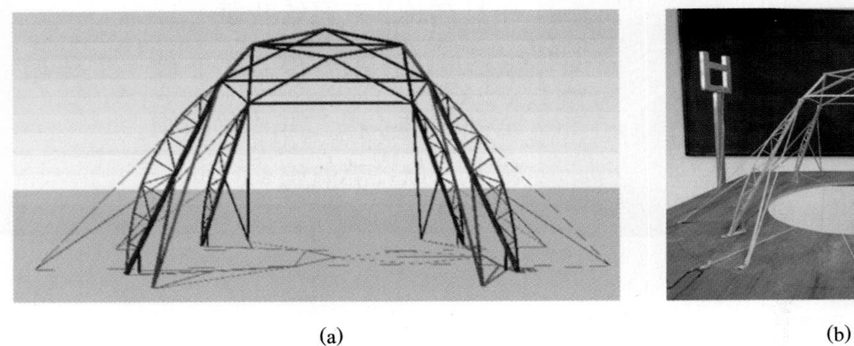

(a)

(b)

**图 99-1　选型方案示意图**

(a) 模型效果图；(b) 模型实物图

## 99.3　计算分析

基于 MIDAS 软件进行建模分析，计算分析结果如图 99-2 所示。

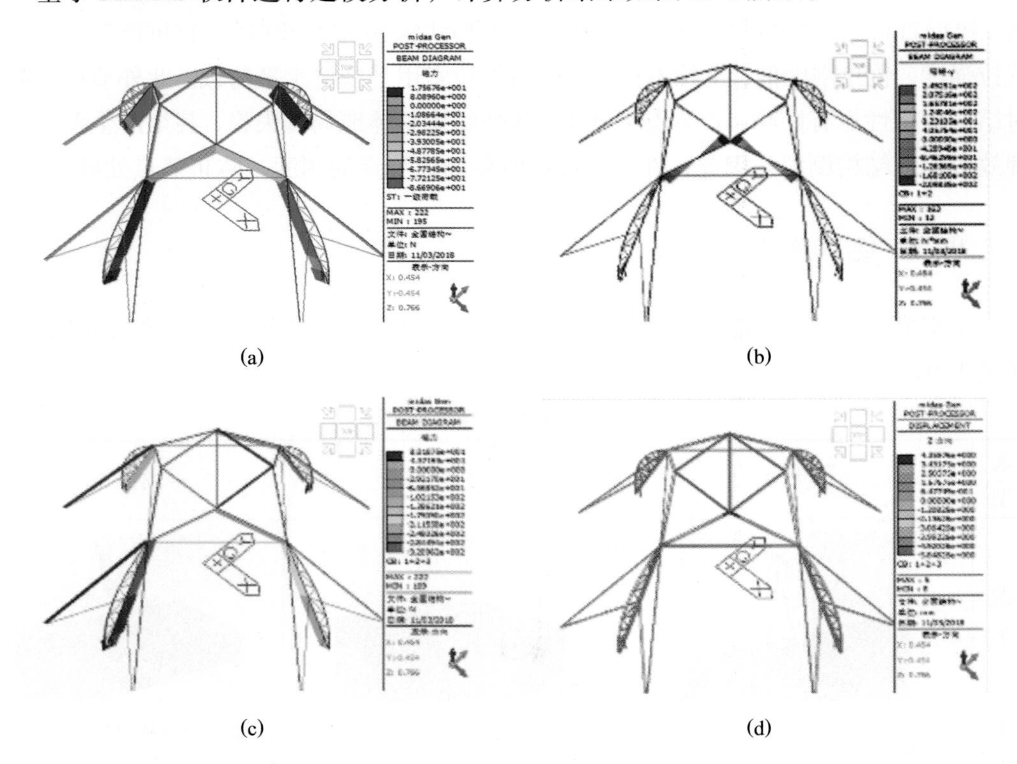


(a)　(b)　(c)　(d)

**图 99-2　计算分析结果图**

(a) 第一级荷载下轴力图；(b) 第二级荷载 e 工况下弯矩图；

(c) 第三级荷载 e 工况下轴力图；(d) 第三级荷载 e 工况下变形图

## 99.4 节点构造

节点是结构传力及模型制作的关键部位，本模型部分节点详图如图 99-3 所示。

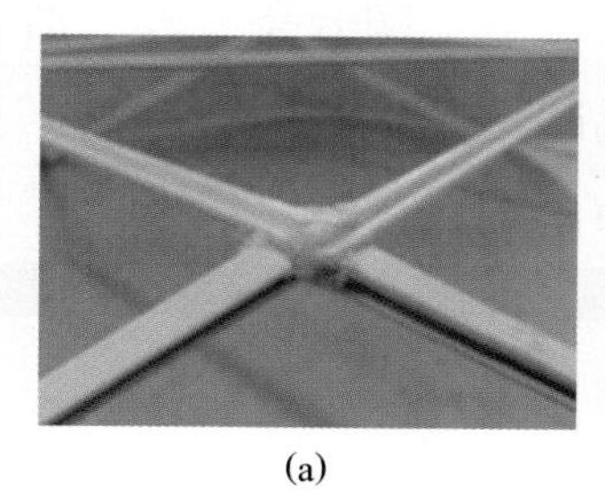

(a)

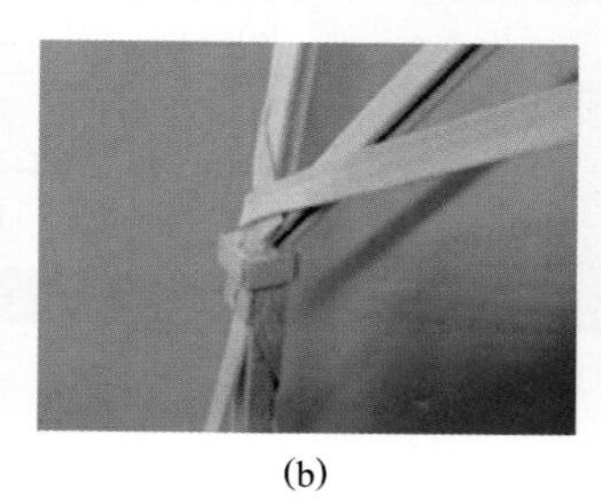

(b)

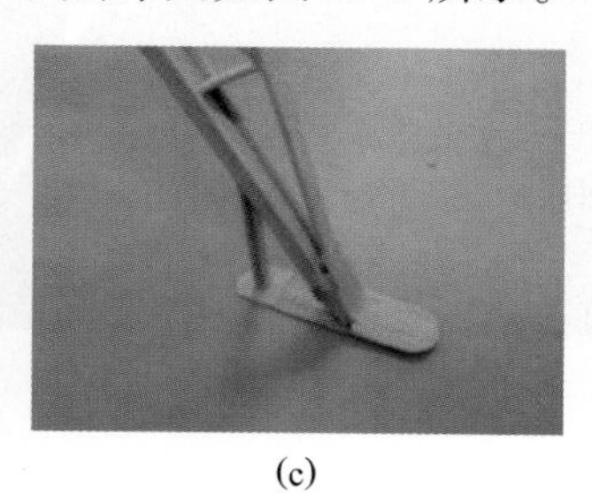

(c)

**图 99-3 节点详图**

(a) 屋盖平面网格节点；(b) 柱顶节点；(c) 柱脚节点

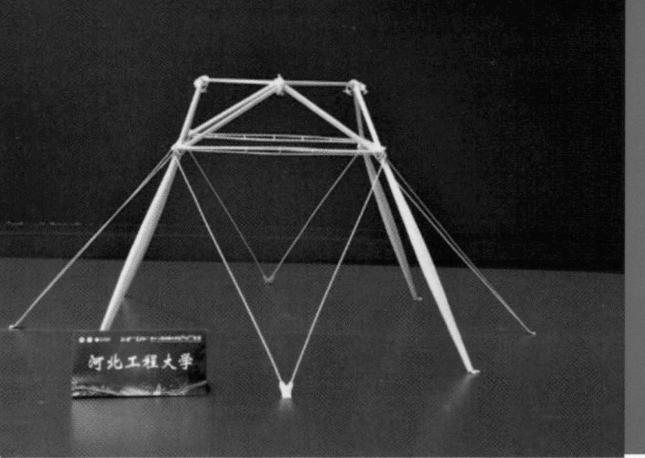


# 100 河北工程大学

| 作品名称 | 完璧归赵 |
|---|---|
| 队　　员 | 王　斌　陶云亮　郭　浩 |
| 指导教师 | 马晓雨　沈金生 |
| 领　　队 | 申彦利 |

## 100.1 设计思路

本队伍初步分析赛题后，认为可采用拱壳结构、刚架结构、空间桁架结构等结构形式。经过不断的推敲和分析，结合题目的要求和所用材料对结构形式的影响，将结构不断简化，最后确定空间桁架结构形式。关于模型的整体结构形式：所受力包括竖向集中力和水平力，竖向集中力不均匀，可根据加载点的位置进行结构选型设计。确定好基本模型的整体构造之后，用软件进行内力分析，确定各个杆件的受力情况。关于各杆件的结构形式：根据杆件受力大小，确定杆件尺寸以及截面形式。然后根据单杆试验进行验证，最后考虑构造要求。

## 100.2 结构构型

根据赛题要求，初步提出几种结构选型并进行对比分析，详见表 100-1。

**表 100-1　结构选型对比**

| 选型 | 选型 1：<br>八个梭形柱支撑体系大跨空间结构 | 选型 2：<br>四个梭形柱+斜拉条支撑体系大跨空间结构 |
|---|---|---|
| 优点 | 传力路径明确；结构在第一、二级荷载作用下有较大的安全储备；具有较强的稳定性；竖向及水平向变形较小 | 传力路径明确；结构在第三级荷载作用下抗扭能力更强；充分利用了材料本身力学性能，节省材料；有较强的稳定性 |
| 缺点 | 梭形柱较多，材料不能充分发挥本身性能；第三级荷载作用下，抗扭能力较弱 | 单个柱受力较大，对单个梭形柱要求较高；拉条的预拉应力不易施加，无法确定具体数值 |

**总结：**经过综合对比，从材料更经济、受力更合理的角度考虑，确定选型 2 作为最终方案，最终选型方案示意图如图 100-1 所示。

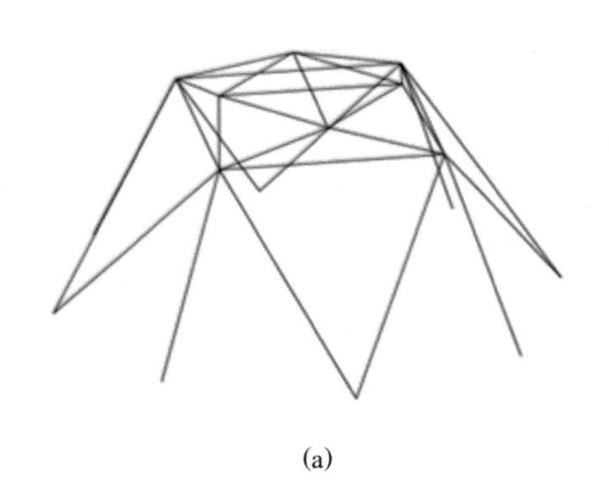

(a)

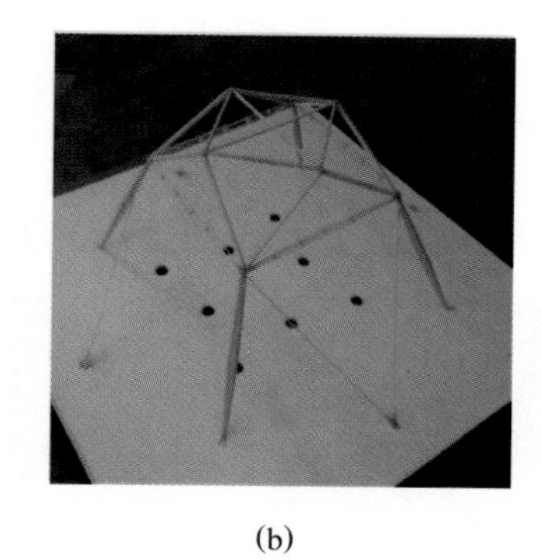

(b)

**图 100-1　选型方案示意图**

(a) 模型效果图；(b) 模型实物图

## 100.3　计算分析

基于 SAP2000 软件进行建模分析，计算分析结果如图 100-2 所示。

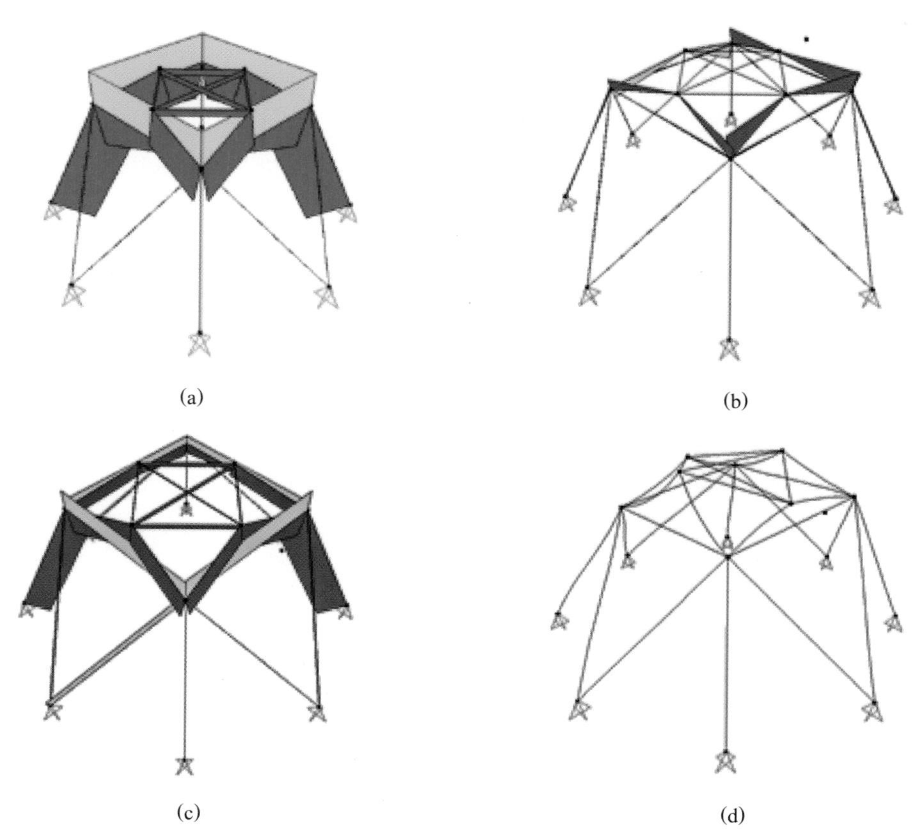

(a)

(b)

(c)

(d)

**图 100-2　计算分析结果图**

(a) 第一级荷载下轴力图；(b) 第二级荷载 a 工况下弯矩图；
(c) 第三级荷载 d 工况下轴力图；(d) 第三级荷载 e 工况下变形图

## 100.4 节点构造

节点是结构传力及模型制作的关键部位，本模型部分节点详图如图 100-3 所示。

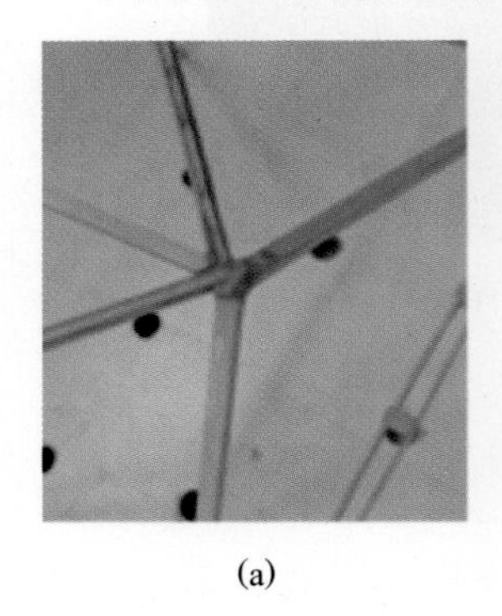

(a)

(b)

(c)

**图 100-3 节点详图**

(a) 1 节点；(b) 2 节点；(c) 柱脚节点

# 101　西藏民族大学

| 作品名称 | 兴藏屋台 |
|---|---|
| 队　　员 | 胡顺磊　任丙华　张文杰 |
| 指导教师 | 蔡　婷　张根凤 |
| 领　　队 | 张根凤 |

## 101.1　设计思路

考虑到题目大跨度的要求，关键要解决跨中受力和变形过大的问题，设计中放弃采用拱形结构，选择采用由一个桁架顶和四个简单三角桁架支撑组成的桁架结构。桁架结构各杆件受力均以单向拉、压为主，通过对上弦杆、下弦杆和腹杆的合理布置，可适应结构内部的弯矩和剪力分布。由于水平方向的拉、压内力实现了自身平衡，整个结构不对支座产生水平推力，结构布置灵活。在抗弯方面，由于将受拉与受压的截面集中布置在上下两端，增大了内力臂，使得以同样的材料用量实现了更大的抗弯强度。在抗剪方面，通过合理布置腹杆，能够将剪力逐步传递给支座。这样无论是抗弯还是抗剪，桁架结构都能够使材料强度得到充分发挥，从而适用于各种跨度的建筑屋盖结构。另外为避免支撑失稳，对支撑进行加固，在大支撑上面加小支撑，将大平面分成几个小平面，有利于结构的稳定性。

## 101.2　结构构型

根据赛题要求，初步提出几种结构选型并进行对比分析，详见表 101-1。

**表 101-1　结构选型对比**

| 选型 | 选型 1 | 选型 2 | 选型 3 |
|---|---|---|---|
| 图示 | | | |
| 优点 | 利用拱形结构的特点解决结构大跨度的问题 | 利用桁架结构，通过节点将杆件连接成三角形单元，由三角形单元组成顶部及支撑结构，在节点处加载，结构传力清晰，稳定性强 | 在选型 2 的基础上进行优化，在不影响承载效果的情况下，去除结构上的多余杆件，结构更为简化；用工字形截面代替矩形截面，结构更为优化 |
| 缺点 | 利用竹片、竹条起拱难以控制精度，进而影响承载效果 | 由于只能用竹条制作杆件构件，导致结构自重过大 | 支撑简化后，导致加载时支撑斜杆有一定的挠曲变形 |

**总结：**综合对比可知，选型3的承载效果最好、质量最小，故将其作为参赛方案。最终选型方案示意图如图101-1所示。

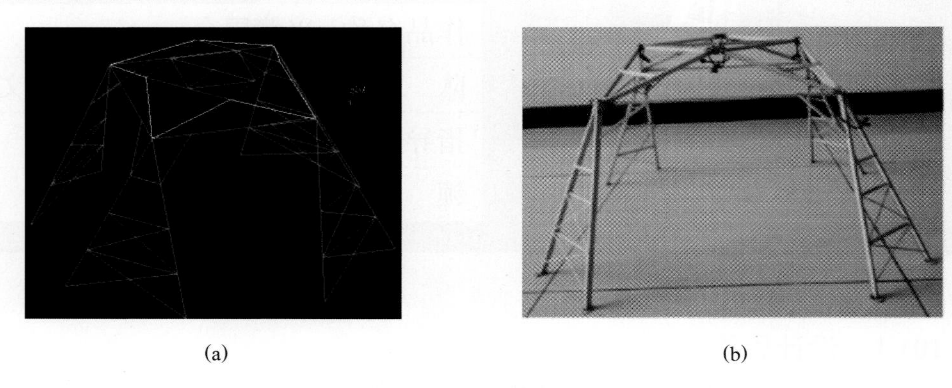

(a)　　(b)

**图 101-1　选型方案示意图**

(a) 模型效果图；(b) 模型实物图

## 101.3　计算分析

基于MIDAS软件进行建模分析，计算分析结果如图101-2所示。

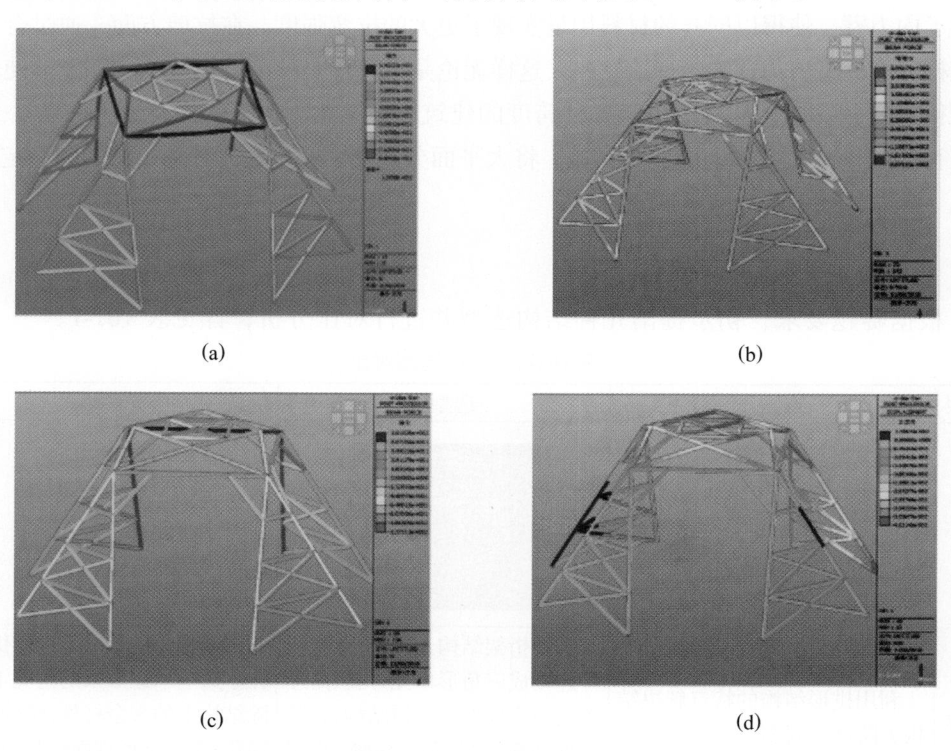

(a)　　(b)

(c)　　(d)

**图 101-2　计算分析结果图**

(a) 第一级荷载下轴力图；(b) 第二级荷载下弯矩图；

(c) 第三级荷载下轴力图；(d) 第三级荷载下变形图

## 101.4　节点构造

节点是结构传力及模型制作的关键部位，本模型部分节点详图如图 101-3 所示。

(a)

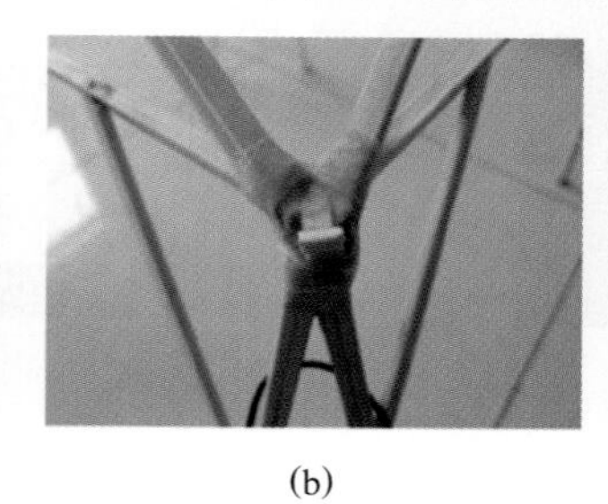

(b)

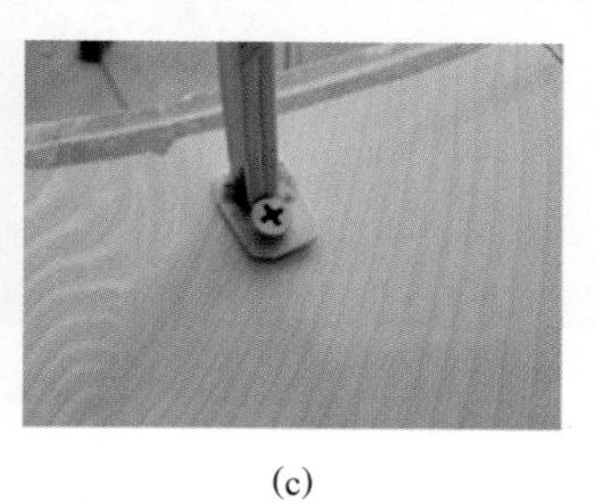

(c)

**图 101-3　节点详图**

(a) 上部节点；(b) 中部节点；(c) 柱脚节点

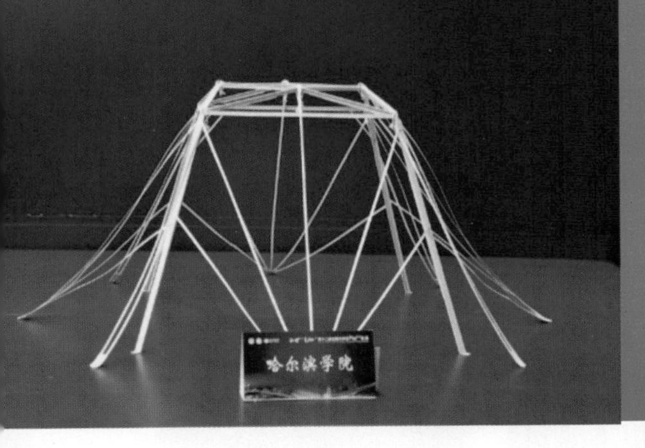


# 102 哈尔滨学院

| 作品名称 | 成 |
|---|---|
| 队　　员 | 王　屹　王　锋　郑　昀 |
| 指导教师 | 王　琼　李　威 |
| 领　　队 | 孙　路 |

## 102.1 设计思路

本设计要求承受静载、随机选位荷载及移动荷载等多种荷载工况，此三种荷载工况分别模拟实际结构设计中的恒荷载、活荷载和变化方向的水平荷载（如风荷载或地震荷载），但又分别给定了具体加载方案。因此，我们综合考虑三种具体荷载工况及设计的空间布置要求，本着尽量减少构件布置、充分发挥每一个构件的作用、尽量减小制作的难度以及充分发挥材料本身抗拉压性能的设计思路，从结构形式、截面形式及节点连接等方面做了详细的设计和试验。在柱设计方面，经过前期大量的试验总结，我们对柱进行了改进，增加了翼缘和腹板的宽度，从而增大了惯性矩，提高了稳定性；采用拉筋提高整体结构的刚度，控制柱的失稳。

## 102.2 结构构型

根据赛题要求，初步提出几种结构选型并进行对比分析，详见表 102-1。

**表 102-1　结构选型对比**

| 选型 | 选型 1 | 选型 2 | 选型 3 |
|---|---|---|---|
| 图示 | | | |
| 优点 | 加载所需要满足的 8 个加载点均位于正方形的边点上，加载点明确。上部结构中的受压杆具有较强的刚度 | 箱形杆件只承受压力，拉筋来承受拉力，整个结构受力明确，构造简单，传力路径明确 | 在选型 2 的基础上，优化结构体系，把受压杆全部变成受拉构件，大幅度减少结构重量 |
| 缺点 | 由于高度较大，柱子的整体稳定性不满足要求，同时柱子的刚度不够，会出现整体性失稳现象 | 结构质量太大，整个结构体系太过于保守 | 上部结构产生的水平力对柱子的影响很大，从而会使柱子整体倾斜 |

**总结**：综合对比各种选型的结构稳定性、整体承载力以及自重等多种因素，确定选型 3 作为参赛方案。最终选型方案示意图如图 102-1 所示。

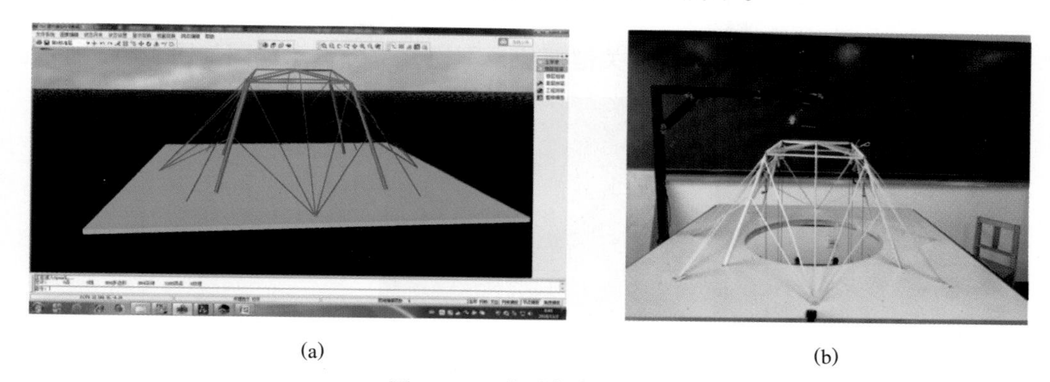

(a)　　(b)

**图 102-1　选型方案示意图**

(a) 模型效果图；(b) 模型实物图

## 102.3　计算分析

基于 MIDAS 软件进行建模分析，计算分析结果如图 102-2 所示。

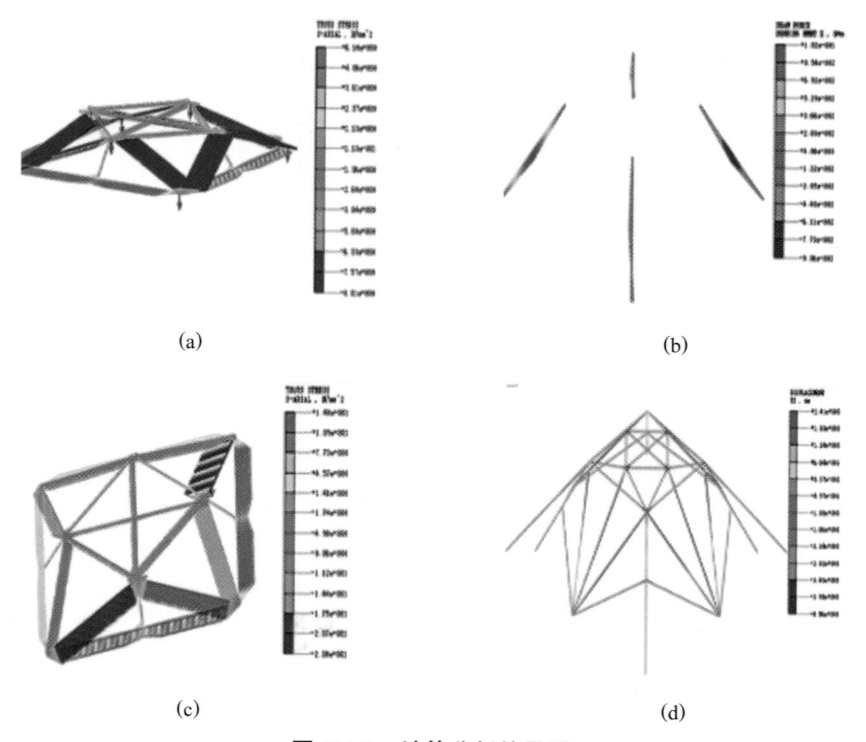

(a)　　(b)

(c)　　(d)

**图 102-2　计算分析结果图**

(a) 第一级荷载下模型顶部结构轴力图；(b) 第二级荷载下柱弯矩图；

(c) 第三级荷载下 0°时轴力图；(d) 第三级荷载下 60°时变形图

## 102.4 节点构造

节点是结构传力及模型制作的关键部位，本模型部分节点详图如图 102-3 所示。

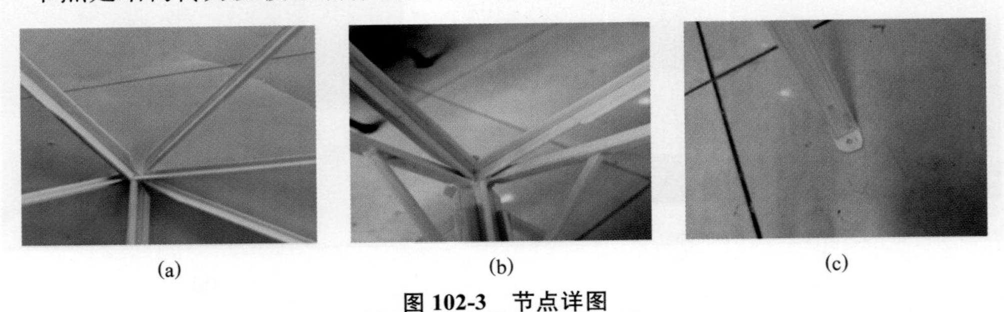

(a) (b) (c)

**图 102-3 节点详图**

(a) 汇交搭接节点；(b) 竹粉复合加固节点；(c) 柱脚节点

# 103 石家庄铁道大学

| 作品名称 | 苍穹 |
|---|---|
| 队　　员 | 李思琪　王富玉　陈存浩 |
| 指导教师 | 李海云　李　勇 |
| 领　　队 | 马祥旺 |

## 103.1 设计思路

为达到质量小、承载大、位移小的目的，本队伍经过多次理论计算与实操试验后，选定了目前的设计方案：整个模型采用空间网格结构，倾斜立柱采用刚性受压杆件，外环为柔性受拉杆件，斜杆和内环为刚性受压杆件。斜杆和内环有效地将所有竖向荷载和水平方向荷载转换为轴向压力，充分利用箱形截面构件较强的整体稳定承载性能，有效提高模型的承载能力。外环充分利用竹条较强的抗拉性能，以较小的质量提高模型的整体稳定承载能力。

## 103.2 结构构型

根据赛题要求，初步提出几种结构选型并进行对比分析，详见表 103-1。

**表 103-1　结构选型对比**

| 选型 | 选型 1 | 选型 2 | 选型 3 |
|---|---|---|---|
| 图示 | | | |
| 优点 | 内力均匀 | 内力小 | 内力较小 |
| 缺点 | 节点需加强，变形较大 | 杆件长，容易失稳 | 节点需加强 |

**总结：**综合对比三种选型的结构稳定性、整体承载力以及自重等多种因素，确定选型 3 作为参赛方案。最终选型方案示意图如图 103-1 所示。

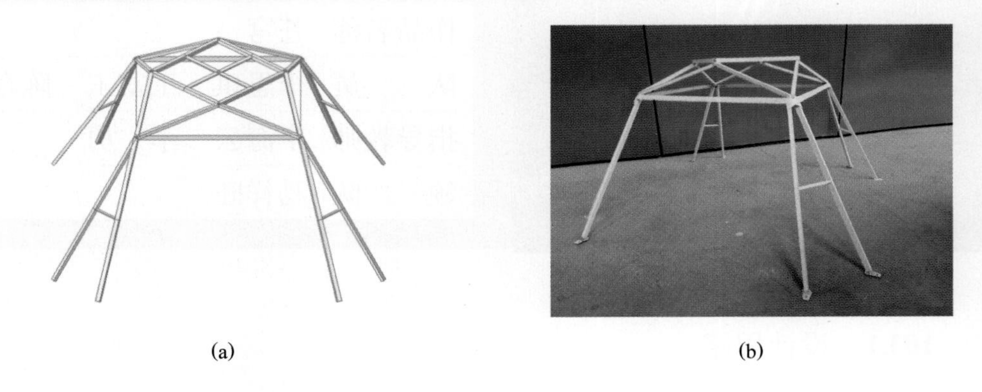

(a) (b)

**图 103-1 选型方案示意图**

(a) 模型效果图；(b) 模型实物图

## 103.3 计算分析

基于 MIDAS 软件进行建模分析，计算分析结果如图 103-2 所示。

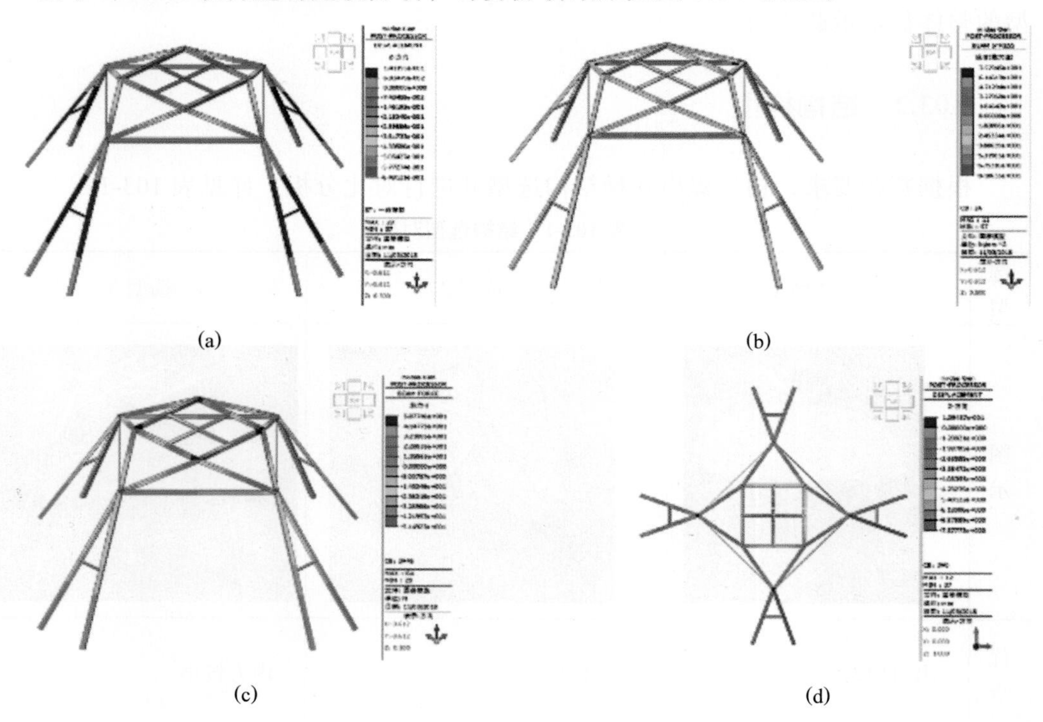

(a) (b)

(c) (d)

**图 103-2 计算分析结果图**

(a) 第一级荷载下轴力图；(b) 第二级荷载 a 工况下弯矩图；

(c) 第三级荷载 a 工况下轴力图；(d) 第三级荷载 a 工况下变形图

## 103.4 节点构造

节点是结构传力及模型制作的关键部位，本模型部分节点详图如图 103-3 所示。

(a)

(b)

(c)

**图 103-3 节点详图**

(a) 上部节点；(b) 中部节点；(c) 柱脚节点

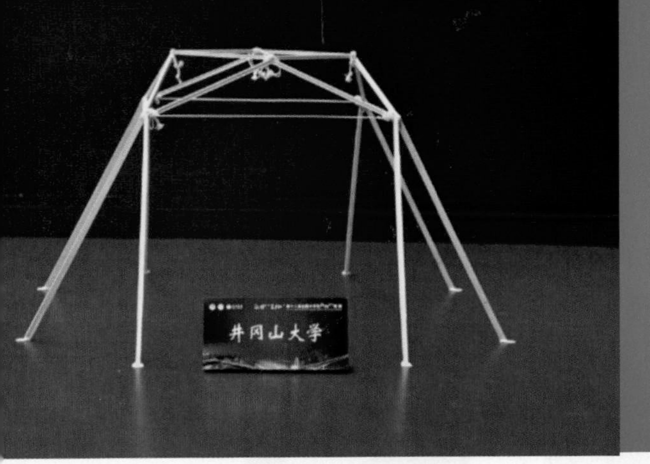


# 104 井冈山大学

| 作品名称 | 四平八稳 |
|---|---|
| 队　　员 | 刘祎祯　罗根勇　闵　林 |
| 指导教师 | 杜晟连　王珍吾 |
| 领　　队 | 王珍吾 |

## 104.1 设计思路

由于三角形具有较强的稳定性，而且在平面上容易找平，故选择三角形为主体结构框架形式。在结构中实现杆件铰接十分困难，且难以保证节点处的强度，最终结构中的节点均采用刚节点。根据建筑结构设计原理，结构应该考虑到用材尽量省、杆件节点不宜过多，故我们舍弃了传统的全拱形网架结构，总体构思如下：将网架分为多个部分单独设计，最后再通过拉结措施增强其整体性能、传递部分荷载，并在优化过程中不断增删杆件。根据第一工况的对称静载以及第二工况的随机选位偏心荷载，对称的模型是最符合受力要求的结构；根据第三工况，结构承受水平方向的移动荷载，从结构抗倾覆稳定性角度考虑，结构高度越低越好，而且用材更少，对减小结构质量有利。

## 104.2 结构构型

根据赛题要求，初步提出几种结构选型并进行对比分析，详见表 104-1。

**表 104-1　结构选型对比**

| 选型 | 选型 1 | 选型 2 | 选型 3 |
|---|---|---|---|
| 图示 | | | |
| 优点 | 结构美观，受力路径明确 | 杆件和节点很少，质量较小，受力路径明确 | 外形美观，质量小，杆件节点较少，模型高度极低 |
| 缺点 | 杆件和节点太多，质量较大，节点处理困难 | 结构高度比较大，降低高度又满足不了尺寸检测 | 制作复杂，节点处理要求很高 |

**总结：**综合对比三种选型的结构稳定性、整体承载力以及自重等多种因素，选型 3 是最优设计方案，通过提高制作技术，可以达到很完美的效果。最终选型方案示意图如图 104-1 所示。

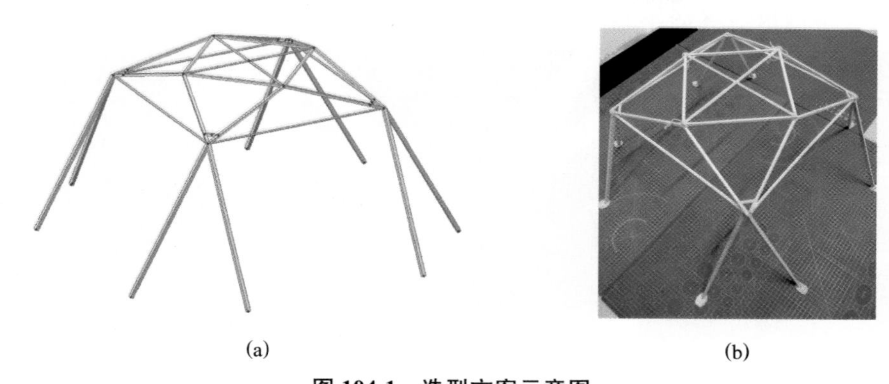

(a) (b)

**图 104-1 选型方案示意图**

(a) 模型效果图；(b) 模型实物图

## 104.3 计算分析

基于 MIDAS 软件进行建模分析，计算分析结果如图 104-2 所示。

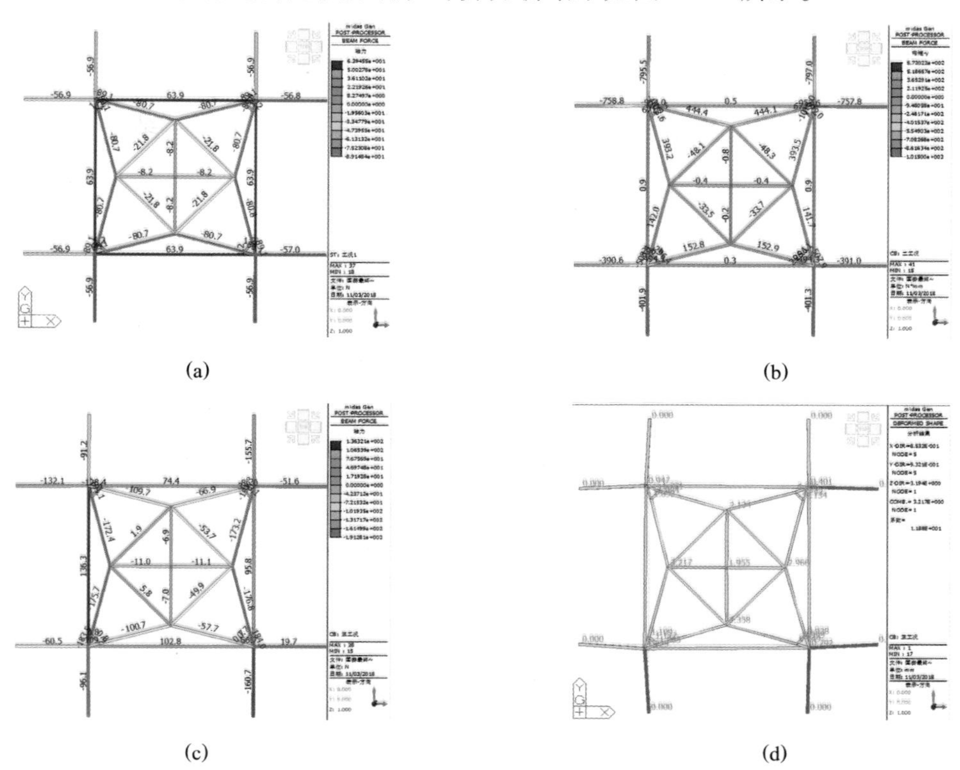

(a) (b)

(c) (d)

**图 104-2 计算分析结果图**

(a) 第一级荷载下轴力图；(b) 第二级荷载 a 工况下弯矩图；

(c) 第三级荷载 a 工况下轴力图；(d) 第三级荷载下变形图

## 104.4 节点构造

节点是结构传力及模型制作的关键部位，本模型部分节点详图如图 104-3 所示。

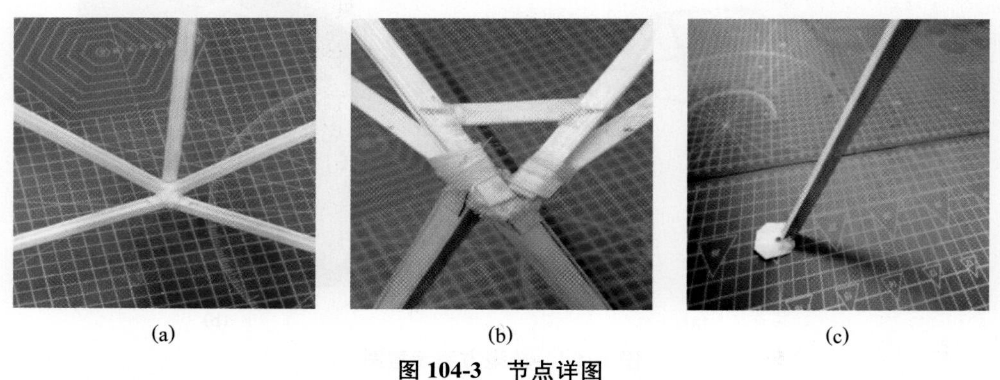

(a) (b) (c)

**图 104-3 节点详图**

(a) 顶部节点；(b) 中部节点；(c) 柱脚节点

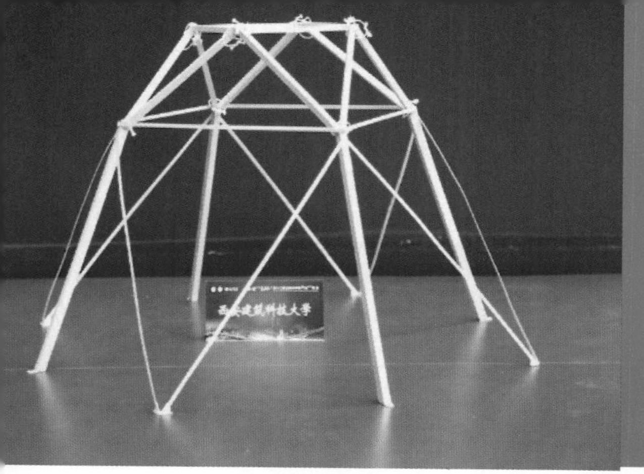


# 105　西安建筑科技大学

| 作品名称 | 安如山 |
|---|---|
| 队　　员 | 兰　博　肖　涵　许皓月 |
| 指导教师 | 惠宽堂 |
| 领　　队 | 惠宽堂 |

## 105.1　设计思路

本次题目要求学生针对静载、随机选位荷载及移动荷载等多种荷载工况下的空间结构进行受力分析、模型制作及试验。此三种荷载工况分别对应实际结构设计中的恒荷载、活荷载和变化方向的水平荷载（如风荷载或地震荷载），并根据模型试验特点进行了一定简化。选题具有重要的现实意义和工程针对性。通过本次比赛，可考察学生的计算机建模能力、多荷载工况组合下的结构优化分析计算能力、复杂空间节点设计与安装能力，检验大学生对土木工程结构知识的综合运用能力。根据本赛题的基本要求，按照“适用、经济、绿色、美观”的建筑方针，从受力明确、结构优美、制作方便、节省材料等几个方面对结构方案进行构思，最后决定选用空间桁架和网壳结构进行试算、试做和方案比较。

## 105.2　结构构型

根据赛题要求，初步提出几种结构选型并进行对比分析，详见表105-1。

**表105-1　结构选型对比**

| 选型 | 选型1 | 选型2 |
|---|---|---|
| 图示 | | |
| 优点 | 结构简单，传力路径明确，稳定性好，节省材料 | 受力明确，结构优美，制作方便，节省材料 |
| 缺点 | 杆件质量较大，结构自重较大 | 对柱的要求较高，尽管杆件数量较少，但需要使用较多材料加强柱的承载力 |

**总结：**综合考虑受力明确、结构优美、制作方便、节省材料几个方面，确定选型2作为参赛方案。最终选型方案示意图如图105-1所示。

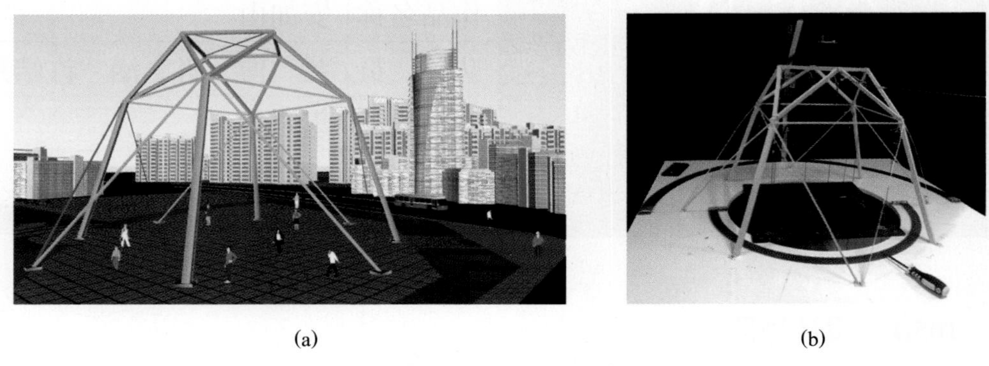

(a)　　　　(b)

**图105-1　选型方案示意图**

(a) 模型效果图；(b) 模型实物图

## 105.3　计算分析

基于ABAQUS软件进行建模分析，计算分析结果如图105-2所示。

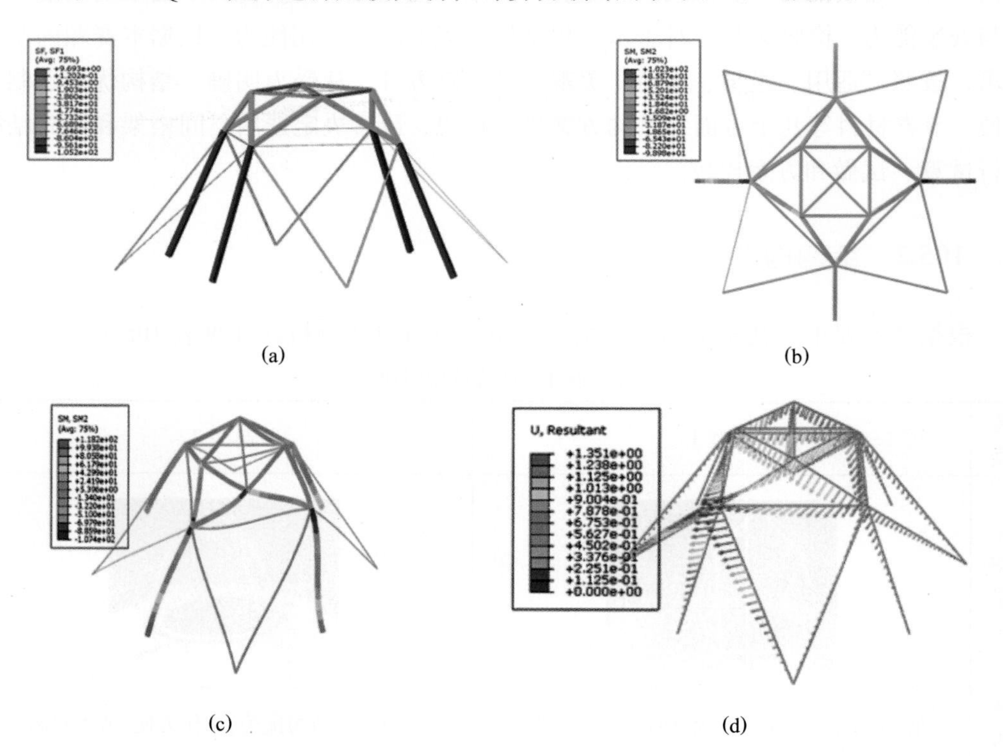


(a)　　　　(b)

(c)　　　　(d)

**图105-2　计算分析结果图**

(a) 第一级荷载下轴力图；(b) 第二级荷载a工况下弯矩图；

(c) 第三级荷载c工况下0°时弯矩图；(d) 第三级荷载d工况下90°时变形图

## 105.4　节点构造

节点是结构传力及模型制作的关键部位，本模型部分节点详图如图 105-3 所示。

(a)　　(b)　　(c)

**图 105-3　节点详图**

(a) 顶部节点；(b) 柱顶节点；(c) 柱脚节点

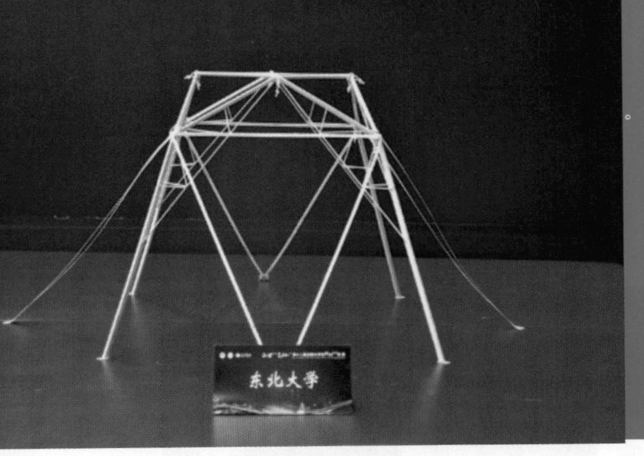


# 106 东北大学

| 作品名称 | 扛得住 |
| --- | --- |
| 队　　员 | 唐建员　陈　尧　刘文琦 |
| 指导教师 | 陈　猛　王述红 |
| 领　　队 | 陈　猛 |

## 106.1 设计思路

根据大跨度空间结构在竖向对称荷载、竖向偏心荷载和水平荷载作用下的相关原理，综合大跨度空间结构的传力、受力特点等方面对结构方案进行构思。

关于主体结构强度与稳定性：结构首先应能承受赛题要求的竖向荷载和水平荷载并保持整体稳定，故在制作时应注重结构的整体性与锚固可靠性。另外结构的对称性决定了荷载是否均匀传递给结构整体，而杆件截面的对称性则决定了杆件的抗压和抗扭性能。经过理论分析，模型在竖向偏心荷载和横向水平荷载作用下，结构将主要承受轴力、弯矩和扭矩，需要足够的抗压刚度、抗弯刚度和抗扭刚度，因此采用空间混合结构。同时由于第一、二级荷载作用下，柱会承受较大的轴力以及一定的弯矩和扭矩。较大的轴力会使一般的柱发生压杆失稳，故柱截面采用矩形截面，以减小自重、增大截面惯性矩，防止失稳。第三级荷载作用下，结构将产生较大的扭矩。据此为结构设计斜向的拉索，以充分发挥竹皮的抗拉性能，提供抗力，并减小自重。在杆件制作完成后，利用平面辅助图纸将几个杆件拼接成小型部件，确保每个模块的构建相同，再完成下一步拼接。确保整个模型完成后，其预应力在合理的范围内。

## 106.2 结构构型

根据赛题要求，初步提出几种结构选型并进行对比分析，详见表 106-1。

表 106-1 结构选型对比

| 选型 | 选型 1 | 选型 2 | 选型 3 |
|---|---|---|---|
| 图示 | | | |
| 优点 | 强度大、刚度大、整体性好，可满足加载要求，稳定性好，变形小 | 节点采用桁架，强度高，可有效防止节点破坏；单腿构造，可极大减小模型质量，强度满足要求 | 矩形截面下部支撑承受弯矩大，稳定性好、强度大、变形小、整体性好，便于安装 |
| 缺点 | 自重大、制作工艺复杂、模型节点过多不利于处理；模型外观不整洁，安装难度高；结构受扭矩较大，易发生扭转破坏 | 结构受扭矩较大，易发生扭转破坏；制作工艺较复杂、模型节点过多不利于处理；自重较大、模型外观不整洁、安装难度较高 | 模型节点过多不利于处理；结构受扭矩较大，易发生扭转破坏 |

**总结：** 综合对比，经过多次试验和理论分析，并通过有限元分析进行系统优化，确定的方案为选型 3，最终选型方案示意图如图 106-1 所示。

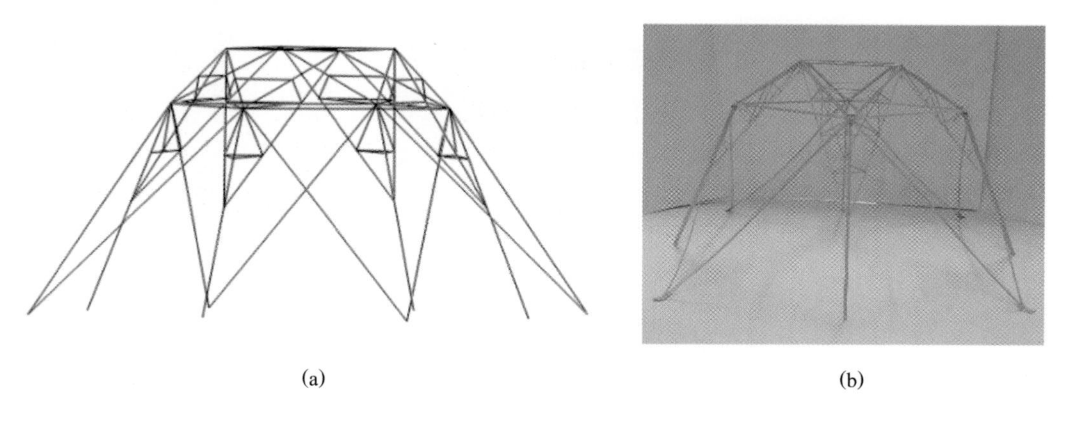

(a) (b)

图 106-1 选型方案示意图

(a) 模型效果图；(b) 模型实物图

## 106.3 计算分析

基于 MIDAS 软件进行建模分析，计算分析结果如图 106-2 所示。

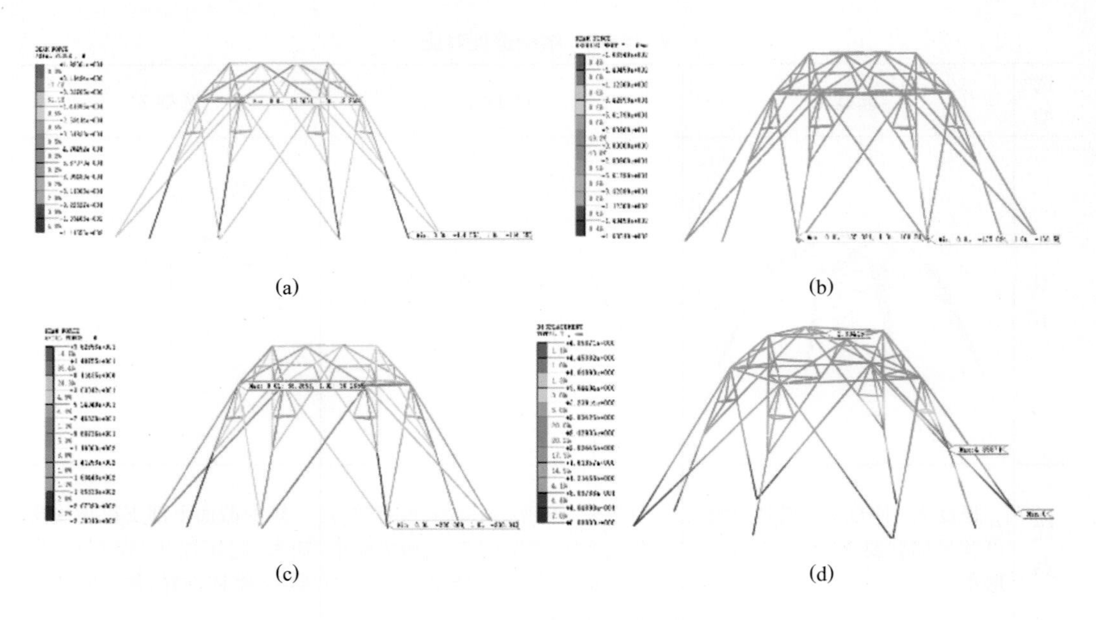

(a)　(b)

(c)　(d)

**图 106-2　计算分析结果图**

(a) 第一级荷载下轴力图；(b) 第二级荷载下弯矩图；
(c) 第三级荷载下轴力图；(d) 第三级荷载下变形图

## 106.4　节点构造

节点是结构传力及模型制作的关键部位，本模型部分节点详图如图 106-3 所示。

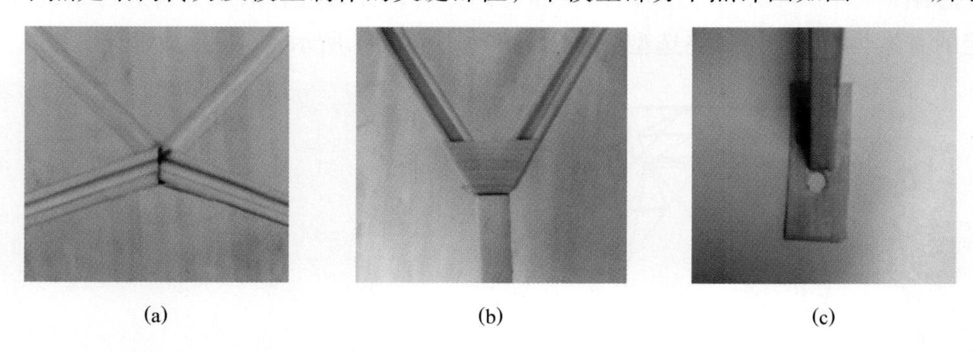

(a)　(b)　(c)

**图 106-3　节点详图**

(a) 顶部斜向支撑节点；(b) 柱与斜向支撑的节点；(c) 柱脚节点

# 107 攀枝花学院

| 作品名称 | 索定苍穹 |
| --- | --- |
| 队　　员 | 龚　胜　贺琮栖　何　波 |
| 指导教师 | 攀枝花学院指导组 |
| 领　　队 | 孙金坤 |

## 107.1 设计思路

传统的梁、拱、刚架、桁架等结构形式，对结构构件刚度要求较高，需耗费较多材料来提高杆件刚度，而在带缆风绳的空间网壳结构中，拉杆数量多于压杆，可减轻模型质量，充分利用竹材抗拉强度大于抗压强度的特点。缆风绳限制主要受压构件间节点的位移，防止节点位移过大而导致模型整体失稳，有助于提高模型整体稳定性。经过拱结构、桁架结构、网壳结构模型的制作和实际加载结果对比，发现空间网壳结构更加适用于本赛题，其结构整体稳定性强、自重小、材料利用合理，所以模型选用单层空间网壳结构进行进一步的优化设计。本次制作的模型结构相对简单，节点相对较少，综合考虑结构承载能力和刚度的要求，结合杆件截面形式，模型柱脚以上所有节点均采用刚性较大的连接方式。

## 107.2 结构构型

根据赛题要求，初步提出以下几种结构选型并进行对比分析，详见表 107-1。

表 107-1　结构选型对比

| 选型 | 选型 1 | 选型 2 | 选型 3 |
| --- | --- | --- | --- |
| 图示 | | | |
| 优点 | 模型跨度和高度小，杆件总长度小，强度高，刚度大，节点少，节点处理简单，整体稳定性好 | 模型外观新颖、大方，大量应用竹皮拉条，材料性能利用较为合理，自重较小 | 模型杆件少，结构相对简单，传力清晰，杆件加工和模型组装简单，承载力好，稳定性好，自重小 |
| 缺点 | 手工制作精度要求高，组装精度难以控制，杆件加工难度大，制作过程耗时长，自重大 | 圆盘制作无法避免对竹皮进行弧形裁剪，导致非顺纹区受拉易撕裂；若采用两层竹皮纹路正交布置，又会导致结构自重大大增加。上部圆盘大量竹条需要进行预拉处理，各竹条预拉力均匀性难以保证 | 手工制作要求高，节点处理难度大，节点空间位置定位精度要求高 |

**总结：**综合对比模型加载过程中的实际表现、模型荷质比、制作工艺等因素，确定参赛方案为选型 3，最终选型方案示意图如图 107-1 所示。

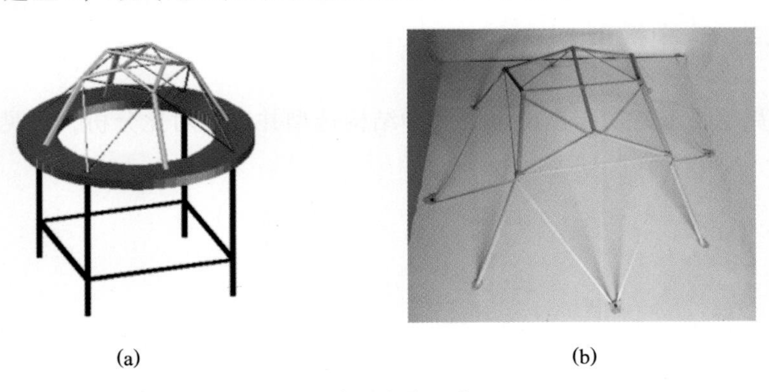

(a)　　(b)

**图 107-1　选型方案示意图**

(a) 模型效果图；(b) 模型实物图

## 107.3　计算分析

基于 MIDAS 软件进行建模分析，计算分析结果如图 107-2 所示。

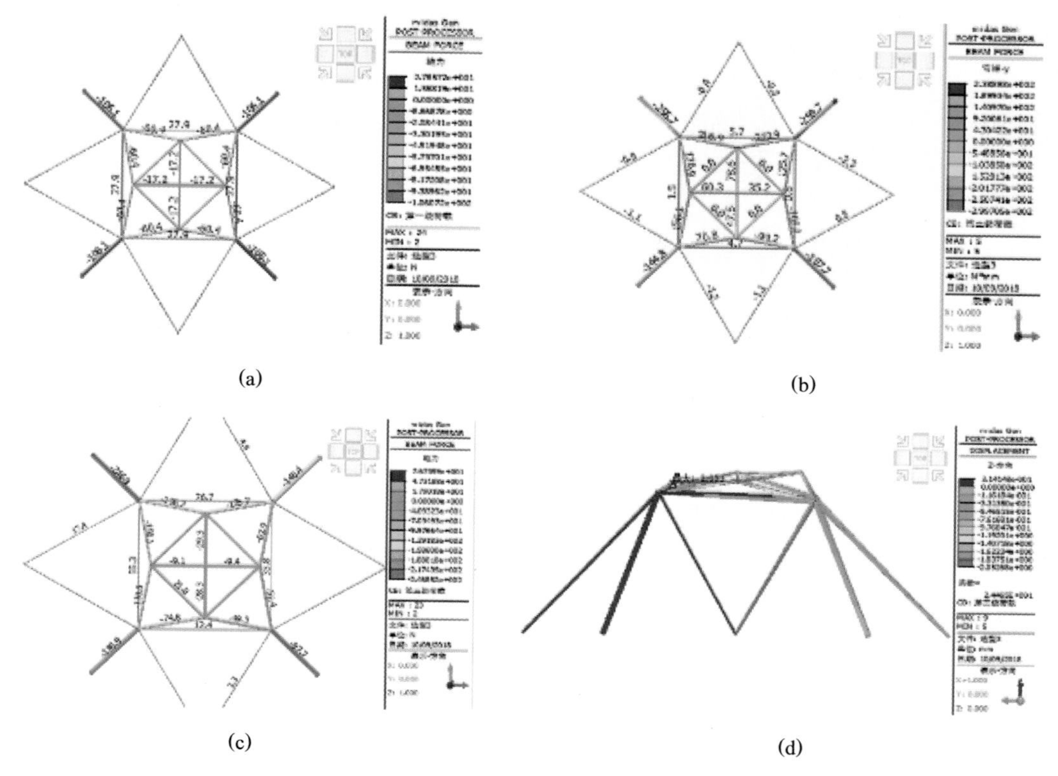

**图 107-2　计算分析结果图**

(a) 第一级荷载下轴力图；(b) 第二级荷载下弯矩图；
(c) 第三级荷载下轴力图；(d) 第三级荷载下变形图

## 107.4　节点构造

节点是结构传力及模型制作的关键部位，本模型部分节点详图如图 107-3 所示。

**图 107-3　节点详图**

(a) 顶层交叉节点；(b) 柱顶节点；(c) 柱脚节点

# 108　浙江大学

| 作品名称 | 顶天阁 |
| --- | --- |
| 队　　员 | 余杭聪　蔡泽恩　柯延宇 |
| 指导教师 | 邓　华　邹道勤 |
| 领　　队 | 邹道勤 |

## 108.1　设计思路

受到内外双层半球壳范围的限制，最初设想的结构模型是密布半球壳的网壳结构。但是常规网壳结构的杆件数量多，多数杆件不能充分发挥传力作用，对手工制作的要求也比较高，弊端明显。

根据对本届赛题的解读，尽管其与2016年赛题的整体形态不同，但我们也注意到两者之间仍具有相似之处。由于本次比赛加载时将在8个加载点中随机抽取不同的水平加载点和偏心加载点，而本次模型外圈4个加载点可以视为原大跨屋盖的4根柱的上支承点。因此，此次模型构建的思路还是将模型分为屋盖与支承柱两个部分，重点是将8个加载点巧妙连接起来，使荷载传递直接高效。在屋盖形式已经基本确定的情况下，再确定支承柱的形式。相比屋盖而言，支承柱可选形式较多，需要考虑的因素也较多。我们一共对四类不同形式的支承柱进行了试验，通过对比各项因素选出最佳支承柱形式。因为模型的轮廓应贴近球形，故大部分杆件都不能垂直于承台板，这对模型的制作提出了较高的要求。综合考虑，需要制作精确的胎架来搭设模型。

## 108.2　结构构型

根据赛题要求，初步提出以下几种结构选型并进行对比分析，详见表108-1。

表 108-1　结构选型对比

| 选型 | 选型 1 | 选型 2 | 选型 3 | 选型 4 |
|---|---|---|---|---|
| 图示 | | | | |
| 优点 | 整体受压，横杆、斜杆稳定 | 整体受压，横杆、斜杆稳定，整体稳定性好 | 整体受压，拉杆约束，使得压杆稳定，制作简单 | 整体受压，横杆、斜杆支撑保证稳定，制作安装简单 |
| 缺点 | 制作复杂，整体稳定性差 | 制作复杂 | 整体稳定性先强后弱，安装复杂，拉杆锚固点无法确定 | 自重较大 |

**总结：** 综合对比上述四种选型的结构稳定性、整体承载力以及自重等多种因素，确定选型 4 作为参赛方案。最终选型方案示意图如图 108-1 所示。

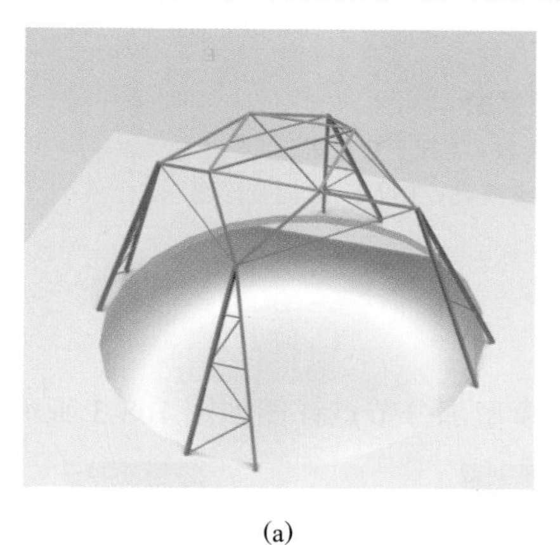

(a)

(b)

**图 108-1　选型方案示意图**

(a) 模型效果图；(b) 模型实物图

## 108.3　计算分析

基于 MIDAS 软件进行建模分析，计算分析结果如图 108-2 所示。

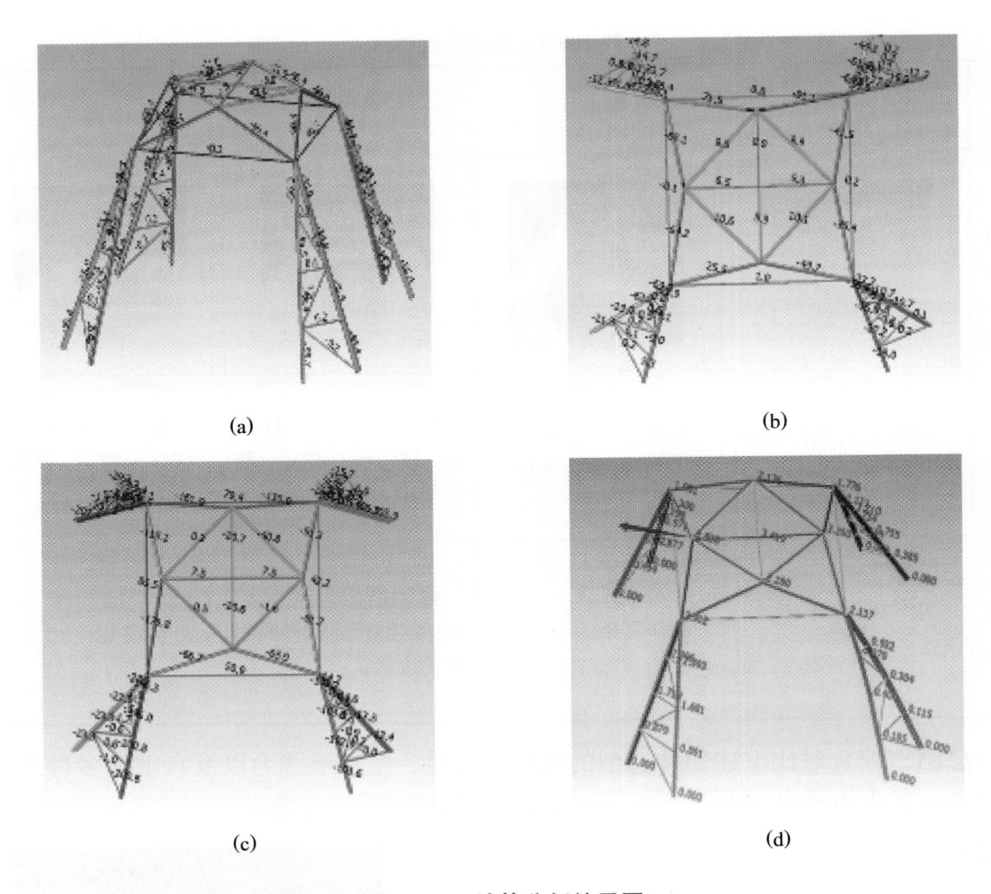

(a)　　(b)

(c)　　(d)

**图 108-2　计算分析结果图**

(a) 第一级荷载下轴力图；(b) 第二级荷载 a 工况下弯矩图；
(c) 第三级荷载 a 工况下 0°时轴力图；(d) 第三级荷载 e 工况下 60°时变形图

## 108.4　节点构造

节点是结构传力及模型制作的关键部位，本模型部分节点详图如图 108-3 所示。

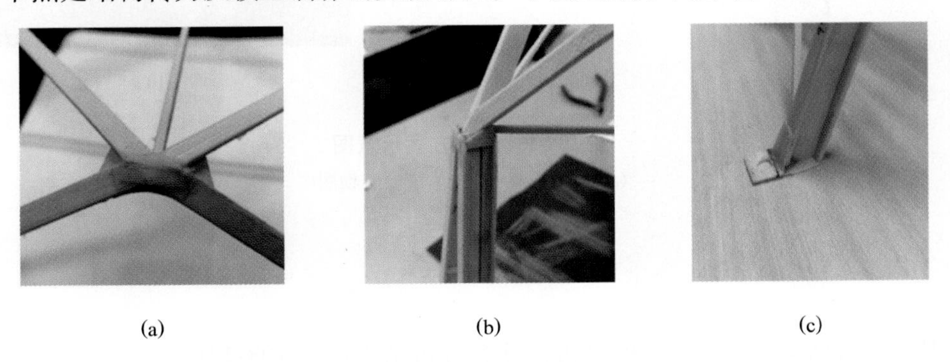

(a)　　(b)　　(c)

**图 108-3　节点详图**

(a) 内圈加载节点；(b) 外圈加载节点；(c) 柱脚节点

# 第三部分　竞赛资讯

# 华南理工大学召开第十二届全国大学生结构设计竞赛筹备工作协调会

2018年3月14日上午，第十二届全国大学生结构设计竞赛筹备工作协调会在华南理工大学励吾科技楼明礼厅召开。全国大学生结构设计竞赛委员会委员、第十二届全国大学生结构设计竞赛组织委员会主任、学校副校长李正出席会议。全国大学生结构设计竞赛委员会秘书处副秘书长毛一平、丁元新莅临学校指导竞赛组织工作。

李正表示，全国大学生结构设计竞赛自2005年由浙江大学、华南理工大学等11所高校发起创办以来，已经连续举办了11届，是教育部高教司认定的全国大学生9大赛事之一，是土木工程学科培养大学生创新精神、团队意识和实践能力的最高水平学科性竞赛，被誉为“土木皇冠上最璀璨的明珠”。他强调，本届竞赛规模大，希望在竞赛筹备过程中，各部门能高度重视、协同配合，有条不紊地完成大赛各阶段的工作，充分展现学校的管理服务水平和师生的良好精神风貌。

毛一平对学校前期竞赛命题、通知、经费筹措等筹备工作给予了充分肯定，对学校高度重视、举全校之力筹备竞赛表示了感谢。他表示该项赛事自举办以来，逐渐积累起了一套较为完备的赛事程序，希望竞赛筹备工作秉承“创新、协调、绿色、开放、共享”五位一体的办赛指导思想，积极做好沟通、协调、推进工作。针对华南理工大学地处华南、毗邻港澳，在当前“一带一路”和建设粤港澳大湾区的背景下，毛一平建议学校发挥地理区位优势，邀请澳门、香港地区高校队伍参赛，推动交流和合作，扩大赛事影响力。

筹备会前，全国大学生结构设计竞赛委员会秘书处一行先后前往学校土木与交通学院大学生创新实践基地、海丽文体中心、东区食堂等地，实地考察竞赛加载仪器设备、比赛和食宿场地等。

据悉，第十二届全国大学生结构设计竞赛将于 2018 年 11 月 7—11 日在华南理工大学五山校区举行，届时将有来自全国各地 110 所高校的 700 多名师生前来参赛。

学校办公室、教务处等相关部门负责人及土木与交通学院部分老师参加了此次会议。

# 2018年“富力杯”第十二届全国大学生结构设计竞赛开幕式在华南理工大学隆重召开

2018年11月8日下午，2018年“富力杯”第十二届全国大学生结构设计竞赛在华南理工大学海丽文体中心拉开帷幕。竞赛由中国高等教育学会工程教育专业委员会、高等学校土木工程学科专业指导委员会、中国土木工程学会教育工作委员会、教育部科学技术委员会环境与土木水利学部主办，华南理工大学承办，广州富力地产股份有限公司冠名赞助。

全国大学生结构设计竞赛委员会委员、第十二届全国大学生结构设计竞赛组委会主任、华南理工大学党委常委、副校长李正同志，全国大学生结构设计竞赛委员会秘书处毛一平副秘书长、丁元新副秘书长，广东省土木建筑学会秘书长梁伟雄同志，竞赛冠名单位广州富力地产股份有限公司人力资源中心总经理助理戴弢先生、富力集团广州设计院罗志国副院长，竞赛专家委员会专家、天津大学丁阳教授，学校校办、教务处等机关部处主要负责人，土木与交通学院党政负责人等出席了开幕式，大会由华南理工大学教务处项聪处长主持。来自全国近30个省、市、自治区和香港特别行政区的107所高校、108支队伍、近700名师生参加了开幕式。

与会人员集体欣赏了《华南理工大学宣传片》《富力集团宣传片》后，在悠扬的钟声中，一段《华南理工大学欢迎您》的开场视频拉开开幕式帷幕，视频中象征竞赛的火炬从第一届杭州市浙江大学出发逐个传递到历届城市和承办高校，最终传递到广州市华南理工大学，还让与会师生一起领略了千年羊城的繁华和悠久历史底蕴。

开幕式上，全国大学生结构设计竞赛委员会委员、第十二届全国大学生结构设计竞赛组委会主任、华南理工大学党委常委、副校长李正代表学校致欢迎辞。李正副校长对各位专家学者、参赛师生的光临表示热烈欢迎，对给予此次大赛大力支持的富力集团等赞助单位和工作人员表示感谢，向各位嘉宾详细介绍了华南理工大学的基本情况。李正副校长指出，华南理工大学是一所办学特色鲜明、办学声誉卓著的国家“双一流”建设高校。建校 66 年来，学校发展成为一所以工见长，理工结合，管、经、文、法、医等多学科协同发展的综合性研究大学，尤其是 2017 年四方共建的广州国际校区更是学校发展的里程碑事件，当前学校形成了自身独特优势，产出了一批具有重要影响的标志性成果，为国家培养了一大批科技骨干和各类高层次人才，为经济社会发展作出了重要贡献。

全国大学生结构设计竞赛秘书处毛一平副秘书长在致辞中对本届承办高校华南理工大学表示充分肯定，对赞助单位表示感谢。他回顾了全国大学生结构设计竞赛自2017年开始的第二个十年采用的省（市）分区赛和全国赛两个阶段。2018年各省（市）赛共有542所高校、1236支队伍参赛，在此基础上选拔产生107所高校、108支队伍参加全国赛，再次显示出全国大学生结构设计竞赛是最具有特色、影响力和富有成效的重大盛会。

竞赛冠名单位广州富力地产股份有限公司人力资源中心总经理助理戴弢先生在致辞中，回顾了富力集团多年来的发展轨迹和产业链，回顾了富力集团和华南理工大学的渊源和密切合作关系，希望借助赞助全国大学生结构设计竞赛，进一步拓宽公司与高校合作的广度，开启公司与高校合作的崭新篇章。

竞赛专家委员会评委代表、天津大学丁阳教授表示将会严格遵守竞赛规则和评判纪律，严肃认真、公平公正地进行评判；参赛学生代表华南理工大学潘昊瑾同学代表参赛的同学表示将会遵守秩序，团结协作，公平竞争，赛出水平。

据悉，全国大学生结构设计竞赛为教育部确定的全国九大大学生学科竞赛之一，旨在提高大学生创新设计能力、动手实践能力和综合素质，加强高校间的交流与合作，被誉为“土木皇冠上最璀璨的明珠”。

本次结构设计竞赛题目要求学生针对静载、随机选位荷载及移动荷载等多种荷载工况下的空间结构进行受力分析、模型制作及试验。此三种荷载工况分别对应实际结构设计中的恒荷载、活荷载和变化方向的水平荷载（如风荷载或地震荷载），并根据模型试验特点进行简化。开幕式后，举办方举行了赛题说明会。本届竞赛命题老师陈庆军副教授在现场对赛题作了讲解说明，回答了参赛学生的咨询的问题。

# 盛况空前结构赛，炫奇争胜于华园

## ——2018年“富力杯”第十二届全国大学生结构设计竞赛模型制作与加载

2018年11月8日，2018年“富力杯”第十二届全国大学生结构设计竞赛开幕。开幕式后，来自全国各地的参赛队伍早早来到海丽文体中心等候比赛的开始。各校代表队队员们一个个摩拳擦掌，准备发挥自己的专业知识，完美地完成赛题。进场后，各个队伍到达各自抽签决定的位置，检查好桌子上比赛所用的竹皮、竹条、刻度尺以及工具箱等物品，准备正式开始制作模型。

下午6时整，现场模型制作正式开始。参赛队员立刻开始迅速而又仔细地制作零件，每一队的构件大体上有着共通之处，仔细一看却又别具匠心，这不仅体现了各个代表队扎实的专业知识基础，同时又展现了他们对于“承受多荷载工况的大跨度空间结构模型”的各种奇思妙想。

制作过程中，各个队伍都在有条不紊地进行着工作，少有长时间的停顿，每个参赛队员都集中于眼前的工作，整个赛场充满了竹皮纸裁剪、打磨的声音。可以看出每个队伍早已对赛题理解透彻，在赛前已经清楚地规划好设计方案以及队员分工。

看！这边是来自祖国海拔最高的西藏农牧学院的队伍，他们从比赛一开始便埋头苦干。

作为东道主的华南理工大学代表队队员们更是鼓足干劲，克服在制作过程中遇到的困难，继续有条不紊地进行模型制作。华南理工大学代表二队的队员在接受记者的采访时透露着自信：“我们做的模型比较简单，时间比较充足，我们希望尽量把模型做得更加精细。”

9 日下午，模型制作已踏入尾声，各个参赛队伍逐渐开始零件的组装，这需要更高的专注度，更细致的工作，参赛队员们的热情不减反增，更加谨慎地拼装模型，生怕一个失误导致前功尽弃。随着一个个零件的组合，各个队伍的模型逐渐成型，也让在场的观众更加期待各个队伍的成品。

10 日上午 10 点，历经 16 个小时，本次全国大学生结构设计竞赛模型制作环节宣告结束。各参赛队伍按照比赛要求，带着自己心血与汗水的结晶——制作的结构模型，陆陆续续前往作品提交处。每一队的作品都凝聚了参赛队员们的共同努力，其结构设计的精巧程度让人叹为观止，无不体现着各支队伍对专业知识的精准把握和灵活运用，整个赛场 108 件作品巧夺天工，不禁让人惊叹结构的美妙！

10 日下午 6 时整，最激动人心的加载环节在全国大学生结构设计竞赛专家委员会主任——浙江大学金伟良教授的讲话后正式开始。根据竞赛规则，此次加载分为三级：第一级是竖向荷载，在所有加载点上每点施加 5kg 的竖向荷载；第二级是在第一级的荷载基础上在选定的 4 个点上每点施加 4 ~ 6kg 的竖向荷载；第三级是在前两级荷载基础上，施加变方向水平荷载，大小在 4 ~ 8kg 之间。

选手们根据抽签顺序按流程加载，直至出现规定中不能继续加载的情况。每位选手怀着忐忑的心情小心翼翼地进行加载，每一个砝码能稳定地放在模型上就意味着选手们心里悬着的一块石头落地。成功加载完所有砝码的队伍内心的喜悦自不必说，被迫终止加载的选手脸上也不免写满了遗憾。

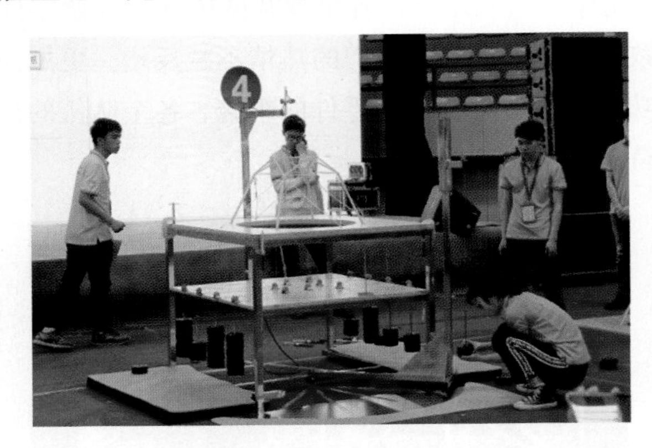

选手成绩与三级加载的完成度直接相关，奖项究竟花落谁家我们仍不清楚，但是每个队伍都尽了自己最大的努力，我们为每一个队伍鼓掌喝彩，最终各队伍的成绩要到 11 日才能知晓，让我们继续期待后续的比赛并预祝各位选手在华园收获成功！

# 名师审评百花齐放

## ——记2018年“富力杯”第十二届全国大学生结构设计竞赛专家评委评分工作

2018年“富力杯”第十二届全国大学生结构设计竞赛进入作品评分阶段。来自全国相关高校、富力集团的专家评审团在10日下午4时开始对现场的模型进行严谨而又细致的评分工作。

今年的评审专家阵容相当豪华，他们分别是全国大学生结构设计竞赛专家委员会主任——浙江大学金伟良教授，全国大学生结构设计竞赛专家委员会副主任——华南理工大学季静教授，专家委员会委员天津大学丁阳教授、湖南大学方志教授、西安建筑科技大学史庆轩教授、武汉大学杜新喜教授、大连理工大学李宏男教授、长安大学吴涛教授、重庆大学张川教授、浙江大学罗尧治教授、东南大学曹双寅教授、清华大学董聪教授、富力集团广州设计院魏作伟总工程师（委员介绍按姓氏笔画为序）。

专家评委仔细研究完参赛者的作品后，又经过短暂而充分的讨论，给每位参赛者打出了合理的分数。

来自天津大学的丁阳教授表示："今年模型结构的截面体系不像往年的花样那么多，感觉同学们整个制作的手工都很好。我们所有老师都希望同学们不要一味地把模型做得很轻，毕竟在实际工程中安全、经济、坚固都是要考虑的，安全是一定要保证的。"

专家们不仅对其中部分作品给予了很高的评价，同时也就如何解读赛题，如何构思和优化模型结构方案，如何改进模型制作工艺等方面，分享了许多专业性的指导意见，这对同学们创新设计思维和动手实践能力的提高起到了很大的帮助。专家们纷纷对我校竞赛承办组织工作给予了充分肯定。

来自不同高校的参赛队员们借此机会相互观摩作品、交流经验、共同进步，获益匪浅。来自长安大学的参赛队员说："首先是看 8 个加载点，一般来说是 8 条腿或者是 4 条腿加拉带。但考虑到把 8 条腿做得刚度很大的话，模型重量上肯定没有优势，所以我们换了个方式，换成 4 条腿，采用铰接加拉带的方式。"清华大学的参赛队员对于本次赛题则有不同的看法："因为这个赛题是个大跨度结构，而且例型结构是个八边形的传力结构。在上钢结构课程设计的时候老师给我们讲过，竹材与钢的性能有很多相似的地方，再加上我们对于板的理解可能没有其他队伍这么深刻，所以我们主要是用桁架做的。"

作为东道主，在经历了 16 小时的模型制作过程后，华南理工大学一队仍然神采奕奕，他们表示："代表华南理工大学，代表土木与交通学院来参加比赛我们还是有点压力的，不过由于我们已经做了三四个月的模型，对于整个过程已经比较熟悉，没有遇到什么困难，时间上是充裕的，我们尽量做得更精细，希望有个好成绩吧！"记者访问华南理工大学二队时，队员的状态很放松，他们认为在自己学校参加比赛，有种亲切的感觉，两支参赛队伍一起参加，时常交流也让他们觉得压力减轻了不少，对比赛的结果也十分有信心。

国赛接近尾声，评委专家表示本届竞赛各组模型的亮点很多，相信各个队伍都完成了自己理想的模型，信心满满地迎接接下来的承重挑战，究竟谁能获得最终的胜利，让我们静候佳音！

# 飒爽金秋结校缘，芬芳华园构创新

## ——2018 年“富力杯”第十二届全国大学生结构设计竞赛在我校圆满落幕

由中国高等教育学会工程教育专业委员会、高等学校土木工程学科专业指导委员会、中国土木工程学会教育工作委员会、教育部科学技术委员会环境与土木水利学部主办，华南理工大学承办的“富力杯”第十二届全国大学生结构设计竞赛于 2018 年 11 月 11 日下午在海丽文体中心圆满落幕。

来自全国近 30 个省、市、自治区和香港特别行政区的 107 所高校、108 支队伍、近 700 名师生参加了本次竞赛。经过激烈的角逐，重庆大学荣获特等奖，上海交通大学等 11 支参赛队获一等奖；佛山科学技术学院等 22 支参赛队获二等奖；湖南大学等 33 支参赛队获三等奖；长沙理工大学参赛队获得最佳创意奖，长安大学参赛队获得最佳制作奖，佛山科学技术学院等 27 所高校获优秀组织奖，香港科技大学、香港大学获得特邀杰出奖。本次比赛还特别设立了“突出贡献奖”，中国矿业大学叶继红教授、长安大学周天华教授、上海交通大学宋晓冰副教授获得了此项殊荣。

经过 4 天的比赛，“富力杯”第十二届全国大学生结构设计竞赛于某地圆满地落下了帷幕。全国大学生结构设计竞赛委员会委员、第十二届全国大学生结构设计竞赛组委会主任、华南理工大学党委常委、副校长李正研究员，全国大学生结构设计竞赛专家委员会主任——浙江大学金伟良教授，全国大学生结构设计竞赛专家委员会副主任——华南理工大学季静教授，专家委员会委员天津大学丁阳教授、湖南大学方志教授、西安建筑科技大学史庆轩教授、武汉大学杜新喜教授、大连理工大学李宏男教授、长安大学吴涛教授、重庆大学张川教授、浙江大学罗尧治教授、东南大学曹双寅教授、清华大学董聪教授、富力集团广州设计院魏作伟总工程师（委员介绍按姓氏笔画为序）等专家，竞赛冠名单位广州富力地产股份有限公司副总经理兼人力资源中心总经理肖万俊先生，广州建筑集团有限公司副总经理冼聪颖先生，广东华工工程建设监理有限公司董事长兼总经理杨小珊先生，广州市广州工程建设监理有限公司总经理林伟鸿先生，竞赛组委会副主任、华南理工大学土木与交通学院党委书记郑存辉同志，竞赛组

委会副主任、华南理工大学土木与交通学院院长吴波同志，华南理工大学团委书记孟勋同志、华南理工大学土木与交通学院行政副院长陈珺同志以及特邀嘉宾中国矿业大学叶继红教授，长安大学周天华教授，上海交通大学宋晓冰副教授等出席了闭幕式。闭幕式由华南理工大学土木与交通学院党委副书记张蔚洁主持。

武汉大学杜新喜教授首先对竞赛作品进行了点评，杜教授认为结构虽要创新，但不要忘记根本在于载重，做结构要保持沉稳之心，不要忽略细节。竞赛组委会主任、华南理工大学李正副校长在致辞提到，大学生结构设计竞赛是土木工程结构设计竞赛中一颗璀璨的明珠，大赛的成功举办离不开参赛师生的配合，工作人员、志愿者的辛勤付出，赛程虽短，但同学们在比赛中始终表现出强烈的热情和深厚的知识积累，在老师的指导下披荆斩棘突破难关，不负众望，取得了令人满意的成绩。

全国大学生结构设计竞赛委员会秘书处毛一平副秘书长、全国大学生结构设计竞赛专家委员会主任浙江大学金伟良教授的发言也引起了在场师生的深深感触。自 2005 年第一届全国赛发起以来，结构设计竞赛成为教育部九大大学生学科竞赛之一，成为土木工程学科最高水平的竞赛。每一届全国赛的顺利举办都离不开专家委员会的全力支持与参与。全国赛从上一届开始由各省、市、自治区秘书处组织省赛进行选拔，各省、市、自治区秘书处积极组织协调，各高校的热情参与，多年来各位专家对结构赛的辛勤付出与悉心指导，是全国大学生结构设计竞赛得以成功举办十二届的重要原因。

颁奖仪式过后，华南理工大学土木与交通学院郑存辉书记与西安建筑科技大学史庆轩教授进行了竞赛会旗交接仪式。西安建筑科技大学史庆轩教授向各高校发出了热情的邀请。

各高校参赛师生纷纷表示，本届竞赛卓有成效，华南理工大学作为承办方是尽职尽责的，给参赛师生带来十分愉悦的参赛体验。一是坚持创新理念，贯穿开幕式的现场直播到闭幕式的现场公布成绩的全过程；二是竞赛体现岭南关怀，给每个参赛队伍家的感受；三是竞赛组织工作协调到位，各个环节井然有序；四是突出“共享”理念，让更多的高校共享竞赛平台与成果；五是凸显服务理念，各参赛高校有宾至如归之感。至此，第十二届全国大学生结构设计竞赛圆满落幕，期待大家2019年西安再见。

# 第四部分　参与单位

# 一、华南理工大学简介

华南理工大学地处广州，是直属教育部的全国重点大学，校园分为五山校区、大学城校区和广州国际校区，是首届“全国文明校园”获得单位。学校办学源远流长，最早可溯源至1918年成立的广东省立第一甲种工业学校；正式组建于1952年全国高等院校调整时期，1960年成为全国重点大学，1981年经国务院批准为首批博士和硕士学位授予单位，1993年在全国高校首开部省共建之先河，1995年进入“211工程”行列，2001年进入“985工程”行列，2017年入选“双一流”建设A类高校名单，2018年在“世界大学学术排名”中排名第201～300位。

如今的华南理工大学已经发展为一所以工见长，理、工、医结合，管、经、文、法等多学科协调发展的综合性研究型大学。轻工技术与工程、建筑学、食品科学与工程、化学工程与技术、环境科学与工程、材料科学与工程、机械工程、管理科学与工程等学科整体水平进入全国前10%；10个学科领域进入国际高水平学科ESI全球排名前1%，其中，工程学、材料科学、化学、农业科学4个学科领域进入前1‰，入选数在全国高校中并列排名第6位，华南地区首位。

建校以来，学校为国家培养了高等教育各类学生51万多人，一大批毕业校友成为中国科技骨干、著名企业家和领导干部。学校被誉为工程师和企业家的摇篮，毕业生就业率多年来位居全国高校和广东省高校前列。2017年，入选国家“双创”示范基地。

学校以雄厚的原始科研创新能力推动一流大学建设，建有27个国家级科研平台、185个部省级科研平台，数量位居全国高校前列、广东高校首位。2009年以来，累计获中国专利奖数量排名全国高校第一；2015年，专利技术转让指标居全国高校榜首。

2017年，华南理工大学广州国际校区由教育部、广东省、广州市和华南理工大学四方签约共建，这是学校“双一流”建设发展的新引擎，也是中国高等教育又一次新的探索。校区采用“中方为主、国际协同”的方式，依托学校现有优势学科资源和理工特色，与牛津大学、密西根大学等不少于20所世界著名一流高校强强联合，努力办成高水平、国际化、研究型、新工科特色的世界一流示范校区。

在新的历史发展起点上，学校提出了在建校100周年即2052年全面建成世界一流大学的战略目标。学校将秉承“博学慎思、明辨笃行”的校训，坚持学术立校、人才强校、开放活校、文化兴校，发扬“厚德尚学、自强不息、务实创新、追求卓越”的精神，紧紧抓住“双一流”建设和广州国际校区建设的重要契机，坚持内涵发展，深化综合改革，全面提高质量，向着世界一流大学的目标奋勇前进。

# 二、华南理工大学土木与交通学院简介

华南理工大学土木与交通学院位于五山校区，2008年1月由原建筑学院土木工程系和原交通学院合并而成。学院现有国家重点实验室（共建）1个、博士后科研流动站4个、博士学位授权一级学科4个、工程硕士培养领域3个、本科专业7个、广东省重点学科3个、广东省名牌专业2个。

| 国家重点实验室 | 亚热带建筑科学国家重点实验室(与建筑学院共建) |
|---|---|
| 博士后科研流动站 | 土木工程、交通运输工程、力学、船舶与海洋工程 |
| 博士学位授权一级学科 | 土木工程、交通运输工程、力学、船舶与海洋工程 |
| 工程硕士培养领域 | 建筑与土木工程、交通运输工程、工程管理 |
| 本科专业 | 土木工程、交通工程、交通运输、工程力学、船舶与海洋工程、水利水电工程、工程管理 |
| 广东省重点学科 | 土木工程、交通运输工程、力学 |
| 广东省名牌专业 | 土木工程、工程力学 |

学院现有教职工228人，其中专任教师185人。在专任教师中，正高职称57人，副高职称82人，博士生导师40人，硕士生导师145人。

学院现有教育部长江学者奖励计划特聘教授1人、国家杰出青年科学基金获得者2人、国家万人计划科技创新领军人才1人、国家优秀青年科学基金获得者1人、广东省教学名师3人、广东省南粤优秀教师3人、广东省特支计划杰出人才1人、广东省珠江学者1人、广东省杰出青年基金获得者1人、广东省特支计划科技创新青年拔尖人才3人。此外，学院还聘请了一批兼职的国内外知名专家学者，包括双聘院士4人、名誉教授1人、讲座教授4人、客座或兼职教授7人。

学院目前设有7个系，分别为土木工程系、交通运输工程系、工程力学系、船舶与海洋工程系、水利工程系、工程管理系、道路工程系。现有在校生3113人，其中博士生189人、硕士生1041人（全日制726人，非全日制315人）、本科生1831人、继续教育学生52人。

学院开设有国家级精品课程1门（材料力学）和省级精品课程6门（理论力学、材料力学、混凝土结构理论、结构力学、钢结构、荷载及设计原则），拥有4个省级实验教学示范中心（力学教学实验中心、土木工程实验教学中心、交通运输工程实验教学中心、建筑全生命周期管理虚拟仿真中心）。

学院实验中心下设 16 个专业实验室，共有专职实验人员 23 人，其中高级职称 7 人。实验中心总面积 15000 多平方米，设备总数 14177 件，总资产 18298 万元，其中 10 万元以上设备 213 件，40 万元以上设备 50 件。

近年来，学院获国家科技进步二等奖 1 项、省部级科技进步一等奖 2 项/二等奖 6 项/三等奖 2 项；授权发明专利、实用新型专利和软件著作权 316 件；发表论文 969 篇，其中 SCI 和 EI 收录论文 589 篇；新增科研项目 810 项，到校科研经费 2.73 亿元，其中国家自然科学基金资助的项目和经费分别为 58 项和 3859 万元。

学院致力于加强与国际知名高校的交流合作，先后与澳大利亚昆士兰大学和新南威尔士大学、美国伊利诺伊大学香槟分校、荷兰代尔夫特理工大学、英国爱丁堡大学和伯明翰大学、德国亚琛工业大学等共同设立了不同类型的学位项目及学生短期交流项目。此外，学院还在香港和澳门建立了 6 个学生实习基地。

在众多企业和校友的赞助支持下，学院设有一系列奖助学金。各专业就业率位居学校前列，用人单位和学生的就业满意度高。

作为企业家和工程师的摇篮，土木与交通学院已为我国土木工程、交通运输、船舶工业、水利工程等行业和部门培养了大批专业技术和管理人才，在全国尤其是在华南地区拥有较大影响。今后学院将继续坚持求真务实和开拓创新精神，不断提高办学水平和人才培养质量，为国家和地方的经济建设和社会发展作出更大贡献。

# 三、广州富力地产股份有限公司简介

广州富力地产股份有限公司（以下简称“富力”）（香港联合交易所上市编号：2777）成立于1994年，注册资金8.06亿元人民币，集房地产设计、开发、工程监理、销售、物业管理、房地产中介等业务为一体，拥有一级开发资质、甲级设计资质、甲级工程监理资质、一级物业管理资质及一级房地产中介资质，是中国综合实力最强的房地产企业之一。公司于2005年7月14日在香港联交所主板上市，为首家被纳入恒生中国企业指数的内地房地产企业。自1994年成立以来，富力人倾尽心思与心血，从细节出绩效，赢得了客户的认同与赞赏。实力造就金牌品质，荣誉闪耀品牌辉煌，公司在2005—2009年连续五年蝉联国家统计局评选及公布的中国房地产企业综合实力第一名，2008年荣获国家税务局计划统计司权威发布的中国纳税百强排行榜房地产行业第一名，2012年，富力成为广州市首批认定总部企业，综合实力持续位居国内房地产开发企业排名前列。

“规划与时俱进，紧扣城市化建设”是富力多年来的拓展模式，成功的策略使富力的每一个项目都成为城市发展的坐标，极大提升了富力的品牌影响力。截至2017年底，富力的业务已经扩展到了共69个城市和地区，包括广州、北京及周边、天津、上海、杭州及周边、西安、重庆、海南、太原、沈阳及周边、惠州及周边、南京、成都、哈尔滨、大同、无锡、温州及周边、大连、南通、唐山、湖州、滁州、莆田、江门、东营、漳州、阜阳、三明、龙岩、九江、长沙及周边、梅州、福州、贵阳、南宁、佛山、珠海、包头、郑州、石家庄、深圳、宁波、南昌、烟台、秦皇岛、呼和浩特、新山、墨尔本、布里斯班、仁川和伦敦等，从而令公司的规模更上一层楼。

同时，随着中国经济突飞猛进的发展，对商业地产的需求也日益高涨，各地CBD商务圈逐渐形成，深具战略眼光的富力在继续打造理想人居的同时，积极部署向商业地产领域进军，全力打造21世纪优尚的商务环境。在广州，富力率先拿下CBD中心所在地珠江新城十多个地块，兴建接近200万平方米建筑面积的商业楼宇；在北京，富力也增加了商业项目的开发力度，北京富力广场的开业为双井商业圈注入了强大的动力；另外，富力还与全球著名连锁酒店管理集团——万豪国际集团、凯悦酒店集团、洲际酒店集团、希尔顿酒店集团及雅高酒店集团等合作，共同打造多家星级酒店。2017年7月，富力宣布从万达集团收购77间酒店资产，成为全球最大的豪华酒店业主。截至2018年1月初，集团合共拥有88间已完工酒店，以及17间在建及筹建中的酒店。展望未来，商用物业的投资、开发与管理将会为富力注入一股更值得期待的、鲜活的生命力。商业地产的拓展，不仅满足了企业长期投资收益的需要，更提高了国内现代化商业地产的顶级标准。

富力在成就与责任与日俱增的今天，站在企业公民的高度，不断关注民生，回馈社会。二十五年来，公司各类慈善捐赠遍及文教、卫生、治安、敬老、扶贫等多个领域，累计超过人民币4.7亿元。

富力集团拥有权益土地储备可售面积约5800万平方米，企业总资产约4300亿元，2019年销售规模逾1380亿元，为超过200万人提供高品质产品和服务。

从广州起步，富力集团的业务已拓展至北京、上海、天津、海南、太原等全国各核心城市及潜力地区，并自2013年走向世界，拉开布局全球的序幕。

至今，富力集团已进驻国内外超过140个城市和地区，累计拥有超过450个标杆精品项目，连续多年被行业协会授予“中国房地产开发企业综合实力10强”“中国房地产开发企业10强”荣誉称号，综合实力持续位居国内房地产开发企业排名前列。

20多年来，富力集团秉承“紧贴城市脉搏，构筑美好生活”的发展战略，用心创造美好和谐人居，致力成为国际领先的美好生活运营商。

# 附录A　第十二届全国大学生结构设计竞赛相关论文

## 第12届全国大学生结构设计竞赛命题与实践

陈庆军[1,2],邱智育[1],季　静[1,2],王　湛[1,2],何文辉[1,2],刘慕广[1,2],韦　锋[1,2]
（1.华南理工大学 土木与交通学院，广东 广州 510641；2.亚热带建筑科学国家重点实验室，广东 广州 51064）

**摘　要：**第12届全国大学生结构设计竞赛以承受静载、随机选位荷载及变方向水平荷载的空间结构为题目，于2018年11月在华南理工大学顺利举办。大赛中涌现出了许多优秀的结构形式，充分体现了空间结构的魅力，也展现出了当代大学生的创新创造精神。本文针对此次赛事的命题及实践过程进行回顾与总结，从命题背景、命题原则、赛题概况、现场结构模型类型、柱子形式、细部构造、得分分布情况等多方面对本次赛事进行了细致的剖析，总结了赛事的优点与不足，对未来的赛事提出了建议及展望。本文对类似赛事具有较好的参考借鉴意义。

**关键词：**全国大学生结构设计竞赛；空间结构；网壳结构；结构模型
**中图分类号:**TU318;TU317　**文献标识码:**A　**文章编号:**1006-6578(2019)02-0079-10

**Review and Summary of the 12th National College Students' Structural Design Competition**

Chen Qingjun[1,2], Qiu Zhiyu[1], Ji Jing[1,2], Wang Zhan[1,2], He Wenhui[1,2], Liu Muguang[1,2], Wei Feng[1,2]
(1. School of Civil and Transportation Engineering, South China University of Technology, Guangzhou 510641, China; 2.State Key Laboratory of Subtropical Building Science, Guangzhou 510641, China)

**Abstract:** The 12th National College Students' Structural Design Competition (NCSSDC) was successfully held in South China University of Technology in November 2018 on the topic of spatial structure subjected to static load, random selected position live load and variable direction horizontal load. Many excellent structural forms had emerged in the competition, which fully reflects the charm of the spatial structure, and also shows the innovative and creative spirit of contemporary college students. This paper reviews and summarizes the proposition and execution of this competition. Detailed analysis was carried out in several aspects, including the proposition background, proposition principles, brief introduction about the competition, type of structural models, form of the columns, detail of the structures, and score distribution etc. The advantages and disadvantages of this event were summarized, and the suggestions and prospects were put

注：本文发表于2019年第2期《空间结构》杂志上，是对本次大赛的一个总结。

forward for the future. This paper has a good reference significance for the similar events.
**Keywords：** National College Students' Structural Design Competition, Spatial structure, Reticulated shell structure, Structural mode

## 前言

近十几年来，大学生结构设计竞赛活动得到了土木工程专业学生的喜爱和参与。竞赛要求学生亲手制作结构模型，去抵抗静载、活载、地震、风载等。此过程中，他们对结构的体系、分析、施工、优化等都有了比较清晰的认识。全国大学生结构设计竞赛是此项活动国内最高级别的赛事，迄今已举办了 12 届，获得了巨大的成功，是土木工程专业学生最重要的竞赛活动。

2018 年 11 月，第 12 届全国大学生结构设计竞赛在华南理工大学举行，本文作者团队是本次竞赛命题小组的成员，在全国大学生结构设计竞赛委员会、专家委员会及秘书处的指导下完成了本次赛事的命题并组织了现场比赛，在此过程中受益良多。本文针对本团队所参与的赛事命题及实践过程进行回顾与总结，从命题背景、命题原则、赛题概况、现场结构模型类型、柱子形式、细部构造、得分分布情况等多方面进行阐述，并对未来的赛事提出建议及展望。

## 1 命题

### 1.1 命题背景

近三十年来，随着计算机技术的高速发展，空间结构得到了迅猛的发展 [1-6]。目前大跨度空间结构的建造和所采用的技术已成为衡量一个国家建筑水平的重要标志，许多宏伟而富有特色的大跨度建筑，如国家体育场“鸟巢”[7]、“天眼”FAST 射电望远镜 [8] 等，已成为当地的象征性标志和著名景观。但复杂荷载、突变效应、环境侵蚀、材料老化等因素的耦合作用将有可能在极端情况下引发灾难性的突发事件 [1]，如韩国济州岛体育场在强风下倒塌，俄罗斯莫斯科水上乐园屋盖在暴雪下垮塌，对整个社会的影响是极其沉重的，保证这些大跨度空间结构的安全是国家公共安全体系最重要的组成部分 [1]。

传统的空间结构按形式分为五大类，即薄壳结构、网壳结构、网架结构、悬索结构和膜结构。但目前空间结构发展迅速，这种分类方法难以涵盖近年来出现的新的空间结构形式。董石麟院士在文献 [2] 中，将国内外现有工程应用的 38 种形式的空间结构按单元组成来分类，可以实现完备的分类体系方法。形式多样的空间结构充分展示了结构的魅力。

球壳结构是空间结构中的一个重要形式。本文作者曾经分析过如图 1 所示的切边凯威特单层网壳结构 [9-11]，这类单层网壳结构构型美观、力学性能优越，可充分体现空间结构美感。在后续指导本科生进行课外科研活动时，也曾经指导学生完成了如图 2 所示的参数化 3D 打印空间节点与桐木构件拼接而成的空间球壳结构的模型试验 [12]。笔者觉得若能将此类型空间结构作为学生模型竞赛题目，应可激发学生的创新创造精神，也可对他们学习结构知识起到很好的促进作用。

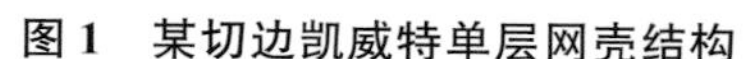

**图 1　某切边凯威特单层网壳结构**

**图 2　3D 打印（空间）节点预制拼接空间球壳结构**

为此，本指导团队收集了之前 11 届全国大学生结构设计竞赛的赛题，如表 1 所示。发现大跨度空间结构的题目并不多，仅在第 4 届选用了承受静载和风载的悬挑屋盖结构，第 10 届选用了承受静载的大跨平板式空间结构。其他各届多数选用的是高层建筑结构或者大跨桥梁结构，尚未见有网壳类空间结构题目。本团队还收集了全国各省市自治区历届近百份的结构设计竞赛赛题，其情况也和国赛类似。

**表 1　历届全国大学生结构设计竞赛题目及荷载类型**

| 届数 | 题目概况 | 材料 | 荷载类型 |
|---|---|---|---|
| 1 | 承受静动力荷载的高层建筑结构 | 纸、蜡线、白胶、透明纸 | 侧向静荷载、侧向冲击荷载 |
| 2 | 承受小车荷载的两跨桥梁结构 | 纸、铅发丝线、白胶 | 移动荷载 |
| 3 | 定向木结构风力发电塔结构 | 木条、502 胶 | 风荷载 |
| 4 | 体育场看台上部悬挑屋盖结构 | 木条、布纹纸、502 胶 | 竖向静荷载、风荷载 |
| 5 | 带屋顶水箱的多层房屋结构振动台比赛 | 竹材、502 胶、热熔胶 | 地震作用 |
| 6 | 抵抗泥石流、滑坡等地质灾害的吊脚楼建筑 | 竹材、502 胶、热熔胶 | 质量球撞击荷载 |
| 7 | 高跷比赛 | 竹材、502 胶 | 运动荷载 |
| 8 | 中国古建筑模型振动台比赛 | 竹材、502 胶 | 地震作用 |
| 9 | 山地 3D 打印桥梁结构比赛 | 竹材、502 胶、3D 打印材料 | 移动荷载 |
| 10 | 承受静载的大跨度屋盖结构 | 竹材、502 胶 | 均布荷载 |
| 11 | 渡槽支撑结构 | 竹材、502 胶 | 水荷载 |

因此，经本赛题组初步拟定，由竞赛专家委员会审核通过，赛题方向确定为承受多荷载工况下的空间结构模型分析与试验。

### 1.2　命题原则及赛题简述

要制作一份完整的赛题，还需要综合考虑多方面的因素。比如模型尺度将影响到结构体系、尺寸效应、比赛的观赏性、制作场地的布置等；加载类型及大小将影响到比赛时间的控制、比赛公平性、比赛分值计算；加载台设计将影响到是否方便制作、可重复利用等问题。

2017年，全国大学生结构设计竞赛秘书处对结构设计竞赛重新规划，将原单一性全国结构竞赛拓展成为各省（市）分区赛与全国竞赛相结合，实现竞赛体制的传承与创新，进一步扩大参赛高校和学生受益面，成效显著。这对赛题的命题也带了新的挑战。

本团队经调研[13-15]后，确立了以下六个命题原则：①题目与实际工程密切相关；②以结构性能作为主要评判指标；③赛题难度适中；④模型尺寸适中；⑤经济实用的加载设备；⑥有一定的赛题不确定性。

在以上原则的指导下，本次赛题最终命名为："承受多荷载工况的大跨度空间结构模型设计与制作"。题目提出了一个结构优化的问题：如何在一个限定空间内，在满足强度及刚度的前提下，找出一个最优或者较优的空间杆系结构，可以承受静载、随机选位荷载及变方向水平荷载等多种工况。

题目具体要求为在如图3所示的直径分别为750mm和1100mm的两个半球体间限定区域内，采用竹材制作结构模型，结构形式不限，图中模型仅为示意图。该模型将抽签选定一个方向作为水平加载方向，分三级荷载进行加载，加载装置如图4所示。第一级荷载在图3所有的8个点中每点施加5.5kg的竖向荷载；第二级荷载在8个点中随机选出4个点再施加4 ~ 6kg 的竖向荷载，第三级荷载在图中的1点上施加4.5 ~ 8.5kg 的变化方向的水平荷载。

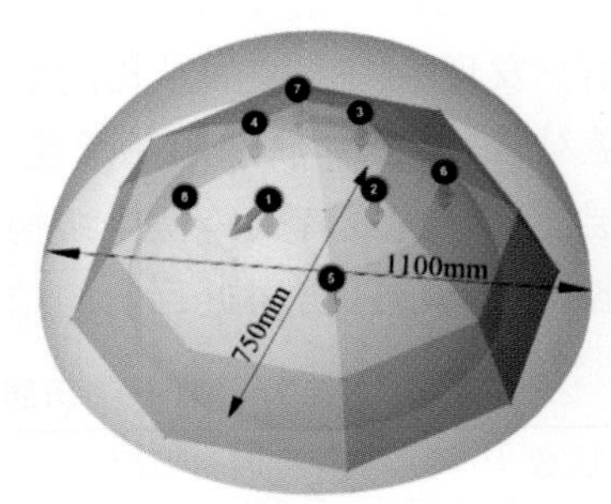


图3　模型限定区域图

在满足结构不倒塌、中心点位移不超限的情况下，越轻的结构可以获得越高的分值，此部分承载力的分数最高分为80分，最后汇总理论方案（5分）、结构模型的结构体系（5分）、结构模型的制作质量（5分）、现场答辩（5分）等分值，综合评定出名次先后。更细致的题目内容可参见官方文件[16]。

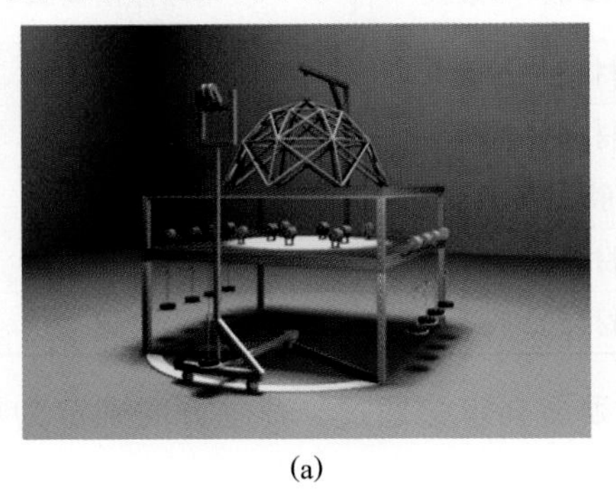

(a)

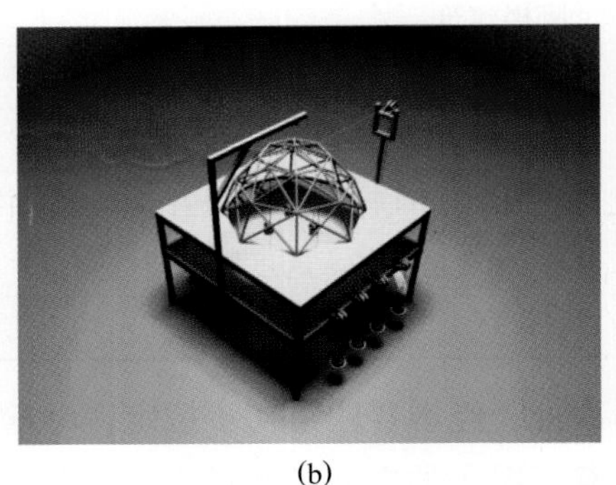

(b)

图4　加载模型及装置3D示意图

本赛题较好地贯彻了以上命题原则。

（1）命题与工程设计密切相关。题目要求学生针对静载、随机选位荷载及移动荷载等多种荷载工况下的空间结构进行方案选型、受力分析、模型制作及结构试验。此三种荷载工况分别对应实际结构设计中的恒荷载、活荷载和变化方向的水平荷载（如风荷载或地震荷载），并根据模型试验特点进行了一定简化。所选题目具有现实意义和工程针对性，可促使学生理论联系实践，对他们未来的学习和工作起到很好的指引作用。同时学生还可以了解到如空间结构（如网壳结构）在活荷载作用下，有时候半跨不对称荷载比满载更加危险等各种有用的结构知识。

（2）本次比赛中主要以强度及刚度两项重要的结构性能指标作为评判标准，客观分中不涉及其他非结构性能分值，与结构大赛的本质精神高度吻合。

（3）本次赛题难度中等，所涉及的三种荷载工况均可通过结构分析软件进行精确计算，可考察学生的多工况分析能力。不少参赛师生反映本次题目中学生们可以通过软件分析得到较好的优化结果而非只能通过试验进行优化。

（4）尺寸适中。过大的模型尺寸会使得制作时间变长，制作难度加大；而过小的模型尺寸会使得结构形式变得单一，观赏性下降。本次确定的外径 1100mm 的模型尺寸，是一个可以在 16 小时内制作完成且结构形式较为多样的尺寸。

（5）本次的加载装置，在命题的同时也进行了设计制作。该加载装置将加载砝码采用滑轮引至侧边，加载安全可靠。该加载装置制作简便，材料用量不多，赛事结束后还可以通过移动滑轮位置、更换面板将其改造为其他模型结构（如大跨桥梁、多高层建筑等）的加载台，实现循环利用。

（6）增大赛题不确定性。本次赛题首次在国赛中引入了随机选位荷载这一不确定因素，选手们必须在 6 种较为不利的不对称荷载中，抽签选出一种作为第二级的加载模式，这样选手无法预知最终本队将面对哪一种工况，因而寻找一种最优结构就变得更加困难。从而使得比赛更加具备观赏性，是一次很有意义的尝试。

## 2 现场竞赛

### 2.1 比赛概况

2018 年 3 月份，本次赛题正式发布。2018 年 4 月下旬至 7 月上旬，全国各省市分别进行了分区赛。经统计，2018 年各省（市）分区赛，共有 542 所高校、1236 支参赛队、6000 多人次师生参赛。分区赛参与高校数比 2017 年 506 所提高 7.1%、参赛队比 2017 年 1182 支队提高 4.6%。若再考虑各校选拔赛，参赛学生人数保守估计超过 10000 名。

2018 年 11 月 7—11 日，第 12 届全国大学生结构设计竞赛在华南理工大学顺利成功举办，共有 107 所高校、108 支参赛队、700 人次师生参赛。

### 2.2 结构类型

经过 16 个小时的现场精心制作，各高校的选手们展示了他们的结构选型。图 5 中列出了部分的结构模型照片，由图可见本次大赛的结构类型较为丰富，有单层网壳结构、拱结构、刚架结构、刚架与拉索结合的结构等，充分体现了空间结构的多样性。其中还有部分模型采用了装配式施工方法［图 5（h）、图 5（i）］，这种方式不但可以简化模型制作步骤，甚至还可以对模型施加预应力，充分体现了学生们的聪明才智。

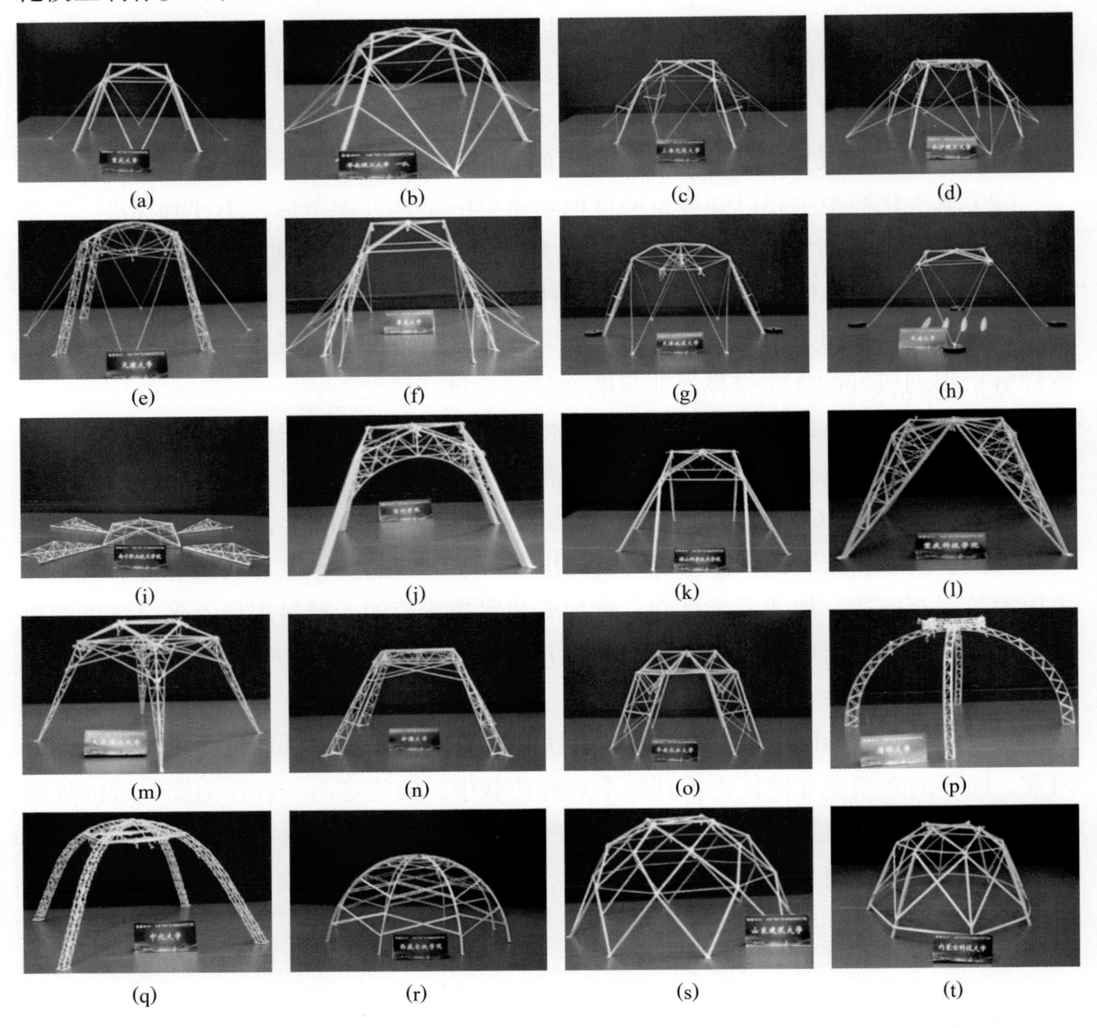


**图 5　主要结构模型类型**

董石麟院士在文献［2］中提到，空间结构形式丰富，大的方向可以分为：刚性空间结构、柔性空间结构、刚柔性组合空间结构三种。若细分则可通过板壳单元、梁单元、杆单元、索单元、膜单元等五种基本单元组合出 38 种空间结构。由于本次模型制作采用了竹材作为制作材料，直接采用整张竹皮进行板壳单元或者膜单元制作模型则较为耗费材料，因而未在最终的结构形式中发现这两种单元。本次的结构模型主要由梁单元、杆单元、索单元三种单元组成。空间结构形式主要是刚性空间结构及刚柔性组合空间结构两种形式。

由于本次模型体量不大，单元杆数相对较少，部分结构形式较难在文献［2］中找到对应名称。本文在某些模型具体归类上，按照其某项较为明显的结构特性进行了区

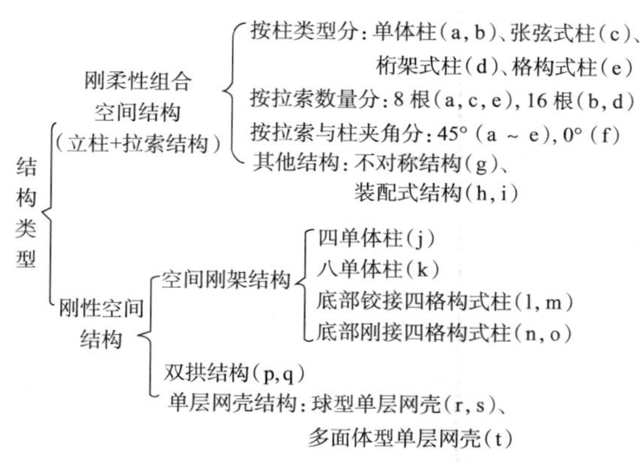


**图 6　结构模型分类图**

注：图中的字母与图 5 中子标题相对应

分。图 6 给出了关于此次比赛模型的分类图。

本次比赛中，获得较好成绩的大部分模型都采用了刚柔性组合空间结构，这与文献 [2] 中所提到的“刚柔性组合空间结构可充分发挥刚性与柔性建筑材料不同的特点和优势，构成合理的结构形式。刚柔性组合空间结构是今后、特别是现代空间结构发展的一个重要趋向”非常吻合，也进一步表明学生通过结构模型竞赛加深了对专业知识的理解。

### 2.3　结构支柱、细部构造、胎架

本次比赛中，除了有丰富的整体结构形式外，构件层次中如结构支柱，也形式众多。图 7 给出了本次比赛中部分支柱图，由图中可以看出，选手不单在结构体系方面下工夫，在构件方面也毫不含糊。由于本次模型的支柱长度较长，如何避免柱子发生失稳破坏，同学们各出奇招，选用了抗失稳性能良好的梭形柱、格构式柱、张弦式柱等形式。

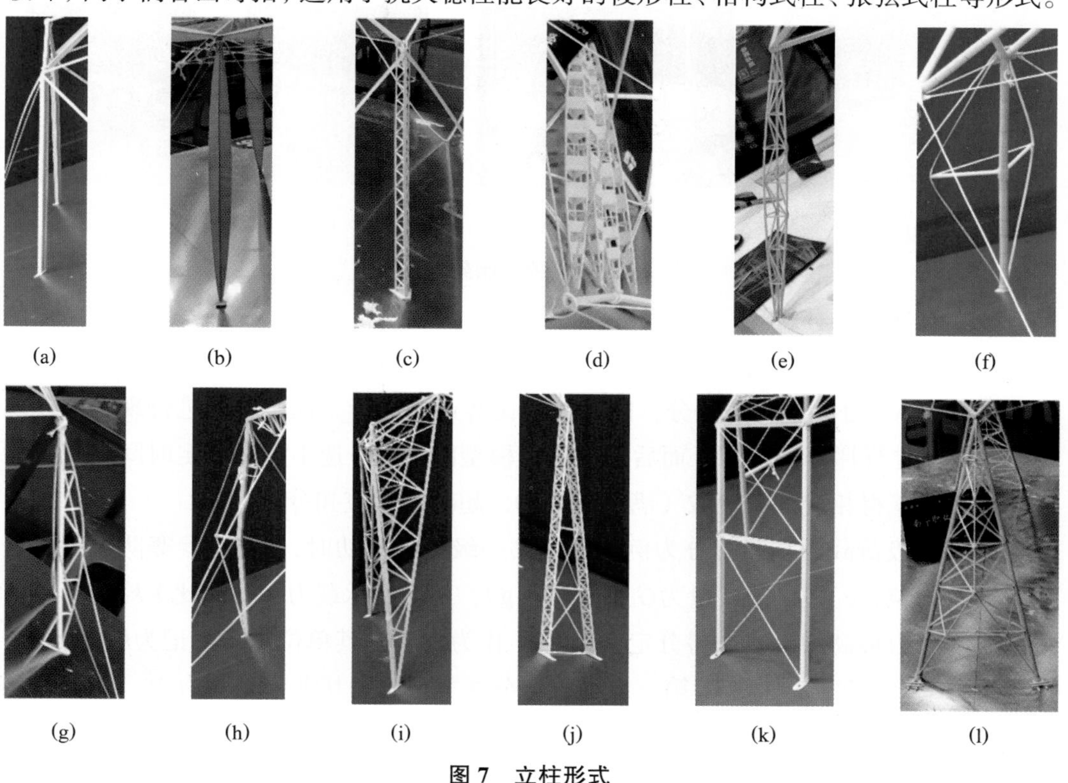


**图 7　立柱形式**

(a) 等截面单体柱；(b) 单体梭形柱；(c) 格构式柱；(d) 格构式梭形柱 1；
(e) 格构式梭形柱 2；(f) 张弦式柱；(g) 鱼腹桁架柱；(h) 桁架式柱；
(i) 底部铰接格构式柱；(j) 双格构式柱 1；(k) 双格构式柱 2；(l) 三棱锥格构式柱

本次模型结构存在着较明显的空间效应。如何将空间多方向的杆件连接在一起也是模型成功与否的一个关键。从图 8 的模型节点构造来看，同学们对这些细部的处理是非常到位的。在多杆件交汇处，有部分模型采用了缩小构件端部尺寸，形成类似铰接点的做法，也有在各杆件间采用节点板连接或者采用竹粉填充间隙增加黏结面等做法，力求使节点构型精美、受力良好。

(a) (b) (c) (d) (e) (f)

**图 8　节点构造**

本次比赛的空间节点定位及整体结构的成型均较为复杂，赛题设计本意也有一项是考察学生的复杂空间节点设计安装能力，从图 9 比赛现场来看，不少组的同学都制作了支撑模型的胎架，用于模型空间定位，在整体结构制作完成后再拆去这部分临时支撑。这个过程对他们未来学习空间结构施工技术将很有帮助。

(a) (b) (c) (d)

**图 9　模型胎架**

### 2.4　竞赛结果分析

在完成模型制作之后，竞赛专家对理论方案（5 分）、结构模型的结构体系（5 分）及制作质量（5 分）进行了评分。随后加载比赛正式进行。选手首先进行现场阐述及答辩，专家进行评分（5 分），而后选手进行模型的加载。选手需在规定时间内完成所有的加载，获得相应加载分数（满分 80 分），超时则相应扣分。

以第一级荷载的加载得分为例说明，第一级加载成功时，第$i$支参赛队模型的自重为$M_i$（单位：g），承载质量为$G_{1i}$（单位：g），其单位承载力（荷质比）$k_{1i}=G_{1i}/M_i$，将单位承载力最高的参赛队得分定义为 25，作为满分，其单位承载力记为$k_{1\max}$，其余小组得分为$25k_{1i}/k_{1\max}$。第二、第三级加载记分法类似，但其满分分别为 25、30 分。将加载的分数（客观分数，满分 80 分）与专家的评分（主观分数，满分 20 分）相加，得到队伍的最终分数，进行排名。

图 10 中给出了 108 支队伍按照总分排名序号与各项指标对应关系柱状图，由

图 10（a）至图 10（d）中可以看出，在理论方案、结构体系、模型制作、现场答辩这几项单项满分为 5 分的项来看，各参赛队的得分是比较均匀的，排名靠前的队伍的分值并没有明显与靠后的队伍拉开差距，这表明上述四项带主观成分的得分评比情况总体非常公平。

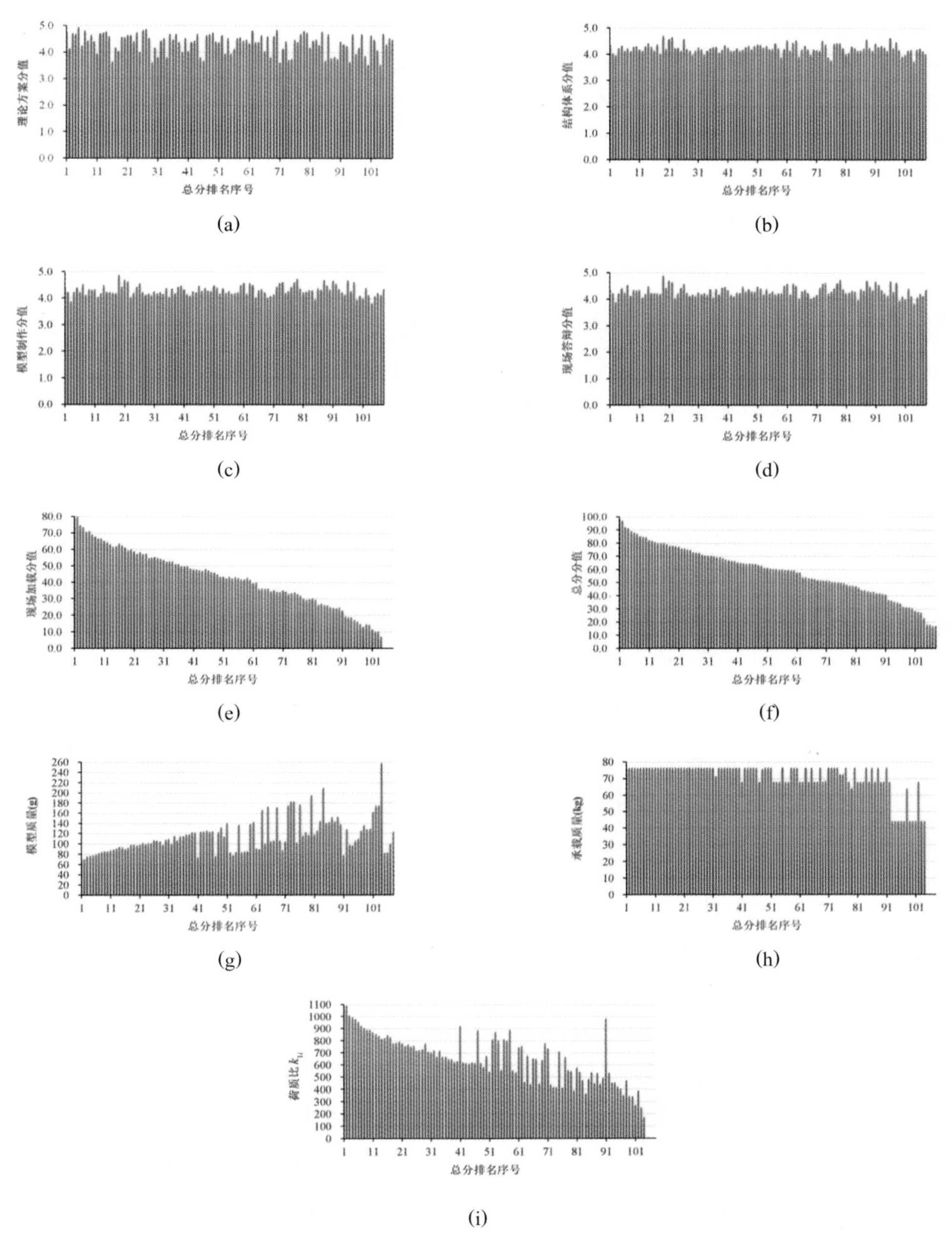


**图 10　总分排名与各项指标对应关系柱状图**

（a）理论方案分值；（b）结构体系分值；（c）模型制作分值；（d）现场答辩分值；（e）现场加载分值；（f）总分分值；（g）模型质量；（h）承载质量；（i）荷质比

主要的得分差距体现在现场加载的 80 分客观分值中（注：该分值已经包括了现场超时扣分的项），由图 10（e）可以看出，现场加载分值除了少量的波动外，基本呈现出递减趋势。图 10(f)是最终排名的依据，该图单调下降，除头尾外，大部分情况下呈现线性递减的趋势。

图 10（g）是模型质量的对比图，从图中可以看出，全场最轻的两个结构都是 70.2 g（未计算 8 颗螺栓质量），他们都顺利通过了三级荷载。而最重的结构是 258.30g，是最轻质量的 3.68 倍。在部分排名区，基本达到了相差 1g 即是 1 名的程度，表明了本次赛事竞争相当激烈。

图 10(h) 是模型的最大加载质量，前 2 级荷载作用在垂直方向，最大总和为 68kg，第三级荷载作用在水平方向，最大值为 8.5 kg。简单地将承载最大的承载质量 $M$ 计算为 $68+8.5=76.5$ kg。经统计未通过任何一级荷载的队伍是 4 支（3.7%），只通过一级荷载的为 13 支（12%），通过二级荷载但未通过三级荷载的队伍为 29 支（26.9%），通过全部荷载的队伍是 62 支（57.4%），这个比例与历年的结构大赛比例接近。

将模型达到的最大承载质量 $M$ 与模型质量 $m$ 的比值 $\eta=M/m$ 称为荷质比。图 10(i)是荷质比的柱状图，从图中可以看到前两名的队伍，荷质比高达 1090，这在历届的国赛作品中，都是一个极高的数值，表明了赛事水平很高。图 10（i）中在中后段出现了一些荷质比也很高的队伍，为什么他们的排名并不高呢？通过数据分析发现，其中有一种情况是部分队伍只通过了 2 级荷载，而 2 级荷载的加载重量也达到了 68kg；而第三级荷载虽然最大只有 8.5kg，但其满分值却达到了 30 分。由于变化方向的水平荷载对结构性能的考验也是非常大的，在荷载变化的过程中，整体结构受扭，不少杆件的轴力将出现拉压变换的情况，有 29 支队伍就是在此级失效。所以若不能使得结构达到满载则无法得到太好的名次。而另外一种情况就是队伍由于安装或其他原因，导致了加载超时而扣分，这点也要求各参赛队伍要充分考虑现场的不确定因素，具有随机应变的能力。

## 3 总结与反思

本次竞赛从赛题命题、答疑到最后的现场加载，总体而言均较为成功，体现在以下几方面：

（1）较早形成了一个比较稳定的命题小组，定时召开讨论会，尽早确定了命题原则，及时向秘书处和专家组汇报，最终形成一套难度适中的赛题。首次在国赛中引入了随机抽签荷载，增加了赛题的不确定性。

（2）及时研发了加载装置及检测装置，不断地进行调试，在赛题公布的同时，也提供加载装置的施工图，使得分区赛顺利举办。

（3）在分区赛期间，认真回答每一封来信，主动听取分区赛举办方的意见，及时对出现的各种问题形成应对方案，不断完善竞赛流程，做到公平、公正、公开。而兄弟院校在国赛阶段为主办方提供了实时记分软件、比赛用的表格，也为主办方提供了强有力的帮助。

但本次竞赛也仍然存在着一些问题，宜在以后的工作中进行改进：

（1）国赛及分区赛题目应有不同。由于有一部分之前未开展过结构竞赛的地区与高校尚未具备出题能力，近几年的竞赛要求能将国赛题目作为分区赛题目，希望经过一段时间的锻炼后，这些地区和高校也都具有独立命题的能力。这对赛事的发展是非常有益的，但同时也带来了一些问题。题目从 3 月发布，7 月前分区赛结束，到 11 月正式比赛，战线较长，学生们对于同一题目重复研究，容易失去新鲜感。而且可能存在着各高校结构模型构型趋同的问题。因而为了更好地考察选手的能力，本次赛事若能将前两级荷载作为省赛题目，第三级荷载补充作为国赛题目，在国赛前 2 ~ 3 个月公布，就能既有难度的区分，又有新鲜元素的加入，可能会使赛事更加精彩。

（2）赛题中宜加入更多的不确定因素。本次竞赛虽然已创新性地加入了随机抽签确定第二、三级加载点的方式，但是由于加载点数量较多，定了较多的约束条件，使得结构体系也受到了一定的影响。未来的赛题若能将坡度、几何尺寸、跨度等也作为变量，现场抽签决定，而参赛学生需根据现场情况随机应变、现场确定结构方案并进行分析等，将更能考察到学生的结构知识及应变能力，结果也更能反映学生的能力水平。

（3）关于模型材料。竹材作为一种绿色环保材料，已连续作为多届国赛的材料，但工程中还有其他建筑材料，如混凝土及钢材、铝材等。在未来的赛事中，也可以尝试采用其他材料来制作模型，考虑采用千斤顶等加载仪器，使之更贴近实际工程。

（4）关于手工问题。当前的竞赛对于手工仍然过于强调，与此同时装配式结构已经成为国家大力发展的方向。是否可以考虑设计一批型材和相应的节点，参赛队员仅需在现场根据临时指定的题目，选用合理的杆件进行装配式安装即可完成题目要求的模型，这也是一种很好的比赛方式。

## 4　结语

本文针对第 12 届全国大学生结构设计竞赛的命题及实施过程进行回顾与总结。从命题背景，命题原则，赛题简介、现场结构模型类型、柱子形式、细部构造、得分分布情况等多方面对本次赛事进行了细致的剖析。指出了赛事中存在的不足，对未来的赛事提出了建议及展望。本文对其他类似的赛事也具有较好的参考借鉴意义，希望未来的赛事办得越来越好。

感谢全国大学生结构设计竞赛委员会、专家委员会及秘书处各位专家对本次赛事的命题及组织所给予的悉心指导与大力支持。

## 参考文献

[1]董石麟,罗尧治,赵阳.大跨度空间结构的工程实践与学科发展[J].空间结构,2005,11(4):4-11.

[2]董石麟.空间结构的发展历史、创新、形式分类与实践应用[J].空间结构,2009,15(3):22-43.

[3]董石麟.中国空间结构的发展与展望[J].建筑结构学报,2010,31(6):38-51.

[4]沈世钊.大跨空间结构的发展——回顾与展望[J].土木工程学报,1998,31(3):5-14.

[5]刘锡良.空间结构——近十年来发展的回顾[J].空间结构,1995,1(1):59-64.

[6]王仕统.衡量大跨度空间结构优劣的五个指标[J].空间结构,2003,9(1):60-64.

[7]罗尧治,梅宇佳,沈雁彬,等.国家体育场钢结构温度与应力实测及分析[J].建筑结构学报,2013,34(11):24-32.

[8] 范峰,金晓飞,钱宏亮.长期主动变位下 FAST 索网支承结构疲劳寿命分析 [J]. 建筑结构学报,2010,31(12):17-23.

[9]陈庆军,贺盛,陈映瑞,等.某切边不规则单层凯威特球形网壳结构设计与研究[J].建筑结构,2014,44(12):68-73.

[10]贺盛,陈庆军,姜正荣,等.某切边不规则凯威特单层球壳结构非线性屈曲分析[J].中南大学学报(自然科学版),2015,46(2):701-709.

[11]陈庆军,谢小东,郭金龙,等.利用.NET 平台及 SAP2000API 实现空间杆系结构的蒙板功能[J].空间结构,2012,18(1):46-52.

[12]陈庆军,李名铠,季静,等.3D 打印技术在土木工程结构模型试验中的应用[J].中国建设教育,2017(5):98-101.

[13]贾传果,张川,李英民,等.结构设计竞赛对土木工程专业本科教育重要性的探讨[J].高等建筑教育,2014,23(01):133-135.

[14]徐龙军,李洋,许昊.全国大学生结构设计竞赛赛题分析及建议[J].高等建筑教育,2012,21(03):148-150.

[15]陈庆军,罗嘉濠,陈思煌,等.国内外大学生结构设计竞赛总结及研究[J].东南大学学报(哲学社会科学版),2012,14(增刊):173-177.

[16] http://www.ccea.zju.edu.cn/_upload/article/files/92/9f/180cc24541cab9c245c7fbcdb6 a2/ce7eca2c-b145-4c93-85f0-ba0b687d2b06.pdf

# 附录B　参赛高校校徽、评委专家合影、参赛师生合影

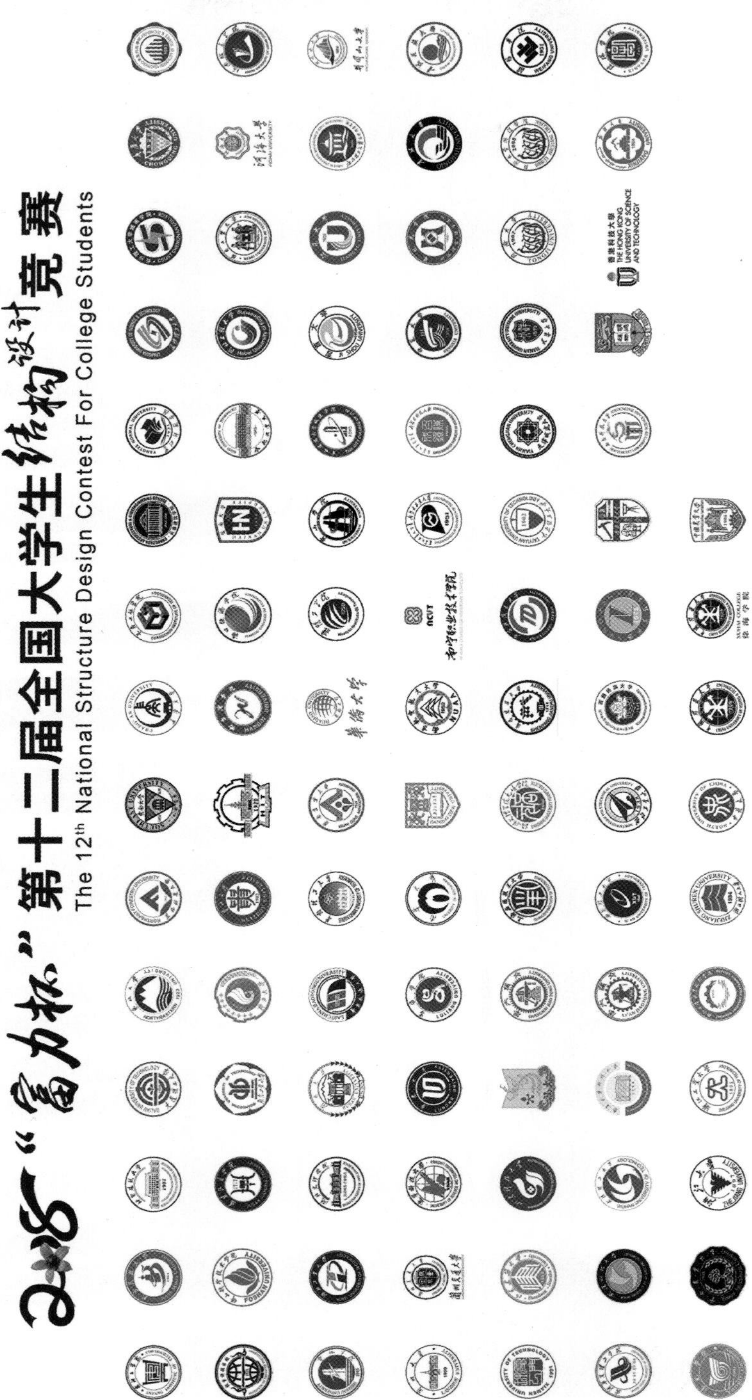

# 评委专家合影

2018"富力杯"第十二届全国大学生结构设计竞赛
The 12th National Structure Design Contest For College Students